"十二五"职业教育国家规划教材 修订版
经全国职业教育教材审定委员会审定

山东省省级职业教育在线精品课程配套教材

建筑结构基础与识图
第 2 版

主　编　徐锡权
副主编　申淑荣　周立军
参　编　马方兴　刘　涛　费纪祥　田高燕　徐　辉
　　　　姜爱玲　刘永坤　王　维　迟朝娜　赵　军
主　审　王海超

机械工业出版社
CHINA MACHINE PRESS

本书是按照高等职业教育工程造价和建设工程管理专业对本课程的教学基本要求及国家现行的相关规范、标准编写的。全书围绕结构施工图识读能力的培养，主要研究一般结构构件的布置原则、受力特点、构造要求、施工图表示方法等建筑结构基本概念和基本知识。

全书共分10个模块，内容包括：学习导航，建筑力学基本知识，结构设计方法与抗震知识，混凝土结构基本构件，钢筋混凝土楼（屋）盖，钢筋混凝土多层与高层结构，砌体结构基本知识，钢结构基本知识，建筑基础基本知识，识读建筑结构施工图。

本书主要作为高等职业教育工程造价、建设工程管理、建筑经济信息化管理等专业的教学用书，也可作为土建类各专业工程技术人员的岗位培训教材或参考用书。

为方便教学，本书配有电子课件，凡使用本书作为教材的教师可登录机工教育服务网 www.cmpedu.com 注册下载。咨询电话：010-88379375。

图书在版编目（CIP）数据

建筑结构基础与识图/徐锡权主编. —2版. —北京：机械工业出版社，2023.11（2025.6重印）

"十二五"职业教育国家规划教材：修订版

ISBN 978-7-111-74234-0

Ⅰ.①建… Ⅱ.①徐… Ⅲ.①建筑结构-高等职业教育-教材②建筑结构-建筑制图-识别-高等职业教育-教材　Ⅳ.①TU3②TU204

中国国家版本馆CIP数据核字（2023）第215722号

机械工业出版社（北京市百万庄大街22号　邮政编码100037）
策划编辑：王靖辉　　　　　责任编辑：王靖辉　陈将浪
责任校对：梁　园　李　婷　　封面设计：王　旭
责任印制：常天培
河北虎彩印刷有限公司印刷
2025年6月第2版第2次印刷
184mm×260mm·21.5印张·5插页·530千字
标准书号：ISBN 978-7-111-74234-0
定价：59.00元

电话服务　　　　　　　　　　网络服务
客服电话：010-88361066　　　机　工　官　网：www.cmpbook.com
　　　　　010-88379833　　　机　工　官　博：weibo.com/cmp1952
　　　　　010-68326294　　　金　书　网：www.golden-book.com
封底无防伪标均为盗版　　　　机工教育服务网：www.cmpedu.com

前言

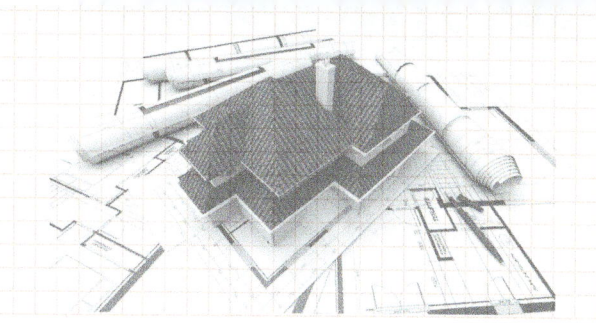

本书第 1 版是经全国职业教育教材审定委员会审定的"十二五"职业教育国家规划教材，自 2014 年出版以来，受到了读者的一致好评，同时也收到了很多的宝贵意见。近年来，《工程结构通用规范》（GB 55001—2021）等一系列国家标准先后颁布或修订；同时，随着建筑产业的转型升级，国家颁布了新的职业教育专业目录，专业教学标准等也进行了修订，职业教育改革不断深入，人才培养的针对性和适应性不断加强。基于上述情况，编者在第 1 版的基础上进行了修订，以进一步提高本书的质量，满足新形势下职业教育培养德智体美劳全面发展的社会主义建设者和接班人的需要。

本次修订主要体现了以下几点：

1. 以党的二十大精神为指引，高举中国特色社会主义伟大旗帜，全面贯彻党的教育方针，落实立德树人根本任务，依据课程标准进行了教材思政主题的系统设计，编写了学习案例资源，**在书中每个模块均设置了"职业素养园地"**，将爱岗敬业、严谨科学、精益求精、勇于探索等职业精神贯穿其中，助力培养自信自强、守正创新、踔厉奋发、勇毅前行的时代新人。

2. 在保持第 1 版优点的基础上，深化校企合作、产教融合、科教融汇，邀请企业一线技术人员参与编写，全书内容体系按受力分析、结构计算、施工图识读进行组织；紧跟建筑行业发展新业态，结合工程案例，融入新技术、新规范、新标准、新图集（22G101 系列），进行"课证融通"专业课程体系开发，对接"1 + X"建筑工程识图职业技能等级证书相关内容。

3. 实践没有止境，理论创新也没有止境，本次修订继续推进实践基础上的理论创新，编者在第 1 版长期教学实践的基础上，按"模块 - 任务"式编写思路对全书进行了梳理，全书共分 10 个模块，适应模块化教学改革的需要。

4. 本书遵循推进教育数字化，建设全民终身学习的学习型社会、学习型大国的理念，立体开发，**本书编写团队精心配套了大量数字化资源，包括：58 个微课视频、32 个动画视频（以二维码的形式列于书中相关内容处）、25 个仿真**（以资源包的形式放于机工教育服务网 www.cmpedu.com）。此外，本书还在智慧职教 MOOC 学院建设了在线开放课程（同时也是山东省省级职业教育在线精品课程）"建筑结构基础与识图"，网址为 https：//mooc.icve.com.cn/cms/courseDetails/index.htm？cid = jzjrzz037xxq700，读者可自主登录学习。本书是线上、线下学习相结合的新形态一体化教材，适应信息化教学改革的需要。

本书由日照职业技术学院徐锡权任主编，由日照职业技术学院申淑荣、周立军任副主编。本书编写分工为：徐锡权、青岛北岸控股集团有限责任公司费纪祥编写模块 0，模块 3 的任务 1 和任务 2，模块 7 的任务 4 和任务 5；申淑荣编写模块 1 的任务 1 和任务 2，模块 2；日照职业技术学院马方兴编写模块 1 的任务 3～任务 5；周立军编写模块 3 的任务 3～任务 6；日照职业技术学院刘涛编写模块 4；日照职业技术学院刘永坤、王维编写模块 5；日照职业技术学院迟朝娜编写模块 7 的任务 1～任务 3；日照职业技术学院姜爱玲编写模块 8；日照职业技术学院赵军、中铁十四局集团第一工程发展有限公司徐辉编写模块9；河南建筑职业技术学院田高燕编写模块6。本书由山东科技大学土木工程与建筑学院王海超教授担任主审。

本书在编写过程中参阅了许多专家的著作，在此表示感谢。由于编者水平有限，书中不妥之处在所难免，衷心地希望广大读者批评指正。

编 者

本书二维码清单

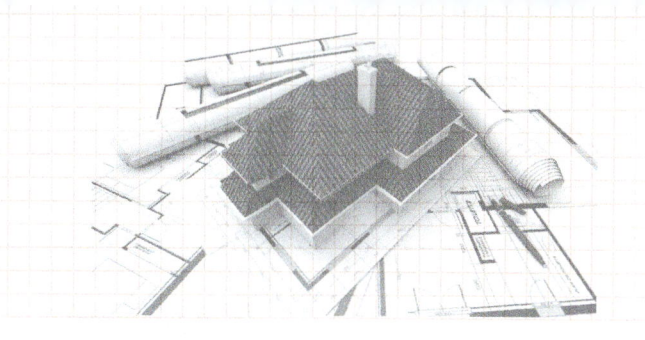

微课视频

页码	名称	图形	页码	名称	图形
11	静力学基本公理		52	用剪力方程和弯矩方程绘制剪力图和弯矩图	
14	几种基本类型的约束及其约束反力		60	图乘法计算位移的计算公式	
23	平面一般力系的平衡条件及平衡方程		61	图乘法的应用	
32	截面图形的几种性质		70	荷载与荷载效应	
43	几何不变体系的组成规则		75	结构极限状态设计表达式	
50	截面法求内力-剪力和弯矩		78	《建筑结构可靠性设计统一标准》(GB 50068—2018)、《工程结构通用规范》(GB 55001—2021)基本组合值的计算	

（续）

页码	名称	图形	页码	名称	图形
78	抗震基本知识		119	钢筋混凝土受压构件的构造措施	
86	钢筋种类及性能		121	钢筋混凝土轴心受压构件承载力计算	
88	混凝土的力学性能		122	钢筋混凝土偏心受压构件承载力计算	
95	钢筋混凝土受弯构件的构造要求		125	钢筋混凝土受扭构件构造要求	
101	正截面承载力计算		126	预应力混凝土构件的基本原理	
110	T形截面梁的特点及分类		128	预应力混凝土的材料及主要构造要求	
112	受弯构件斜截面承载力计算		132	识读钢筋混凝土梁的结构详图	

(续)

页码	名称	图形	页码	名称	图形
133	识读钢筋混凝土柱的结构详图		161	识读楼层结构平面图	
139	钢筋混凝土楼盖的类型		166	识读有梁楼盖板平法施工图	
141	装配式楼盖		169	识读有梁楼盖板平法施工图举例	
144	现浇单向板肋形楼盖设计		169	楼梯结构施工图及实例	
150	现浇双向板肋形楼盖设计		171	板式楼梯平法识图	
152	楼梯的计算与构造要求		180	多层与高层结构体系	
157	悬挑构件		182	框架结构	

（续）

页码	名称	图形	页码	名称	图形
193	剪力墙结构		244	钢结构的连接方法及焊缝连接的优缺点	
199	框架-剪力墙结构		274	钢屋架节点设计的一般原则	
211	砌体的种类及其力学特性		278	钢结构设计图	
217	砌体结构布置方案		285	基础类型	
224	砌体结构房屋施工图的识读		294	基础埋置深度的确定	
226	结构平面图的识读		297	墙下钢筋混凝土条形基础设计	
227	楼梯结构详图的识读		298	柱下钢筋混凝土独立基础设计微课	

（续）

页码	名称	图形	页码	名称	图形
301	识读基础施工图		314	柱平法施工图及识读举例	
309	梁平法施工图及识读举例		318	剪力墙平法施工图及识读举例	

动画视频

页码	名称	图形	页码	名称	图形
2	承重的骨架		20	力矩及合力矩定理	
10	力的三要素		21	力偶与力偶矩	
18	结构计算简图的简化		31	内力和应力的概念	
19	力在平面坐标轴上的投影		40	几何不变体系和几何可变体系	

(续)

页码	名称	图形	页码	名称	图形
48	轴力图		150	现浇双向板肋形楼盖的破坏特征	
73	结构的功能要求		152	楼梯的形式	
78	地震的成因		157	悬挑构件的种类（雨篷、阳台、挑檐）	
96	梁的配筋		183	框架结构的受力特点及计算简图	
124	常见的受扭构件		194	剪力墙结构构件的受力特点	
131	钢筋混凝土构件施工图中钢筋的表示		200	框架-剪力墙的受力特点	
139	钢筋混凝土楼盖的类型		205	块体	

（续）

页码	名称	图形	页码	名称	图形
208	砖砌体砌筑方式		254	普通螺栓连接受力特点	
211	砌体受压破坏		260	钢结构-梁的受力特点	
211	单砖的压、弯、剪复合受力		262	钢结构-梁的拼接与连接	
242	建筑钢材的种类和选用		263	钢结构-主梁与次梁的连接	
245	钢结构中常用的焊接方法		295	基础底面尺寸的确定	

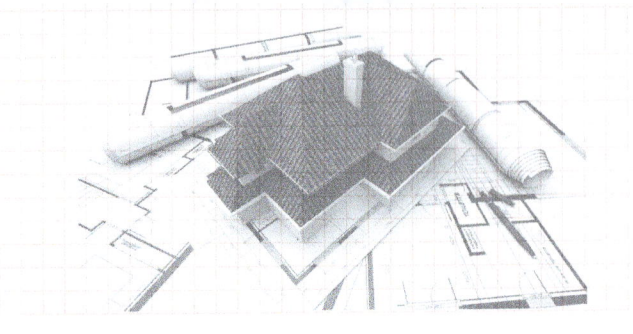

目 录

前言
本书二维码清单
模块0　学习导航 ……………………… 1
　　任务1　认知建筑结构 ………………… 2
　　任务2　编制学习方案 ………………… 4
　　同步训练 ……………………………… 6
　　职业素养园地 ………………………… 7
模块1　建筑力学基本知识 …………… 9
　　任务1　认知静力学的基本知识 ……… 10
　　任务2　认知杆件的基本变形与组合变形 … 28
　　任务3　分析平面体系的几何组成 …… 40
　　任务4　分析静定结构的内力 ………… 46
　　任务5　分析静定结构的位移 ………… 56
　　同步训练 ……………………………… 64
　　职业素养园地 ………………………… 67
模块2　结构设计方法与抗震知识 …… 69
　　任务1　分析荷载效应与结构抗力 …… 70
　　任务2　分析建筑结构的设计方法 …… 73
　　任务3　分析结构抗震基本知识 ……… 78
　　同步训练 ……………………………… 83
　　职业素养园地 ………………………… 83
模块3　混凝土结构基本构件 ………… 85
　　任务1　认知混凝土结构用材料 ……… 86
　　任务2　分析钢筋混凝土受弯构件 …… 94
　　任务3　分析钢筋混凝土受压构件 …… 118
　　任务4　分析钢筋混凝土受扭构件 …… 124
　　任务5　分析预应力混凝土构件 ……… 126
　　任务6　识读钢筋混凝土结构构件施工图 … 130
　　同步训练 ……………………………… 135
　　职业素养园地 ………………………… 136
模块4　钢筋混凝土楼（屋）盖 ……… 138
　　任务1　认知钢筋混凝土楼（屋）盖的类型 … 139
　　任务2　分析现浇单向板肋形楼盖 …… 144
　　任务3　分析现浇双向板肋形楼盖 …… 150
　　任务4　分析钢筋混凝土楼梯 ………… 152
　　任务5　认知悬挑构件 ………………… 157
　　任务6　识读钢筋混凝土梁板结构施工图 … 160
　　同步训练 ……………………………… 175
　　职业素养园地 ………………………… 178
模块5　钢筋混凝土多层与高层结构 … 179
　　任务1　认知多层与高层结构体系 …… 180
　　任务2　认知框架结构 ………………… 182
　　任务3　认知剪力墙结构 ……………… 193
　　任务4　认知框架–剪力墙结构 ……… 199
　　同步训练 ……………………………… 201
　　职业素养园地 ………………………… 202
模块6　砌体结构基本知识 …………… 204
　　任务1　认知砌体结构材料 …………… 205
　　任务2　分析砌体的力学性质 ………… 210
　　任务3　分析砌体结构房屋结构设计方案 … 217
　　任务4　分析砌体房屋的构造要求 …… 220
　　任务5　识读砌体结构房屋施工图 …… 224
　　同步训练 ……………………………… 238
　　职业素养园地 ………………………… 239
模块7　钢结构基本知识 ……………… 241
　　任务1　认知钢结构材料 ……………… 242
　　任务2　分析钢结构的连接 …………… 244
　　任务3　认知钢结构构件 ……………… 256
　　任务4　分析钢屋盖 …………………… 266
　　任务5　识读钢结构房屋施工图 ……… 277
　　同步训练 ……………………………… 281
　　职业素养园地 ………………………… 283

模块8　建筑基础基本知识 ………… 284
　任务1　认知建筑地基基础 ………… 285
　任务2　设计天然地基上浅基础 …… 291
　任务3　识读基础施工图 …………… 300
　同步训练 ……………………………… 305
　职业素养园地 ………………………… 306

模块9　识读建筑结构施工图 ……… 308
　任务1　分析混凝土结构施工图平面整体
　　　　表示方法 …………………… 309
　任务2　识读××综合办公楼结构施工图 … 324
　同步训练 ……………………………… 327
　职业素养园地 ………………………… 327

参考文献 ……………………………… 329

**附录A　某工业厂房屋架
　　　　施工图** ……………（见书后插页）

**附录B　××综合办公楼结构
　　　　施工图** ……………（见书后插页）

模块0

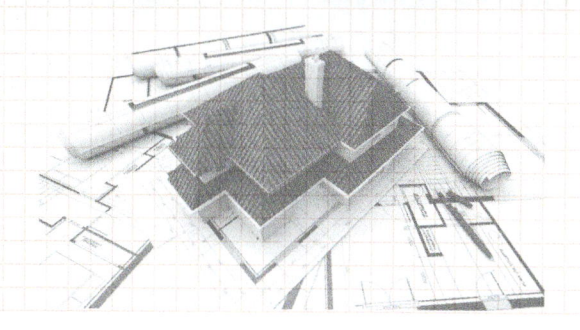

学 习 导 航

学习目标

✱ **知识目标**
1. 掌握建筑结构的概念及其组成。
2. 熟悉建筑结构的分类。
3. 熟悉本课程的学习内容和学习方法。

✱ **能力目标**
1. 熟记建筑结构的概念和分类。
2. 规划本课程的学习方案。

工作任务

1. 理解建筑结构的含义和分类。
2. 熟悉课程学习目标、内容及要求。

学习指南

建筑设计与结构设计是整个建筑设计过程中的两个重要的环节，建筑设计主要体现的是整个建筑物的外观效果，而结构设计是通过各种结构和构件的计算与验算来保证建筑物的安全、适用、经济、美观，实现建筑设计的效果。建筑设计的成果表现是建筑施工图，结构设计的成果表现是结构施工图。建筑施工是将施工图变成现实建筑物的过程。一般在建筑施工前都要对建筑物的造价进行预算，以便控制投资。不论建筑施工还是工程造价，都必须要看懂施工图。学习本课程，就是要研究一般结构构件的布置原则、受力特点、构造要求、施工图表示方法等建筑结构基本概念和基本知识，进一步培养识读结构施工图的能力，为后续课程的学习奠定基础。

本模块站在对课程整体设计的角度进行知识的介绍，目的是使学生对本课程的学习有一个整体的认识。

教学方法建议

采用多媒体教学，收集不同结构类型的建筑物图片及相关图纸，通过教师的讲解，开拓学生的视野，在了解建筑结构类型和施工图的基础上，激发学生学习本课程的兴趣。

任务1 认知建筑结构

1. 建筑结构的含义

建筑是建筑物和构筑物的总称。建筑物是供人们在其中生产、生活或进行其他活动的房屋或场所，如住宅、学校、办公楼等。构筑物是服务于生产、生活的建筑设施，是人们不在其中生产、生活的建筑，如水坝、烟囱等。不论建筑物还是构筑物，都是人类在自然空间里建造的人工空间。为了能够抵抗各种外界的作用，如风、雨、雪、地震等，建筑必须要有具备足够抵抗能力的空间骨架，这个空间骨架就是建筑物的承重骨架。建筑工程中常提到"建筑结构"一词，就是指承重的骨架，即用来承受并传递荷载，并起骨架作用的部分，简称结构。

承重的骨架

2. 建筑物的组成

按系统组成来分，建筑物由三个系统组成：结构支承系统，围护、分隔系统和设备系统。结构支承系统是指建筑物的结构受力系统以及保证结构稳定的系统，即所说的"建筑结构"。围护、分隔系统是指建筑物中起围合和分隔空间的界面作用的系统。设备系统是指电力、电信、照明、给水及排水、供暖、通风、空调、消防等系统。

按构件组成来分，建筑物的主要构成部分包括楼地层、墙或柱、基础、楼电梯、屋盖、门窗六大部分。其中，板、梁、柱、墙、基础为建筑物的基本结构构件，它们组成了建筑物的基本结构（图0-1）。

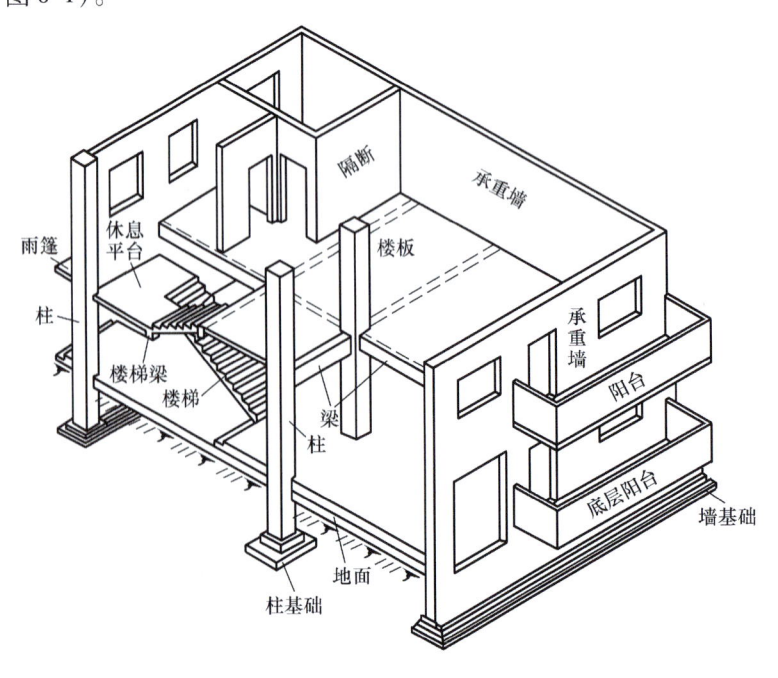

图0-1 建筑物的基本结构

3. 建筑结构的分类

建筑结构的分类方法有多种，一般可以按照结构所用材料、承重结构类型、外形特点、使用功能、施工方法等进行分类。

（1）按照承重结构所用材料分类

建筑结构按承重结构所用的材料不同，主要分为木结构、砌体结构、混凝土结构、钢结构、组合结构。

1）木结构。木结构是指全部或大部分用木材制作的结构。这种结构易于就地取材、制作简单，但易燃、易腐蚀、变形大，并且木材的使用受到国家严格限制，已很少采用。目前仅在仿古建筑、山区、林区和农村有一定的使用。

2）砌体结构。由块材和铺砌的砂浆粘结而成的材料称为砌体，由砌体砌筑的结构称砌体结构。因块材有石、砖和砌块，故而砌体结构又可分为石结构、砖结构和砌块结构。砌体强度较低，在建筑物中适宜将砌体用作承重墙、柱、过梁等受压构件。在生活中常见柱、墙采用砌体材料，基础采用砖、石砌体或钢筋混凝土，屋盖或楼盖采用钢筋混凝土梁板结构的建筑，一般称混合结构，通常是层数不多的住宅、宿舍、办公楼、旅馆等民用建筑。

3）混凝土结构。主要以混凝土为材料组成的结构称为混凝土结构。混凝土结构包括素混凝土结构、钢筋混凝土结构和预应力混凝土结构。其中，由钢筋混凝土基础、柱、梁、楼板组成一个承重的骨架，砖墙或砌块砌体只起围护作用的框架结构应用最为广泛，此结构常用于多（高）层或大跨度房屋建筑中。

4）钢结构。钢结构主要是指用钢板、热轧型钢、冷加工成型的薄壁型钢和钢管等构件经焊接、铆接或螺栓连接组合而成的结构以及以钢索为主材建造的工程结构，如房屋、桥梁等。它是土木工程的主要结构形式之一。目前，钢结构在房屋建筑、地下建筑、桥梁、塔桅和海洋平台中都得到了广泛采用。

5）组合结构。组合结构是指钢与混凝土共同承受荷载的结构。按其组成方式可分为钢骨混凝土结构和混合结构。钢骨混凝土结构是指将型钢（工字钢、角钢或槽钢）配置在钢筋混凝土的梁、柱中而形成的结构，如型钢混凝土框架结构；混合结构是指结构中一部分为钢筋混凝土结构，而另一部分为钢结构，如钢框架－钢筋混凝土筒体、型钢框架－钢筋混凝土筒体。

（2）按承重结构类型和受力体系分类

按照承重结构类型和受力体系，建筑结构可分为砖混结构、框架结构、剪力墙结构、框架剪力墙结构、筒体结构、排架结构、深梁结构、拱结构、网架结构、钢索结构、网壳结构等多种结构形式。

（3）按照使用功能分类

按照使用功能可分为建筑结构（如民用建筑、工业建筑等）、特种结构（如烟囱、水池、水塔、挡土墙、筒仓等）、地下结构（如地下建筑、隧道、井筒、涵洞等）。

（4）按照外形特点分类

按照外形特点可分为单层结构、多层结构、大跨度结构、高耸结构等。

（5）按照施工方法分类

按照施工方法可分为现浇结构、装配式结构、装配整体式结构、预应力混凝土结构等。

任务2　编制学习方案

1. 课程定位

"建筑结构基础与识图"是工程造价、建筑工程管理等专业的一门重要的专业基础课,该课程集理论与实践为一体,是为学生掌握建筑力学与结构方面的基本理论知识,培养学生直接用于建筑工程管理、工程监理、工程造价等岗位工作中所必需的结构分析能力和建筑结构施工图的识读能力而设置的一门课程,它在基础课与专业课之间起着承上启下的作用。

本课程按房屋建造过程中基本构件的受力类型为主线,以建筑结构施工图的识读为落脚点,以典型结构施工图为范例,以识读结构施工图这一工作过程组织安排学习内容。通过本课程的学习,应熟练掌握建筑力学和建筑结构的基本概念、基本理论、基本方法以及结构施工图的识读方法,重点培养识读建筑结构施工图的能力,为学习后续课程、正确计算工程量以及理解和解决工程实际中与建筑力学和建筑结构有关的问题奠定基础,同时应培养规范意识、工程意识、安全意识和实事求是的作风,提高自主学习的能力。

2. 课程目标

（1）知识目标

整个教学过程从高职培养目标和学生的实际出发,对基本理论的讲授以应用为目的,教学内容以必需、够用为度,重点讲授物体的受力分析、平面力系的平衡、简单静定结构的内力、构件的强度和刚度及稳定性计算、混凝土结构的简单设计计算、各类结构的结构构造、建筑结构施工图识读,掌握直接用于建筑工程管理、工程监理、工程造价等岗位工作中所必需的建筑结构施工图识读的基本知识。

（2）职业技能目标

具有对一般结构进行受力分析、内力分析和绘制内力图的能力；具有对构件进行强度、刚度和稳定性计算的能力；具有正确选用各种常用结构材料的能力；具有对常用结构构件进行计算、设计和验算的基本能力；具有处理施工中有关结构问题的一般能力；具有正确识读结构施工图和相关标准图的基本能力,为计算结构工程量奠定基础。

（3）职业素质培养目标

培养学生勤奋向上、严谨细致的良好学习习惯和科学的工作态度；具有创新与创业的基本能力；具有爱岗敬业与团队合作精神；具有公平竞争的意识；具有自学的能力；具有拓展知识、接受终身教育的基本能力。

3. 课程内容

本课程的学习内容、职业技能目标及建议学时见表0-1。

表0-1　学习内容、职业技能目标及建议学时

模块	学习内容	职业技能目标	建议学时
0	学习导航	对本课程的学习内容和学习方法有一个整体了解	1
1	建筑力学基本知识	能进行平面体系的几何组成分析；能进行静定结构的内力分析和内力计算；能进行静定结构的位移计算	16

（续）

模块	学习内容	职业技能目标	建议学时
2	结构设计方法与抗震知识	能理解与极限状态设计法有关的基本概念和基本知识；能应用相关公式计算荷载效应的基本组合值、标准组合值、频遇组合值和准永久组合值	4
3	混凝土结构基本构件	能够对单筋矩形截面梁进行正截面设计和截面复核；能够进行简单的斜截面抗剪承载力计算，并能够正确地确定腹筋的用量；能够快速、正确地识读钢筋混凝土构件的结构施工图	10
4	钢筋混凝土楼（屋）盖	能判别楼（屋）盖类型；能根据不同楼（屋）盖和楼梯、雨篷的受力特点和构造要求识读钢筋混凝土梁板结构施工图	9
5	钢筋混凝土多层与高层结构	能快速判断出框架梁、柱的控制截面；能识别并应用非抗震设防、抗震设防下现浇框架的构造要求；能够识读钢筋混凝土框架结构施工图	6
6	砌体结构基本知识	掌握砌体结构基础知识；能够识读砌体结构施工图	6
7	钢结构基本知识	掌握钢结构基本知识；能够识读钢结构施工图	6
8	建筑基础基本知识	掌握基础的类型及其构造要求；能应用所学基础知识识读基础结构施工图	6
9	识读建筑结构施工图	掌握混凝土结构梁、柱、剪力墙的平法施工图识读规则；能识读混凝土结构施工图	8
		合计	72

4. 学习方法与要求

通过本课程的学习，应掌握建筑力学和建筑结构的基本概念、基本理论、基本方法以及结构施工图的识读方法，重点培养识读建筑结构施工图的能力。在本课程的学习过程中要注意做到以下几点：

1）学习本课程时，要与建筑制图、建筑构造、建筑材料等课程的相关知识相联系，加强基本概念和基本原理的理解。要多做一些练习题，进一步巩固和理解学习内容。

2）要注意熟悉规范，并正确运用规范。设计建筑结构施工图的直接依据是《建筑结构可靠性设计统一标准》(GB 50068—2018)、《建筑结构荷载规范》(GB 50009—2012)、《混凝土结构设计规范》(GB/T 50010—2010)、《砌体结构设计规范》(GB 50003—2011)、《钢结构设计标准》(GB 50017—2017)、《建筑地基基础设计规范》(GB 50007—2011)、《建筑抗震设计规范》(GB 50011—2010)、《高层建筑混凝土结构技术规程》(JGJ 3—2010)、《建筑结构制图标准》(GB/T 50105—2010)、《混凝土结构施工图平面整体表示方法制图规则和构造详图》(22G101) 等新规范、新标准。这是大量的工程经验和科学实验的总结，因此，在课程学习中必须结合学习内容理解掌握相关的规范条文，并力求在理解的基础上加以记忆。

3) 要理论联系实际，注重感性认识的学习。本课程的计算理论枯燥，但实践性又较强，在课程的学习中要经常到施工现场进行参观，不断积累工程经验，结合实际构件加强对施工图的识读。

4) 要注意培养自己综合分析问题的能力。建筑结构设计常常会遇到这样的问题，即使同样的构件，承受同样的荷载，设计出的结构形式、结构截面、截面配筋等也不一定相同，要综合考虑安全、实用、经济、美观等诸多因素，为此要培养综合分析问题的能力。

5) 要关注结构的发展动态，注重学习新知识。随着现代科学技术的进步，结构技术也在不断更新发展，在学习基本原理和方法的同时，也要关注结构的发展，不断学习新知识。

6) 要加强职业素质的培养。结构的设计原理理论性强，设计、管理、施工、造价计算都要有严谨的科学态度，都必须一丝不苟，在学习中要注意培养严谨认真的工作作风和工作方法。

7) 要注重识图能力的培养与提高。本课程主要培养识读建筑结构施工图的能力，为此在学习的过程中要注意准备多套不同结构类型的施工图纸，进行实际的图纸识读和会审训练。

同 步 训 练

一、填空题

1. 建筑是建筑物和构筑物的总称。(　　)是供人们在其中生产、生活或进行其他活动的房屋或场所，如住宅、学校、办公楼等。(　　)是服务于生产、生活的建筑设施，是人们不在其中生产、生活的建筑，如水坝、烟囱等。

2. 建筑物的主要构成部分包括楼地层、(　　)、(　　)、楼电梯、屋盖、门窗六大部分。

3. 建筑结构按照施工方法可分为(　　)、装配式结构、装配整体式结构、预应力混凝土结构等。

4. "建筑结构基础与识图"是工程造价、建筑工程管理等专业的一门重要的(　　)课。

5. 通过本课程的学习，应掌握建筑力学和建筑结构的基本概念、基本理论、基本方法以及结构施工图的识读方法，重点培养(　　)的能力。

二、名词解释

1. 砌体结构
2. 混凝土结构
3. 木结构

4. 钢结构

三、简答题

1. 什么是建筑结构？
2. 建筑结构按照结构所用材料可以分为哪几种结构？
3. 建筑物由哪三大系统组成？按构件组成来分，建筑物包括哪六大主要构成部分？其中基本结构构件主要指哪些构件？
4. 通过学习，请结合自身实际，认真思考如何学好本门课程。

四、综合训练

根据本课程的主要内容和特点，结合自己的学习情况和学习条件，制订一份本课程的学习方案。

训练要求：

1）学习方案中要包括以下几部分内容：学习目标、学习内容、学习安排（课前、课中、课后）、企业实践安排、学完本课程后对未来职业的设想等。

2）字数不少于2000字。

【职业素养园地】

走在创新路上的"年轻人"

刘中华，教授级高级工程师，来自浙江精工钢结构集团有限公司，是一位世界顶尖的钢结构专家，他参与开发设计了国内外众多著名的钢结构地标建筑。2013年，年仅38岁的刘中华，被中国钢结构协会正式接纳为专家委员，成为该组织最年轻的专家委员。

从曾经的基层机构工程师到现在成绩斐然的总工程师，刘中华把自己的成就归功于赶上了一个好时代，一个国家基础建设飞速发展的时代。2020年11月，在北京人民大会堂，刘中华同志荣获"全国劳动模范"荣誉称号。

2008年北京奥运会开幕仪式上，向世界亮相的"鸟巢"，因其独特的造型，成为了世界的焦点。项目启动之初，"鸟巢"被认为是当时世界上最复杂的钢结构工程之一，刘中华担任了这样一项大工程的深化设计工作负责人。

图纸是工程制造与施工的依据，为了确保图纸按时顺利完成，刘中华团队20多人在接到任务那一刻就开启了全年无休的"疯狂模式"，每个星期的"北京—绍兴"往返成了工作的常态。"我的主要任务就是不停地画图，光设计图就画了一万张A1纸，那几大卷'鸟巢'手稿图，我肯定要把它们好好珍藏起来。"刘中华笑着回忆着当时工作连轴转的"盛况"。在设计作业时，他们遇到的第一个大问题便是没有成熟的设计软件可以使用。当时，施工图设计单位采用的是国外的一款设计软件，但这款软件并不能满足他们深化设计的需要。为了保证接下来的工作顺利进行，刘中华就带领公司的技术团队，与同济大学的教授一起，日夜兼程地讨论、测试，在圆桌边建起了一个"家"，最终功夫不负有心人，研发出了一套弯扭构件专用深化设计软件，以创新的技术水平成功解决了"鸟巢"钢结构中的一个巨大难题。

正是他们无数人的坚持与奋斗，像螺丝钉一样深深地扎根在自己的岗位上，为工程的顺利完工贡献了自己的一份力量，最终"鸟巢"在世界的目光中大放异彩，与"鸟巢"相关的技术研究也获得了2012年国家科学技术进步二等奖。

启迪人生

（1）伴随着新材料的不断涌现，当代中国青年需要刻苦学习，培养令人信服的专业能力和创新精神，才能不断优化越来越复杂的建筑结构形式。

（2）祖国日益强大，能够在新时代里奋力拼搏，与产业转型的脉搏同频共振，与国家的发展共同成长是非常幸福和自豪的。

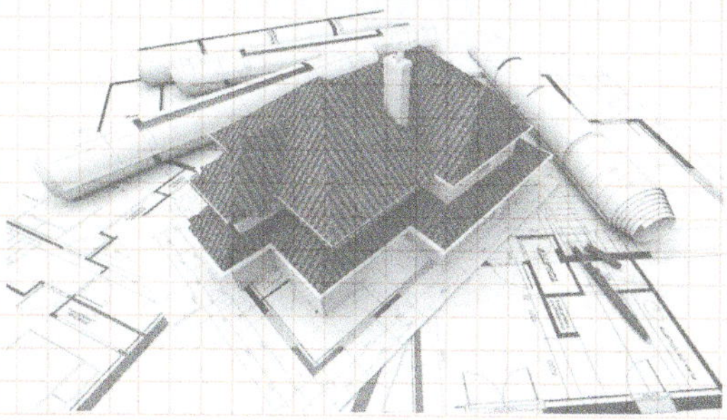

模块1

建筑力学基本知识

学习目标

✲ 知识目标

1. 掌握静力学的基本概念和基本公理。
2. 了解杆件的基本变形和组合变形。
3. 掌握平面体系的几何组成分析。
4. 掌握静定结构的内力分析。
5. 掌握静定结构的位移计算。

✲ 能力目标

1. 掌握平面体系的几何组成分析方法。
2. 掌握静定结构的内力分析方法。
3. 掌握静定结构的位移计算方法。

工作任务

1. 熟悉静力学的基本知识。
2. 了解杆件的变形形式。
3. 熟悉几何组成的基本规则。
4. 熟悉静定结构的常见类型。
5. 熟悉静定结构的位移。

学习指南

建筑力学一般包括静力学、材料力学、结构力学三部分内容。静力学主要研究刚体在力的作用下处于平衡的规律，以及如何建立各种力系的平衡条件。材料力学主要研究单根杆件在各种外力作用下产生的应变、应力、强度、刚度、稳定和导致各种材料破坏的极限。结构力学主要研究若干杆件组成的工程结构受力和传力的规律，以及如何进行结构优化。

本模块主要介绍建筑力学的一些基本知识，使学生具备对一般物体进行受力分析和对基本杆件求解内力的能力，分为五个学习任务，学生应沿着如下流程进行学习：静力学的基本知识和基本方法→杆件的基本变形与组合变形→平面体系的几何组成分析→静定结构的内力分析→静定结构的位移。

教学方法建议

采用“教、看、学、做”一体化进行教学，教师利用相关多媒体进行理论讲解和图片、动画展示，同时可结合本校的实训基地和周边施工现场进行参观学习，让学生对力和结构有一个直观的感性认识，为以后的学习奠定理论和实践基础。在教师的指导下，让学生对某一结构案例进行力学简化，绘制受力图，或进行几何组成分析，或进行静定结构内力分析和位移计算，通过实践提高学生学习的能力。

任务1　认知静力学的基本知识

1.1.1　静力学的基本概念

1. 力和平衡

（1）力

力在人类生活和生产实践中无处不在，力的概念是人们在长期生产劳动和生活实践中逐渐形成的。在建筑工程活动中，当人们拉车、弯钢筋、拧螺母时，由于肌肉紧张，便感到用了力。例如，力作用在车子上可以让车由静止到运动，力作用在钢筋上可以使钢筋由直变弯。由此可得到力的定义：力是物体间相互的机械作用，这种作用的效果会使物体的运动状态发生变化（运动效应或外效应），或者使物体发生变形（变形效应或内效应）。静力学研究物体的外效应。

由于力是物体与物体之间的相互作用，因此力不可能脱离物体而单独存在，某物体受到力的作用，一定是有另一物体对它施加作用。实践表明，力对物体作用的效应决定于力的三个要素：力的大小、方向和作用点。

力的三要素

1）力的大小。力的大小反映物体之间相互机械作用的强弱程度。力的单位是牛顿（N）或千牛顿（kN）。

2）力的方向。力的方向表示物体间的相互机械作用具有方向性，它包括力所顺沿的直线（称为力的作用线）在空间的方位和力沿其作用线的指向。例如重力的方向是"铅垂向下"，"铅垂"是力的方位，"向下"是力的指向。

3）力的作用点。力的作用点是指力作用在物体上的位置。通常它是一块面积而不是一个点，当作用面积很小时可以近似看作一个点。

力是一个有大小和方向的量，所以力是矢量，记作 F（图1-1）。用一段带有箭头的线段（AB）来表示：线段（AB）的长度按一定的比例尺表示力的大小；线段的方位和箭头的指向表示力的方向。线段的起点 A 或终点 B（应在受力物体上）表示力的作用点。线

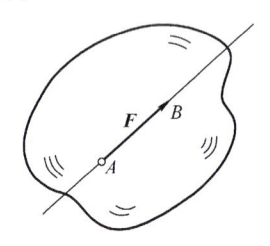

图1-1　力

段所沿的直线称为力的作用线。用字母符号表示矢量时，常用黑斜体字 ***F***、***P*** 表示，而 F、P 只表示该矢量的大小。

（2）刚体和平衡

1）刚体的概念。实践表明，任何物体受力时多少总要产生一些变形，但是，工程实际中的机械零件和结构构件在正常工作情况下的变形，一般是很微小的，甚至只有用专门的仪器才能测量出来。在许多情况下，这样的微小变形对物体的机械运动影响甚微，可以略去不

计,从而使问题的研究得以简化。通过对实际物体进行抽象简化,在理论力学中提出了物体的一种理想模型——刚体。刚体是在任何情况下保持其大小和形状不变的物体。静力学中所研究的物体只限于刚体,所以又称为刚体静力学,它是研究变形体力学的基础。

2) 平衡的概念。平衡是指物体相对于惯性参考系处于静止或做匀速直线运动的状态。显然,平衡是机械运动的特殊形式。在工程实际中,一般可取固连于地球的参考系作为惯性参考系,这样,平衡是指物体相对于地球静止或做匀速直线运动。运用静力学理论来研究物体相对于地球的平衡问题,其分析计算的结果具有足够的精确度。

2. 静力学基本公理

为了便于以后的研究,首先明确静力学的几个基本定义。

力系:作用在物体上的一组力,称为力系,分为空间力系和平面力系。

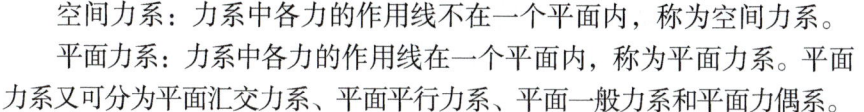

空间力系:力系中各力的作用线不在一个平面内,称为空间力系。

平面力系:力系中各力的作用线在一个平面内,称为平面力系。平面力系又可分为平面汇交力系、平面平行力系、平面一般力系和平面力偶系。

静力学基本公理

平面汇交力系:力系中各力的作用线都作用在同一个平面内且汇交于一点,称为平面汇交力系。

平面平行力系:力系中各力的作用线都作用在同一个平面内且相互平行,称为平面平行力系。

平面一般力系:力系中各力的作用线都作用在同一个平面内且力系中各力作用线既不完全交于一点,也不完全相互平行,称为平面一般力系。

平面力偶系:作用在物体上的一群力偶或一组力偶,称为力偶系;作用在物体上同一平面内的两个或两个以上的力偶,称为平面力偶系。

等效力系:两个力系对物体的作用效应相同,则称这两个力系互为等效力系。当一个力与一个力系等效时,则称该力为力系的合力;而该力系中的每一个力称为其合力的分力。把力系中的各个分力代换成合力的过程,称为力系的合成;反过来,把合力代换成若干分力的过程,称为力的分解。

平衡力系:若刚体在某力系作用下保持平衡,则称某力系为平衡力系。在平衡力系中,各力相互平衡,或者说,诸力对刚体产生的运动效应相互抵消。可见,平衡力系是对刚体作用效应等于零的力系。

(1) 二力平衡公理

作用于刚体上的两个力平衡的充分必要条件是这两个力大小相等、方向相反、作用线在同一条直线上(简称二力等值、反向、共线)。

这个公理概括了作用于刚体上最简单的力系平衡时所必须满足的条件。对于刚体,这个条件是既必要又充分的;但对于变形体,这个条件是必要但不充分的。如图1-2所示,即 $F_1 = -F_2$。

图1-2 力的作用与反作用

在两个力作用下处于平衡的物体称为二力构件；若为杆件，则称为二力杆。如图1-3所示，根据二力平衡公理可知，作用在二力构件上的两个力，它们必通过两个力作用点的连线（与杆件的形状无关），且等值、反向。

（2）加减平衡力系公理

在作用于刚体上的已知力系上，加上或减去任意一个平衡力系，不会改变原力系对刚体的作用效应。

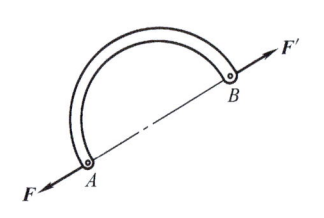

图1-3 二力杆

这是由于平衡力系中，各力对刚体的作用效应相互抵消，力系对刚体的效应等于零。根据这个原理，可以进行力系的等效变换。

推论 力的可传性原理

作用于刚体上的力可沿其作用线移动到刚体内任意一点，而不改变它对刚体的作用效应。

利用加减平衡力系公理，很容易证明力的可传性原理，如图1-4所示，小车A点上作用力F，在其作用线上任取一点B，在B点沿力F的作用线加一对平衡力。使$F=F_1=-F_2$，根据加减平衡力系公理得出，力系F_1、F_2、F对小车的作用效应不变，将F和F_2组成的平衡力系去掉，只剩下力F_1，与原力等效，由于$F=F_1$，这就相当于将力F沿其作用线从A点移到B点而效应不变。

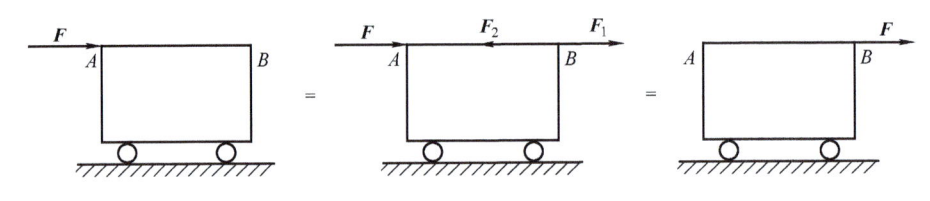

图1-4 力的可传性

由此可知，力对刚体的作用效果与力的作用点在作用线上的位置无关，即力在同一刚体上可沿其作用线任意移动。由此对于刚体来说，力的作用点在作用线上的位置已不是决定其作用效果的要素。必须要注意的是力的可传性原理只适用于刚体而不适用于变形体。

（3）作用力与反作用力公理

两个物体间相互作用的一对力，总是大小相等、方向相反、作用线相同，并分别而且同时作用于这两个物体上。

由此可知，力总是成对出现的。甲物体给乙物体一作用力时，乙物体必给甲物体一反作用力，且两者等值、反向、共线。应当注意，作用力和反作用力并非作用于同一物体上，而是分别作用于不同的两个物体上。因此，对于每一物体来说，不能把作用力和反作用力看成是一对平衡力。在分析若干个物体所组成的系统的受力情况时，借助此公理，我们能从一个物体的受力分析过渡到相邻物体的受力分析。

（4）力的平行四边形法则

作用于物体上同一点的两个力可合成为一个力，此合力也作用于该点，合力的大小和方向由以原两力矢为邻边所构成的平行四边形的对角线来表示，如图1-5所示，F_1和F_2为作用于刚体上A点的两个力，以这两个力为邻边作出平行四边形$ABCD$，图中F_R即为F_1、F_2的合力。

这个公理说明了力的合成遵循矢量加法，其矢量表达式为：
$$F_R = F_1 + F_2 \tag{1-1}$$
合力 F_R 等于两个分力 F_1、F_2 的矢量和。

在工程实际问题中，常把一个力 F 沿直角坐标轴方向分解，可得出两个互相垂直的分力 F_x 和 F_y，如图 1-6 所示。F_x 和 F_y 的大小可由三角公式求得：

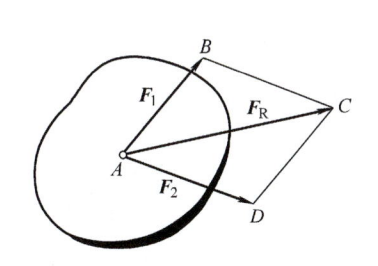

图 1-5　力的合成

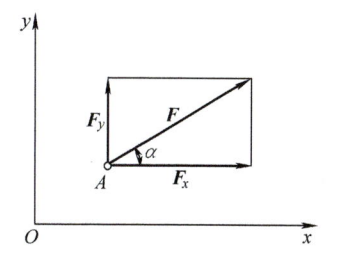

图 1-6　力的分解

$$\left.\begin{array}{l} F_x = F\cos\alpha \\ F_y = F\sin\alpha \end{array}\right\} \tag{1-2}$$

（5）三力平衡汇交定理

一个刚体在共面而不平行的三个力作用下处于平衡状态，这三个力的作用线必汇交于一点。

这个公理只说明了不平行的三力平衡的必要条件，而不是充分条件。它常用来确定刚体在不平行三力作用下平衡时，其中某一未知力的作用线（力的方向）。

如图 1-7 所示，刚体受到共面而不平行的三个力 F_1、F_2、F_3 作用处于平衡，根据力的可传性原理将 F_2、F_3 沿其作用线移到两者的交点 O 处，再根据力的平行四边形法则将 F_2、F_3 合成合力 F，于是刚体上

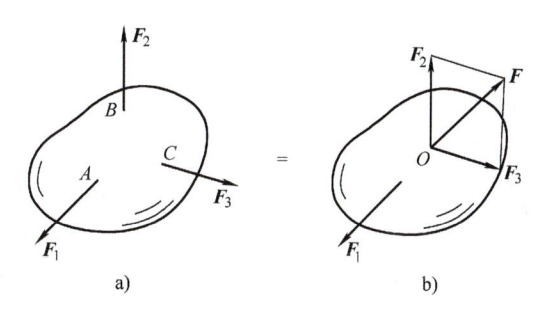

图 1-7　三力平衡汇交

只受到两个力 F_1 和 F 作用处于平衡状态，根据二力平衡公理可知，F_1、F 必在同一直线上，即 F_1 必过 F_2、F_3 的交点 O。因此，三个力 F_1、F_2、F_3 的作用线必交于一点。

（6）刚化公理

若变形体在某个力系作用下处于平衡状态，则将此物体变成刚体（刚化）时其平衡不受影响。

此公理指出了刚体静力学的平衡理论能应用于变形体的条件：若变形体处于平衡状态，则作用于其上的力系一定满足刚体静力学的平衡条件。也就是说，对已知处于平衡状态的变形体，可以应用刚体静力学的平衡理论。然而，刚体平衡的充分与必要条件，对于变形体的平衡，只是必要条件而不是充分条件。

3. 约束和约束反力

（1）约束和约束反力的定义

力学中通常把物体分为自由体和非自由体两类。在空间能自由作任意方向运动的物体称

为自由体,例如航行中的飞机。某些方向的运动受到限制的物体称为非自由体,例如在钢轨上行驶的火车、安装在轴承中的电机转子等。工程构件的运动大都受到某些限制,因而都是非自由体。

由此可知,自由体和非自由体两者的主要区别是:自由体可以自由位移,不受任何其他物体的限制,它可以任意地移动和旋转;非自由体则不能自由位移,其某些位移受到其他物体的限制而不能发生。

将限制阻碍非自由运动的物体称为约束物体,简称约束。约束总是通过物体之间的直接接触形成的,如钢轨是对火车的约束,轴承是对电机转子的约束等。

约束体在限制其他物体运动时,所施加的力称为约束反力或约束力,简称反力。约束反力的方向总是与它所限制的物体的运动或运动趋势的方向相反。如图1-8b所示,柔绳拉住小球以限制其下落的张力 T 便是约束反力。约束反力的作用点就是约束与被约束物体的接触点。约束反力的特点是,它们的大小不能预先独立地确定。约束反力的大小与被约束物体的运动状态和作用于其上的其他力有关,应当通过力学规律(包括平衡条件)才能确定。

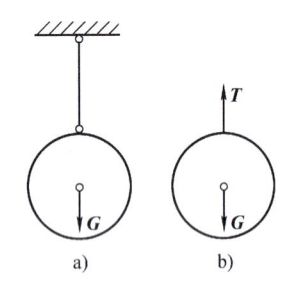

图1-8 柔体约束

与约束反力相对应,凡能主动使物体运动或使物体有运动趋势的力称为主动力,如重力、电磁力、流体阻力、水压力、土压力等。主动力在工程上也称为荷载。它们的特点是其大小可以预先独立地测定。在一般情况下,约束反力是由主动力引起的,所以它是一种被动力。

工程上的物体,一般同时受到主动力和约束反力的作用。对它们进行受力分析,就是要分析这两方面的力。通常主动力是已知的,约束反力是未知的,所以问题的关键在于正确分析约束反力。

(2)几种基本类型的约束及其约束反力

1)柔体约束。由柔软且不计自重的绳索、胶带、链条等形成的约束称为柔体约束。柔体约束的约束反力为拉力,沿着柔体的中心线背离被约束的物体,用符号 F_T 或 T 表示,如图1-8所示。

2)光滑接触面约束。物体之间光滑接触,只限制物体沿接触面的公法线方向并指向接触面的运动,而不能限制物体沿着接触面切线方向的运动或运动趋势。所以光滑接触面约束的约束反力为压力,通过接触点,方向沿着接触面的公法线指向被约束的物体,通常用 F_N 或 N 表示,如图1-9所示。

几种基本类型的约束及其约束反力

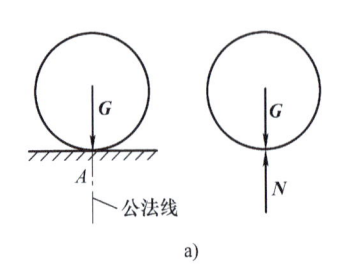

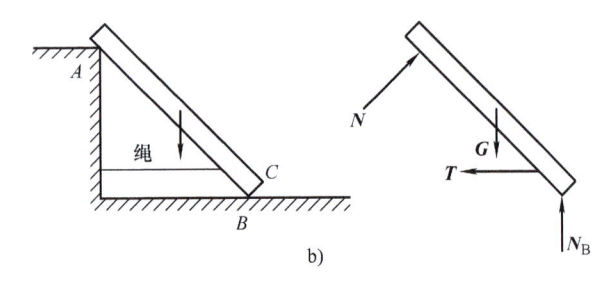

图1-9 光滑接触面约束

3）光滑的圆柱铰链约束。由一个圆柱形销钉插入两个物体的圆孔所构成的，且认为销钉和圆孔的表面都是完全光滑的约束称为光滑的圆柱铰链约束，如图 1-10a 所示。

这种约束力可以用图 1-10b 所示的力学简图表示，其特点是只限制两物体在垂直于销钉轴线的平面内沿任意方向的相对移动，而不能限制物体绕销钉轴线的相对转动和沿其轴线方向的相对滑动。因此，铰链的约束反力作用在与销钉轴线垂直的平面内，并通过销钉中心，但方向待定，如图 1-10c 所示。工程中常用通过铰链中心的相互垂直的两个分力 X_A、Y_A 表示，如图 1-10d 所示。

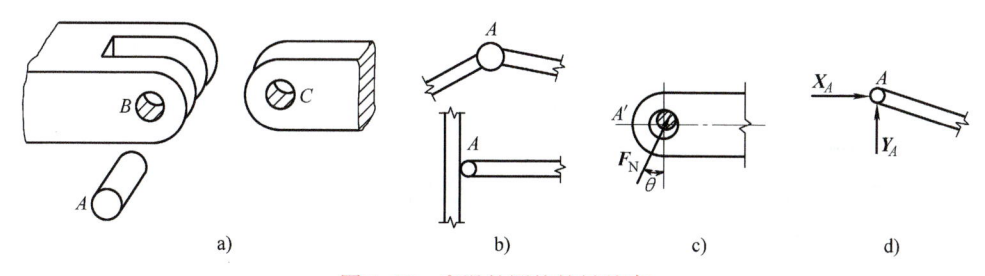

图 1-10 光滑的圆柱铰链约束

4）链杆约束。两端各以铰链与其他物体相连且中间不受力（包括物体本身的自重）的直杆称为链杆，如图 1-11a 中的 AB 杆即为链杆。链杆只限制物体沿链杆轴线方向的运动。因此，链杆约束反力沿着链杆中心线，指向待定，常用符号 R 表示。其简图如图 1-11b 所示，约束反力的表示如图 1-11c、d 所示（指向假设）。

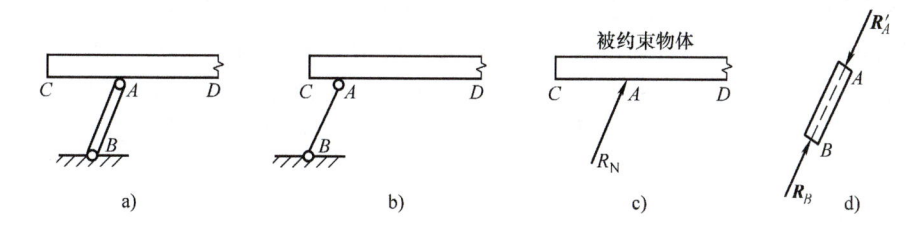

图 1-11 链杆约束

5）铰链支座约束。将结构或构件连接在支撑物上的装置，称为支座。支座对构件就是一种约束。支座对它所支撑的构件的约束反力也称为支座反力。铰链支座包括固定铰支座和可动铰支座两种。

① 固定铰支座。圆柱形铰链所连接的两个构件中，如果有一个被固定在基础上，便构成了固定铰支座，如图 1-12a 所示。这种支座不能限制构件绕销钉轴线的转动，只能限制构件在垂直于销钉轴线的平面内向任意方向的移动。可见固定铰支座的约束性能与圆柱铰链相同。所以，固定铰支座的支座反力在垂直于销钉轴线的平面内，通过铰心，且方向未定。

固定铰支座的计算简图如图 1-12b 所示，约束反力如图 1-12c 所示。

② 可动铰支座。可动铰支座约束又称为辊轴支座约束。在固定铰支座下面安装几个辊轴支承于平面上，但支座的连接使它不能离开支承面，就构成了可动铰支座，如图 1-13a 所示。这种支座只限制构件在垂直于支承面方向上的移动，而不能限制构件绕销钉轴线的转动和沿支承面方向上的移动。所以，可动铰支座的支座反力通过销钉中心，并垂直于支承面，但指向未定。可动铰支座的计算简图如图 1-13b 所示，约束反力如图 1-13c 所示。

图 1-12　固定铰支座约束

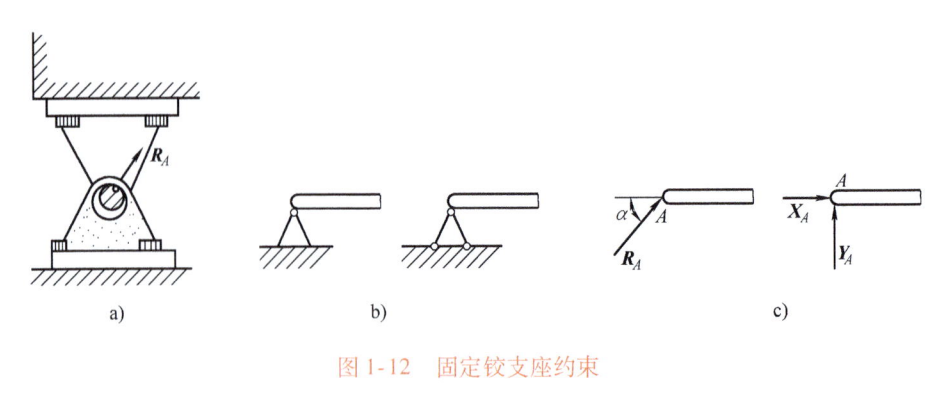

图 1-13　可动铰支座约束

6）固定端支座约束。如果把结构或构件的一端牢牢地嵌固在支承物里面，使构件既不能向任意方向移动，也不能转动，这种约束称为固定端支座，如图 1-14a 所示。固定端支座的约束反力为两个相互垂直的分力和一个约束反力偶，其分力和反力偶的指向和大小未定，箭头指向可以假设。固定端支座的计算简图如图 1-14b 所示，约束反力如图 1-14c 所示。

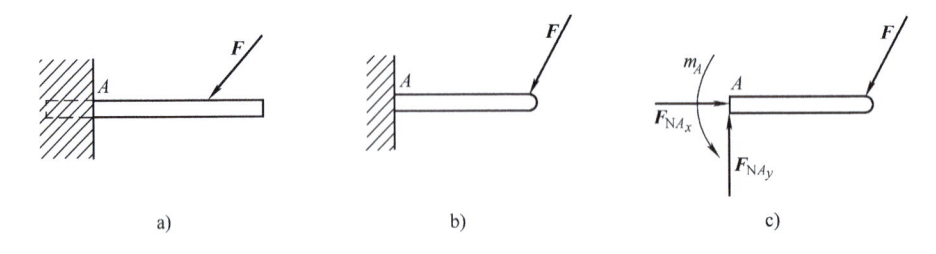

图 1-14　固定端支座约束

4. 物体受力分析和受力图

（1）物体受力分析

1）物体受力分析的定义。在工程中常常将若干构件（物体）通过某种连接方式组成机构或结构，用以传递运动或承受荷载，这些机构或结构统称为物体系统。

在求解静力平衡问题时，一般首先要分析物体的受力情况，了解物体受到哪些力的作用，其中哪些力是已知的，哪些力是未知的，这个过程称为对物体进行受力分析。

2）脱离体。在工程实际中，一般是几个构件或杆件相互联系在一起。因此，需要首先明确对哪一个物体进行受力分析，即明确研究对象。把该研究对象从与它相联系的周围物体

（包括约束）中分离出来，这个被分离出来的研究对象称为脱离体。

3）受力图。在脱离体上面画出周围物体对它的全部作用力（包括主动力和约束反力），这种表示物体所受全部作用力情况的图形称为脱离体的受力图，简称受力图。

(2) 物体受力图的画法

1）受力图绘图步骤：

① 明确研究对象，取脱离体，它可以是单个物体，也可以是由若干个物体组成的物体系统，视具体情况而定。

② 根据已知条件，画出作用在研究对象上的全部主动力。

③ 根据约束类型和物体运动趋势，画出相应的约束反力。

2）注意事项：

① 应注意两个物体之间相互作用的约束反力应符合作用力与反作用力公理。

② 作受力图时，必须按约束的功能画约束反力，不能根据主观臆测来画约束反力。

③ 受力图上只画脱离体的简图及其所受全部外力，不画已被解除的约束。

④ 当以系统为研究对象时，受力图上只画该系统（研究对象）所受的主动力和约束反力，而不画系统内各物体之间的相互作用力（称为内力）。

⑤ 正确判断二力杆，二力杆中的两个力的作用线沿作用点连线，且等值、反向。同一约束反力在不同受力图上出现时，其指向必须一致。

3）物体受力分析和受力图画法。下面举例说明物体受力分析的方法与受力图的画法。

【实例 1-1】 重力为 G 的球放在光滑斜面上，并用绳索系于铅直的墙上，如图 1-15a 所示，试画出球的受力图。

解：1）取球为研究对象。

2）去掉约束，画出球的简图。

3）在球上画出全部主动力和约束反力，如图 1-15b 所示。

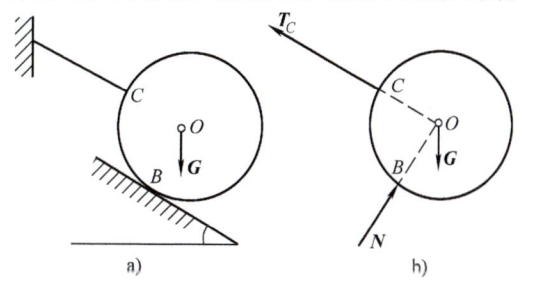

图 1-15 实例 1-1 示意图

【实例 1-2】 如图 1-16a 所示简支梁，跨中受集中力 F 的作用，A 端为固定铰支座约束，B 端为可动铰支座约束。试画出梁的受力图。

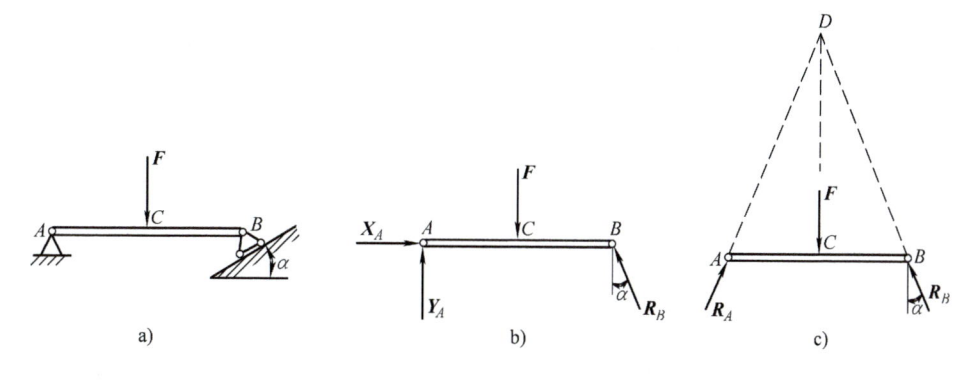

图 1-16 实例 1-2 示意图

解：1）取梁 AB 为研究对象，解除 A、B 两处的约束，画出其脱离体简图。

2）在梁的中点 C 画主动力 F。

3）在受约束的 A 处和 B 处，根据约束类型画出约束反力。B 处为可动铰支座约束，其反力通过铰链中心且垂直于支承面，其指向假定如图 1-16b 所示；A 处为固定铰支座约束，其反力可用通过铰链中心 A 并以相互垂直的分力 X_A、Y_A 表示，受力图如图 1-16b 所示。

同时，注意到梁只在 A、B、C 三点受到互不平行的三个力作用而处于平衡，因此，也可以根据三力平衡汇交定理进行受力分析。已知 F、R_B 相交于 D 点，则 A 处的约束反力 R_A 也应通过 D 点，从而可确定 R_A 必通过 A、D 两点的连线，可画出如图 1-16c 所示的受力图。

5. 结构计算简图

（1）结构计算简图的定义

工程实际中的结构、构造、荷载等往往是比较复杂的，如果完全按照实际情况进行力学分析和计算，会使问题非常复杂，难以求解。因此，有必要采用简化的图形来代替实际结构，这种简化的图形称为结构的计算简图。

（2）选取计算简图的基本原则

1）要正确反映主要受力情况，使计算结果接近实际情况，有足够的精确性。

2）要忽略影响不大的次要因素，以简化计算工作量。

（3）计算简图的简化方法

1）体系的简化。工程实际中往往都是由若干构件或杆件组成的空间体系，除特殊情况外，一般根据其受力情况简化为平面体系。对于构件或杆件，常用其纵向轴线（画成粗实线）来表示。

2）节点的简化。杆件之间相互连接之处称为节点。在工程实际中连接的形式是多种多样的，但在计算简图中，通常只简化为铰节点和刚节点两种理想形式。

结构计算简图的简化

铰节点的特征是其所铰接的各杆件均可绕节点自由转动，杆件间的夹角可以改变大小，如图 1-17a 所示。

刚节点的特征是其所连接的各杆件之间不能绕节点有相对的转动，变形前后，节点处各杆件间的夹角都保持不变，如图 1-17b 所示。

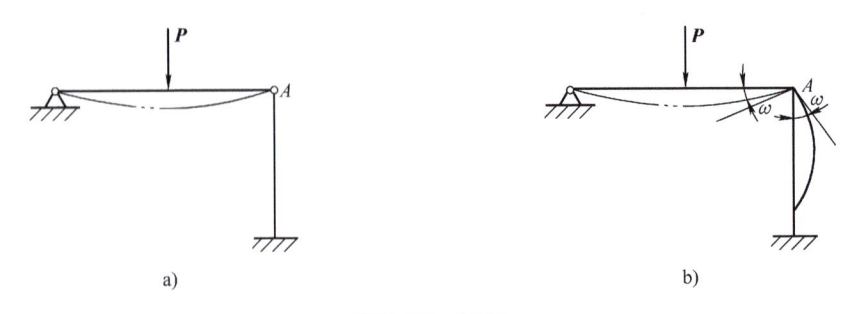

图 1-17 节点
a）铰节点　b）刚节点

3）支座的简化。在工程结构中，随着支座构造形式或材料的不同，其支承的约束情况差异很大。在简化时通常根据实际构造的约束情况，参照前述内容把支座恰当地简化为固定铰支座、可动铰支座、固定端支座等。

4）荷载的简化。工程结构受到的荷载，一般是作用在构件内各处的体荷载（如自重）以及作用在一面积上的面荷载（如风压）。在计算简图中，常把它们简化为作用在构件纵向轴线上的线荷载、集中力和集中力偶等。

1.1.2 平面力系平衡条件的应用

1. 力的投影、力矩及力偶

（1）力在平面直角坐标轴上的投影

如图 1-18 所示，设力 F 作用在物体上某点 A 处，用 AB 表示。通过力 F 所在的平面的任意点 O 作直角坐标系 xOy。从力 F 的起点 A 及终点 B 分别作垂直于 x 轴的垂线，得垂足 a 和 b，并在 x 轴上得线段 ab，线段 ab 的长度加以正负号，称为力 F 在 x 轴上的投影，用 X 表示。同理可以确定力 F 在 y 轴上的投影为线段 a_1b_1，用 Y 表示。

力在平面坐标轴上的投影

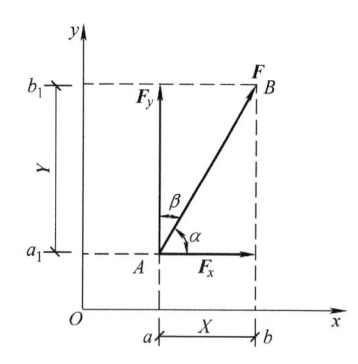

图 1-18　力的投影

当力的始端投影到终端的投影方向与投影轴的正向一致时，力的投影取正值，反之，当力的始端投影到终端的投影方向与投影轴的正向相反时，力的投影取负值。

从图 1-18 中的几何关系得出，力在某轴上的投影，等于力的大小乘以该力与该轴正向间夹角的余弦，即：

$$\left. \begin{array}{l} X = \pm F\cos\alpha \\ Y = \pm F\cos\beta = \pm F\sin\alpha \end{array} \right\} \tag{1-3}$$

其中，α 为力 F 与 x 轴所夹的锐角，$\alpha < 90°$ 时力在 x 轴上的投影值为正，$\alpha > 90°$ 时力在 x 轴上的投影值为负，$\alpha = 90°$ 时力在 x 轴上的投影等于零。

由式（1-3）可知：当力与坐标轴垂直时，力在该轴上的投影为零；当力与坐标轴平行时，力在该轴上投影的绝对值与该力的大小相等。

如果已知力 F 的大小及方向，就可以用式（1-3）方便地计算出投影 X 和 Y；反之，如果已知力 F 在 x 轴和 y 轴上的投影 X 和 Y，则由图 1-18 中的几何关系，可用式（1-4）确定力 F 的大小和方向。

$$\left. \begin{array}{l} F = \sqrt{X^2 + Y^2} \\ \tan\alpha = \left| \dfrac{X}{Y} \right| \end{array} \right\} \tag{1-4}$$

其中，α 为力 F 与 x 轴所夹的锐角，力 F 的具体方向可由 X、Y 的正负号确定。

必须要注意的是，不能将力的投影与分力两个概念混淆，分力是矢量，而力在坐标轴上的投影是代数量。力在平面直角坐标轴上的投影计算，在力学计算中应用非常普遍，必须熟练掌握。

【实例 1-3】已知力 $F_1 = 100\text{N}$，$F_2 = 50\text{N}$，$F_3 = 80\text{N}$，$F_4 = 60\text{N}$，各力的方向如图 1-19 所示，试求各力在 x 轴和 y 轴上的投影。

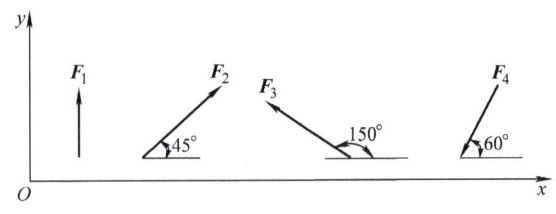

图 1-19　实例 1-3 示意图

解：F_1 的投影：

$$X_1 = 0$$
$$Y_1 = 100 \text{（N）}$$

F_2 的投影：

$$X_2 = F_2 \cdot \cos 45° = 50 \times 0.707 = 35.35 \text{（N）}$$
$$Y_2 = F_2 \cdot \sin 45° = 50 \times 0.707 = 35.35 \text{（N）}$$

F_3 的投影：

$$X_3 = -F_3 \cdot \cos 30° = -80 \times 0.866 = -69.28 \text{（N）}$$
$$Y_3 = F_3 \cdot \sin 30° = 80 \times 0.5 = 40 \text{（N）}$$

F_4 的投影：

$$X_4 = -F_4 \cdot \cos 60° = -60 \times 0.5 = -30 \text{（N）}$$
$$Y_4 = -F_4 \cdot \sin 60° = -60 \times 0.866 = -51.96 \text{（N）}$$

（2）力矩及合力矩定理

1）力矩。从实践中可知，力对物体的作用效果除了能使物体移动外，还能使物体转动。力矩是很早以前人们在使用杠杆、滑轮、绞盘等机械搬运或提升重物时所形成的一个概念。现以扳手拧螺母为例来加以说明，如图 1-20 所示，在扳手上加一力 F，可以使扳手绕螺母的轴线旋转。

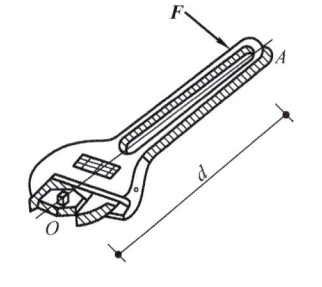

图 1-20　扳手拧螺母

力矩及合力矩定理

实践经验表明，扳手的转动效果不仅与力 F 的大小有关，而且还与 O 点到力作用线的垂直距离 d 有关。当 d 保持不变时，力 F 越大，转动越快。当力 F 不变时，d 值越大，转动也越快。若改变力的作用方向，则扳手的转动方向就会发生改变，因此，可用 F 与 d 的乘积和适当的正负号来表示力 F 使物体绕 O 点转动的效应。

实践总结出以下规律：力使物体绕某点转动的效果，与力的大小成正比，与转动中心到力的作用线的垂直距离 d 成正比，这个垂直距离称为力臂，转动中心称为力矩中心（简称矩心）。力的大小与力臂的乘积称为力 F 对点 O 之矩，简称力矩，记作 $M_O(F)$，计算公式为：

$$M_O(F) = \pm F \cdot d \tag{1-5}$$

式中的正负号可作如下规定：力使物体绕矩心逆时针转动时取正号，反之取负号。

由图 1-21 可以看出，力对点的矩还可以用以矩心为顶点，以力矢量为底边所构成的三角形的面积的两倍来表示，计算公式为：

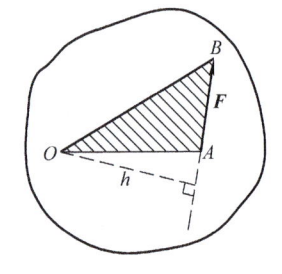

图 1-21　力矩

$$M_O(\boldsymbol{F}) = \pm 2S_{\triangle OBA} \tag{1-6}$$

在平面力系中,力矩或为正值,或为负值,因此,力矩可视为代数量。

显然,力矩在下列两种情况下等于零:①力等于零;②力臂等于零,就是力的作用线通过矩心。

力矩的单位是牛顿·米(N·m)或千牛顿·米(kN·m)。

【实例 1-4】 分别计算图 1-22 所示的 $\boldsymbol{F}_1$、$\boldsymbol{F}_2$ 对 O 点的力矩。

解:
$M_O(\boldsymbol{F}_1) = F_1 d_1 = 15 \times 1.5 \times \sin 30° = 11.25$(kN·m)
$M_O(\boldsymbol{F}_2) = -F_2 d_2 = -50 \times 3.5 = -175$(kN·m)

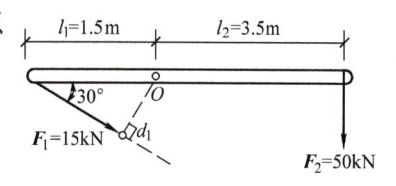

图 1-22 实例 1-4 示意图

2)合力矩定理。平面汇交力系的作用效应可以用它的合力来代替。作用效应包括移动效应和转动效应,而力使物体绕某点的转动效应由力对点的矩来度量。

由此可得,平面汇交力系的合力对平面内任一点的矩等于该力系中的各分力对同一点之矩的代数和,这就是平面汇交力系的合力矩定理。

证明:如图 1-23 所示,设物体 O 点作用有平面汇交力系 $\boldsymbol{F}_1$、$\boldsymbol{F}_2$,其合力为 $\boldsymbol{F}$。在力系的作用面内取一点 A,点 A 到 $\boldsymbol{F}_1$、$\boldsymbol{F}_2$、合力 $\boldsymbol{F}$ 三力作用线的垂直距离分别为 d_1、d_2 和 d,以 OA 为 x 轴,建立直角坐标系,$\boldsymbol{F}_1$、$\boldsymbol{F}_2$、合力 $\boldsymbol{F}$ 与 x 轴的夹角分别为 α_1、α_2、α,则:

$M_A(\boldsymbol{F}) = -Fd = -F \cdot OA\sin\alpha$
$M_A(\boldsymbol{F}_1) = -F_1 d_1 = -F_1 \cdot OA\sin\alpha_1$
$M_A(\boldsymbol{F}_2) = -F_2 d_2 = -F_2 \cdot OA\sin\alpha_2$

因 $F_y = F_{1y} + F_{2y}$
即 $F\sin\alpha = F_1\sin\alpha_1 + F_2\sin\alpha_2$

图 1-23 平面汇交力系

等式两边同时乘以长度 OA 得:
$F \cdot OA\sin\alpha = F_1 \cdot OA\sin\alpha_1 + F_2 \cdot OA\sin\alpha_2$
$M_A(\boldsymbol{F}) = M_A(\boldsymbol{F}_1) + M_A(\boldsymbol{F}_2)$

上式表明:汇交于某点的两个分力对 A 点的力矩的代数和等于其合力对 A 点的力矩。

上述证明可推广到 n 个力组成的平面汇交力系,即:

$$M_A(\boldsymbol{F}) = M_A(\boldsymbol{F}_1) + M_A(\boldsymbol{F}_2) + \cdots + M_A(\boldsymbol{F}_n) = \sum M_A(\boldsymbol{F}_i) \tag{1-7}$$

上式就是平面汇交力系的合力矩定理的表达式。利用合力矩定理可以简化力矩的计算。

(3)力偶与力偶矩

1)力偶。在生产实践中,为了使物体发生转动,常常在物体上施加两个大小相等、方向相反、不共线的平行力,例如钳工用丝锥攻螺纹时两手加力在丝杠上,如图 1-24 所示。

由此,得出力偶的定义:大小相等、方向相反且不共线的两个平行

力偶与力偶矩

力称为力偶，用符号（F，F'）表示。两个相反力之间垂直距离 d 称为力偶臂，如图 1-25 所示。两个力的作用平面称为力偶面。

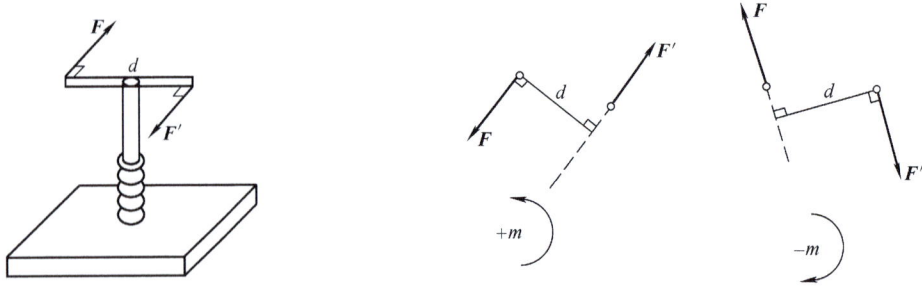

图 1-24　攻螺纹　　　　　　　　　图 1-25　力偶

2）力偶矩。力偶矩用来度量力偶对物体转动效果的大小。它等于力偶中的任一个力与力偶臂的乘积，以符号 m（F，F'）表示，或简写为 m，即

$$m = \pm F \cdot d \tag{1-8}$$

力偶矩与力矩一样，也是以数量式中正负号表示力偶矩的转向。通常规定：若力偶使物体作逆时针方向转动时，力偶矩为正，反之为负。

力偶矩的单位和力矩的单位相同，是牛顿·米（N·m）或千牛顿·米（kN·m）。作用在某平面的力偶使物体转动的效应是由力偶矩来衡量的。

力偶矩的作用效果取决于以下三个要素：

① 构成力偶的力的大小。
② 力偶臂的大小。
③ 力偶的转向。

3）力偶与力偶矩的性质：

① 力偶没有合力，所以不能用一个力来代替，也不能用一个力来与之平衡。

由于力偶中的两个力大小相等、方向相反、作用线平行，如果求它们在任一轴上的投影，如图 1-26 所示，设力与轴 x 的夹角为 α，由图 1-26 可得：

$$\sum X = F\cos\alpha - F'\cos\alpha = 0$$

由此得出，力偶中的二力在其作用面内的任意坐标轴上的投影的代数和恒为零，所以力偶对物体只有转动效应，而一个力在一般情况下对物体有移动和转动两种效应。因此，力偶与力对物体的作用效应不同，不能用一个力代替，即力偶不能和一个力平衡，力偶只能和转向相反的力偶平衡。

② 力偶对其所在平面内任一点的矩恒等于力偶矩，与矩心位置无关。

力偶的作用是使物体产生转动效应，所以力偶对物体的转动效应可以用力偶的两个力对其作用面某一点的力矩的代数和来度量。如图 1-27 所示，一力偶（F，F'）作用于某物体上，其力偶臂为 d，逆时针转向，其力偶矩为 $m = Fd$，在该力偶作用面内任选一点 O 为矩心，设矩心与 F' 的垂直距离为 x。

由此力偶对 O 点的力矩为：

$$M_O(F, F') = M_O(F) + M_O(F') = F \cdot (d + x) - F' \cdot x = F \cdot d = m$$

③ 同一平面的两个力偶，如果它们的力偶矩大小相等、转向相同，则这两个力偶等效，称为力偶的等效性。

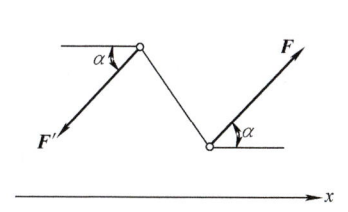

图 1-26 力偶在 x 轴上的投影

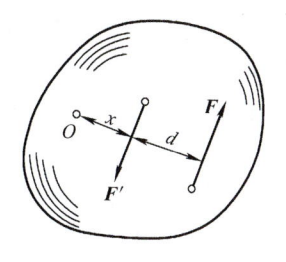

图 1-27 力偶的转动效应

4）平面力偶系的合成。平面力偶系合成可以根据力偶的等效性来进行。其合成的结果为：平面力偶系可以合成为一个合力偶，合力偶矩等于力偶系中各分力偶矩的代数和，即

$$M = m_1 + m_2 + \cdots + m_n = \sum m \tag{1-9}$$

式（1-9）中，若计算结果为正值，则表示合力偶是逆时针方向转动；若计算结果为负值，则表示合力偶是顺时针方向转动。

【实例 1-5】 如图 1-28 所示，在物体的同一平面内受到三个力偶的作用，设 $F_1 = 200\text{N}$，$F_2 = 400\text{N}$，$m = 150\text{N}\cdot\text{m}$，求其合成的结果。

解：三个共面力偶合成的结果是一个合力偶，各分力偶矩为

$$m_1 = F_1 d_1 = 200 \times 1 = 200 \ (\text{N} \cdot \text{m})$$

$$m_2 = F_2 d_2 = 400 \times \frac{0.25}{\sin 30°} = 200 \ (\text{N} \cdot \text{m})$$

$$m_3 = -m = -150 \ (\text{N} \cdot \text{m})$$

由式（1-9）得，合力偶矩

$$M = \sum m = m_1 + m_2 + m_3 = 200 + 200 - 150 = 250(\text{N} \cdot \text{m})$$

因此合力偶矩的大小等于 250N·m，转向为逆时针方向，作用在原力偶系的平面内。

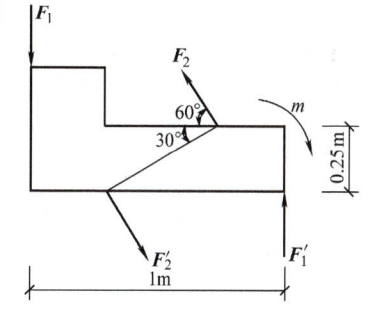

图 1-28 实例 1-5 示意图

2. 平面一般力系的平衡条件及平衡方程

（1）力的平移定理

作用在刚体上的一个力 F，可以平移到同一刚体上的任一点 O，但必须同时附加一个力偶，其力偶矩等于原力 F 对新作用点 O 的矩，称为力的平行移动定理，简称力的平移定理。

下面对定理进行论证。首先，设在刚体 A 点上作用有一力 F，如图 1-29a 所示，然后在刚体上任取一点 B，现要将力 F 从 A 点平移到刚体 B 点。

平面一般力系的平衡条件及平衡方程

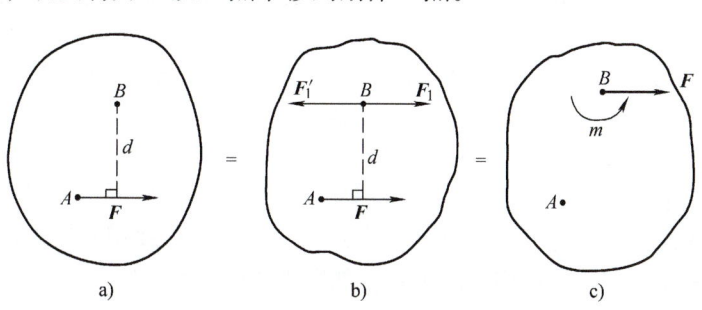

a)   b)   c)

图 1-29 力的平移

在 B 点加一对平衡力系 F_1 与 F'_1，其作用线与力 F 的作用线平行，并使 $F_1 = F'_1 = F$，如图 1-29b 所示。由加减平衡力系公理可知，这与原力系的作用效果完全相同，此三力可看作一个作用在 B 点的力 F_1 和一个力偶（F，F'_1），其力偶矩 $m = M_B(F) = F \cdot d$，如图 1-29c 所示。

这表明，作用于刚体上的力可平移至刚体内任一点，但不是简单的平移，平移时必须附加一力偶，该力偶的矩等于原力对平移点之矩。

根据力的平移定理可知一个力可以和一个力加上一力偶等效。因此，也可将同平面内的一个力和一个力偶合为另一个力。

力的平移定理是力系简化的基本依据，其不仅是分析力对物体作用效应的一个重要手段，而且还可以用来解释一些实际问题。

(2) 平面一般力系平衡条件的应用

1) 平面一般力系的平衡条件。平面一般力系向平面内任一点简化，若主矢 F' 和主矩 M_O 同时等于零，表明作用于简化中心 O 点的平面汇交力系和附加平面力偶系都自成平衡，则原力系一定是平衡力系；反之，如果主矢 F' 和主矩 M_O 中有一个不等于零或两个都不等于零时，则平面一般力系就可以简化为一个合力或一个力偶，原力系就不能平衡。因此，平面一般力系平衡的必要与充分条件是力系的主矢和力系对平面内任一点的主矩都等于零，即

$$F' = 0, \quad M_O = 0$$

2) 平面一般力系的平衡方程：

① 基本形式。平面一般力系平衡的必要与充分的解析条件是：力系中所有各力在任意选取的两个坐标轴中的每一轴上投影的代数和分别等于零；力系中所有各力对平面内任一点之矩的代数和等于零，即

$$F' = \sqrt{(\sum X)^2 + (\sum Y)^2} = 0$$
$$M_O = \sum M_O(F) = 0$$
$$\left. \begin{array}{l} \sum X = 0 \\ \sum Y = 0 \\ \sum M_O = 0 \end{array} \right\} \tag{1-10}$$

上式表明，平面一般力系处于平衡的必要和充分条件是：力系中所有各力分别在 x 轴和 y 轴上的投影的代数和等于零，力系中各力对任意一点的力矩的代数和等于零。式（1-10）又称为平面一般力系的平衡方程。这三个方程是彼此独立的，利用它可以求解出三个未知量。

【实例 1-6】 如图 1-30a 所示的刚架 AB 受均匀分布风荷载的作用，单位长度上承受的风压为 q（N/m），称 q 为均布荷载集度，简称均布荷载。给定 q 的大小和刚架的尺寸，求支座 A 和 B 的约束反力。

解：1) 取分离体，作受力图，如图 1-30b 所示。取刚架 AB 为分离体，它所受的分布荷载用其合力 Q 代替，合力 Q 的大小等于荷载集度 q 与荷载作用长度之积。

合力 Q 作用在均布荷载作用线的中点，如图 1-30 所示。

2) 列平衡方程，求解未知力。刚架受平面任意力系的作用，三个支座反力是未知量，

可由平衡方程求出。取坐标轴如图 1-30b 所示，列平衡方程，得

$$\sum X = 0, Q + X_A = 0$$

$$\sum Y = 0, N_B + Y_A = 0$$

$$\sum M_A(F_i) = 0, 1.5lN_B - 0.5lQ = 0$$

解得

$$X_A = -Q = -ql$$

$$N_B = \frac{1}{3}ql$$

$$Y_A = -N_B = -\frac{1}{3}ql$$

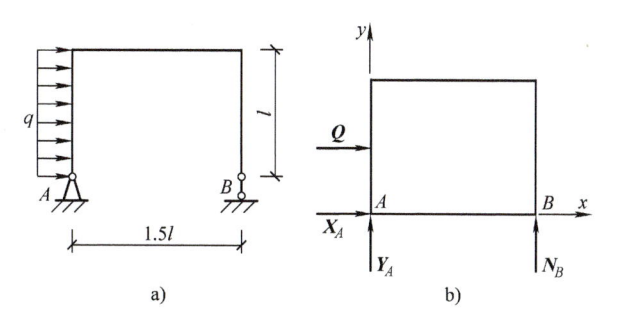

图 1-30　实例 1-6 示意图

负号说明约束反力 Y_A 的实际方向与图中假设的方向相反。

② 其他形式。平衡方程式并不是平面一般力系平衡方程的唯一形式，它只是平面一般力系平衡方程的基本形式。除此以外，还有以下两种形式。

a）二力矩式：用另一点的力矩方程代替其中一个投影方程，则得到以上两个力矩方程和一个投影方程的形式，称为二力矩式，即

$$\left.\begin{array}{l}\sum X = 0 \\ \sum M_A(F_i) = 0 \\ \sum M_B(F_i) = 0\end{array}\right\} \quad (1-11)$$

图 1-31　二力矩式示意图

式（1-11）中，注意 A、B 两点的连线不能与 x 轴垂直，如图 1-31 所示。

b）三力矩式：三个平衡方程都是力矩方程，即

$$\left.\begin{array}{l}\sum M_A(F) = 0 \\ \sum M_B(F) = 0 \\ \sum M_C(F) = 0\end{array}\right\} \quad (1-12)$$

式（1-12）中三矩心 A、B、C 三点不能共线。

由上可知，平面一般力系共有三种不同形式的平衡方程组，均可用来解决平面一般力系的平衡问题。每一组方程中都只含有三个独立的方程式，都只能求解三个未知量。任何再列出的平衡方程，都不再是独立的方程，但可用来校核计算结果。应用时可根据问题的具体情况，选用不同形式的平衡方程组，以达到计算方便的目的。

【实例 1-7】如图 1-32a 所示的钢筋混凝土刚架的计算简图，其左侧面受到一水平推力 $F = 10$kN，刚架顶上作用有均布荷载，荷载集度 $q = 5$kN/m，忽略刚架自重，试求 A、B 支座的约束反力。

解：1）选择刚架为研究对象，画脱离体。

2）画受力图，刚架受到的主动力有集中力 F 和均布荷载 q，约束反力有 F_A、F_{Bx}、F_{By}，指向均先假设，受力图如图 1-32b 所示，均布荷载的合力大小为荷载围成的面积，方向与 q 方向相同，竖直向下，合力的作用点在刚架顶中点处。

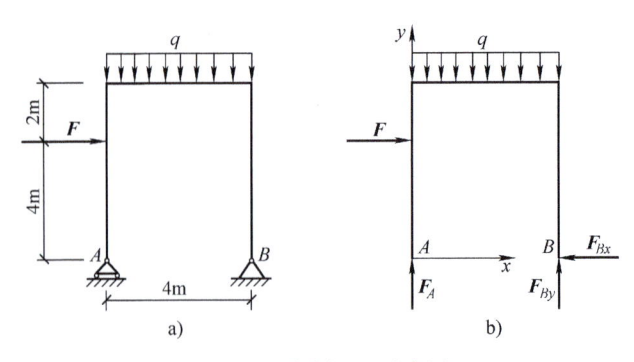

图 1-32 实例 1-7 示意图

3）选坐标轴，为避免联立方程，坐标轴尽量与未知力垂直，如图 1-32b 所示。取矩点选未知力 F_A、F_{Bx} 的交点 A 点（当然取矩点也可选 F_{Bx}、F_{By} 的交点 B）。

4）列平衡方程，求解未知量。

$$\sum X = 0 \quad F - F_{Bx} = 0 \tag{1}$$

$$\sum Y = 0 \quad F_A + F_{By} - q \times 4 = 0 \tag{2}$$

$$\sum M_A = 0 \quad -F \times 4 - q \times 4 \times 2 + F_{By} \times 4 = 0 \tag{3}$$

由方程（1）得：$F_{Bx} = 10 \text{kN}$（←）

由方程（3）得：$F_{By} = 20 \text{kN}$（↑）

将 F_{By} 代入（2）式得：$F_A = 0 \text{kN}$

5）校核。力系既然平衡，则可以用其他的平衡方程来校核计算有无错误。本例校核各力对 B 点矩的代数和是否为零，即

$$\sum M_B = -F_A \times 4 - F \times 4 + q \times 4 \times 2 = 0 - 10 \times 4 + 5 \times 4 \times 2 = 0$$

说明计算无误。

3. 平面汇交力系、平面力偶系、平面平行力系

（1）平面汇交力系的平衡条件

物体在平面汇交力系作用下处于平衡的充分必要条件是：合力 R 的大小等于零，即

$$R = \sqrt{R_x^2 + R_y^2} = \sqrt{\left(\sum X\right)^2 + \left(\sum Y\right)^2} = 0$$

式中的 $\left(\sum X\right)^2$、$\left(\sum Y\right)^2$ 均为非负数，要使上式成立即要使 $R = 0$，则

$$\left. \begin{array}{l} \sum X = 0 \\ \sum Y = 0 \end{array} \right\} \tag{1-13}$$

上式表明，平面汇交力系平衡的充分和必要的解析条件为：力系中各力的两个坐标轴上投影的代数和均等于零。式（1-13）称为平面汇交力系的平衡方程。这是相互独立的两个方程，所以只能求解两个未知量。

解题时未知力指向有时可以预先假设，若计算结果为正值，表示假设力的指向就是实际的指向；若计算结果为负值，表示假设力的指向与实际指向相反。在实际计算中，适当地选取投影轴，可使计算简化。

【实例 1-8】 简易起重机如图 1-33a 所示，被匀速吊起的重物 $G = 20 \text{kN}$，杆件自重、摩

擦力、滑轮大小均不计。试求 AB、BC 杆所受的力。

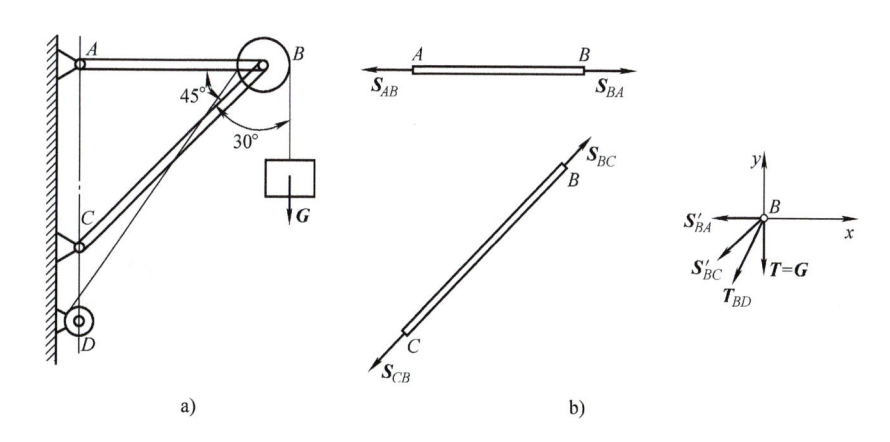

图 1-33 实例 1-8 示意图

解：1）选择研究对象，画其受力图。AB 杆和 BC 杆是二力杆，不妨假设两杆均受拉力，绳索的拉力 T_{BD} 和重物的重力 G 相等，所以选择既与已知力有关，又与未知力有关的滑轮 B 为研究对象，其受力图如图 1-33b 所示。

2）建立坐标轴系 xOy 如图 1-33b 所示，列平衡方程。

$$\sum X = 0 \quad -S'_{BA} - S'_{BC}\cos45° - T_{BD}\sin30° = 0$$

$$\sum Y = 0 \quad -T_{BD}\cos30° - S'_{BC}\sin45° - G = 0$$

求解得到

$$S'_{BC} = -52.79\text{kN}（压）$$

$$S'_{BA} = 27.32\text{kN}（拉）$$

负号表示受力图中 S'_{BC} 的方向与实际相反，在斜杆中实为压力。

(2) 平面力偶系的平衡条件

平面力偶系合成的结果只能是一个合力偶，当平面力偶系的合力偶矩等于零时，表明使物体顺时针方向转动的力偶矩与使物体逆时针方向转动的力偶矩相等，作用效果相互抵消，物体必处于平衡状态；反之，若合力偶矩不为零，则物体必产生转动效应而不平衡。这样可得到平面力偶系平衡的必要和充分条件：力偶系中所有各力偶矩的代数和等于零，即：

$$M = \sum m = 0 \tag{1-14}$$

【**实例 1-9**】 三铰刚架如图 1-34 所示，求在力偶矩为 m_1 的力偶作用下，支座 A 和 B 的约束反力。

解：1）取分离体，作受力图。取三铰刚架为分离体，其上受到力偶及支座 A 和 B 的约束反力的作用。由于 BC 是二力杆，支座 B 的约束反力 N_B 的作用线应在铰 B 和铰 C 的连线上。支座 A 的约束反力 N_A 的作用线是未知的。考虑到力偶只能用力偶来与之平衡，由此断定 N_A 与 N_B 必定组成一力偶，即 N_A 与 N_B 平行，且大小相等、方向相反，如图 1-34 所示。

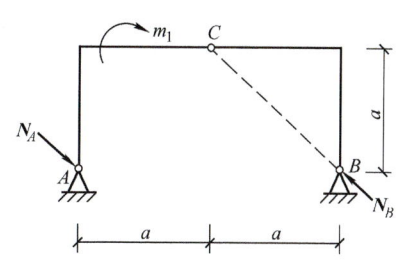

图 1-34 实例 1-9 示意图

2）列平衡方程，求解未知量。分离体在两个力偶作用下处于平衡，由力偶系的平衡条件得：

$$M = \sum m = 0$$
$$-m + \sqrt{2}aN_A = 0$$
$$N_A = N_B = \frac{m_1}{\sqrt{2}a}$$

（3）平面平行力系的平衡条件

平面平行力系在工程中经常遇到，如梁等结构所受的力系，常常都可简化成平面平行力系的问题来解决。

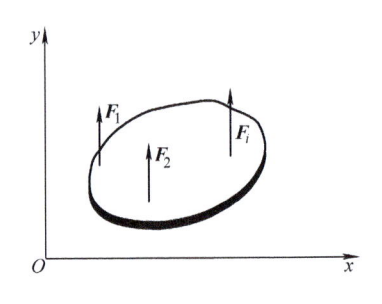

如图1-35所示，设物体受平面平行力系 F_1、F_2、…、F_i 的作用。如选取 x 轴与各力垂直，则不论力系是否平衡，每一个力在 x 轴上的投影恒等于零，即 $\sum X = 0$。于是，平面平行力系只有两个独立的平衡方程，即

$$\left.\begin{array}{c}\sum Y = 0 \\ \sum M_O(F_i) = 0\end{array}\right\} \quad (1-15)$$

图1-35　物体受平面平行力系作用

平面平行力系只有两个独立的平衡方程，只能求解两个未知量。

【实例1-10】　某房屋的外伸梁尺寸如图1-36所示。该梁的 AB 段受均布荷载 $q_1 = 20\text{kN/m}$，BC 段受均布荷载 $q_2 = 25\text{kN/m}$，求支座 A、B 的反力。

解：1）选取 AC 梁为研究对象，画其受力图。外伸梁 AC 在 A、B 处的约束一般可以简化为固定铰支座和可动铰支座，由于在水平方向没有荷载，所以没有水平方向的约束反力。在竖向荷载 q_1 和 q_2 作用下，支座反力 R_A、R_B 沿铅垂方向，它们组成平面平行力系。

2）建立直角坐标系，列平衡方程。

$$\sum Y = 0 \quad R_A + R_B - q_1 \times 5 - q_2 \times 2 = 0$$
$$\sum M_A(F_i) = 0 \quad -q_1 \times 5 \times 2.5 - q_2 \times 2 \times 6 + 5 \times R_B = 0$$

解得　$R_A = 40\text{kN}$（↑），$R_B = 110\text{kN}$（↑）

3）校核。

$$\sum M_B(F_i) = -40 \times 5 + 20 \times 5 \times 2.5 - 25 \times 2 \times 1 = 0$$

计算结果无误。

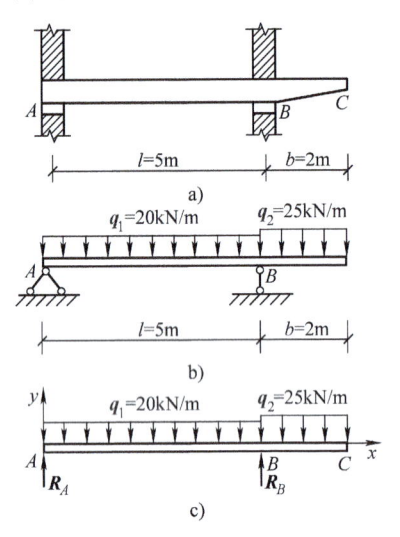

图1-36　实例1-10示意图

任务2　认知杆件的基本变形与组合变形

1.2.1　杆件的几何特征

工程中各种各样的建筑物都是由若干构件按照一定的规律组合而成的，称为结构。组成结构的各单独部分称为构件。结构一般按其几何特征分为以下三种类型。

（1）杆系结构

杆系结构是由杆件组成的结构。杆件的几何特征是其长度方向的尺寸远大于横截面的宽度和厚度尺寸（5 倍以上）。

杆件结构中的杆件其轴线多为直线，也有轴线为曲线和折线的杆件，分别称为直杆、曲杆和折杆，如图 1-37 所示。材料力学中的主要研究对象是杆件，而且大多数可抽象为直杆，如梁、柱等。

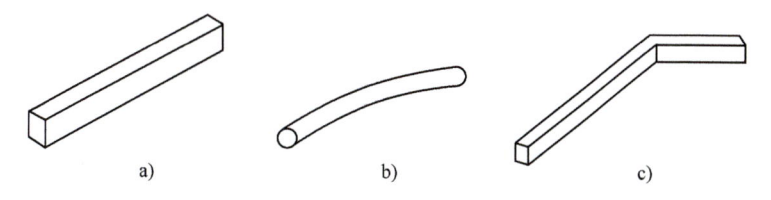

图 1-37　直线杆、曲线杆、折线杆

杆件的几何特点是：横截面是与杆长方向垂直的截面，而轴线是各截面形心的连线，如图 1-38 所示。

横截面相同的杆件称为等截面杆；横截面不同的杆件称为变截面杆，如图 1-39 所示。

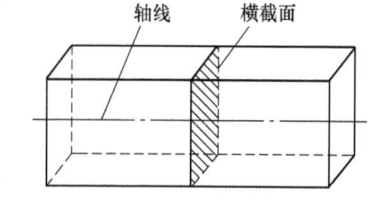

工程中常见的杆系结构按其受力特性不同，可分为以下几种。

图 1-38　杆件几何特点

1）梁。梁是一种受弯杆件，其轴线通常为直线。在图 1-40a、c 中所示的为单跨梁，在图 1-40b、d 中所示的为多跨梁。

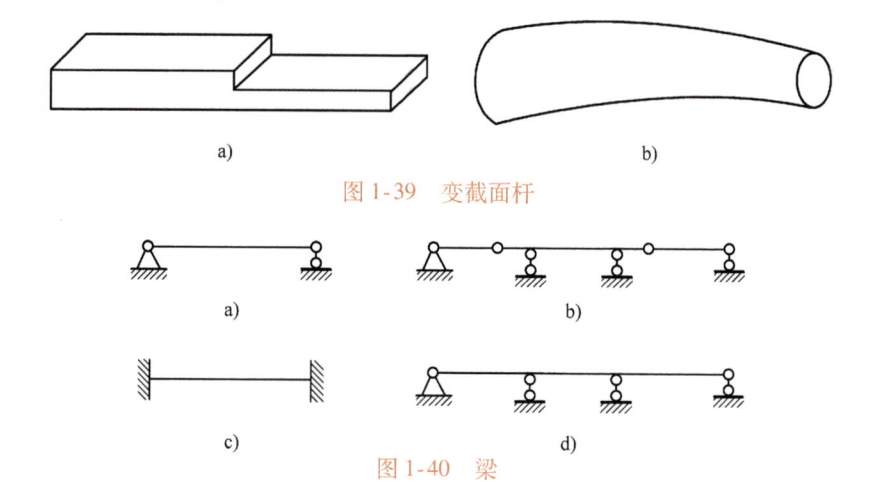

图 1-39　变截面杆

图 1-40　梁

2）拱。拱是由曲杆构成，在竖向荷载作用下能产生水平反力的结构。如图 1-41 所示分别为三铰拱和无铰拱。

图 1-41　拱

3）刚架。刚架是由梁和柱组成的结构。刚架结构具有刚结点。图 1-42a、b 所示的结构为单层刚架，图 1-42c 所示的结构为多层刚架，图 1-42d 所示的结构为排架，也称铰结刚架或铰结排架。

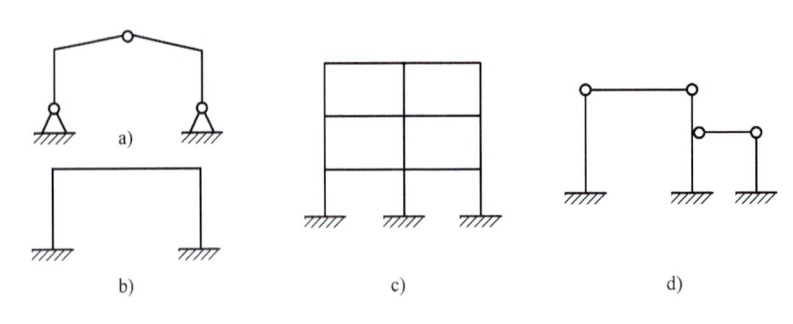

图 1-42　刚架

4）桁架。桁架是由若干直杆用铰链连接组成的结构（图 1-43）。

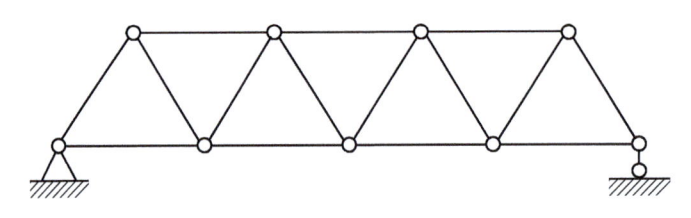

图 1-43　桁架

5）组合结构。组合结构是桁架与梁或桁架与刚架组合在一起形成的结构（图 1-44）。

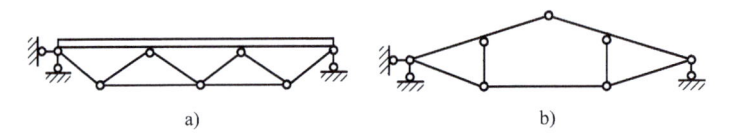

图 1-44　组合结构

6）悬索结构。悬索结构的主要承重构件为悬挂于塔、柱上的缆索，缆索只受轴向拉力，可最充分地发挥钢材的强度，且自重轻，可跨越很大的跨度，如悬索屋盖、悬索桥、斜拉桥等（图 1-45）。

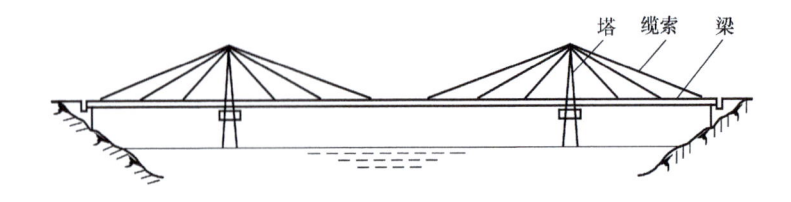

图 1-45　悬索结构

（2）薄壁结构

薄壁结构的几何特征是其厚度远远小于另外两个方向的尺寸，如薄板（楼板）、薄壳等。

(3）实体结构

实体结构的几何特征是其三个方向的尺寸基本相仿，如挡土墙、水坝等。

1.2.2 内力和应力

1. 内力

杆件在外力作用下产生变形，从而杆件内部各部分之间就产生相互作用力，这种由外力引起的杆件内部之间的相互作用力称为内力。

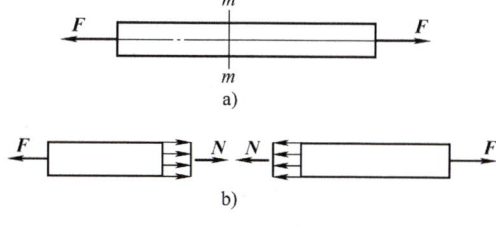

研究杆件内力常用的方法是截面法。截面法是假想用一平面将杆件在需求内力的截面处截开，将杆件分为两部分，如图 1-46a 所示；取其中一部分作为研究对象，此时截面上的内力被显示出来，变成研究对象上的外力，如图 1-46b 所示，再由平衡条件求出内力。

图 1-46 内力

2. 应力

由于杆件是由均匀连续材料制成的，所以内力连续分布在整个截面上。由截面法求得的内力是截面上分布内力的合内力。只知道合内力还不能判断杆件是否会因强度不足而破坏，还必须知道内力在横截面上分布的密集程度（简称集度）。将内力在一点处的分布集度称为应力。

为了分析图 1-47a 所示截面上任意一点 E 处的应力，围绕 E 点取一微小面积 ΔA，作用在微小面积 ΔA 上的合内力记为 ΔP，则比值

$$p_m = \frac{\Delta P}{\Delta A} \tag{1-16}$$

称为 ΔA 上的平均应力。平均应力 p_m 不能精确地表示 E 点处的内力分布集度。当 ΔA 无限趋近于零时，平均应力 p_m 的极限值 p 才能表示 E 点处的内力分布集度，即：

$$p = \lim_{\Delta A \to 0} \frac{\Delta P}{\Delta A} = \frac{dP}{dA} \tag{1-17}$$

上式中 p 称为 E 点处的应力。

一般情况下，应力 P 的方向与截面既不垂直也不相切。通常将应力 P 分解为与截面垂直的法向分量 σ 和与截面相切的切向分量 τ，如图 1-47b 所示。垂直于截面的应力分量 σ 称为正应力或法向应力；相切于截面的应力分量 τ 称为切应力或切向应力（剪应力）。

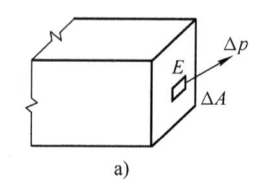

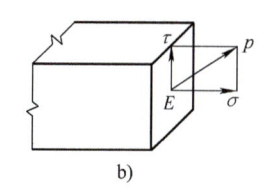

图 1-47 应力

应力的基本单位为 Pa，常用单位是 MPa 或 GPa。单位换算如下：

$$1Pa = 1N/m^2$$

$$1kPa = 10^3 Pa$$

$$1MPa = 10^6 Pa = 1N/mm^2$$

$$1GPa = 10^9 Pa$$

1.2.3　强度、刚度和稳定性

1. 强度

强度是指构件抵抗破坏的能力。构件在工作条件下不发生破坏，即说明该构件具有抵抗破坏的能力，满足了强度要求。强度问题是研究构件满足强度要求的计算理论和方法。解决强度问题的关键是作构件的应力分析。当结构中的各构件均已满足强度要求时，整个结构也就满足了强度要求。因此，研究强度问题时，只需以构件为研究对象即可。

2. 刚度

刚度是指构件抵抗变形的能力。结构或构件在工作条件下所发生的变形未超过工程允许的范围，即说明该结构或构件具有抵抗变形的能力，满足了刚度要求。刚度问题是研究结构或构件满足刚度要求的计算理论和方法。解决刚度问题的关键是求结构或构件的变形。

3. 稳定性

稳定性是指结构或构件保持原有形状的稳定平衡状态的能力。结构或构件在工作条件下不会突然改变原有的形状，以致发生过大的变形而导致破坏，即说明满足稳定性要求。

建筑结构设计与施工就是要求结构和构件应在各种直接和间接作用下保持其强度、刚度和稳定性的要求。

1.2.4　截面图形的几种性质

1. 重心

地球上的任何物体都受到地球引力的作用，这个力称为物体的重力。如果把一个物体分成许多微小部分，则这些微小部分所受的重力形成汇交于地球中心的空间汇交力系。但是，由于地球半径很大，这些微小部分所受的重力可看成空间平行力系，该力系的合力大小就是该物体的重力。

由实验可知，不论物体在空间的方位如何，物体重力的作用线始终是通过一个确定的点，这个点就是物体重力的作用点，称为物体的重心。

对重心的研究，在实际工程中具有重要意义。例如，水坝、挡土墙、吊车等的倾覆稳定性问题就与这些物体的重心位置直接有关。混凝土振捣器，其转动部分的重心必须偏离转轴才能发挥预期的作用。在建筑设计中，重心的位置影响着建筑物的平衡与稳定。在建筑施工过程中采用两个吊点起吊柱子就是要保证柱子重心在两吊点之间。

根据静力学力矩理论，可得到重心的坐标公式。

（1）一般物体重心的坐标公式

$$x_C = \frac{\int_G x \mathrm{d}G}{G}, y_C = \frac{\int_G y \mathrm{d}G}{G}, z_C = \frac{\int_G z \mathrm{d}G}{G} \tag{1-18}$$

式中　$\mathrm{d}G$——物体微小部分的重量（或所受的重力）；

x、y、z——物体微小部分的空间坐标；

G——物体的总重力。

（2）均质物体重心的坐标公式

对均质物体而言，其重心位置完全取决于其几何形状，而与其重量无关，物体的重心就是其形心，均质物体重心的坐标公式如下：

$$x_C = \frac{\sum \Delta V_i x_i}{V}, \quad y_C = \frac{\sum \Delta V_i y_i}{V}, \quad z_C = \frac{\sum \Delta V_i z_i}{V} \tag{1-19}$$

式中 ΔV_i——均质物体微小部分的体积；

x_i、y_i、z_i——物体微小部分的空间坐标；

V——均质物体的总体积。

2. 形心

对于极薄的匀质薄板，可以用平面图形来表示，它的重力作用点称为形心。规则图形的形心比较容易确定，就是指截面的几何中心。如图 1-48 所示，平面图形形心的坐标为：

$$z_C = \frac{\int_A z \, dA}{A}, \quad y_C = \frac{\int_A y \, dA}{A} \tag{1-20}$$

式中 dA——平面图形微小部分的面积；

y、z——图形微小部分在平面坐标系 yOz 中的坐标；

A——平面图形的总面积。

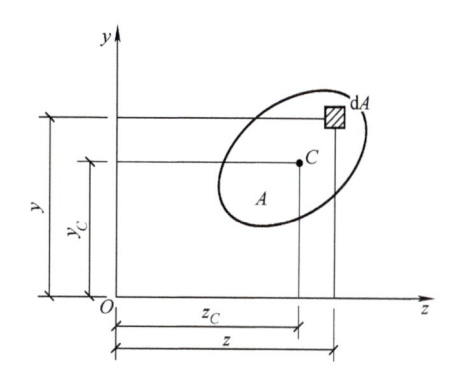

图 1-48 形心

当平面图形具有对称轴或对称中心时，则形心一定在对称轴线或对称中心上。

3. 面积矩

（1）面积矩的定义

如图 1-49 所示为任意形状的平面图形，面积为 A，则截面对 y 轴和 z 轴的面积矩（或称静矩）分别为：

$$\left.\begin{array}{l} S_z = \int_A y \, dA \\ S_y = \int_A z \, dA \end{array}\right\} \tag{1-21}$$

由上式可见，面积矩是与坐标轴的选择有关的，对不同的坐标轴，面积矩的大小也不同，而且面积矩是代数量，可能为正，也可能为负，也可能为零，面积矩的量纲是长度的三次方，常用单位为 m^3 或 mm^3。

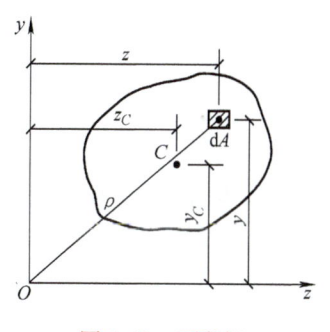

图 1-49 面积矩

（2）面积矩的计算

1）简单图形的面积矩。如图 1-49 所示，简单平面图形的面积 A 与其形心坐标 y_C（或 z_C）的乘积，称为简单图形对 z 轴或 y 轴的面积矩，即

$$\left.\begin{array}{l} S_z = A \cdot y_C \\ S_y = A \cdot z_C \end{array}\right\} \tag{1-22}$$

当坐标轴通过截面图形的形心时，其面积矩为零；反之，截面图形对某轴的面积矩为零，则该轴一定通过截面图形的形心。

2）组合图形的面积矩。

$$\left.\begin{array}{l} S_z = \sum A_i \cdot y_{C_i} \\ S_y = \sum A_i \cdot z_{C_i} \end{array}\right\} \tag{1-23}$$

式中　A_i——各简单图形的面积；
　　　y_{C_i}、z_{C_i}——各简单图形的形心坐标。

上式表明组合图形对某轴的面积矩等于各简单图形对同一轴面积矩的代数和。

【实例 1-11】　计算图 1-50 所示 T 形截面对 z 轴的面积矩。

解：将 T 形截面分为两个矩形，其面积分别为

$$A_1 = 50 \times 270 = 13.5 \times 10^3 \text{（mm}^2\text{）}$$
$$A_2 = 300 \times 30 = 9 \times 10^3 \text{（mm}^2\text{）}$$
$$y_{C_1} = 165\text{mm}，y_{C_2} = 15\text{mm}$$

截面对 z 轴的面积矩

$$S_z = \sum A_i \cdot y_{C_i} = A_1 \cdot y_{C_1} + A_2 \cdot y_{C_2}$$
$$= 13.5 \times 10^3 \times 165 + 9 \times 10^3 \times 15$$
$$\approx 2.36 \times 10^6 (\text{mm}^3)$$

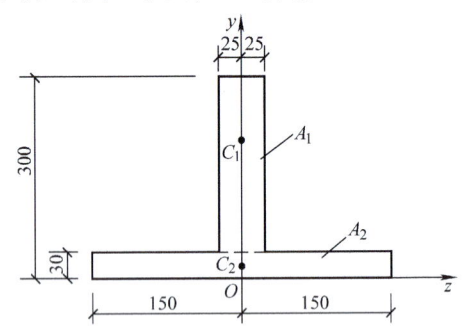

图 1-50　实例 1-11 示意图

4. 惯性矩、惯性积与惯性半径

（1）惯性矩

1）惯性矩计算公式。如图 1-51 所示，任意平面图形上所有微面积 dA 与其坐标 y（或 z）平方乘积的总和，称为该平面图形对 z 轴（或 y 轴）的惯性矩，用 I_z（或 I_y）表示，即：

$$\left. \begin{array}{l} I_z = \int_A y^2 \mathrm{d}A \\ I_y = \int_A z^2 \mathrm{d}A \end{array} \right\} \quad (1\text{-}24)$$

上式表明惯性矩恒为正值，它的常用单位是 m^4 或 mm^4。

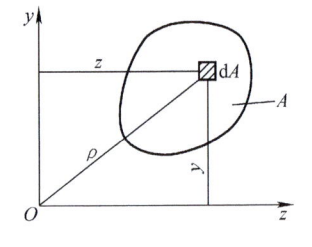

图 1-51　惯性矩

若 dA 至坐标原点 O 之距为 ρ，如图 1-51 所示，$\rho^2 \mathrm{d}A$ 称为该微面积对原点 O 的极惯性矩，则整体图形面积 A 对原点 O 的极惯性矩为

$$I_P = \int_A \rho^2 \mathrm{d}A \quad (1\text{-}25)$$

几种常见截面的面积、形心和惯性矩见表 1-1。

表 1-1　常见截面的面积、形心和惯性矩

序号	图　形	面　积	形心位置	惯性矩
1		$A = bh$	$z_C = \dfrac{b}{2}$ $y_C = \dfrac{h}{2}$	$I_z = \dfrac{bh^3}{12}$ $I_y = \dfrac{hb^3}{12}$

（续）

序号	图形	面积	形心位置	惯性矩
2		$A = \dfrac{1}{2}bh$	$z_C = \dfrac{b}{3}$ $y_C = \dfrac{h}{3}$	$I_z = \dfrac{bh^3}{36}$ $I_{z_1} = \dfrac{bh^3}{12}$
3		$A = \dfrac{\pi D^2}{4}$	$z_C = \dfrac{D}{2}$ $y_C = \dfrac{D}{2}$	$I_z = I_y = \dfrac{\pi D^4}{64}$
4		$A = \dfrac{\pi(D^2 - d^2)}{4}$	$z_C = \dfrac{D}{2}$ $y_C = \dfrac{D}{2}$	$I_z = I_y = \dfrac{\pi(D^4 - d^4)}{64}$
5		$A = \dfrac{\pi R^2}{2}$	$y_C = \dfrac{4R}{3\pi}$	$I_z = \left(\dfrac{1}{8} - \dfrac{8}{9\pi^2}\right)\pi R^4$ $I_y = \dfrac{\pi R^4}{8}$

2）惯性矩平行移轴公式。同一平面图形对不同坐标轴的惯性矩是不相同的，但它们之间存在着一定的关系。如图1-52所示，任意图形对两个相平行的坐标轴的惯性矩之间的关系：

$$\left.\begin{array}{l} I_z = I_{z_C} + a^2 A \\ I_y = I_{y_C} + b^2 A \end{array}\right\} \quad (1-26)$$

式（1-26）称为惯性矩的平行移轴公式。其表明平面图形对任一轴的惯性矩，等于平面图形对与该轴平行的形心轴的惯性矩再加上其面积与两轴间距离平方的乘积。

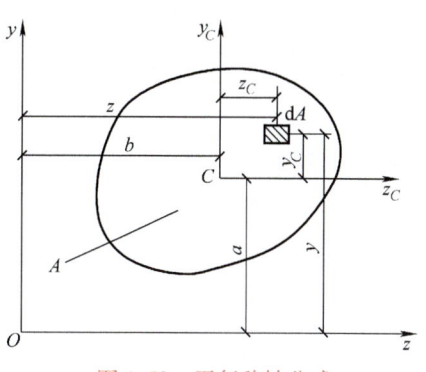

图 1-52 平行移轴公式

3）惯性矩的特征：

① 截面的极惯性矩是对某一极点定义的，而对轴的惯性矩是对某一坐标轴定义的。

② 极惯性矩和对轴的惯性矩的量纲均为长度的四次方，单位为 m^4、cm^4 或 mm^4。

③ 极惯性矩和对轴的惯性矩的数值均恒为大于零的正值。

④ 截面对某一点的极惯性矩,恒等于截面对以该点为坐标原点的任意一对坐标轴的惯性矩之和,即

$$I_P = I_y + I_z = I_{y'} + I_{z'} \quad (1-27)$$

4) 组合截面惯性矩的计算。组合截面如图1-53所示,对某一点的极惯性矩或对某一轴的惯性矩,分别等于组合截面各简单图形对同一点的极惯性矩或对同一轴的惯性矩之代数和,即

$$I_P = \sum_{i=1}^{n} I_{P_i}$$

$$I_y = \sum_{i=1}^{n} I_{y_i} \quad (1-28)$$

$$I_z = \sum_{i=1}^{n} I_{z_i}$$

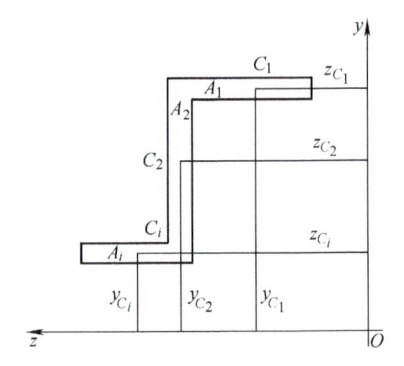

图 1-53 组合截面惯性矩

【**实例 1-12**】 计算图 1-54 所示 T 形截面对形心轴的惯性矩 I_{z_C}。

解:1)求截面相对底边的形心坐标。

$$y_C = \frac{\sum_{i=1}^{n} A_i y_{C_i}}{\sum_{i=1}^{n} A_i} = \frac{30 \times 170 \times 85 + 200 \times 30 \times 185}{30 \times 170 + 200 \times 30} = 139(\text{mm})$$

2)求截面对形心轴的惯性矩。

$$I_{z_C} = \sum (I_{z_{C_i}} + a_i^2 A_i)$$

$$= \frac{30 \times 170^3}{12} + 30 \times 170 \times \left(139 - \frac{170}{2}\right)^2 + \frac{200 \times 30^3}{12} + 200 \times$$

$$30 \times \left(170 - 139 + \frac{30}{2}\right)^2$$

$$= 40.3 \times 10^6 (\text{mm}^4)$$

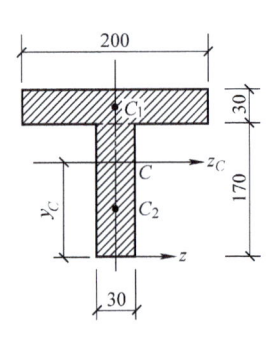

图 1-54 实例 1-12 示意图

(2) 惯性积

如图 1-51 所示,任意平面图形上所有微面积 dA 与其坐标 z、y 乘积的总和,称为该平面图形对 z、y 两轴的惯性积,即

$$I_{yz} = \int_A yz\,\mathrm{d}A \quad (1-29)$$

惯性积可为正,可为负,也可为零。惯性积的特征如下:

① 截面的惯性积是对相互垂直的一对坐标轴定义的。

② 惯性积的量纲为长度的四次方,单位为 m^4、cm^4 或 mm^4。

③ 惯性积的数值可正可负,也可能为零。若一对坐标轴中有一轴为截面图形的对称轴,则截面对该对坐标轴的惯性积必等于零。但截面对某一对坐标轴的惯性积为零,该对坐标轴不一定就是图形的对称轴。

④ 组合截面对某一对坐标轴的惯性积，等于各组合图形对同一对坐标轴的惯性积的代数和，即

$$I_{yz} = \sum_{i=1}^{n} I_{yz_i} \tag{1-30}$$

【实例 1-13】 求图 1-55 中矩形对通过其形心且与两边平行的 z 轴和 y 轴的惯性矩 I_z 和 I_y，及惯性积 I_{yz}。

解：取微面积 $dA = bdy$，如图 1-55 所示，则

$$I_z = \int_A y^2 dA = \int_{-\frac{h}{2}}^{\frac{h}{2}} y^2 b dy = \frac{bh^3}{12}$$

同理可得

$$I_y = \frac{hb^3}{12}$$

因为 z 轴（或 y 轴）为对称轴，所以惯性积

$$I_{yz} = 0$$

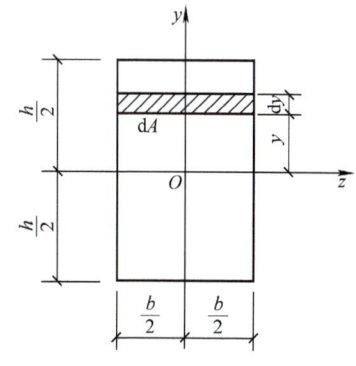

图 1-55 实例 1-13 示意图

（3）惯性半径

在工程设计计算中，常将图形的惯性矩表示为图形面积 A 与某一长度平方的乘积，即

$$\left.\begin{array}{l} I_y = i_y^2 A \\ I_z = i_z^2 A \end{array}\right\} \quad 或 \quad \left.\begin{array}{l} i_y = \sqrt{\dfrac{I_y}{A}} \\ i_z = \sqrt{\dfrac{I_z}{A}} \end{array}\right\} \tag{1-31}$$

式中，i_z、i_y 称为平面图形对 z、y 轴的惯性半径。惯性半径的特征如下：
① 截面的惯性半径是仅对某一坐标轴定义的。
② 惯性半径的量纲为长度的一次方，单位为 m。
③ 惯性半径的数值恒取正值。

5. 形心主惯性轴与形心主惯性矩

若截面对某对坐标轴的惯性积 $I_{z_0 y_0} = 0$，则这对坐标轴 z_0、y_0 称为截面的主惯性轴，简称主轴。截面对主轴的惯性矩称为主惯性矩，简称主惯矩。

当截面具有对称轴时，截面对包括对称轴在内的一对正交轴的惯性积等于零。例如图 1-56a 中，y 为截面的对称轴，z_1 轴与 y 轴垂直，截面对 z_1、y 轴的惯性积等于零，z_1、y 即为主轴。同理，图 1-56a 中的 z_2、y 和 z、y 也都是主轴。

通过形心的主惯性轴称为形心主惯性轴，简称形心主轴。截面对形心主轴的惯性矩称为形心主惯性矩，简称为形心主惯矩。

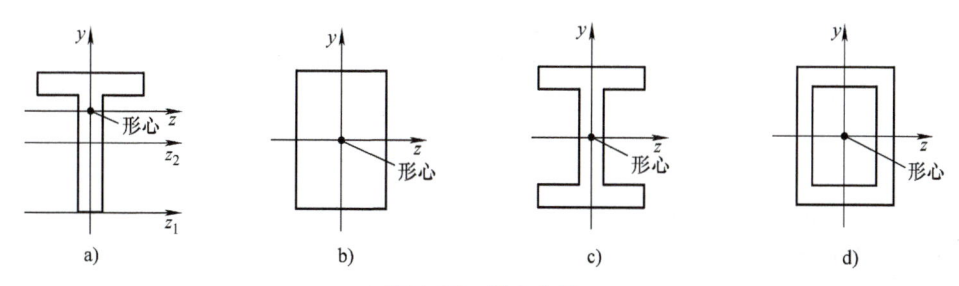

图 1-56 形心主轴

凡通过截面形心，且包含有一根对称轴的一对相互垂直的坐标轴一定是形心主轴。

图 1-56a 中的 z、y 轴通过截面形心，z、y 轴即为形心主轴。图 1-56b、c、d 中的 z、y 轴均为形心主轴。

1.2.5　杆件变形的基本形式和应力计算

作用在杆上的外力是多种多样的，因此，杆的变形也是各种各样的。不过这些变形不外乎是以下四种基本变形形式之一。

1. 轴向拉伸或轴向压缩

在一对大小相等、方向相反、作用线与杆轴线相重合的外力 **P** 作用下，杆件将发生长度的改变（伸长或缩短），如图 1-57a、b 所示。其正应力计算如下：

$$\sigma = \frac{F_N}{A} \tag{1-32}$$

式中　σ——横截面上的应力；

　　　F_N——横截面上的轴力，如图 1-57a、b 所示，$F_N = P$；

　　　A——横截面面积。

2. 剪切

在一对相距很近、大小相等、方向相反的横向外力 **P** 作用下，杆件的横截面将沿力的方向发生错动，如图 1-57c 所示。其切应力计算公式如下：

$$\tau = \frac{F_s}{A} \tag{1-33}$$

式中　τ——剪切构件的切应力；

　　　F_s——剪切面上的剪力，如图 1-57c 所示，$F_s = P$；

　　　A——剪切面面积。

3. 扭转

在一对大小相等、方向相反、位于垂直于杆轴线的两平面内的力偶 m 作用下，杆的任意两个横截面将绕轴线发生相对转动，如图 1-57d 所示。其切应力计算公式如下：

$$\tau_\rho = \frac{T\rho}{I_P} \tag{1-34}$$

式中　τ_ρ——横截面上任一点处的切应力；

　　　T——横截面上的扭矩；

　　　ρ——横截面上任一点到圆心的距离；

　　　I_P——横截面对形心的极惯性矩，对于圆形截面，$I_P = \frac{\pi d^4}{32}$。

4. 弯曲

在一对大小相等、方向相反、位于杆的纵向平面内的力偶 m 作用下，杆件的轴线由直线弯成曲线，如图 1-57e 所示。纯弯曲时直杆件横截面上任一点处正应力计算公式如下：

$$\sigma = \frac{My}{I_z} \tag{1-35}$$

式中　σ——横截面上任一点处的正应力；

　　　M——横截面上的弯矩；

　　　I_z——横截面对中性轴 z 的惯性矩；

y——所求应力点的纵坐标。

直杆件在弯曲时,其横截面上不仅有正应力 σ,还有切应力 τ,其计算公式如下:

$$\tau = \frac{F_s S_z^*}{I_z b} \tag{1-36}$$

式中　τ——横截面上任一点处的切应力;
　　　F_s——横截面上的剪力;
　　　I_z——整个横截面对中性轴 z 的惯性矩;
　　　b——矩形截面的宽度;
　　　S_z^*——横截面上距中性轴为 y 的横线以外部分的面积对中性轴的静矩。

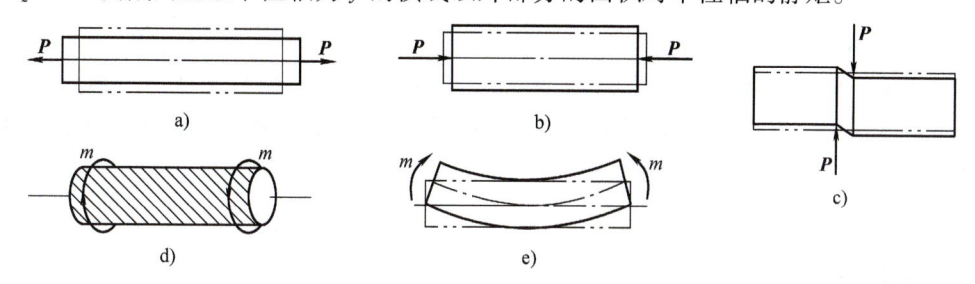

图 1-57　杆件变形的基本形式

1.2.6　几种常见的组合变形

1. 组合变形的概念

在工程实际中,杆件可能同时承受不同形式的荷载而发生复杂的变形,但都可看作是上述基本变形的组合。由两种或两种以上基本变形组成的复杂变形称为组合变形。

如图 1-58a 所示的屋架檩条,将产生相互垂直的两个平面弯曲的组合变形;图 1-58b 所示的钻床立柱,将产生轴向拉伸与平面弯曲的组合变形;图 1-58c 所示的机床传动轴,将产生扭转与两相互垂直平面内平面弯曲的组合变形。

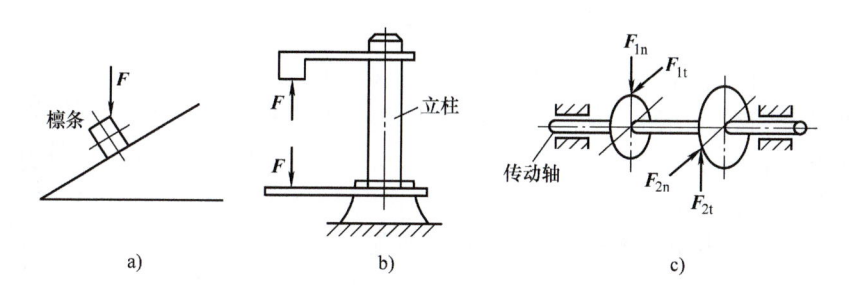

图 1-58　组合变形

2. 斜弯曲变形

对于横截面具有对称轴的梁,当外力作用在纵向对称平面内时,梁的轴线在变形后将变成一条位于纵向对称面内的平面曲线,这种变形形式称为平面弯曲。

当外力不作用在纵向对称平面内时,如图 1-59 所示,实验及理论研究表明,此时梁的挠曲线并不在梁的纵向对称平面内(不属于平面弯曲),这种弯曲称为斜弯曲。

3. 轴向拉伸（压缩）与弯曲组合变形

在外力作用下，构件同时产生弯曲和拉伸（或压缩）变形的情况，称为弯曲与拉伸（或压缩）的组合变形。轴向力引起轴向拉伸（或压缩），横向力引起平面弯曲（或斜弯曲）。如图 1-60 所示的烟囱在自重作用下引起轴向压缩，在风力作用下引起弯曲，所以其变形是轴向压缩与弯曲的组合变形。

4. 弯曲与扭转组合变形

在外力作用下，构件同时产生弯曲和扭转变形的情况，称为弯曲与扭转组合变形。如图 1-61 所示，一圆柱形圆杆一端固定，一端自由，自由端在外力 P 的作用下产生平面弯曲变形，在外力偶 M 的作用下产生扭转变形，所以此变形属于弯曲与扭转组合变形。

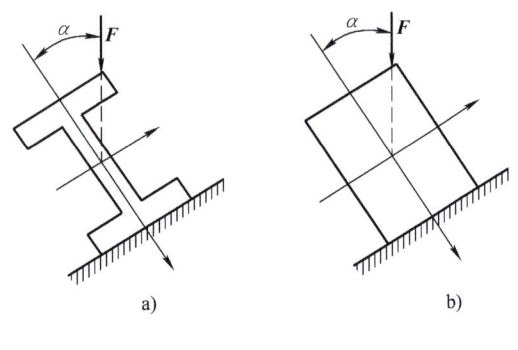

图 1-59　斜弯曲受力

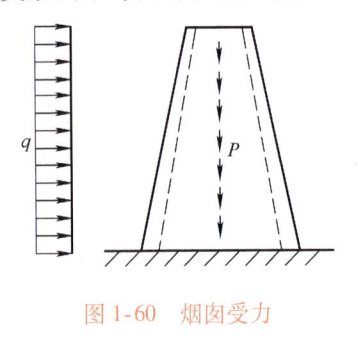

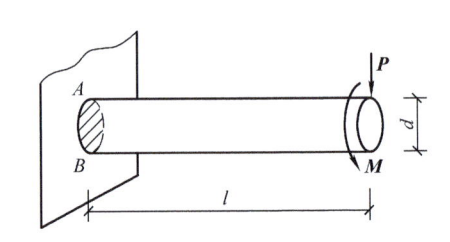

图 1-60　烟囱受力

图 1-61　弯曲与扭转组合变形

任务3　分析平面体系的几何组成

1.3.1　几何不变体系与几何可变体系

杆件结构是由若干杆件相互连接所组成的体系，并与地基联结成一整体，用来承受荷载的作用。当不考虑各杆件本身的变形时，它应能保持其几何形状和位置不变，从而才能承受荷载，作为结构使用。由此，在杆件组成体系中，并不是无论怎样组成都能作为工程结构使用的。例如，图 1-62a 是一个由两根链杆与基础组成的铰接三角形，在荷载的作用下，其可以保持几何形状和位置不变，可以作为工程结构使用。图 1-62b 是一个铰接四边形，受荷载作用后容易倾斜，如图中虚线所示，不能作为工程结构使用。但如果在铰接四边形中加一根斜杆，构成如图 1-62c 所示的铰接三角形体系，就可以保持其几何形状和位置，从而可以作为工程结构使用。

几何不变体系和几何可变体系

由以上分析可见，结构必须是几何不变体系。因此，在设计结构和选取其计算简图时，首先必须判别它是否是几何可变的。这种判别工作称为体系的几何组成分析。对体系进行几何组成分析可达到如下目的：

1) 判别某体系是否为几何不变体系，以决定其能否作为工程结构使用。

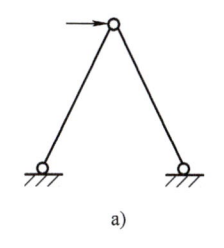

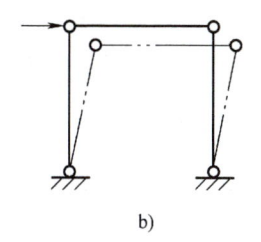

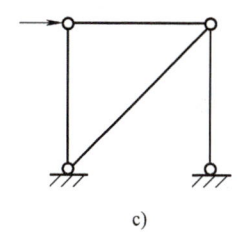

图 1-62　杆件体系

2）研究并掌握几何不变体系的组成规则，以便合理布置构件，使所设计的结构在荷载作用下能够维持平衡。

3）确定结构是否有多余联系，即判断结构是静定结构还是超静定结构，以选择分析计算方法。

在进行几何组成分析时，由于不考虑材料的应变，因而组成结构的某一杆件或者已经判明的几何不变的部分，均可视为刚体，平面的刚体又称刚片。

1. 几何不变体系

在不考虑材料应变的条件下，任意荷载作用后体系的位置和形状均能保持不变，这样的体系称为几何不变体系，如图 1-63 所示。

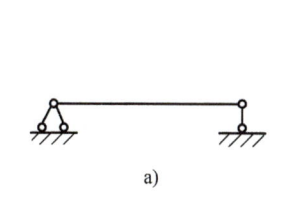

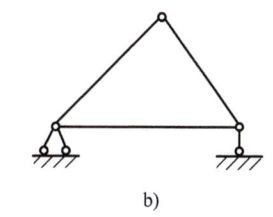

图 1-63　几何不变体系

2. 几何可变体系

在不考虑材料应变的条件下，即使在微小的荷载作用下，也会产生机械运动而不能保持其原有形状和位置的体系称为几何可变体系，如图 1-64 所示。

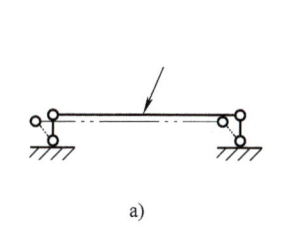

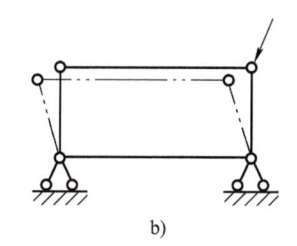

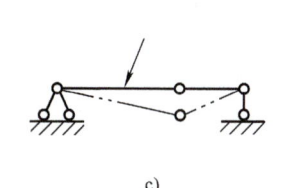

图 1-64　几何可变体系

1.3.2　平面体系的自由度和约束

1. 自由度

自由度是指确定体系位置所需要的独立坐标（参数）的数目。自由度也可以说是一个体系运动时，可以独立改变其位置的坐标的个数。

设平面内的一个点,要确定它的位置,需要有 x、y 两个独立的坐标,如图 1-65a 所示,因此一个点在平面内的自由度为 2,即点在平面内可以作两种相互独立的运动,通常用平行于坐标轴的两种移动来描述。

确定一个刚片在平面内的位置则需要有三个独立的几何参变量。如图 1-65b 所示,在刚片上先用 x、y 两个独立坐标确定 A 点的位置,再用倾角 φ 确定通过 A 点的任一直线 AB 的位置,这样,刚片的位置便完全确定了。因此,一个刚片在平面内的自由度为 3,即刚片在平面内不但可以自由移动,而且还可以自由转动。

由此可以看出,体系几何不变的必要条件是自由度等于或小于零。

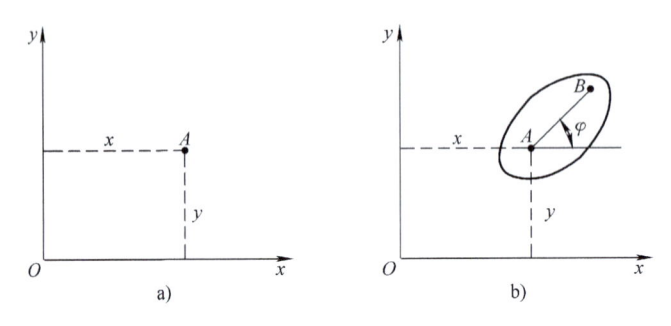

图 1-65 自由度

2. 约束

能减少体系自由度的装置称为约束。减少一个自由度的装置即为一个约束,并以此类推。工程中常见的约束有以下几种。

(1) 链杆

如图 1-66a 所示,刚片 AB 上增加一根链杆 AC 的约束后,刚片只能绕 A 转动和铰 A 绕 C 点转动。原来刚片有三个自由度,现在只有两个。因此,一个链杆相当于一个约束。

(2) 铰支座

如图 1-66b 所示,铰支座 A,可阻止刚片 AB 上、下和左、右的移动,只能产生转角 φ,因此铰支座可使刚片减少两个自由度,相当于两个约束,即相当于两根链杆。

(3) 简单铰

凡连接两个刚片的铰称简单铰,简称单铰。如图 1-66c 所示连接刚片 AB 和 AC 的铰 A。原来刚片 AB 和 AC 各有三个自由度,共计六个自由度。用铰连接后,如果认为 AB 仍为三个自由度,AC 则只能绕 AB 转动,即 AC 只有一个自由度,所以自由度减少为四个。因此,简单铰可使自由度减少两个,即一个简单铰相当于两个约束,或者说相当于两根链杆。

(4) 固定端支座

如图 1-66d 所示固定端,不仅阻止刚片 AB 上、下和左、右的移动,也阻止其转动。因此,固定端支座可使刚片减少三个自由度,相当于三个约束,或者说相当于三根链杆。

(5) 刚性连接

如图 1-66e 所示,AB 和 AC 之间为刚性连接。原来刚片 AB 与 AC 各有三个自由度,共计为六个自由度。刚性连接后,如果认为 AB 仍有三个自由度,AC 则既不能上、下和左、右移动,也不能转动,可见,刚性连接可使自由度减少三个。因此,刚性连接相当于三个约束,或者说相当于三根链杆。

图 1-66 约束

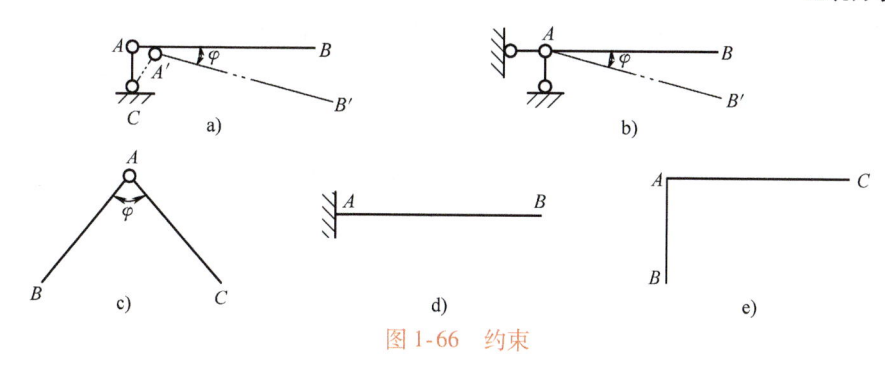

1.3.3 几何不变体系的组成规则

1. 二元体规则

二元体是指由两根不在同一直线上的链杆连接一个新结点的装置,如图 1-67a 所示。

二元体规则就是分析一个点与一个刚片之间应当怎样连接才能组成无多余约束的几何不变体系。如图 1-67a 所示,在铰接三角形中,将 BC 看作刚片Ⅰ,AB、AC 看作是连接 A 点和刚片Ⅰ的两根链杆,体系仍然是几何不变体系。由此可见:一个点和一个刚片用两根不共线的链杆相连,组成几何不变体系,且无多余约束。

图 1-67b 中,A 点通过两根不共线的链杆与刚片Ⅰ相连,组成几何不变体系,其中第三根链杆是多余约束。图 1-67c 中①、②两根链杆共线,体系为瞬变体系,它是可变体系中的一种特殊情况。

结论:在一个体系上增加或减少一个二元体,不会改变体系的几何组成性质。

几何不变体系的组成规则

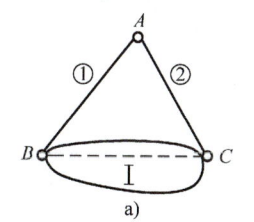

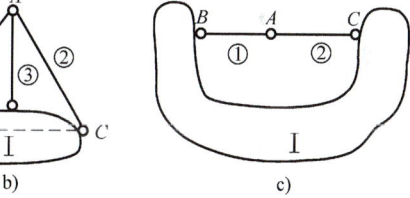

图 1-67 二元体规则

2. 两刚片规则

两刚片用不在一条直线上的一个铰(B 铰)和一根链杆(AC 链杆)连接,则组成无多余约束的几何不变体系。

两刚片规则是分析两个刚片如何连接才能组成几何不变体系,且没有多余约束。此规则也可由铰接三角形推得。如图 1-68a 所示,将 AB、BC 分别看作刚片Ⅰ、Ⅱ,将 AC 看作链杆①,体系仍然为几何不变体系。由此可见:两刚片用一个铰和一根链杆相连,且链杆与此铰不共线,组成几何不变体系,且无多余约束。

一个单铰相当于两根链杆约束,所以两根链杆可以代替一个铰,因此得出图 1-68b 所示的图形也是几何不变体系。

在图 1-68c 中,链杆①、②、③平行,体系为几何可变体系。在图 1-68d、e 中,连接两刚片的三根链杆相交于一点(虚铰),也是几何可变体系。

结论：两刚片用既不完全平行也不交于一点的三根链杆连接，则组成无多余约束的几何不变体系。

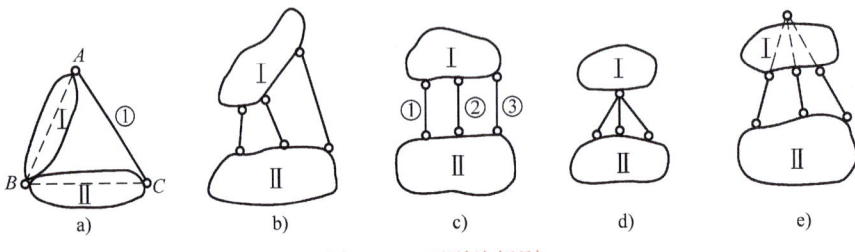

图 1-68　两刚片规则

3. 三刚片规则

三刚片用不在一条直线上的三个铰（实铰或虚铰）两两连接，则组成无多余约束的几何不变体系。

三刚片规则是分析三个刚片的连接方式。图 1-69a 中，将铰接三角形中的 AB、BC、AC 分别看作刚片Ⅰ、Ⅱ、Ⅲ，由此得三刚片规则。

图 1-69b 所示的体系中，两根链杆中的交点称为实铰，两链杆的延长线的交点称为虚铰。虚铰和实铰的作用是一样的。因此，图 1-69b 中体系是几何不变体系，且无多余约束。

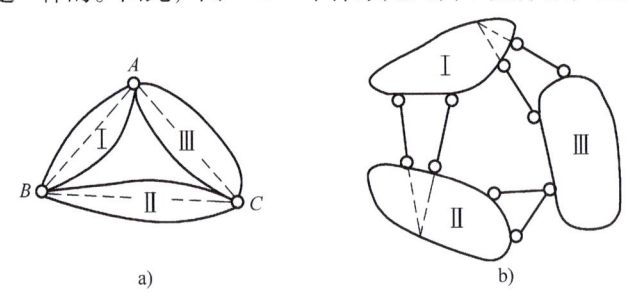

图 1-69　三刚片规则

结论：三刚片分别用不完全平行也不共线的两根链杆两两连接，且所形成的三个虚铰不在同一条直线上，则组成无多余约束的几何不变体系。

1.3.4　几何组成分析方法

1. 几何组成分析思路

几何组成分析的依据是三个基本组成规则，只要能正确和灵活地运用它们便可分析各种各样的体系。几何组成分析的思路如下：

1）首先直接观察出几何不变部分，把它当作刚片处理，再逐步运用规则。该方法也可称为扩大刚片法。

2）拆除二元体，使结构简化，便于分析。

3）对于折线形链杆或曲杆，可用直杆等效代换。

2. 几何组成分析实例

（1）利用扩大刚片法进行几何组成分析

1）与基础相连的二元体。图 1-70a 所示的三角桁架，是用不在同一直线上的两链杆将一点和基础相连，构成几何不变的二元体。对图 1-70b 所示桁架作几何组成分析时，观察其中 ABC 部分系由链杆①、②固定 C 点而形成的几何不变二元体。在此基础上，分别用链杆（③，④）、（⑤，⑥）、（⑦，⑧）组成二元体，依次固定 D、E、F 各点。其中每对链杆均不共线，由此组成的桁架属无多余约束的几何不变体系。

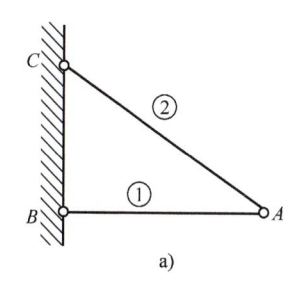

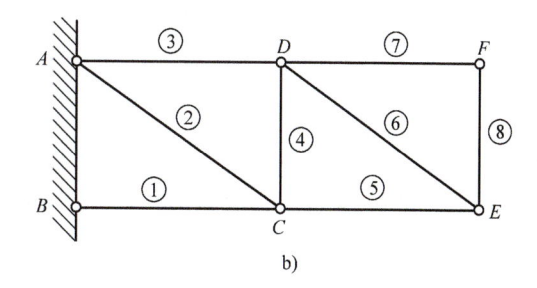

图 1-70 与基础相连的二元体

2）与基础相连的一刚片。如图 1-71 所示，AB 杆与基础之间用铰 A 和链杆 1 相连，组成几何不变体系，可看作是一个扩大了的刚片。将 BC 杆看作链杆，则 CD 杆用不交于一点的三根链杆 BC、2、3 和扩大刚片相连，组成无多余约束的几何不变体系。

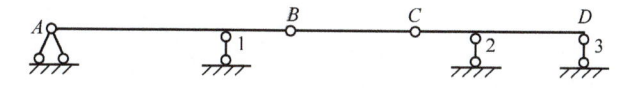

图 1-71 与基础相连的一刚片

3）与基础相连的两刚片。如图 1-72 所示的三铰刚架，是用不在一条直线上的三个铰，将两刚片和基础三者之间两两相连构成几何不变体系。

（2）利用拆除二元体进行几何组成分析

如图 1-73 所示的体系，假如 BB′ 以下部分是几何不变的，则①、②两杆为二元体，可先将二元体部分去掉，只分析 BB′ 以下部分。当去掉由①、②链杆组成的二元体后，由于体系左、右完全对称，所以可只分析半边体系的几何组成即可。现取左半部分进行分析，将 AB 当作刚片，由③、④链杆固定 D 点组成刚片Ⅰ。将 CD 当作刚片Ⅱ，则刚片Ⅰ、Ⅱ和基础由不在一条直线上的三个铰 A、C、D 两两相连构成几何不变体系。因此整个体系为无多余约束的几何不变体系。

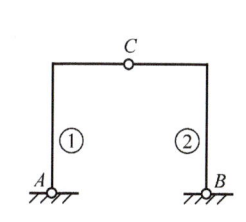

图 1-72 与基础相连的两刚片

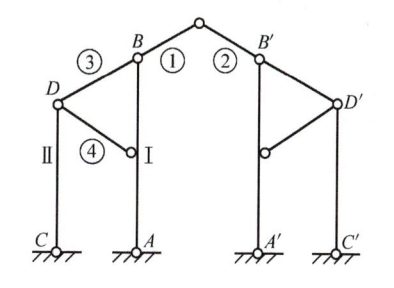

图 1-73 拆除二元体示意图

（3）利用等效代换方法进行几何组成分析

如图 1-74 所示的体系，设 BDE 可作为刚片Ⅰ。折杆 AD 也是一个刚片，但由于它只用两个铰 A、D 分别与地基和刚片Ⅰ相连，其约束作用与通过 A、D 两铰的一根链杆完全等效，如图 1-74a 中虚线所示，所以可用链杆 AD 等效代换折杆 AD。同理可用链杆 CE 等效代换折杆 CE。于是图 1-74a 所示体系可由图 1-74b 所示体系等效代换。

由此，刚片Ⅰ与地基用不交于同一点的三根链杆①、②、③相连，组成无多余约束的几何不变体系。

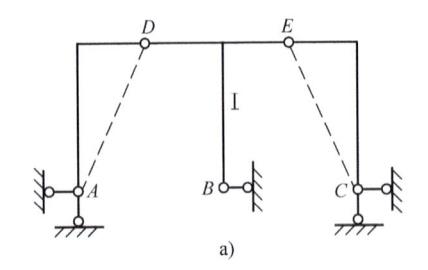

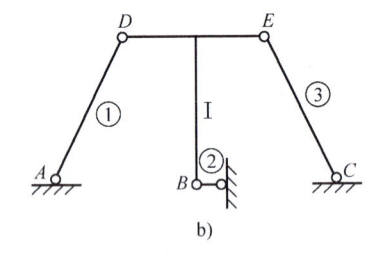

图 1-74 等效代换示意图

再例如，对图 1-75 所示的体系进行几何组成分析。分别将图 1-75 中的 AC、BD、基础视为刚片Ⅰ、Ⅱ、Ⅲ，刚片Ⅰ和刚片Ⅲ以铰 A 相连，刚片Ⅱ和刚片Ⅲ用铰 B 连接，刚片Ⅰ和刚片Ⅱ是用 CD、EF 两链杆相连，相当于一个虚铰 O。则连接三刚片的三个铰 A、B、O 不在一直线上，符合三刚片规则，由此可以判定图 1-75 所示的体系为无多余约束的几何不变体系。

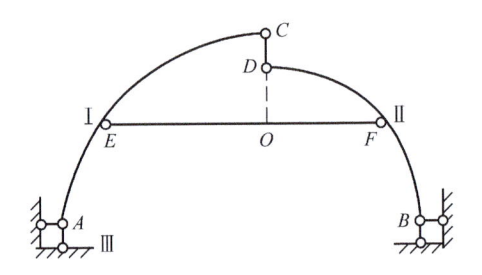

图 1-75 三刚片规则分析示意图

任务 4　分析静定结构的内力

1.4.1　静定结构的概念

无多余约束的几何不变体系称为静定结构。如图 1-76 所示的简支梁是无多余约束的几何不变体系，其支座反力和杆件内力均可由平衡方程全部求解出来，因此简支梁是静定结构。

静定结构有静定梁、静定平面刚架、静定平面桁架、三铰拱及静定组合结构等，虽然结构形式各异，但是其有共同的特性：

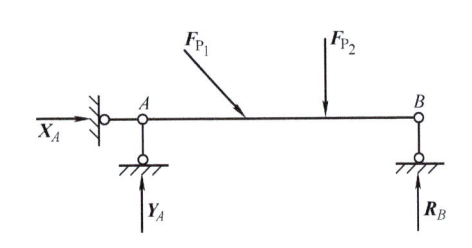

图 1-76 简支梁

1）静定结构解答具有唯一性。
2）在静定结构中温度改变、支座移动、制造误差及材料收缩等均不会引起内力和反力，如图 1-77 所示。
3）静定结构的内力和反力与结构的材料、构件的截面形状和尺寸无关。

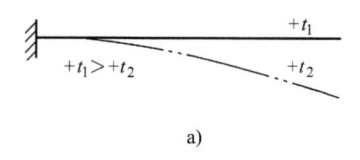

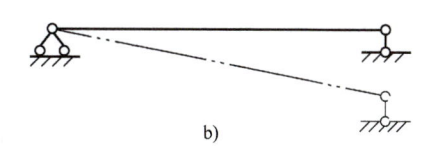

图 1-77

4）当平衡力系加在静定结构的某一内部几何不变部分时，结构中只有该部分受力，其余部分无内力和反力，如图 1-78 所示。

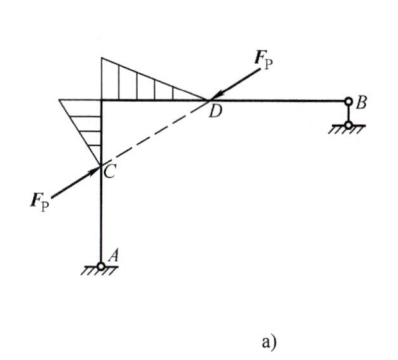

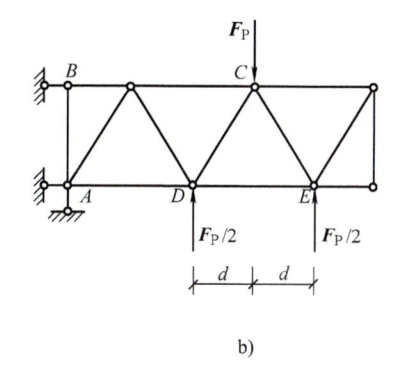

图 1-78

5）当静定结构的某一内部几何不变部分上的荷载作等效变换时，只有该部分的内力发生变化，其余部分的内力和反力均保持不变，如图 1-79 所示。

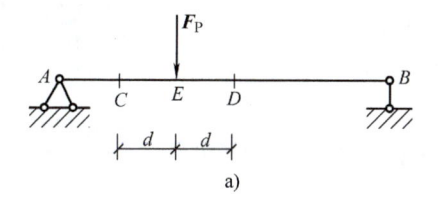

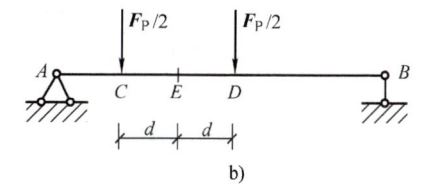

图 1-79

6）当静定结构的某一个内部几何不变部分作组成上的局部改变时，只在该部分的内力发生变化，其余部分的内力和反力均保持不变，如图 1-80 所示。

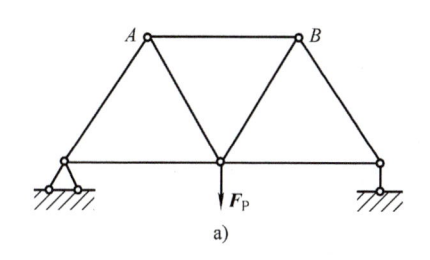

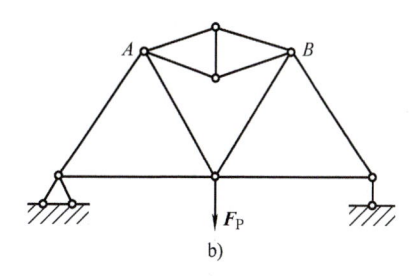

图 1-80

1.4.2 轴向拉（压）杆的内力分析及案例

1. 轴向拉（压）杆的内力

如图 1-81a 所示为一等截面直杆受轴向外力作用，产生轴向拉伸变形。先用截面法分析 $M-M$ 截面上的内力。用假想的横截面将杆件在 $M-M$ 截面处截开分为左、右两部分，取左部分为研究对象，如图 1-81b 所示，左右两段杆在横截面 $M-M$ 上相互作用的内力是一个分布力系，其合力为 N。由于整根杆件处于平衡状态，所以左段杆也应保持平衡，由平衡条件 $\sum X = 0$ 可知，$M-M$ 横截面上分布内力的合力 N 必然是一个与杆轴相重合的内力，且 $N = P$，其指向背离截面。同理，若取右段为研究对象，如图 1-81c 所示，可得出同样的结果。

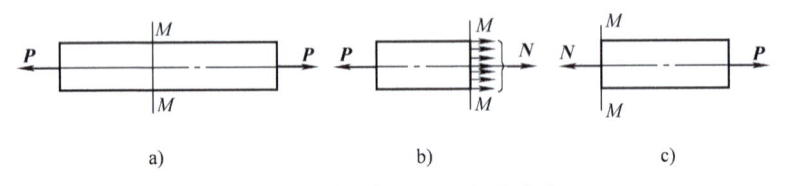

图 1-81 轴向拉（压）杆的内力

对于压杆，也可以通过上述方法求得其任一横截面上的内力 N，但其指向为沿着截面的法线指向截面。

将作用线与杆件轴线相重合的内力，称为轴力，用符号 N 表示，沿着截面的法线背离截面的轴力，称为拉力，反之称为压力。轴力的正负号规定：轴向受拉为正，轴向受压为负。轴力的单位为 N 或 kN。

2. 轴力图

将表明沿杆长各个横截面上轴力变化规律的图形，称为轴力图。画轴力图时，将正值的轴力画在轴线上方，负值的轴力画在轴线下方，零值的轴力沿杆轴画。

【实例 1-14】 已知 $F_1 = 10\text{kN}$，$F_2 = 20\text{kN}$，$F_3 = 30\text{kN}$，$F_4 = 40\text{kN}$，试画出图 1-82a 所示杆件的内力图。

轴力图

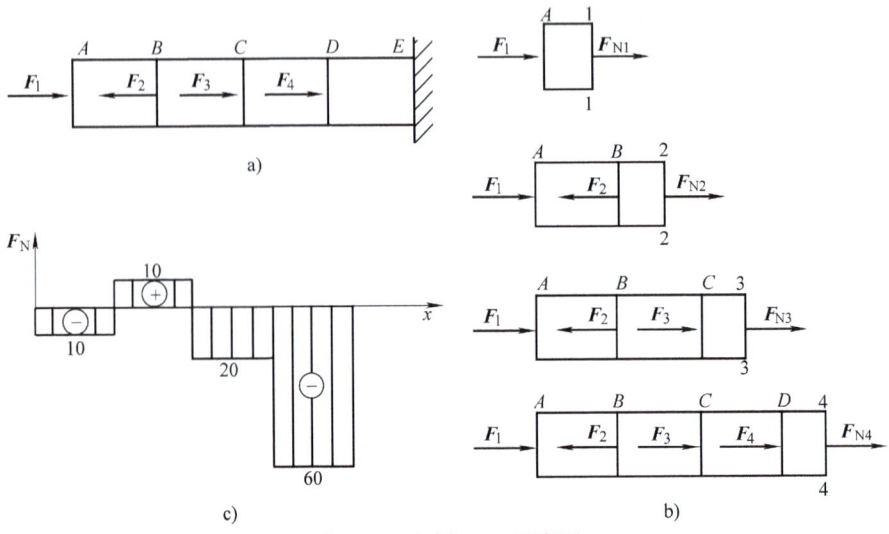

图 1-82 实例 1-14 示意图

解：首先分析该杆是轴向拉压杆（杆是直杆且外力都沿杆轴作用），取整根杆件为研究对象，列平衡方程即可求解。

1）计算各段杆的轴力，如图 1-82b 所示。为保证一致，在假设截面轴力指向时，一律假设先受拉（正号）。如果计算结果为正值，表示实际指向与假设指向相同，即内力为拉力；反之，表示实际指向与假设指向相反，即内力为压力。

AB 段：用 1-1 截面将 AB 段切开，取左段分析，用 F_{N1} 表示截面上的轴力，列平衡方程：

$$\sum X = 0$$
$$F_1 + F_{N1} = 0$$

得 $F_{N1} = -F_1 = -10\text{kN}(压)$

BC 段：用 2-2 截面将 BC 段切开，取左段分析，用 F_{N2} 表示截面上的轴力，列平衡方程：

$$\sum X = 0$$
$$F_1 - F_2 + F_{N2} = 0$$

得 $F_{N2} = F_2 - F_1 = 10\text{kN}(拉)$

CD 段：用 3-3 截面将 CD 段切开，取左段分析，用 F_{N3} 表示截面上的轴力，列平衡方程：

$$\sum X = 0$$
$$F_1 - F_2 + F_3 + F_{N3} = 0$$

得 $F_{N3} = F_2 - F_1 - F_3 = -20\text{kN}(压)$

DE 段：用 4-4 截面将 DE 段切开，取左段分析，用 F_{N4} 表示截面上的轴力，列平衡方程：

$$\sum X = 0$$
$$F_1 - F_2 + F_3 + F_4 + F_{N4} = 0$$

得 $F_{N4} = F_2 - F_1 - F_3 - F_4 = -60\text{kN}(压)$

2）画轴力图。以平行于杆轴的 x 轴为横坐标，垂直于杆轴的 F_N 轴为纵坐标，按比例将各段计算的轴力画在坐标图上，并在受拉区标正号、受压区标负号，画出轴力图，如图 1-82c 所示。

1.4.3 单跨静定梁内力分析及案例

单跨静定梁在工程结构中应用较多，是组成各种结构的基本构件之一，是各种结构受力分析的基础。单跨静定梁多使用于跨度不大的情况，如门窗的过梁、楼板、屋面大梁、短跨的桥梁以及吊车梁等。

1. 单跨静定梁的形式

常见的单跨静定梁有简支梁、外伸梁和悬臂梁三种。

1）简支梁：一端铰支座，另一端为滚轴支座的梁，如图 1-83a 所示。
2）外伸梁：梁身的一端或两端伸出支座的简支梁，如图 1-83b 所示。
3）悬臂梁：一端为固定支座，另一端自由的梁，如图 1-83c 所示。

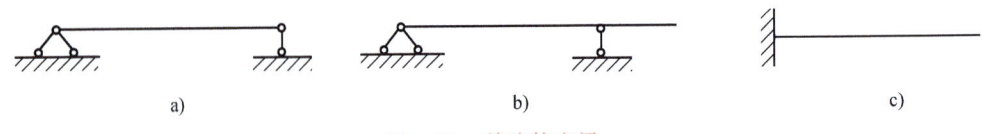

图 1-83　单跨静定梁

2. 单跨静定梁内力的求解

（1）截面法求内力——剪力和弯矩

如图 1-84a 所示为一简支梁，荷载 F 和支座 F_{Ay}、F_B 是作用在梁的纵向对称平面内的平衡力系。现用截面法分析任一截面 $m-m$ 上的内力。假想将梁沿 $m-m$ 截面分为两部分，取左段为研究对象，由图 1-84b 可见，因有支座反力 F_{Ay} 作用，为使左段满足 $\sum Y = 0$，截面 $m-m$ 上必然有与 F_{Ay} 等值、平行且反向的内力 F_Q 存在，这个内力 F_Q 称为剪力；同时，因 F_{Ay} 对截面 $m-m$ 的形心点有一个力矩 $F_{Ay} \cdot a$ 的作用，为满足力矩的平衡，截面 $m-m$ 上也必然有一个与力矩 $F_{Ay} \cdot a$ 大小相等且转动相反的内力偶矩 M 存在，这个内力偶矩 M 称为弯矩。由此可知，梁发生弯曲时，横截面上同时存在着两个力，即剪力 F_Q 和弯矩 M。

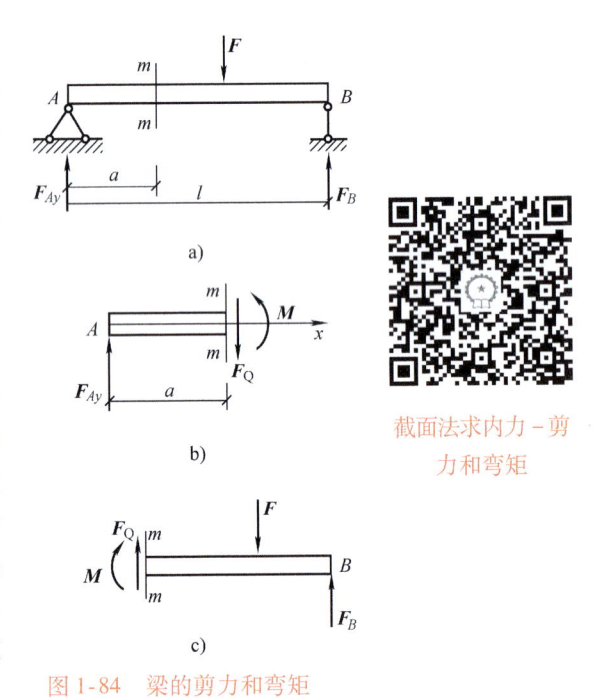

图 1-84　梁的剪力和弯矩

截面法求内力 - 剪力和弯矩

剪力的常用单位为 N 或 kN，弯矩的常用单位为 N·m 或 kN·m。剪力和弯矩的大小，可由左段梁的静力平衡方程求得。

由 $\sum Y = 0$，可得 $F_{Ay} - F_Q = 0$，即 $F_Q = F_{Ay}$

由 $\sum M_{m-m} = 0$，可得 $-F_{Ay} \cdot a + M = 0$，即 $M = F_{Ay} \cdot a$

如取右段梁作为研究对象，同样可求得截面 $m-m$ 上的 F_Q 和 M，根据作用力与反作用力的关系，它们与从左段梁求出 $m-m$ 截面上的 F_Q 和 M 大小相等、方向相反，如图 1-84c 所示。

（2）剪力和弯矩的正负号规定

1）剪力的正负号：作用于横截面上的剪力使梁段有顺时针转动趋势的为正，反之为负，如图 1-85a 所示。

2）弯矩的正负号：作用在横截面上的弯矩使梁段产生下凸趋势的为正，反之为负，如图 1-85b 所示。

（3）截面法求剪力和弯矩的步骤

1）计算支座反力。

2）用假想的截面在需求内力处将梁截成两段，取其中任一段为研究对象。

3）画出研究对象的受力图（截面上的 F_Q 和 M 都先假设为正的方向）。

4）建立平衡方程，解出内力。

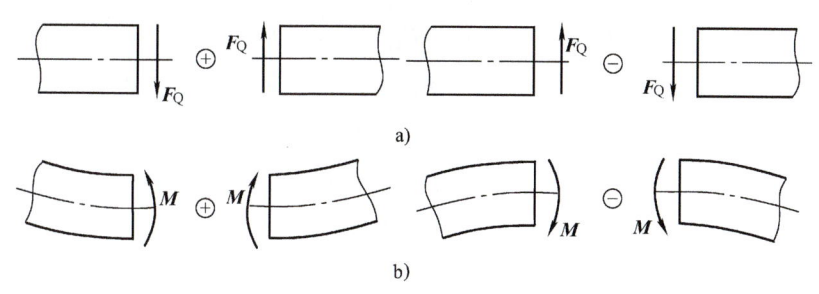

图 1-85 剪力和弯矩的正负号规定

【实例 1-15】 简支梁如图 1-86a 所示。已知 $F_1 = 18\text{kN}$，试求截面 1－1、2－2、3－3 上的剪力和弯矩。

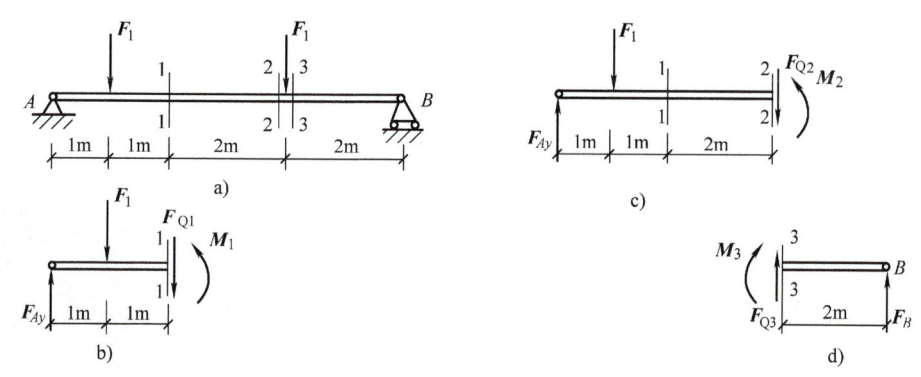

图 1-86 实例 1-15 示意图

解：1）求支座反力，考虑梁的整体平衡，对 A、B 点取矩列方程：

$$\sum M_A = 0 \quad -F_1 \times 1 - F_1 \times 4 + F_B \times 6 = 0$$

$$\sum M_B = 0 \quad -F_{Ay} \times 6 + F_1 \times 5 + F_1 \times 2 = 0$$

得：

$$F_B = 15\text{kN}（\uparrow）$$

$$F_{Ay} = 21\text{kN}（\uparrow）$$

校核： $\sum Y = F_{Ay} + F_B - 2F_1 = 21 + 5 - 2 \times 18 = 0$

2）求截面 1－1 上的内力。在截面 1－1 处将梁 AB 截开，取左段梁为研究对象，画出受力图如图 1-86b 所示，剪力 F_{Q1} 和弯矩 M_1 均先假设为正，列平衡方程：

$$\sum Y = 0 \quad F_{Ay} - F_1 - F_{Q1} = 0$$

$$\sum M_1 = 0 \quad -F_{Ay} \times 2 + F_1 \times 1 + M_1 = 0$$

得：

$$F_{Q1} = 3\text{kN}$$

$$M_1 = 24\text{kN} \cdot \text{m}$$

求得的均为正值，表示截面 1－1 上内力的实际方向与假设方向相同。

3）求 2－2 截面内力。在 2－2 截面将 AB 梁切开，取左段分析，画受力图如图 1-86c 所示，F_{Q2}、M_2 都先按正方向假设，列平衡方程：

$$\sum Y = 0 \quad F_{Ay} - F_1 - F_{Q2} = 0$$

$$\sum M_2 = 0 \quad -F_{Ay} \times 4 + F_1 \times 3 + M_2 = 0$$

得：
$$F_{Q2} = 3 \text{kN}$$
$$M_2 = 30 \text{kN} \cdot \text{m}$$

求得的均为正值，表示截面 2-2 上内力的实际方向与假设方向相同。

4）求 3-3 截面内力。在 3-3 截面将 AB 梁切开，取右段分析，画受力图如图 1-86d 所示，F_{Q3}、M_3 都先按正方向假设，列平衡方程：

$$\sum Y = 0 \quad F_B + F_{Q3} = 0$$

$$\sum M_3 = 0 \quad F_B \times 2 - M_3 = 0$$

得：
$$F_{Q3} = -15 \text{kN}$$
$$M_3 = 30 \text{kN} \cdot \text{m}$$

求得的 F_{Q3} 为负值，表示截面 3-3 上剪力的实际方向与假设方向相反；M_3 为正值，表示 3-3 上弯矩的实际方向与假设方向相同。

3. 用剪力方程和弯矩方程绘制剪力图和弯矩图

为了计算梁的强度和刚度问题，除了要计算指定截面的剪力和弯矩外，还必须要知道剪力和弯矩沿梁轴线的变化规律，从而找到梁内剪力和弯矩的最大值以及它们所在的截面位置。可以用剪力方程和弯矩方程来解决此问题。

（1）剪力方程和弯矩方程

从上例可以看出，梁内各截面上的剪力和弯矩一般随截面的位置而变化。若横截面的位置用沿梁轴线的坐标 x 来表示，则各截面上的剪力和弯矩都可以表示为坐标 x 的函数，即：

$$F_Q = F_Q(x) \tag{1-37}$$

$$M = M(x) \tag{1-38}$$

用剪力方程和弯矩方程绘制剪力图和弯矩图

以上两个函数式表示梁内剪力和弯矩沿梁轴线的变化规律，分别称为剪力方程和弯矩方程。

（2）剪力图和弯矩图

为了形象地表示剪力和弯矩沿梁轴线的变化规律，可以根据剪力方程和弯矩方程分别绘制剪力图和弯矩图。以沿梁轴线的横坐标 x 表示梁横截面的位置，以纵坐标表示相应横截面上的剪力或弯矩。在土建工程中，习惯上把正的剪力画在 x 轴上方，负剪力画在 x 轴下方；把弯矩图画在梁的受拉一侧，即正弯矩画在 x 轴的下方，负弯矩画在 x 轴的上方。

【实例 1-16】 简支梁受集中力作用如图 1-87a 所示，试画出梁的剪力图和弯矩图。

解：1）根据整体平衡条件求支座反力。

$$\sum X = 0 \quad F_{Ax} = 0$$

$$\sum M_B = 0 \quad F_{Ay} = \frac{Fb}{l}(\uparrow)$$

$$\sum M_A = 0 \quad F_B = \frac{Fa}{l}(\uparrow)$$

校核:$\sum Y = F_{Ay} + F_B - F = 0$,说明计算无误。

2)列剪力方程和弯矩方程。梁在 C 处有集中力作用,故 AC 段和 CB 段的剪力方程和弯矩方程不相同,要分段列出。

AC 段:在距 A 端为 x 的任意截面处将梁假想截开,并考虑左段梁的平衡,则剪力方程和弯矩方程为:

$$F_Q(x) = F_{Ay} = \frac{Fb}{l} \quad (0 < x < a)$$

$$M(x) = F_{Ay}x = \frac{Fb}{l}x \quad (0 < x < a)$$

CB 段:在距 A 端为 x 的任意截面处将梁假想截开,并考虑左段梁平衡,则剪力方程和弯矩方程为:

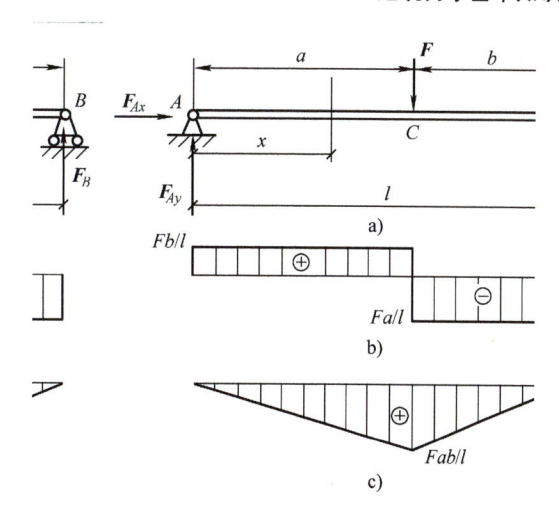

图 1-87 实例 1-16 示意图

$$F_Q(x) = F_{Ay} - F = \frac{Fb}{l} - F = -\frac{Fa}{l} \quad (a < x < l)$$

$$M(x) = F_{Ay}x - F(x-a) = \frac{Fa}{l}(l-x) \quad (a < x < l)$$

3)画剪力图和弯矩图。根据剪力方程和弯矩方程画剪力图和弯矩图。

F_Q 图:AC 段剪力方程 $F_Q(x)$ 为常数,其剪力值为 Fb/l,剪力图是一条平行于 x 轴的直线,且在 x 轴上方。CB 段剪力方程 $F_Q(x)$ 也为常数,其剪力值为 $-Fa/l$,剪力图也是一条平行于 x 轴的直线,但在 x 轴下方。画出全梁的剪力图,如图 1-87b 所示。

M 图:AC、CB 段弯矩 $M(x)$ 均是 x 的一次函数,弯矩图是一条斜直线,故只需计算两个端截面的弯矩值即可画出弯矩图。

当 $x = 0, M_A = 0$
$x = a, M_C = \dfrac{Fab}{l}$

两点连线可以画出 AC 段的弯矩图。

CB 段弯矩 $M(x)$ 仍是 x 的一次函数,弯矩图也是一条斜直线。

当 $x = l, M_B = 0$
$x = a, M_C = \dfrac{Fab}{l}$

两点连线可以画出 CB 段的弯矩图,整梁的弯矩图如图 1-87c 所示。

从剪力图和弯矩图中可得结论:在梁的无荷载段剪力图为平行线,弯矩图为斜直线。在集中力作用处,左右截面上的剪力图发生突变,其突变值等于该集中力的大小,突变方向与该集中力的方向一致;而弯矩图出现转折,即出现尖点,尖点方向与该集中力方向一致。

【实例 1-17】 简支梁受均布荷载作用如图 1-88a 所示。试画出梁的剪力图和弯矩图。

解:1)求支座反力。

$$F_{Ax} = 0$$

由对称关系可得:$F_{Ay} = F_B = \frac{1}{2}ql(\uparrow)$

2) 列剪力方程和弯矩方程。在距 A 端为 x 的任意截面处将梁假想截开,并考虑左段梁平衡,则剪力方程和弯矩方程为:

$$F_Q(x) = F_{Ay} - qx = \frac{1}{2}ql - qx \qquad (0 < x < l)$$

$$M(x) = F_{Ay}x - \frac{1}{2}qx^2 = \frac{1}{2}qlx - \frac{1}{2}qx^2 \qquad (0 \leqslant x \leqslant l)$$

3) 画剪力图和弯矩图。由剪力方程可知 $F_Q(x)$ 是 x 的一次函数,剪力图是一条斜直线。

当
$$x = 0, F_Q(0) = \frac{1}{2}ql$$
$$x = l, F_Q(l) = -\frac{1}{2}ql$$

根据这两个截面的剪力值,画出剪力图,如图 1-88b 所示。

由弯矩方程知,$M(x)$ 是 x 的二次函数,说明弯矩图是一条二次抛物线,三点确定一条抛物线,应至少计算三个截面的弯矩值,才可描绘出曲线的大致形状。

当
$$x = 0, M_A = 0$$
$$x = l, M_B = 0$$
$$x = \frac{l}{2}, M_C = \frac{ql^2}{8}$$

根据以上计算结果,画出弯矩图,如图 1-88c 所示。

从剪力图和弯矩图可得出结论:在均布荷载作用的梁段,剪力图为斜直线,弯矩图为二次抛物线。在剪力等于零的截面上弯矩具有极值。

【实例 1-18】 一简支梁如图 1-89a 所示,在 C 处受一矩为 M 的集中力偶作用。试列出剪力方程和弯矩方程,并画剪力图和弯矩图。

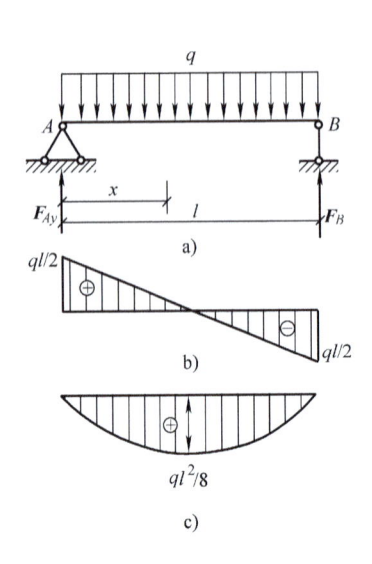

图 1-88 实例 1-17 示意图

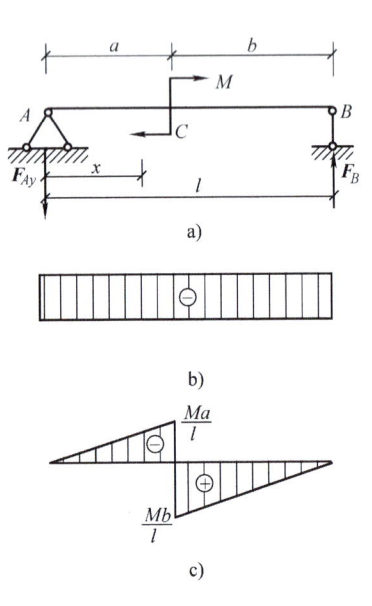

图 1-89 实例 1-18 示意图

解：1）求支座反力，由梁的平衡方程得：

$$\sum M_A = 0 \qquad F_{Ay} = \frac{M}{l}(\downarrow)$$

$$\sum M_B = 0 \qquad F_B = \frac{M}{l}(\uparrow)$$

2）列剪力方程和弯矩方程。梁在 C 截面有弯矩 M，应分为 AC、CB 两段列出剪力方程和弯矩方程。

AC 段：在距离 A 端为 x 的截面处假想将梁截开，考虑左段梁平衡，则剪力方程和弯矩方程为：

$$F_Q(x) = -F_{Ay} = -\frac{M}{l} \quad (0 < x \leq a)$$

$$M(x) = -F_{Ay}x = -\frac{M}{l}x \quad (0 \leq x < a)$$

CB 段：在距离 A 端为 x 的截面处假想将梁截开，考虑右段梁平衡，则剪力方程和弯矩方程为：

$$F_Q(x) = -F_{Ay} = -\frac{M}{l} \quad (a \leq x < l)$$

$$M(x) = -\frac{M}{l}x + M = \frac{M}{l}(l - x) \quad (a < x \leq l)$$

3）画剪力图和弯矩图。

F_Q 图：由 AC 段和 CB 段上的剪力方程可知，梁在 AC 段和 CB 段上的剪力为常数，故剪力图是两段水平直线。画出剪力图，如图 1-89b 所示。

M 图：由 AC 段和 CB 段上的弯矩方程可知，梁在 AC 段和 CB 段上的弯矩均为 x 的一次函数，故弯矩图是两段斜直线。画出弯矩图，如图 1-89c 所示。

由内力图可知：梁在集中力偶作用处，左右截面上的剪力无变化，而弯矩出现突变，其突变值等于该集中力偶矩。

（3）画剪力图和弯矩图规律

实际上，截面内的弯矩、剪力和分布荷载集度之间存在相互的关系。通过以上的几个例子可以总结出梁的剪力图和弯矩图的规律如下：

1）在无荷载作用的一段梁上，该梁段内各横截面上的剪力 $F_Q(x)$ 为常数，则剪力图为一条水平直线；弯矩图为一斜直线，且斜直线的斜率等于该梁段上的剪力值。

2）在均布荷载作用的一段梁上，$q(x)$ 为常数，且 $q(x) \neq 0$，剪力图必然是一斜直线，弯矩图是二次抛物线。若某截面上的剪力 $F_Q(x) = 0$，则该截面上的弯矩具有极值。

3）在集中力作用处的左、右两侧截面上，剪力图有突变，突变值等于集中力的值；两侧截面上的弯矩值相等，但由于两侧的剪力值不同，所以弯矩图在集中力作用处两侧的斜率不相同，弯矩图曲线发生转折，出现尖角，尖角的指向与集中力的指向相同。

4）集中力偶作用的左、右两侧截面上，剪力相等；弯矩发生突变，突变值等于集中力偶的数值。

利用以上规律绘制梁的内力图的主要步骤如下：

1）正确求解支座反力。

2) 根据荷载及约束力的作用位置，确定控制截面。
3) 应用截面法确定控制截面上的剪力和弯矩数值。
4) 依据规律判断剪力图和弯矩图的形状，进而画出剪力图和弯矩图。

任务5　分析静定结构的位移

1.5.1　结构位移概念和计算假定

建筑结构在荷载作用、温度变化、支座移动和制造误差等因素影响下，结构上各界面会发生移动和转动，这些移动和转动就称为结构的位移，结构的位移分为线位移和角位移两种。如图1-90所示，悬臂梁在荷载作用下发生弯曲变形。截面 $m-m$ 的形心 C 移动到了 C'，产生竖向位移 ΔC，称为 C 点的线位移。横截面 $m-m$ 转动了一个角度 θ_C，称为 $m-m$ 截面的角位移。

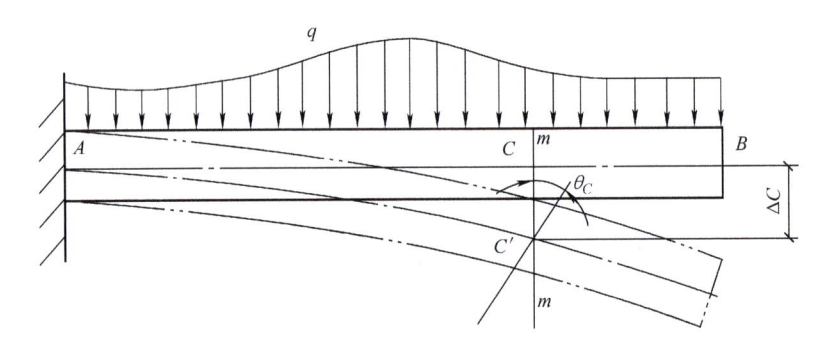

图1-90　悬臂梁结构位移

静定结构进行位移计算，做以下假定：

1) 小位移、小变形假定。该假定认为，结构在广义荷载作用下只发生小变形和小位移。
2) 线弹性假定。该假定认为，结构在荷载作用下材料处于比例阶段，满足胡克定律。
3) 刚节点假定。该假定认为，结构变形后刚节点两侧的截面相对转角为零。

1.5.2　虚功原理

1. 虚功的概念

功包含两个要素，即力和位移。当做功的力和相应的位移彼此独立无关系时，就把这种功称为虚功。如图1-91所示简支梁在1点受 F_{P1} 作用，产生挠曲变形（状态1）。当该结构在2点又受荷载 F_{P2} 作用，此时1点又增加了位移（状态2），这时力 F_{P1} 在位移上所做的功就是虚功，表示为：

$$W_{12} = F_{P1}\Delta_{12}$$

即状态1的力在状态2的位移上做功。力 F_P

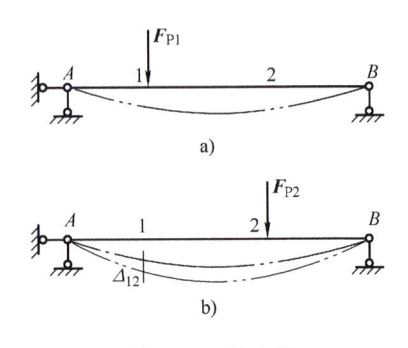

图1-91　简支梁

可以是集中力、集中力偶和支座反力等，称为广义力，而位移 Δ 称为和广义力 F_P 相对应的广义位移。

2. 外力虚功

如图 1-92a 所示刚架在荷载作用下处于平衡状态（状态 1）；由于某种原因刚架产生了变形位移如图 1-92b 所示（状态 2）。状态 1 的外力（包括支座反力）在状态 2 的虚位移上做虚功，即外力虚功 W_e，其表达式为：

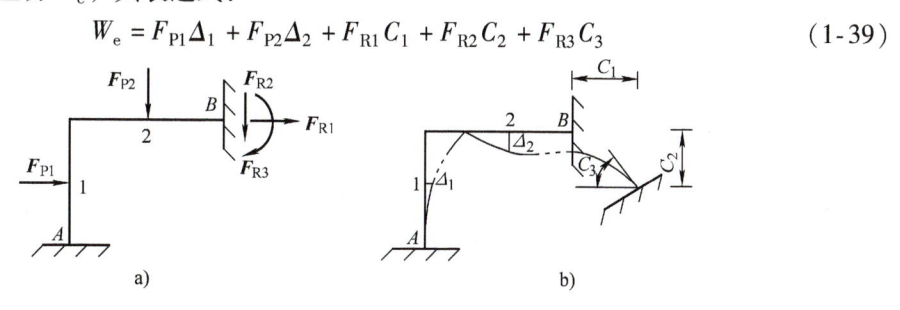

$$W_e = F_{P1}\Delta_1 + F_{P2}\Delta_2 + F_{R1}C_1 + F_{R2}C_2 + F_{R3}C_3 \tag{1-39}$$

图 1-92

一般情况下可写成：

$$W_e = \sum F_{Pi}\Delta_i + \sum F_{Rk}C_k \tag{1-40}$$

Δ_i、C_k 是和 F_{Pi}、F_{Rk} 相对应的位移，当两者方向相同时，其相乘结果为正，否则为负。两项的乘积应具有功的量纲。

3. 内力虚功

如图 1-93a 所示，悬臂梁在任意荷载作用下处于平衡状态（状态 1），由于其他因素的作用梁发生了位移和变形，如图 1-93b 所示（状态 2）。

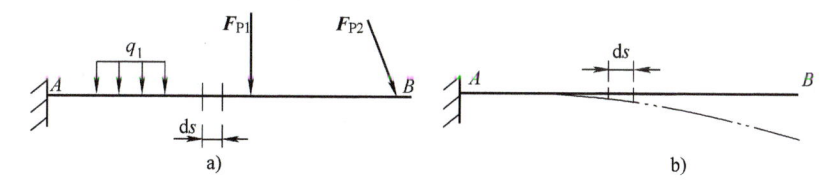

图 1-93

在状态 1 中任取一微段 ds 如图 1-94 所示，该微段上的内力有 F_N、F_Q、M。

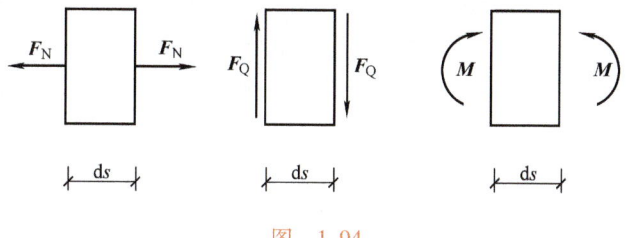

图 1-94

在状态 2 中取同一微段 ds 如图 1-95 所示，有轴向、剪切和弯曲变形，相对变形如图中所示。

图 1-95

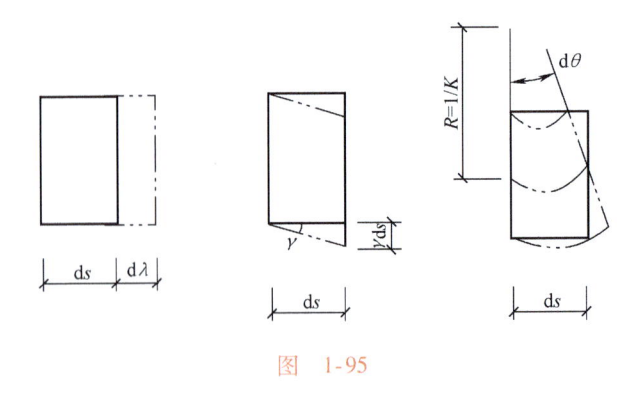

对该微段，内力在相应的位移上所做的虚功为：
$$dW_i = F_N d\lambda + F_Q \gamma ds + M d\theta$$

式中 F_N、F_Q、M 为广义内力，$d\lambda$、γds、$d\theta$ 分别为相应的广义位移，广义力与广义位移要相互对应。

整个梁的内力虚功：
$$W_i = \int_A^B (F_N d\lambda + F_Q \gamma ds + M d\theta) \tag{1-41}$$

当结构是由多个杆件组成的体系时：
$$W_i = \sum \int (F_N d\lambda + F_Q \gamma ds + M d\theta) \tag{1-42}$$

4. 虚功方程

当变形体系在力系作用下处于平衡状态时，该体系由于其他原因产生符合约束条件的微小的连续虚位移，则外力在相应虚位移上所做虚功 W_e 恒等于内力在相应变形上所做的虚功 W_i，由式（1-40）和（1-42）得：
$$W_e = W_i$$

即：
$$\sum F_{Pi} \Delta_i + \sum F_{Rk} C_k = \sum \int (F_N d\lambda + F_Q \gamma ds + M d\theta)$$

由于
$$d\lambda = \varepsilon ds \quad d\theta = \kappa ds$$

则虚功方程可写成：
$$\sum F_{Pi} \Delta_i + \sum F_{Rk} C_k = \sum \int (F_N \varepsilon + F_Q \gamma + M \kappa) ds \tag{1-43}$$

式中　F_N、F_Q、M——杆件微段截面的轴力、剪力、弯矩；
　　　ε、γ、κ——微段相应的轴向应变、切应变、弯曲应变。

虚功方程式是一个普遍方程，既适用于弹性问题，也适用于非弹性问题，是后面计算结构位移的理论依据。

1.5.3　静定结构位移计算公式

如图 1-96a 所示，一平面刚架受荷载等作用后发生变形，求结构任意一点 C 沿 $k-k$ 方向的位移 Δ_{kP}（下标 kP 表示外荷载作用下沿 k 方向的位移）。

先在刚架上沿 $k-k$ 方向施加一虚拟集中力 F_{Pk}，由于力 F_{Pk} 是虚设的，为简单起见，不

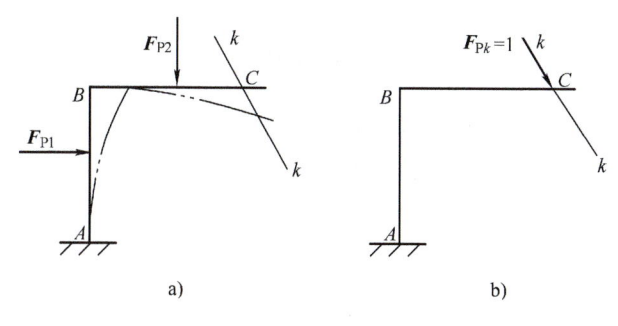

图 1-96

妨令 $F_{Pk}=1$，如图 1-96b 所示，在此虚拟状态下，截面产生的内力为 $\overline{M}$、$\overline{F}_Q$、$\overline{F}_N$，以及支座反力 $\overline{F}_R$。

令虚拟状态下的外力、内力以及支座反力在真实状态下的相应位移、变形上做虚功。由虚功方程知：

$$1 \times \Delta_{kP} + \sum \overline{F}_{Rk} C_k = \sum \int (\overline{F}_N \varepsilon + \overline{F}_Q \gamma + \overline{M} \kappa) ds$$

即：
$$\Delta_{kP} = \sum \int (\overline{F}_N \varepsilon + \overline{F}_Q \gamma + \overline{M} \kappa) ds - \sum \overline{F}_{Rk} C_k \tag{1-44}$$

公式（1-44）即为计算结构位移的一般公式，具有普遍性。

当结构没有支座移动时，公式中的 $C_k=0$，则位移公式可简化为：

$$\Delta_{kP} = \sum \int (\overline{F}_N \varepsilon + \overline{F}_Q \gamma + \overline{M} \kappa) ds \tag{1-45}$$

由于所讨论的材料是线弹性材料，由材料力学公式可得内力与应变的关系式：

$$\varepsilon = \frac{F_{NP}}{EA} \qquad \gamma = \frac{F_{QP}}{GA} \qquad \kappa = \frac{M_P}{EI}$$

计算平均剪力时，由于考虑到剪应力在截面上分布不均匀而增加的修正系数 k，称为剪应力分布不均匀系数。则荷载作用下计算结构弹性位移的一般公式变为：

$$\Delta_{kP} = \sum \int \frac{\overline{F}_N F_{NP}}{EA} ds + \sum \int \frac{k \overline{F}_Q F_{QP}}{GA} ds + \sum \int \frac{\overline{M} M_P}{EI} ds \tag{1-46}$$

在应用公式（1-46）时应注意以下几点：

1) 上述公式对直杆是正确的，但也可近似用于曲杆，误差一般不大。

2) 公式中有两组内力：$\overline{F}_N$、$\overline{F}_Q$、$\overline{M}$——结构在单位力作用下产生的内力；F_{NP}、F_{QP}、M_P——结构在荷载作用下产生的内力。这两组内力均可事先求出。

3) 内力符号规定：轴力以拉为正，压为负；剪力使分离体顺时针转为正，反之为负；弯矩不规定具体单项的符号，只规定 $\overline{M} M_P$ 乘积的正负号，即当 $\overline{M}$、M_P 使杆件同一侧的纤维受拉时，其乘积取正，反之取负。

4) 不仅可以计算结构的线位移，还可以计算结构的角位移；可以计算结构的绝对位移，还可以计算结构的相对位移。

1.5.4 图乘法计算位移

在计算梁和刚架在荷载作用下的位移时，一般忽略剪力、轴力的影响，计算位移可用下式：

$$\Delta_{kP} = \sum \int \frac{\overline{M}M_P}{EI} ds$$

在结构杆件的数目较多，荷载较复杂的情况下，求各杆段的弯矩方程并积分非常麻烦。但是只要满足下述三个条件，就可以用所谓图乘法来代替积分运算，使计算较为简单。

1）EI = 常数（包括杆件分段为常数）。
2）杆件轴线为直线。
3）积分号内两个弯矩图中至少有一个为直线图形。

对等截面直杆（包括截面分段变化的杆件）所组成的梁和刚架，前两个条件自然满足，至于第三个条件，由于$\overline{M}$图是单位力引起的，所以对于直杆$\overline{M}$图总是由直线组成。至于M_P图，可能是直线也可能是曲线，视荷载情况而确定。

1. 图乘法的计算公式

当结构满足上述三个条件时，把计算梁和刚架的位移公式进行化简：

$$\int \frac{\overline{M}M_P}{EI} ds = \frac{1}{EI} \int \overline{M}M_P ds \qquad (1\text{-}47)$$

考查式（1-47）中的两个弯矩方程。如图1-97所示直杆AB的两个弯矩图$\overline{M}$、M_P，$\overline{M}$图是直线图，假设M_P为曲线图（也可以是直线图）。$\overline{M}$图是直线，延长线与x轴交点为O，倾角为α，当横坐标值为x时，$\overline{M}$图的弯矩方程可写成：

$$\overline{M}(x) = x\tan\alpha$$

则积分式可表示为：

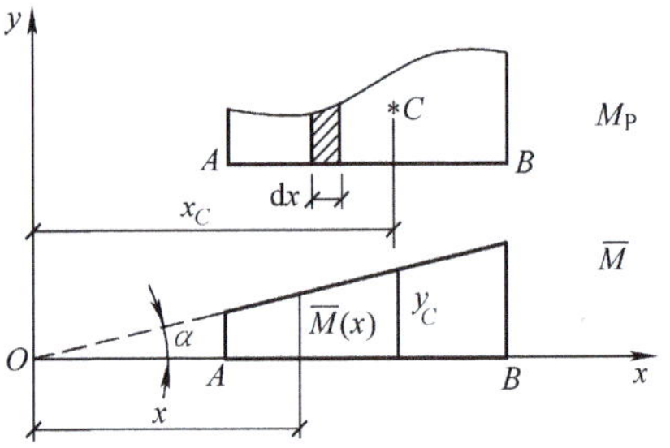

图乘法计算位移的计算公式

图1-97 图乘法

$$\int_A^B \overline{M}M_P dx = \int_A^B x\tan\alpha M_P dx = \tan\alpha \int_A^B xM_P dx \qquad (1\text{-}48)$$

式（1-48）中$M_P dx$是M_P图在x处的微面积dA，即图1-97中的阴影部分，$dA = M_P dx$。积分式$\int_A^B xM_P dx = \int_A^B x dA$，该式是$AB$杆上$M_P$图形的整个面积$A$对$y$轴的面积矩。如以$x_C$表示面积$A$的形心$C$到$y$轴的距离，则积分式可写成：

$$\int_A^B xM_P dx = Ax_C \qquad (1\text{-}49)$$

$$\int_A^B \overline{M}M_P dx = (Ax_C)\tan\alpha \qquad (1\text{-}50)$$

因为$x_C \tan\alpha = y_C$，y_C是M_P图形的形心对应下的$\overline{M}$图的纵坐标，下面略去下标C，用y表示形心对应的纵坐标。因此，积分式（1-47）可简化为：

$$\int \frac{\overline{M}M_P}{EI} dx = \frac{1}{EI} \int \overline{M}M_P dx = \frac{1}{EI} Ay \qquad (1\text{-}51)$$

这样计算梁和刚架位移的公式（略去Δ的下标kP）可写成下式：

$$\Delta = \sum \int \frac{\overline{M}M_P}{EI}ds = \sum \frac{1}{EI}Ay \qquad (1-52)$$

由此可见，上述积分式就等于一个弯矩图的面积 A 乘以其形心处所对应的另一个直线弯矩图上的纵坐标 y_C，再除以 EI，这种方法称为图乘法。

应用式（1-52）求位移应注意以下几点：

1) 必须满足前面提到的三个条件。

2) 纵坐标 y 必须取自直线的弯矩图中，当两个弯矩图均为直线时，y 可取自任一图中。

3) 面积 A 和相应的纵坐标 y 在杆的同一侧时，乘积 Ay 为正；不在同一侧时，乘积 Ay 为负。

4) 当 y 所在图形由若干段直线组成时，应该分段考虑。

5) 如遇到弯矩图的形心位置或面积不便于确定时，应将该图分解为几个易于确定形心或面积的部分，各部分面积分别同另一图形相对应的纵坐标相乘，然后把各自相乘结果求代数和。

2. 图乘法的应用

应用图乘法求位移的关键是确定弯矩图的面积、形心以及和形心对应的另一个弯矩图的纵坐标 y。常见的几种图形的形心位置和面积如图 1-98 所示。对二次抛物线图形应注意顶点的位置，顶点处的切线应与杆轴平行。

图乘法的应用

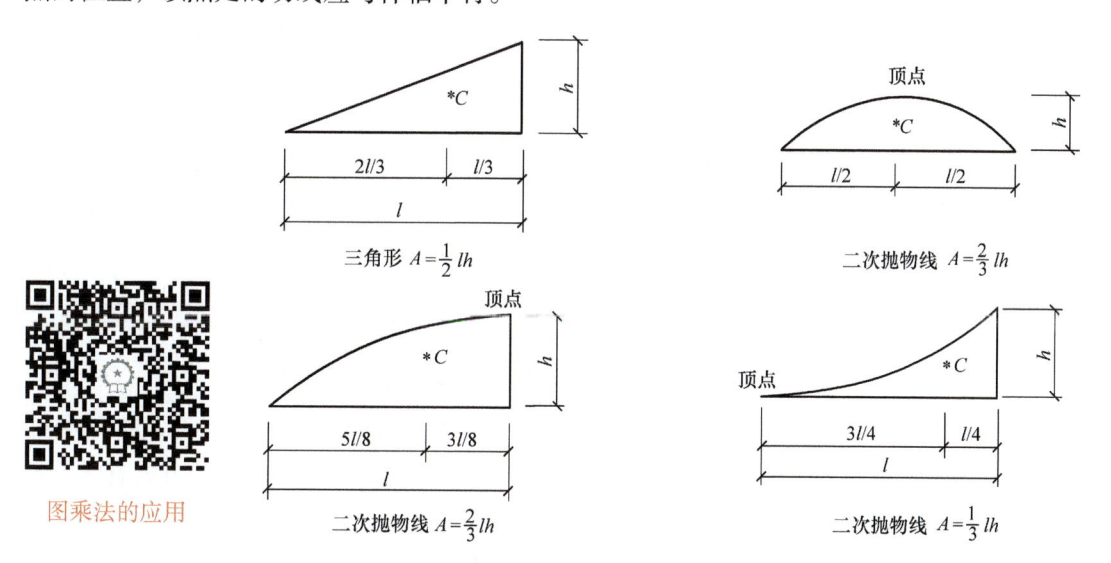

图 1-98　几种常见图形的面积和形心位置

三角形 $A = \frac{1}{2}lh$

二次抛物线 $A = \frac{2}{3}lh$

二次抛物线 $A = \frac{2}{3}lh$

二次抛物线 $A = \frac{1}{3}lh$

遇到折线图形以及分段变刚度情况时，应分段进行图乘。如图 1-99 所示，图乘应为：

$$\int \frac{\overline{M}M_P}{EI}dx = \frac{1}{EI}(A_1y_1 + A_2y_2 + A_3y_3)$$

分段图乘应使图乘的 A、y 所在的弯矩方程应有共同的定义域，这也是推导图乘法的依据之一，应同时考虑两个图形的边界。

当 M_P 图形的面积或形心位置不便于确定时，可将复杂图形分解为几个较简单的图形，然后叠加计算。

如图 1-100 所示两个梯形图形相乘时，可不必找梯形的形心，而把梯形图形分解为两个三角形（或一个矩形和一个三角形），则：

$$\int \overline{M} M_\mathrm{P} \mathrm{d}x = A_1 y_1 + A_2 y_2$$

其中：$A_1 = \dfrac{1}{2}al$　$A_2 = \dfrac{1}{2}bl$　$y_1 = \dfrac{2}{3}c + \dfrac{1}{3}d$

$y_2 = \dfrac{2}{3}d + \dfrac{1}{3}c$

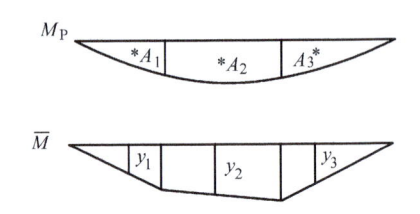

图 1-99　折线图形分段图乘

当两个图形都是直线变化，但含有不同符号的两部分时，如图 1-101 所示。在进行图乘时，可将其中一个图形，如图 1-101a 所示，分解为三角形 ABC（杆轴上）和三角形 ABD（杆轴下）两部分，则：

$$\int \overline{M} M_\mathrm{P} \mathrm{d}x = A_1 y_1 + A_2 y_2$$

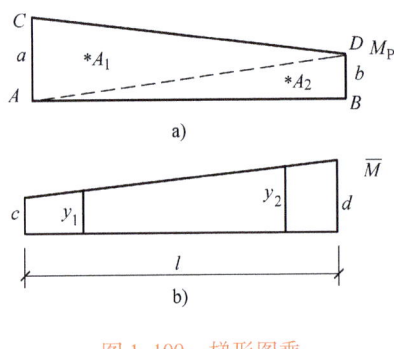

其中：$A_1 = \dfrac{1}{2}la$　$A_2 = \dfrac{1}{2}lb$　$y_1 = \dfrac{2}{3}c - \dfrac{1}{3}d$　$y_2 = \dfrac{2}{3}d - \dfrac{1}{3}c$

图 1-100　梯形图乘

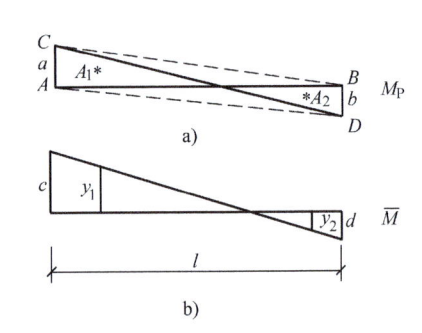

图 1-101　三角形图乘

注意区分 A_i 和 y_i 在杆件的同一侧，还是在异侧，以确定其乘积的符号。

弯矩图的叠加是纵坐标的叠加（两个函数的叠加），不能理解为两个图形的简单拼接。应从弯矩方程的函数关系理解叠加。把一个复杂图形分解为若干个简单图形的方式有时不唯一，采用何种形式以计算简单方便为原则。

【实例 1-19】　用图乘法计算如图 1-102a 所示简支梁中点 C 的挠度，EI = 常数。

解：1) 作简支梁在荷载 q 作用下的弯矩图 M_P，如图 1-102b 所示。

2) 在 C 点加单位力 $F_\mathrm{P} = 1$，并作弯矩图 $\overline{M}$，如图 1-102c 所示。

3) 计算挠度 Δ_C。

由于 M_P 图是曲线图形，所以应在 M_P 图上取面积 A，由于 $\overline{M}$ 由两段直线组成，所以对 M_P 应分成 AC 和 CB 两段，不可用图 1-102b 的整个面积 A 和形心处对应的纵坐标 y = l/4 相乘来计算位移。由于对称，可计算一半再乘以两倍。

$$A = \frac{2}{3} \times \frac{l}{2} \times \frac{1}{8}ql^2 = \frac{ql^3}{24}$$

$$y = \frac{5}{8} \times \frac{l}{4} = \frac{5}{32}l$$

A 和 y 在杆轴的同一侧。

$$\Delta_C = \sum \int \frac{\overline{M}M_P}{EI}dx = 2 \times \frac{1}{EI}Ay$$
$$= 2 \times \frac{1}{EI} \times \frac{ql^3}{24} \times \frac{5l}{32} = \frac{5ql^4}{384EI}(\downarrow)$$

【实例 1-20】 用图乘法计算图 1-103a 所示伸臂梁 C 端的竖向位移 Δ_C 和 A 端的转角 θ_A，设 $EI = 2 \times 10^4 \mathrm{kN \cdot m^2}$。

解：1) 求 Δ_C：

① 作 M_P 图，如图 1-103b 所示（单位：kN·m）。

② 在 C 点加单位力 $F_P = 1$，作 $\overline{M}$ 图如图 1-103c 所示（单位：m）。

③ 计算位移 Δ_C。

各块图形的面积和对应形心的 y 值分别为：

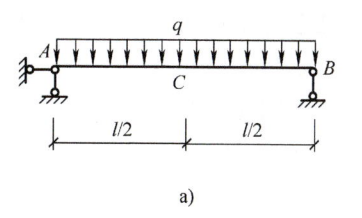

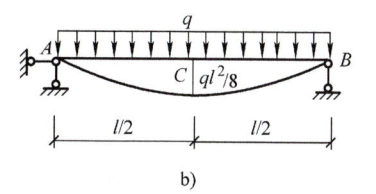

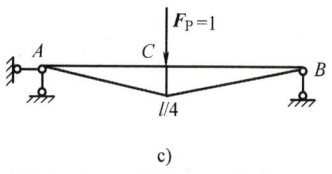

图 1-102 实例 1-19 示意图

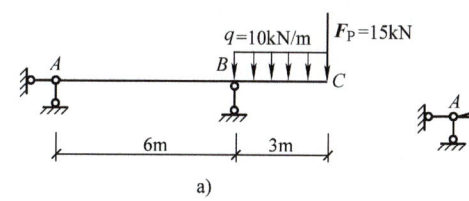

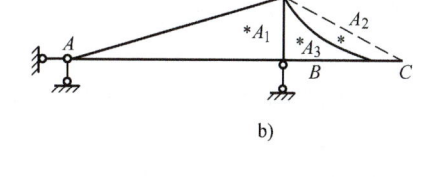

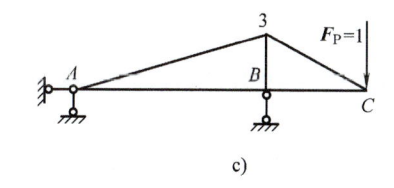

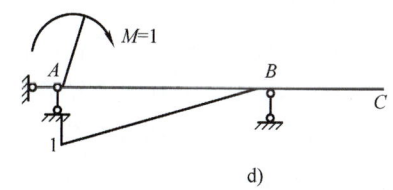

图 1-103 实例 1-20 示意图

$$A_1 = \frac{1}{2} \times 90 \times 6 = 270 \quad y_1 = \frac{2}{3} \times 3 = 2 \quad (A_1 \text{ 与 } y_1 \text{ 同侧})$$

$$A_2 = \frac{2}{3} \times 3 \times \frac{90}{8} = 22.5 \quad y_2 = \frac{1}{2} \times 3 = 1.5 \quad (A_2 \text{ 与 } y_2 \text{ 异侧})$$

$$A_3 = \frac{1}{2} \times 90 \times 3 = 135 \quad y_3 = \frac{2}{3} \times 3 = 2 \quad (A_3 \text{ 与 } y_3 \text{ 同侧})$$

$$\Delta_C = \sum \int \frac{\overline{M}M_P}{EI}dx = \frac{1}{EI}(A_1y_1 - A_2y_2 + A_3y_3)$$
$$= \frac{1}{EI}(270 \times 2 - 22.5 \times 1.5 + 135 \times 2)$$
$$= \frac{1}{EI}776.25 = 3.88 \times 10^{-2} \mathrm{m}(\downarrow)$$

（注意弯矩图 A_2、A_3 的分解关系）

2）求角位移 θ_A：

① M_P 图与前面相同，如图 1-103b 所示。

② 在 A 点作用单位力偶 $M=1$，作弯矩图 $\overline{M}$，如图 1-103d 所示。

③ 求转角 θ_A。

在 M_P 图上取面积 A：

$$A_1 = \frac{1}{2} \times 90 \times 6 = 270 \qquad y_1 = \frac{1}{3} \times 1 = \frac{1}{3} \qquad (A_1 与 y_1 异侧)$$

由图 1-103d 可知，BC 段的 $\overline{M}=0$，该段图乘结果为零。

$$\theta_A = \sum \int \frac{\overline{M}M_P}{EI}dx = \frac{-1}{EI}A_1 y_1 = \frac{-90}{EI} = \left(\frac{-90}{2 \times 10^4}\right)\text{rad} = -0.0045\text{rad}$$

结果为负，说明转角方向为逆时针，与假设的单位力偶反方向。

同 步 训 练

一、简答题

1. 什么是力？力的三要素是什么？
2. 二力平衡公理和作用与反作用公理中的两个力各有什么不同？
3. 如何理解力的平行四边形法则？如果作用在刚体上的三个力共面且汇交于一点，则刚体一定平衡吗？
4. 工程中常见的支座有哪几种？它们的支座反力有何区别？
5. 指出外力、内力、应力的区别。
6. 常见的约束类型有哪些？各种约束反力的方向如何确定？
7. 什么样的构件称为杆件？其几何特征是什么？
8. 杆件变形的基本形式有哪些？结合生产实践，列举一些产生各种基本变形的实例。
9. 什么是自由度？什么是约束？约束的常见类型有哪些？
10. 什么是剪力和弯矩？剪力和弯矩的正负号是如何规定的？
11. 什么是剪力图和弯矩图？剪力图和弯矩图的正负号是如何规定的？
12. 什么叫虚功？
13. 虚功原理有哪些方面的应用？

二、实例分析题

1. 重力为 G 的小球用绳索系于光滑的墙面上，如图 1-104 所示，试画出小球的受力图。
2. 如图 1-105 所示结构中，AB 为一横梁，其上的 C 处安装一个滑轮，绳子绕过滑轮吊一重物。绳的另一端系于 BD 杆的 E 点。A、B、D 均为铰链，AB 梁及 BD 杆重量不计。试画出重物、滑轮、AB 梁、BD 杆及整体的受力图。
3. 重量为 F_P 的小球 A 由光滑曲面及绳子支承，如图 1-106 所示。试画出小球 A 的受力图。
4. 如图 1-107 所示简支梁，跨中受集中力 F 作用，A 端为固定铰支座约束，B 端为可动铰支座约束。试画出梁的受力图。

5. 如图 1-108 所示简支梁，试计算距 A 支座 1m 处截面上的内力。

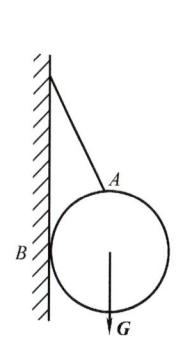

图 1-104

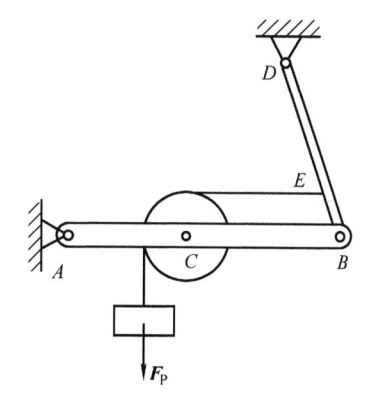

图 1-105

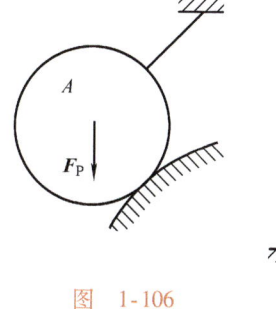

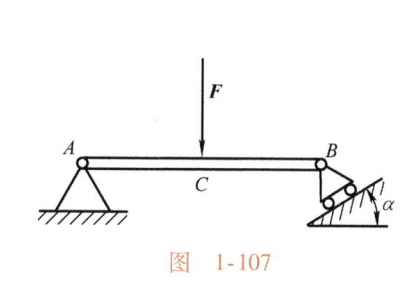

图 1-106

图 1-107

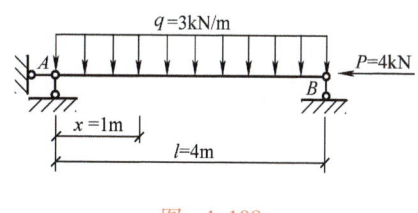

图 1-108

6. 绘制如图 1-109 所示简支梁的内力图。

7. 如图 1-110 所示悬臂梁，采用 25a 号工字钢。在竖直方向受均布荷载 $q=5\text{kN/m}$ 作用，在自由端受水平集中力 $F=2\text{kN}$ 作用。已知截面的几何性质为：$I_z=5023.54\text{cm}^4$，$W_z=401.9\text{cm}^3$，$I_y=280.0\text{cm}^4$，$W_y=48.28\text{cm}^3$。试求梁的最大拉应力和最大压应力。

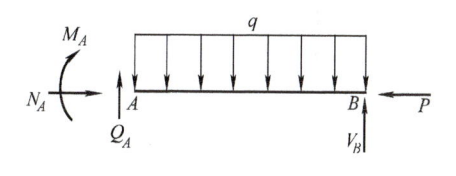

图 1-109

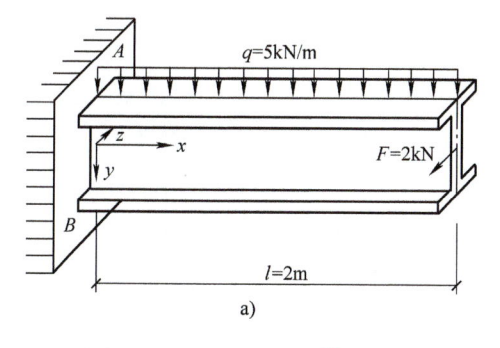

图 1-110

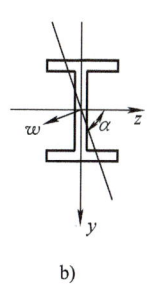

8. 试分析图 1-111 所示体系的几何稳定性。

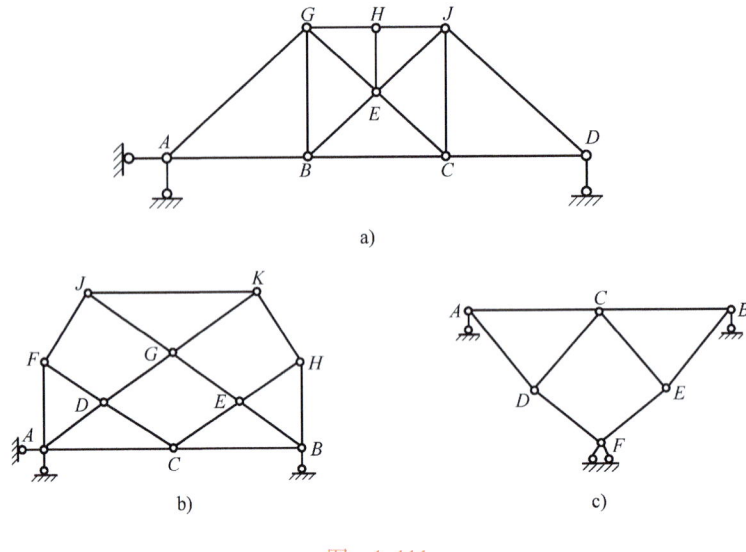

图 1-111

9. 求图 1-112 所示梁截面 B 的弯矩和截面 C 的剪力。

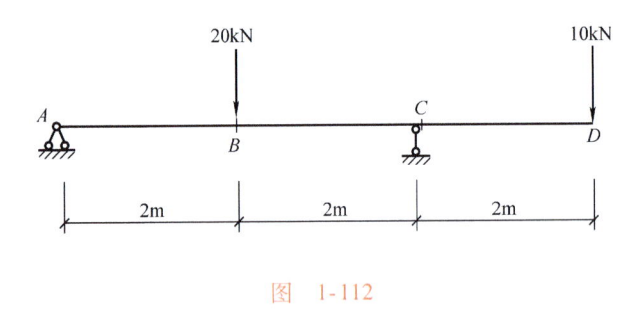

图 1-112

10. 简支梁受集中力 F 作用如图 1-113 所示，试画出梁的剪力图和弯矩图。
11. 求如图 1-114 所示刚架 C 点的竖向位移 Δ_C，$EI =$ 常数。

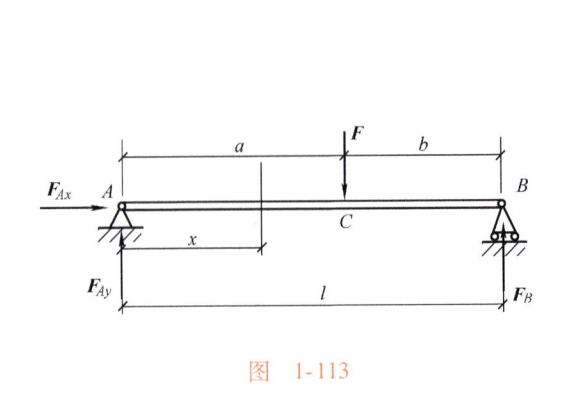

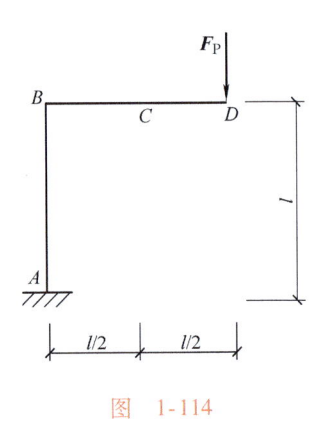

图 1-113

图 1-114

【职业素养园地】

《墨经》

《墨经》是中国战国末期墨家的著作,也称为《墨辩》,主要讨论认识论、逻辑和自然科学的问题。

早在2300多年前,我国古代思想家墨子的《墨经》中就包含了丰富的关于力学、光学、几何学、工程技术知识和现代物理学、数学的基本要素。《墨经》中有关于力、力系的平衡、杠杆、斜面等简单机械的论述,记载了关于小孔成像以及平面镜、凹面镜、凸面镜成像的观察研究,首先提出了朴素的时间("久",即宙)和空间("宇")的概念。

《墨经》中对力的概念提出了初步的论述:"力,刑(形)之所以奋也。"也就是说,力是使物体开始运动或加快运动的原因。《墨经》中还进一步把重量与力联系了起来:"力,重之谓。下与重,奋也。"显然指出了物体的重量也是一种力,并说明物体下落或向上举时,都有力的作用。墨家以桔槔和秤的工作原理为例,总结了杠杆的工作原理,提出了"本(重臂)""标(力臂)""权""重"等概念,论述了等臂杠杆和不等臂杠杆的平衡条件,并指出"挈,长重者下,短轻者上。"即杠杆的平衡,不但取决于两物的重量,还与"本""标"的长短有关。可见,墨家已知道了可以用两种方法来调节杠杆的平衡,并已进行了杠杆原理的探讨。

墨家还叙述了斜面上的物体失去平衡的道理,以及利用斜面来提升重物的方法。墨家曾设计了一种装着滑轮的前低后高的斜面车,称为"车梯",用来载重物沿斜面不断升高,以节省人力。

《考工记》

《考工记》是春秋战国时期齐国的一部科技著作,是古代手工技术规范的汇集。全书所论包括了当时手工业的主要工种,并在论述各种手工技术的同时,还阐述了其中的科学道理。在描述每一项手工技术的文字中都包含了一定的物理知识,其中主要是力学和热学方面。

《考工记》在论述车轮制造时,以受力、运动和不同接触地面的影响等因素出发,在讲到轮子的形状与运动快慢之间的关系时说:"凡察车之道……不微至,无以为戚速也。""微至"是指轮和地面的接触面积少。就是说,车轮与地面接触少,就容易转得快。那么,怎样才能达到"微至"呢?文中接着指出:"欲其微至也。无所取之,取诸圜(圆)也。"即要尽量把轮子做成理想的圆。这是在实践中对滚动物体的滚动速度与滚动物体的接触面积有关的经验总结,是符合近代摩擦理论的。在论述如何检验轮子各部位是否做得均匀时,《考工记》说:"揉辐必齐,平沈(沉)必均。""水之以眡(视)其平沈之均也。"这里的"水之",即浸入水中,如果"平沈"(即浮沉相同),则轮子各部分必定是均匀的,就符合制作轮子的要求了。这是浮力原理在制造轮子中的应用。

启迪人生

(1) 从中国古代的工程巨著中可以看到先人的智慧在中国大地上早已光芒四射,中华文明源远流长,我们要坚定文化自信。

(2) 中国古人在生产、生活实践中总结、运用力学原理,已经达到了很高的水平,新时代的我们要更加勇于探索、创新发展。

模块 2

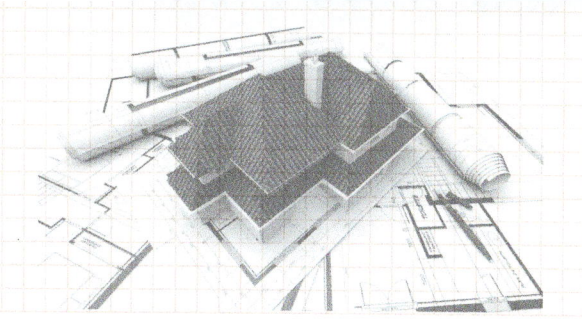

结构设计方法与抗震知识

学习目标

❀ **知识目标**
1. 掌握荷载与荷载效应、结构抗力的概念。
2. 熟悉结构的功能要求、极限状态的概念。
3. 熟悉结构承载能力极限状态的设计表达式，掌握荷载效应的基本组合值计算；熟悉正常使用极限状态的设计表达式，掌握荷载效应的标准组合值、频遇组合值和准永久组合值的计算。
4. 了解地震的基本知识；掌握建筑结构的抗震设防依据、目标、类别和标准；熟悉抗震概念设计。

❀ **能力目标**
1. 理解极限状态设计法有关的基本概念和基本知识。
2. 能应用相关公式计算荷载效应的基本组合值、标准组合值、频遇组合值和准永久组合值。

工作任务

1. 理解荷载效应与结构抗力。
2. 掌握建筑结构的设计方法。
3. 熟悉结构抗震的基本知识。

学习指南

结构设计是根据建筑方案确定结构布置方案，进行荷载、内力等计算后，确定结构构件按功能要求所需要的截面尺寸、材料、构造措施等。设计的目的是使设计的结构在现有的技术基础上，用尽可能少的经济消耗，建成能够满足全部功能要求且有足够可靠性的建筑物。

本模块主要介绍建筑物基本构件及结构设计时共同采用的方法，即极限状态设计法的基本知识，以及结构抗震的基本知识。

本模块共分三个学习任务，主要学习内容依次为：理解荷载、荷载效应和结构抗力、材料强度→熟悉建筑结构应满足的功能要求和结构功能的极限状态→计算荷载效应的基本组合值、标准组合值、频遇组合值和准永久组合值→熟悉结构抗震的基本知识。

教学方法建议

采用"教、学、做"一体化，利用相关多媒体资源和教师的讲解，结合荷载效应组合值计算的示例分析，在理解荷载效应与结构抗力及掌握建筑结构设计方法的基础上，培养学生计算荷载效应组合值的能力。

任务1　分析荷载效应与结构抗力

2.1.1　荷载与荷载效应

1. 作用与荷载

作用是使结构产生内力、变形、应力和应变的所有原因。结构上的作用包括直接作用和间接作用。直接作用指的是施加在结构上的集中力或分布力，即通常所说的荷载，例如结构自重、楼面活荷载和雪荷载等。间接作用指的是引起结构外加变形或约束变形的作用，例如温度的变化、混凝土的收缩或徐变、地基的变形、焊接变形和地震等。

荷载与荷载效应

2. 作用效应与荷载效应

作用在结构上的直接作用或间接作用，将引起结构或结构构件产生内力（如轴力、弯矩、剪力、扭矩等）和变形（如挠度、转角、侧移、裂缝等），这些内力和变形总称为作用效应，用 S 表示。其中由荷载产生的作用效应称为荷载效应。

3. 荷载的分类

结构上的荷载按其作用时间和性质不同，可以分为以下三类：

（1）永久荷载（恒荷载）

在结构使用期间，其量值不随时间变化，或其变化值与平均值相比可以忽略不计的荷载，如结构的自重、土压力等。

（2）可变荷载（活荷载）

在结构使用期间，其量值随时间变化，且其变化值与平均值相比不能忽略的荷载，如楼（屋）面活荷载、屋面积灰荷载、雪荷载、风荷载、吊车荷载等。

（3）偶然荷载

在结构使用期间不一定出现，一旦出现，其量值很大且持续时间很短的荷载，如爆炸力、撞击力等。

4. 荷载的代表值

荷载是随机变量，其大小、方向、位置等都在变化，比如风荷载的大小和方向均随时间变化。进行结构设计时，对荷载应赋予一个规定的量值，该量值即荷载代表值。

设计时对于不同的荷载应采用不同的代表值。永久荷载采用标准值为代表值，可变荷载应根据设计要求采用标准值、组合值、频遇值或准永久值为代表值。

（1）荷载标准值

荷载标准值是指在设计基准期内可能出现的最大荷载值，是荷载的基本代表值。其中设计基准期是为确定可变荷载代表值而选定的时间参数，一般为50年。

永久荷载的标准值：对结构自重，可按结构构件的设计尺寸（如梁、柱的断面）与材料单位体积的自重计算确定。对于自重变异较大的材料和构件（如现场制作的保温材料、混凝土薄壁构件等），自重的标准值应根据对结构的不利状态，取上限值或下限值。

可变荷载的标准值：《建筑结构荷载规范》（GB 50009—2012）对楼面和屋面活荷载、雪荷载、风荷载、吊车荷载等可变荷载标准值，规定了具体数值或计算方法，设计时可查用。例如，民用建筑楼面均布活荷载标准值可由表2-1查得。

(2) 可变荷载组合值

当结构上作用两种或两种以上的可变荷载时，考虑到可变荷载同时达到最大值的可能性较小，因此在设计时，除主导荷载（产生最大效应的荷载）仍取其标准值为代表值外，其他伴随荷载均采用小于其标准值的组合值为荷载代表值。

可变荷载的组合值，为可变荷载标准值乘以荷载组合值系数 Ψ_c。民用建筑楼面均布活荷载组合值系数见表2-1。

(3) 可变荷载频遇值

在设计基准期内，其超越的总时间仅为设计基准期一小部分的荷载值，或超越频率为规定频率的荷载值。

可变荷载频遇值应取可变荷载标准值乘以荷载频遇值系数 Ψ_f。民用建筑楼面均布活荷载频遇值系数见表2-1。

(4) 可变荷载准永久值

在设计基准期内，其超越的总时间约为设计基准期一半的荷载值。准永久值对结构的影响类似于永久荷载。

可变荷载准永久值应取可变荷载标准值乘以荷载准永久值系数 Ψ_q。民用建筑楼面均布活荷载准永久值系数见表2-1。

表2-1 民用建筑楼面均布活荷载标准值及其组合值、频遇值和准永久值系数

项次	类别	标准值 /(kN/m²)	组合值系数 Ψ_c	频遇值系数 Ψ_f	准永久值系数 Ψ_q
1	(1) 住宅、宿舍、旅馆、办公楼、医院病房、托儿所、幼儿园 (2) 实验室、阅览室、会议室、医院门诊室	2	0.7	0.5 0.6	0.4 0.5
2	教室、食堂、餐厅、一般资料档案室	2.5	0.7	0.6	0.5
3	(1) 礼堂、剧场、影院、有固定座位的看台 (2) 公共洗衣房	3	0.7	0.5 0.6	0.3 0.5
4	(1) 商店、展览厅、车站、港口、机场大厅及其旅客等候室 (2) 无固定座位的看台	3.5	0.7	0.6 0.5	0.5 0.3
5	(1) 健身房、演出舞台 (2) 运动场、舞厅	4	0.7	0.6	0.5
6	(1) 书库、档案室、贮藏室、百货食品超市 (2) 密集柜书库	5 12	0.9	0.9	0.8
7	通风机房、电梯机房	7	0.9	0.9	0.8
8	汽车通道及停车库： (1) 单向板楼盖（板跨不小于2m）和双向板楼盖（板跨不小于3m×3m） 　客车 　消防车 (2) 双向板楼盖（板跨不小于6m×6m）和无梁楼盖（柱网尺寸不小于6m×6m） 　客车 　消防车	 4 35 2.5 20	 0.7 0.7 0.7 0.7	 0.7 0.7 0.7 0.7	 0.6 0.0 0.6 0.0
9	厨房： (1) 一般情况 (2) 餐厅	2 4	0.7	0.6 0.7	0.5 0.7
10	浴室、卫生间、盥洗室	2.5	0.7	0.6	0.5

(续)

项次	类别	标准值/(kN/m²)	组合值系数 Ψ_c	频遇值系数 Ψ_f	准永久值系数 Ψ_q
11	走廊、门厅、楼梯： (1) 宿舍、旅馆、医院病房、托儿所、幼儿园、住宅 (2) 办公楼、餐厅、医院门诊部 (3) 教学楼及其他可能出现人员密集的情况	2 2.5 3.5	0.7 0.7 0.7	0.5 0.6 0.5	0.4 0.5 0.3
12	阳台： (1) 一般情况 (2) 可能出现人员密集的情况	2.5 3.5	0.7	0.6	0.5

注：1. 本表所给各项活荷载适用于一般使用条件，当使用荷载较大、情况特殊或有专门要求时，应按实际情况采用。
2. 第6项书库活荷载当书架高度大于2m时，书库活荷载尚应按每米书架高度不小于2.5kN/m²确定。
3. 第8项中的客车活荷载只适用于停放载人少于9人的客车；消防车活荷载是适用于满载总重为300kN的大型车辆；当不符合本表的要求时，应将车轮的局部荷载按结构效应的等效原则，换算为等效均布荷载。
4. 第8项消防车活荷载，当双向板楼盖板跨介于3m×3m～6m×6m之间时，应按跨度线性插值确定。常用板跨消防车活荷载覆土厚度折减系数不应小于规范规定的值。
5. 第11项楼梯活荷载，对预制楼梯踏步平板，尚应按1.5kN集中荷载验算。
6. 本表各项荷载不包括隔墙自重和二次装修荷载。对固定隔墙的自重应按恒荷载考虑，当隔墙位置可灵活自由布置时，非固定隔墙的自重可取每延米长墙重（kN/m）的1/3作为楼面活荷载的附加值（kN/m²）计入，附加值不小于1.0kN/m²。

5. 荷载分项系数及荷载设计值

考虑荷载有超过荷载标准值的可能性，以及不同变异性的荷载可能造成计算时可靠度不一致的不利影响，为了保证结构的安全可靠，将标准值乘以一个调整系数，此系数即为荷载分项系数。荷载分项系数又分为永久荷载分项系数 γ_G 和可变荷载分项系数 γ_Q。

荷载标准值与荷载分项系数的乘积称为荷载设计值。荷载设计值大体上相当于结构在非正常使用情况下荷载的最大值，比荷载标准值具有更大的可靠度。在承载力极限状态设计时常采用荷载设计值。

2.1.2 结构抗力与材料强度

1. 结构抗力

结构抗力是指结构或结构构件承受内力和变形的能力，如构件的承载能力、刚度的大小、抗裂的能力等，结构抗力用 R 表示。结构抗力与结构构件的几何参数、计算模型的精确度及材料性能（如材料强度）等因素有关。

2. 材料强度

材料强度有强度标准值和强度设计值两种。材料强度标准值是指标准试件用标准试验方法测得的具有95%以上保证率的强度值。

由于材料材质的不均匀性，实验室环境与实际工程的差别以及施工中不可避免的偏差等因素，导致材料强度不稳定，即有变异性。材料的变异性可能导致材料的实际强度低于其强度标准值，为了考虑这一系列的不利影响，设计时将材料强度标准值除以一个大于1的系数，此系数称为材料分项系数。

材料强度标准值除以材料分项系数后所得值称为材料强度设计值。在承载能力极限状态设计中，应采用材料强度设计值。

任务 2　分析建筑结构的设计方法

结构设计是指在预定的作用及材料性能等条件下，确定结构构件按功能要求所需要的截面尺寸、材料、构造措施等。应用我国现行设计规范进行结构设计时，采用的是以概率理论为基础的极限状态设计方法。

2.2.1　结构的功能要求

结构设计的目的是使结构在设计工作年限内能完成预定的全部功能，而不需进行大修和加固。所谓设计工作年限，指按规定设计的建筑结构或构件，不需进行大修即可达到其预定目的的年限。一般建筑结构的设计工作年限为50年。

结构的功能要求

设计任何建筑物或构筑物，都必须做到在其设计工作年限内，满足以下各预定功能的要求。

1) 安全性要求：要求建筑结构在正常施工和正常使用时，能承受可能出现的各种作用；在设计规定的偶然事件发生时及发生后，仍能保持必需的整体稳定性，不致倒塌。

2) 适用性要求：要求建筑结构在正常使用时保持良好的使用性能。例如，受弯构件在正常使用时不出现过大的挠度和过宽的裂缝，不妨碍使用。

3) 耐久性要求：要求建筑结构在正常维护下，结构具有足够的耐久性能。此处，足够的耐久性能是指结构在规定的工作环境下，在预定的设计期限内，其材料性能的恶化不致导致结构出现不可接受的失效概率。

4) 耐火性要求：当发生火灾时，在规定的时间内可保持足够的承载力。

5) 稳固性要求：当发生爆炸、撞击、人为错误等偶然事件时，结构能保持必需的整体稳固性，不出现与起因不相称的破坏结果，防止出现结构的连续倒塌。

结构可靠性是指结构在规定的时间内，在规定的条件下，完成预定功能的能力。但是由于结构可靠性随着各种作用、材料性质和几何参数的变异而不同，结构完成预定功能的能力不能事先确定，只能用概率来描述。为此，引入结构可靠度的概念。

结构可靠度是指结构在规定的时间内，在规定的条件下，完成预定功能的概率。规定的时间指设计工作年限；规定条件指正常设计、正常施工、正常使用和正常维护；预定功能指结构的安全性、适用性和耐久性、耐火性和稳固性要求。结构的可靠度是结构可靠性的概率度量，即对结构可靠性的定量概述。

结构的设计、施工和维护应使结构在规定的设计工作年限内以适当的可靠度且经济的方式满足规定的各项功能要求。当建筑结构的设计工作年限到达后，并不意味着结构立刻报废不能使用了，而是说它的可靠性水平从此要逐渐降低了，在做结构鉴定及必要加固后，仍可继续使用。

2.2.2　结构功能的极限状态

结构能够满足各项功能要求而良好地工作，称为结构可靠，反之则称结构失效。结构工作状态是处于可靠还是失效,其分界标志就是极限状态。

当整个结构或结构的一部分超过某一特定状态就不能满足设计规定的某一功能要求,这种特定状态称为该功能的极限状态。

极限状态分为承载能力极限状态和正常使用极限状态,并应符合下列要求:

(1) 承载能力极限状态

这种极限状态对应于结构或构件达到最大承载能力或不适于继续承载的变形。当结构或构件出现下列状态之一时,即认为超过了承载能力极限状态。

① 结构构件或连接因超过材料强度而破坏,或因过度变形而不适于继续承载。
② 整个结构或其一部分作为刚体失去平衡。
③ 结构转变成机动体系。
④ 结构或结构构件丧失稳定。
⑤ 结构因局部破坏而发生连续倒塌。
⑥ 地基丧失承载力而破坏。
⑦ 结构或结构构件的疲劳破坏。

(2) 正常使用极限状态

这种极限状态对应于结构或结构构件达到正常使用或耐久性能的某项规定限值。当结构或结构构件出现下列状态之一时,即认为超过了正常使用极限状态。

① 影响正常使用或外观的变形。
② 影响正常使用或耐久性能的局部损坏(包括裂缝)。
③ 影响正常使用的振动。
④ 影响正常使用的其他特定状态。

2.2.3 设计状况与极限状态设计

1) 工程结构设计时应区分下列设计状况:
① 持久设计状况:适用于结构使用时的正常情况。
② 短暂设计状况:适用于结构出现的临时情况,包括结构施工和维修时的情况。
③ 偶然设计状况:适用于结构出现的异常情况,包括结构遭受火灾、爆炸、撞击时的情况。
④ 地震设计状况:适用于结构遭受地震时的情况,在抗震设防地区必须考虑地震设计状况。

2) 对于以上四种工程结构设计状况应分别进行下列极限状态设计:
① 对四种设计状况,均应进行承载能力极限状态设计。
② 对持久设计状况,尚应进行正常使用极限状态设计。
③ 对短暂设计状况和地震设计状况,可根据需要进行正常使用极限状态设计。
④ 对偶然设计状况,可不进行正常使用极限状态设计。

2.2.4 结构的功能函数

结构和结构构件的工作状态可以用作用效应 S 和结构抗力 R 的关系式表示:

$$Z = g(R, S) = R - S$$

以上表达式称为结构的功能函数。实际工程中，可能出现以下三种情况：

当 $Z>0$ 时，即 $R>S$，结构能够完成预定功能，处于可靠状态。

当 $Z<0$ 时，即 $R<S$，结构不能完成预定功能，处于失效状态。

当 $Z=0$ 时，即 $R=S$，结构处于极限状态。

结构设计的目的就是要使结构处于可靠状态，至少也应处于极限状态，即满足条件 $Z \geqslant 0$，即 $S \leqslant R$。

2.2.5 结构极限状态设计表达式

对承载能力极限状态和正常使用极限状态，在确定其荷载效应时，应根据使用过程中在结构上所有可能同时出现的荷载，分别进行荷载效应组合，并在所有可能组合中取最不利的效应组合进行设计。

1. 承载能力极限状态设计表达式

结构或结构构件按承载能力极限状态设计时，结构或结构构件（包括基础等）的破坏或过度变形的承载能力极限状态设计，应符合下式要求：

$$\gamma_0 S_d \leqslant R_d \tag{2-1}$$

式中 γ_0——结构重要性系数；

S_d——作用组合的效应（如轴力、弯矩或表示几个轴力、弯矩的向量）设计值；

R_d——结构或结构构件的抗力设计值。

（1）房屋建筑结构的安全等级和结构重要性系数

工程结构设计时，根据结构破坏可能产生的后果（危及人的生命、造成经济损失、对社会或环境产生影响等）的严重性，采用不同的安全等级。根据建筑结构破坏后果的严重程度，建筑结构划分为三个安全等级，设计时应根据具体情况按照表2-2的规定选用相应的安全等级。

表2-2 房屋建筑结构的安全等级

安全等级	破坏后果	建筑物类型
一级	很严重：对人的生命、经济、社会或环境影响很大	大型的公共建筑等
二级	严重：对人的生命、经济、社会或环境影响较大	普通的住宅和办公楼等
三级	不严重：对人的生命、经济、社会或环境影响较小	小型的或临时性贮存建筑等

注：1. 对有特殊要求的建筑物其安全等级应根据具体情况另行确定。
2. 建筑物中各类结构构件的安全等级宜与整个结构的安全等级相同，对其中部分结构构件的安全等级可根据其重要程度适当调整但不得低于三级。

对应于房屋建筑结构的安全等级，房屋建筑的结构重要性系数，不应小于表2-3的规定。

表 2-3　房屋建筑的结构重要性系数 γ_0

结构重要性系数	对持久设计状况和短暂设计状况			对偶然设计状况和地震设计状况
	安全等级			
	一级	二级	三级	
γ_0	1.1	1.0	0.9	1.0

(2) 承载能力极限状态下作用组合的效应设计值 S

对持久设计状况和短暂设计状况按作用的基本组合计算。《建筑结构荷载规范》规定：对于基本组合，荷载效应组合的设计值应从由可变荷载效应控制的组合和由永久荷载效应控制的组合中取最不利值确定。

1) 由可变荷载效应控制的组合设计值表达式为：

$$S = \sum_{j=1}^{m} \gamma_{G_j} S_{G_jk} + \gamma_{Q_1} \gamma_{L_1} S_{Q_1k} + \sum_{i=2}^{n} \gamma_{Q_i} \gamma_{L_i} \psi_{c_i} S_{Q_ik} \tag{2-2}$$

式中　γ_{G_j}——第 j 个永久荷载的分项系数；

　　　γ_{Q_i}——第 i 个可变荷载的分项系数，其中 γ_{Q_1} 为可变荷载 Q_1 的分项系数；

　　　γ_{L_i}——第 i 个可变荷载考虑设计工作年限的调整系数，其中 γ_{L_1} 为可变荷载 Q_1 考虑设计工作年限的调整系数；

　　　S_{G_jk}——按永久荷载标准值 G_{jk} 计算的荷载效应值；

　　　S_{Q_ik}——按可变荷载标准值 Q_{ik} 计算的荷载效应值，其中 S_{Q_1k} 为诸可变荷载效应中起控制作用者；

　　　ψ_{c_i}——可变荷载 Q_i 的组合值系数；

　　　m——参与组合的永久荷载数；

　　　n——参与组合的可变荷载数。

2) 由永久荷载效应控制的组合设计值表达式为：

$$S = \sum_{j=1}^{m} \gamma_{G_j} S_{G_jk} + \sum_{i=1}^{n} \gamma_{Q_i} \gamma_{L_i} \psi_{c_i} S_{Q_ik} \tag{2-3}$$

3) 基本组合的荷载分项系数，应按下列规定采用。

① 永久荷载的分项系数应符合下列规定：当永久荷载效应对结构不利时，对由可变荷载效应控制的组合应取 1.2，对由永久荷载效应控制的组合应取 1.35；当永久荷载效应对结构有利时，不应大于 1.0。

② 可变荷载的分项系数应符合下列规定：对标准值大于 $4kN/m^2$ 的工业房屋楼面结构的活荷载，应取 1.3；其他情况，应取 1.4。

③ 对结构的倾覆、滑移或漂浮验算，荷载的分项系数应满足有关的建筑结构设计规范的规定。

4) 可变荷载考虑设计工作年限的调整系数 γ_L 应按表 2-4 采用。

表 2-4　可变荷载考虑设计工作年限的调整系数 γ_L

结构设计工作年限/年	5	50	100
γ_L	0.9	1.0	1.1

注：1. 当设计工作年限不为表中数值时，调整系数 γ_L 可线性内插。
　　2. 当采用 100 年重现期的风压和雪压为荷载标准值时，设计工作年限大于 50 年时风、雪荷载的 γ_L 取 1.0。
　　3. 对于荷载标准值可控制的可变荷载，设计工作年限调整系数 γ_L 取 1.0。

2. 正常使用极限状态设计表达式

结构或结构构件按正常使用极限状态设计时，应符合下式要求：

$$S \leqslant C \tag{2-4}$$

式中　S——作用组合的效应（如变形、裂缝等）设计值；
　　　C——设计对变形、裂缝等规定的相应限值。

正常使用极限状态的设计，主要是验算结构构件的变形、抗裂度或裂缝宽度等，以便满足结构适用性和耐久性的要求。验算中材料用标准值，不再考虑荷载分项系数和结构重要性系数。在计算正常使用极限状态的荷载组合效应值 S 时，须首先确定荷载效应的标准组合、频遇组合和准永久组合。

1）对于标准组合，主要用于当一个极限状态被超越时将产生严重的永久性损害的情况，荷载效应组合的设计值 S 应按下式采用：

$$S = \sum_{j=1}^{m} S_{G_j k} + S_{Q_1 k} + \sum_{i=2}^{n} \psi_{c_i} S_{Q_i k} \tag{2-5}$$

2）对于频遇组合，主要用于当一个极限状态被超越时将产生局部损害、较大变形或短暂振动等情况，荷载效应组合的设计值 S 应按下式采用：

$$S = \sum_{j=1}^{m} S_{G_j k} + \psi_{f_1} S_{Q_1 k} + \sum_{i=2}^{n} \psi_{q_i} S_{Q_i k} \tag{2-6}$$

式中　ψ_{f_1}——可变荷载的频遇值系数；
　　　ψ_{q_i}——可变荷载准永久值系数。

3）对于准永久组合，主要用于当长期效应是决定性因素的情况，荷载效应组合的设计值 S 应按下式采用：

$$S = \sum_{j=1}^{m} S_{G_j k} + \sum_{i=1}^{n} \psi_{q_i} S_{Q_i k} \tag{2-7}$$

【实例 2-1】某教室的一钢筋混凝土简支梁，跨度为 $l_0 = 4.0 \text{m}$。梁承受的均布线荷载为：梁、板自重等产生的恒荷载标准值 $g_k = 12 \text{kN/m}$，由楼面活荷载传给该梁的活荷载标准值 $q_k = 8 \text{kN/m}$。安全等级为二级（$\gamma_0 = 1.0$），设计使用年限为 50 年（$\gamma_L = 1.0$）。试按承载能力极限状态和正常使用极限状态计算梁跨中弯矩的组合值。

解：由恒荷载和活荷载产生的跨中弯矩分别为：

$$M_{gk} = \frac{1}{8} g_k l_0^2 = \frac{1}{8} \times 12 \times 4^2 \text{kN} \cdot \text{m} = 24 \text{kN} \cdot \text{m}$$

$$M_{qk} = \frac{1}{8} q_k l_0^2 = \frac{1}{8} \times 8 \times 4^2 \text{kN} \cdot \text{m} = 16 \text{kN} \cdot \text{m}$$

1) 对于承载能力极限状态，跨中弯矩的基本组合值应从下列组合值中取最不利值确定：

① 由可变荷载弯矩控制的组合：恒荷载分项系数 $\gamma_G = 1.2$，活荷载分项系数 $\gamma_Q = 1.4$。

$$M = \gamma_G M_{gk} + \gamma_Q \gamma_L M_{qk} = (1.2 \times 24 + 1.4 \times 1.0 \times 16)\text{kN} \cdot \text{m} = 51.2 \text{kN} \cdot \text{m}$$

② 由永久荷载弯矩控制的组合：恒荷载分项系数 $\gamma_G = 1.35$，活荷载分项系数 $\gamma_Q = 1.4$，查表2-1得活荷载组合值系数 $\Psi_c = 0.7$。

$$M = \gamma_G M_{gk} + \psi_c \gamma_Q \gamma_L M_{qk} = (1.35 \times 24 + 0.7 \times 1.4 \times 1.0 \times 16)\text{kN} \cdot \text{m} = 48.1 \text{kN} \cdot \text{m}$$

取较大值，得跨中弯矩的基本组合值为 $M = 51.2 \text{kN} \cdot \text{m}$。

2) 对于正常使用极限状态，跨中截面的弯矩组合值分别为：

① 跨中弯矩的标准组合值：

$$M = M_{gk} + M_{qk} = (24 + 16)\text{kN} \cdot \text{m} = 40.0 \text{kN} \cdot \text{m}$$

② 跨中弯矩的频遇组合值：查表2-1得活荷载频遇值系数 $\Psi_f = 0.6$

$$M = M_{gk} + \psi_f M_{qk} = (24 + 0.6 \times 16)\text{kN} \cdot \text{m} = 33.6 \text{kN} \cdot \text{m}$$

③ 跨中弯矩准永久组合值：查表2-1得活荷载准永久值系数 $\Psi_q = 0.5$

$$M = M_{gk} + \psi_q M_{qk} = (24 + 0.5 \times 16)\text{kN} \cdot \text{m} = 32.0 \text{kN} \cdot \text{m}$$

《建筑结构可靠性设计统一标准》（GB 50068—2018）、《工程结构通用规范》（GB 55001—2021）基本组合值的计算

任务3　分析结构抗震基本知识

2.3.1　地震基本知识

1. 地震的成因与分类

地震是一种具有突发性的自然现象。地震按其发生的原因，主要有火山地震、陷落地震、诱发地震以及构造地震。构造地震破坏作用大，影响范围广，是房屋建筑抗震研究的主要对象。构造地震是由于地壳构造运动使岩层发生断裂、错动而引起的地面振动。

抗震基本知识　　地震的成因

地壳深处发生岩层断裂、错动的地方称为震源，震源至地面的垂直距离称为震源深度。一般把震源深度小于60km的地震称为浅源地震；震源深度60～300km称为中源地震；震源深度大于300km称为深源地震。世界上发生的绝大部分地震均属于浅源地震。

震源在地表的垂直投影点称为震中。震中附近地面运动最激烈，也是破坏最严重的地区，称为震中区。受地震影响地区至震中的距离称为震中距。受地震影响地区至震源的距离称为震源距。

2. 地震波

地震引起的振动以波的形式从震源向四周传播，这种波就称为地震波。地震波按其在地壳传播的位置不同，分为体波和面波。

体波是在地球内部由震源向四周传播的波，分为纵波（P波）和横波（S波）。纵波是由震源向四周传播的推进波，介质质点的振动方向与波的传播方向一致，引起地面垂直振

动，纵波周期短、振幅小。横波是由震源向四周传播的剪切波，介质质点的振动方向与波的传播方向垂直，引起地面水平振动，横波周期长、振幅大。

面波是沿地表或地壳不同地质层界面传播的波，是体波经地层界面多次放射、折射形成的次生波。面波的质点振动方向比较复杂，既引起地面水平振动又引起地面垂直振动。面波周期长、振幅大、衰减慢，能传播到很远的地方，是造成建筑物强烈破坏的主要因素。

当地震发生时，纵波首先到达，使房屋产生上下颠簸，接着横波到达，使房屋产生水平摇晃，面波到达最晚。

3. 震级及地震烈度

地震的震级是衡量一次地震释放能量大小的尺度，目前国际上比较通用的是里氏震级，用符号 M 表示。

当震级相差一级时，地震释放的能量相差约32倍。一般来说，$M<2$ 的地震，人们感觉不到，称为微震；$M=2\sim4$ 的地震称为有感地震；$M>5$ 的地震，对建筑物就会引起不同程度的破坏，称为破坏性地震；$M>7$ 的地震称为强烈地震或大地震，对建筑物会造成很大的破坏；$M>8$ 的地震称为特大地震，会造成建筑物严重破坏。

地震烈度是指地震时某一地区的地面及各种建筑遭受到一次地震影响的强弱程度，用 I 表示。

地震的震级与地震烈度是两个不同的概念，对于一次地震，只能有一个震级，而有多个烈度。一般来说，离震中越远地震烈度越小。同一地震中，具有相同地震烈度地点的连线称为等震线。

地震造成的灾害包括地表破坏、建筑物破坏和次生灾害。

1）地表破坏：地震引起的地表破坏一般有地裂缝、喷沙冒水、地面下沉、滑坡塌方等。

2）建筑物破坏：地震时各类建筑物的破坏是导致人民生命财产损失的主要原因，主要包括地基失效引起的破坏，上部结构构件承载力不足或变形过大产生的破坏，各结构构件之间连接不牢固、结构整体性差而造成的破坏等。

3）次生灾害：指地震后引起的火灾、水灾、海啸、逸毒、空气污染等灾害。这种由于地震引起的间接灾害，有时比地震直接造成的损失还大。

2.3.2 建筑结构的抗震设防

抗震设防是指对建筑物进行抗震设计并采取一定的抗震构造措施，以达到结构抗震的效果和目的。

1. 抗震设防依据

1）基本烈度：指一个地区今后50年内，在一般场地条件下可能遭遇到超越概率为10%的地震烈度值。

2）抗震设防烈度：按国家规定的权限批准作为一个地区抗震设防依据的地震烈度。《建筑抗震设计规范》（GB 50011—2010）规定，抗震设防烈度为6度及以上地区的建筑物，必须进行抗震设计。

抗震设防烈度必须按国家规定的权限审批、颁发的文件（图件）确定。一般情况下，建筑的抗震设防烈度应采用中国地震动参数区划图确定的基本烈度。

2. 抗震设防目标

抗震设防目标，是对于建筑结构应具有的抗震安全性的要求，是根据地震特点、国家的经济力量、现有的科学技术水平、建筑材料和设计施工的现状等综合制定的。

按《建筑抗震设计规范》（GB 50011—2010）进行抗震设计的建筑，基本的抗震设防目标为"小震不坏，中震可修，大震不倒"，即采用三水准的设防要求。

第一水准：当遭受低于本地区设防烈度的多遇地震（简称"小震"）影响时，主体结构不受损伤或不需修理仍可继续使用，即"小震不坏"。

第二水准：当遭受相当于本地区抗震设防烈度的设防地震（简称"中震"）影响时，可能发生损坏，但经一般性修理仍可继续使用，即"中震可修"。

第三水准：当遭受高于本地区抗震设防烈度的罕遇地震（简称"大震"）影响时，不致倒塌或发生危及生命的严重破坏，即"大震不倒"。

为了实现三水准抗震设防目标，抗震设计采用两阶段法：

第一阶段设计是结构设计阶段，主要是承载力计算，并辅以一系列构造措施。确定结构方案和结构布置，用多遇地震作用计算结构的弹性位移和构件内力，进行截面承载力抗震验算，并进行结构抗震变形验算，按延性和耗能要求采用相应的构造措施。这样既满足第一水准"小震不坏"的设防要求，又满足第二水准"损坏可修"的设防要求。

第二阶段设计为验算阶段。对于地震时易倒塌的结构、有明显薄弱层的不规则结构以及有特殊要求的建筑结构，还应进行结构的薄弱部位的弹塑性变形验算，并采取相应的抗震构造措施，以实现第三水准的设防要求。

3. 抗震设防类别

从抗震防灾的角度，根据建筑物使用功能的重要性，按其受地震破坏时产生的后果严重程度，《建筑工程抗震设防分类标准》（GB 50223—2008）将建筑抗震设防类别分为以下四类：

1）特殊设防类：指使用上有特殊设施，涉及国家公共安全的重大建筑工程和地震时可能发生严重次生灾害等特别重大灾害后果，需要进行特殊设防的建筑，简称甲类。

2）重点设防类：指地震时使用功能不能中断或需尽快恢复的生命线相关建筑，以及地震时可能导致大量人员伤亡等重大灾害后果，需要提高设防标准的建筑，简称乙类。

3）标准设防类：指大量的除1）、2）、4）款以外按标准要求进行设防的建筑，简称丙类。

4）适度设防类：指使用上人员稀少且震损不致产生次生灾害，允许在一定条件下适度降低要求的建筑，简称丁类。

4. 抗震设防标准

《建筑工程抗震设防分类标准》（GB 50223—2008）规定，各抗震设防类别建筑的抗震设防标准，应符合下列要求：

1）特殊设防类：应按高于本地区抗震设防烈度一度的要求加强其抗震措施；抗震设防烈度为9度时应按比9度更高的要求采取抗震措施。同时，应按批准的地震安全性评价的结果且高于本地区抗震设防烈度的要求确定其地震作用。

2）重点设防类：应按高于本地区抗震设防烈度一度的要求加强其抗震措施；抗震设防烈度为9度时应按比9度更高的要求采取抗震措施；地基基础的抗震措施，应符合有关规定。同时，应按本地区抗震设防烈度确定其地震作用。

3）标准设防类：应按本地区抗震设防烈度确定其抗震措施和地震作用，达到在遭遇高于当地抗震设防烈度的预估罕遇地震影响时不致倒塌或发生危及生命安全的严重破坏的抗震设防目标。

4）适度设防类：允许比本地区抗震设防烈度的要求适当降低其抗震措施，但抗震设防烈度为6度时不应降低。一般情况下，仍应按本地区抗震设防烈度确定其地震作用。

抗震措施是指除结构地震作用计算和抗力计算以外的抗震设计内容，包括建筑总体布置、结构选型、地基抗液化措施、抗震构造措施等。抗震构造措施是指根据抗震概念设计原则，一般不需计算而对结构和非结构各部分必须采取的各种细部构造。

2.3.3 抗震概念设计

一般对地震区的工程结构进行的设计，包括抗震概念设计、结构抗震计算和抗震构造措施三个方面。建筑抗震概念设计，是根据地震灾害和工程经验等所形成的基本设计原则和设计思想，进行建筑和结构总体布置并确定细部构造的过程，是以现有科学水平和经济条件为前提的。

目前地震及结构所受地震作用还有许多规律未被认识，要准确预测建筑物所遭遇的地震反应尚有困难，单靠计算设计很难有效地控制结构的抗震性能。人们在总结历次大地震灾害的经验中认识到：一个合理的抗震设计，在很大程度上取决于良好的"概念设计"。

抗震概念设计主要包括以下几点：

1）选择对建筑抗震有利的场地：应根据工程需要和地震活动情况、工程地质和地震地质的有关资料，对抗震有利、一般、不利和危险地段做出综合评价。对不利地段，应提出避开要求；当无法避开时，应采取有效措施。对危险地段，严禁建造甲、乙类建筑，不应建造丙类建筑。

2）建筑形体及构件布置的规则性：建筑设计应根据抗震概念设计的要求明确建筑形体的规则性，不规则的建筑应按规定采取加强措施；特别不规则的建筑应进行专门研究和论证，采取特别的加强措施；严重不规则的建筑不应采用。其中，形体指建筑平面形状和立面、竖向剖面的变化。

3）结构体系应符合下列要求：①应具有明确的计算简图和合理的地震作用传递途径。②应避免因部分结构或构件破坏而导致整个结构丧失抗震能力或对重力荷载的承载能力。③应具备必要的抗震承载力、良好的变形能力和消耗地震能量的能力。④对可能出现的薄弱部位，应采取措施提高其抗震能力。

4）抗震结构的各类构件应具有必要的强度和变形能力；各类构件之间应具有可靠的连接；抗震结构的支撑系统应能保证地震时结构稳定；非结构构件（附属结构构件、装饰物、围护墙和隔墙）要合理设置。

2.3.4 抗震等级

房屋建筑混凝土结构构件的抗震设计，根据烈度、结构类型和房屋高度分为四个不同的抗震等级。抗震设计时根据不同的抗震等级，进行相应的抗震计算并采取相应的抗震构造措施。丙类建筑的抗震等级应按表 2-5 确定。

表 2-5 丙类建筑的抗震等级

结构体系与类型			设防烈度						
			6		7		8		9
			≤24	>24	≤24	>24	≤24	>24	≤24
框架结构	高度/m		≤24	>24	≤24	>24	≤24	>24	≤24
	普通框架		四	三	三	二	二	一	一
	大跨公共建筑		三		二		一		一
框架-剪力墙结构	高度/m		≤60	>60	<24	24~60	>60	<24	24~60	>60	≤24	24~50
	架		四	三	四	三	二	三	二	一	二	一
	剪力墙		三		三	二		二	一		一	
剪力墙结构	高度/m		≤80	>80	≤24	24~80	>80	<24	24~80	>80	≤24	24~60
	剪力墙		四	三	四	三	二	三	二	一	二	一
部分框支剪力墙结构	高度/m		≤80	>80	≤24	24~80	>80	≤24	24~80	>80		
	剪力墙	一般部位	四	三	四	三	二	三	二	不宜采用	不应采用
		加强部位	三	二	三	二	一	二	一		
	框支层框架		二		二		一		一		
筒体结构	框架-核心筒	框架	三		二				一		
		核心筒	二		二				一		
	筒中筒	内筒	三		二				一		
		外筒	三		二				一		
单层厂房结构	铰接排架		四		三			二			一
板柱-剪力墙结构	高度/m		≤24	>24	≤24	>24	≤24	>24		
	板柱及周边框架		三	二	二	一	一		不应采用	
	剪力墙		二		二		二			
板柱-框架结构	高度/m		≤24	>24	≤24	>24				
	板柱		三	不应采用	二	不应采用	不应采用		不应采用	
	框架		二		二					

注：1. 建筑场地为 I_0 类时，除 6 度设防烈度外，应允许按本地区设防烈度降低一度所对应的抗震等级采取抗震构造措施，但相应的计算要求不应降低。
2. 接近或等于高度分界时，应允许结合房屋不规则程度及场地、地基条件确定抗震等级。
3. 低于 60m 的框架-核心筒结构，当满足框架-剪力墙结构的有关要求时，应允许按框架-剪力墙结构确定抗震等级。
4. 甲类建筑、乙类建筑，应按国家现行标准《建筑抗震设计规范》（GB 50011—2010）的规定调整设防烈度后，再按本表确定抗震等级。
5. 部分框支剪力墙结构中，剪力墙加强部位以上的一般部位，应按剪力墙结构中的剪力墙确定其抗震等级。

同 步 训 练

一、填空题

1. 结构上的荷载按作用时间和性质不同，可以分为（　　）、（　　）和（　　）三种。
2. （　　）是指结构在规定的时间内，在规定的条件下，完成预定功能的概率。
3. 应用我国现行设计规范进行结构设计时，采用的是（　　　　　）设计方法。
4. 按《建筑抗震设计规范》(GB 50011—2010) 进行抗震设计的建筑，基本的抗震设防目标为小震（　　），中震（　　），大震（　　），即采用三水准的设防要求。
5. 房屋建筑混凝土结构构件的抗震设计，根据烈度、结构类型和房屋高度分为（　　）个不同的抗震等级。

二、名词解释

1. 荷载效应
2. 结构抗力
3. 地震震级
4. 地震烈度
5. 抗震设防
6. 抗震概念设计

三、简答题

1. 建筑结构应满足哪些功能要求？结构的可靠性的定义是什么？
2. 什么是荷载的代表值？永久荷载和可变荷载分别以什么为代表值？
3. 什么是结构功能的极限状态？承载能力极限状态和正常使用极限状态的含义分别是什么？
4. 在承载能力极限状态和正常使用极限状态表达式中，荷载效应分别取哪几种组合？
5. 什么是基本烈度？什么是抗震设防烈度？
6. 简述抗震设防的类别及标准。

四、实例分析题

某住宅楼面梁，由恒荷载标准值引起的弯矩 $M_{gk} = 41\text{kN} \cdot \text{m}$，由楼面活荷载标准值引起的弯矩 $M_{qk} = 22\text{kN} \cdot \text{m}$，结构安全等级为二级，设计工作年限为 50 年。试按承载能力极限状态和正常使用极限状态计算梁弯矩的组合值。

【职业素养园地】

上海中心大厦结构设计

上海中心大厦位于上海市陆家嘴金融中心，是一座集商业、办公、酒店、观光等功能为一体的综合性摩天大楼，总建筑面积 57.8 万 m²，其中地上部分建筑面积 41 万 m²，建筑总高度 632m，地上 127 层，地下 5 层，基坑深度 31.4m。主楼为由钢筋混凝土与钢结构组合而成的混合结构体系。竖向结构包括核心筒和巨形柱，水平结构包括楼层钢梁、楼面桁架、环状桁架、伸臂桁架及组合楼板。

上海中心大厦位于上海浦东地区，其建造地点处在一个冲基层地带，土质松软且含有大量的黏土。为了能够支撑起整座大厦的重量，工程师们总共设计了980个基桩，基桩采用后注浆钻孔灌注桩，桩身混凝土强度为C50。主楼基桩数为955根，桩径为1m，分A、B两种类型，A类桩长度为86m，有效长度为56m，有247根，位于核心筒区；B类桩长度为82m，有效长度为52m，有708根，位于扩展区。

一个超高层的建筑，想要屹立不倒，其困难程度远超常人的想象。当前世界范围内能够建造如此高度建筑的国家，是极其少见的。在未来的发展之中，无论是在承重柱所需要的材料技术上、钢筋混凝土的铺设方法上，或者是建筑的设计/施工技巧上，我们都还有很大的进步空间。当这些建筑需求都实现了进步和提升之后，中国建筑就能"遥遥领先"。

启迪人生

（1）结构设计中要遵循设计规范要求，要按国家设计规范进行结构设计，才能保证结构安全可靠；同时，在设计、施工中要有规范意识、安全意识。

（2）我国超高层建筑设计已经走在世界前列，说明我们的设计规范水平也在世界前列，这绝对值得所有国人感到骄傲和自豪，这一切都离不开一流人才的支撑。

模块 3

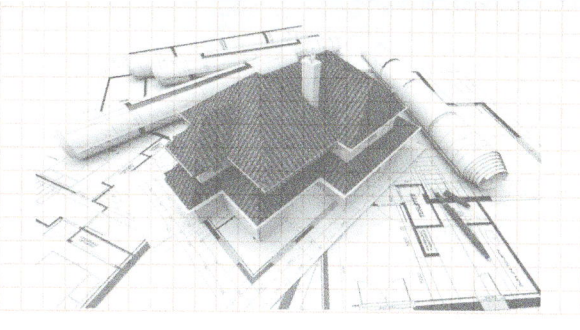

混凝土结构基本构件

学习目标

✿ 知识目标

1. 掌握混凝土结构的基本材料及力学性能。
2. 掌握各种钢筋混凝土结构的基本构件的受力特点，以及可能发生的破坏及相应的保证措施。
3. 了解预应力混凝土的基本施工方法及构造要求。
4. 熟悉钢筋混凝土构件的结构施工图。
5. 掌握板、梁、受压构件、受扭构件的基本构造要求。

✿ 能力目标

1. 能够对单筋矩形截面梁进行截面设计和截面复核。
2. 能够进行简单的斜截面抗剪承载力计算，并能够正确地确定腹筋的用量。
3. 能够快速、正确地识读钢筋混凝土构件的结构施工图。

工作任务

1. 设计与复核受弯构件、受压构件的截面。
2. 了解受扭构件、预应力构件的基本知识。
3. 识读钢筋混凝土构件的结构施工图。

学习指南

钢筋混凝土结构基本构件主要指受弯构件（典型构件为梁、板、楼梯等）、受压构件（典型构件为柱）、受扭构件（典型构件为雨篷梁、框架边梁）、预应力混凝土构件（典型构件为屋架下弦杆件）。本模块主要讲述钢筋混凝土构件设计计算的有关内容，重点掌握受弯构件及受压构件的截面设计及承载力复核的内容，并对预应力混凝土结构的基础知识有所了解。在学习时要重理解基本概念，重点掌握钢筋混凝土构件的结构施工图的识读方法，能够快速、正确地识读钢筋混凝土构件的结构施工图，为后续课程的学习奠定基础。

本模块分为六个学习任务，学生应沿着如下流程进行学习：熟悉混凝土结构用材料→掌握钢筋混凝土受弯构件设计要点和构造要求→掌握钢筋混凝土受压构件设计要点和构造要求→掌握钢筋混凝土受扭构件设计要点和构造要求→掌握预应力混凝土构件材料及构造要求→识读钢筋混凝土构件施工图。

教学方法建议

采用"教、学、做"一体化，利用实物、模型、仿真试验及相关多媒体资源和教师的讲解，结合某结构构件的施工图纸，让学生带着任务进行学习，在了解混凝土结构用材料、力学性能等要求的基础上，进一步提高识读钢筋混凝土结构构件施工图的能力。

任务1　认知混凝土结构用材料

钢筋混凝土结构所用材料主要是钢筋和混凝土，钢筋和混凝土是两种不同性质的材料，但在钢筋混凝土结构中能够共同工作，承担结构及构件上的各种作用。

3.1.1　钢筋的物理力学性能

钢筋按使用前是否施加预应力分为普通钢筋和预应力筋。普通钢筋指用于混凝土结构构件中的各种非预应力筋的总称；预应力筋指用于混凝土结构构件中施加预应力的钢丝、钢绞线、预应力螺纹钢筋和预应力混凝土用冷轧带肋钢筋等的总称。

钢筋种类及性能

1. 钢筋的选用

混凝土结构的钢筋应按下列规定选用：

1）纵向受力普通钢筋宜采用 HRB400、HRB500、HRBF400、HRBF500、RRB400、HPB300 钢筋；梁、柱和斜撑构件的纵向受力普通钢筋宜采用 HRB400、HRB500、HRBF400、HRBF500 钢筋；房屋楼板的受力钢筋应允许采用钢筋焊接网或 CRB500、CRB600H 冷轧带肋钢筋。

2）箍筋宜采用 HRB400、HRBF400、HPB300、HRB500、HRBF500 钢筋。

3）预应力筋宜采用预应力钢丝、钢绞线、预应力螺纹钢筋和预应力混凝土用冷轧带肋钢筋。

2. 钢筋的力学性能

用于混凝土结构中的钢筋可分为两类：一类是有明显屈服点的钢筋，如热轧钢筋；另一类是没有明显屈服点的钢筋，如钢丝、钢绞线和预应力螺纹钢筋等。

（1）有明显屈服点的钢筋

有明显屈服点钢筋的力学性能基本指标有：屈服强度、抗拉强度、伸长率和冷弯性能。这也是无明显屈服点钢筋进行质量检验的四项主要指标。

有明显屈服点钢筋典型的拉伸应力—应变曲线如图3-1所示。

屈服强度是钢筋强度的设计依据，一般取屈服下限作为屈服强度。这是因为钢筋应力达到屈服强度后将产生很大的塑性变形，且卸载后塑性变形不可恢复，这会使钢筋混凝土构件产生很大的变形和不可闭合的裂缝，影响结构正常使用。热轧钢筋属于有明显屈服点的钢筋，取屈服强度作为强度设计指标。《混凝土结构设计规范》（GB/T 50010—2010）采用图3-2所示钢筋应力—应变设计曲线，弹性模量 E_s 取斜线段的斜率。

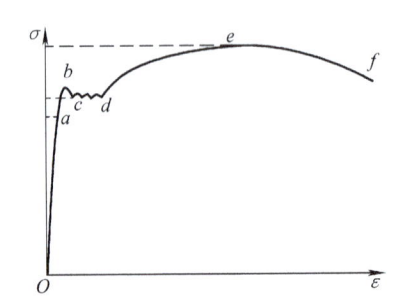

图3-1　有明显屈服点钢筋的拉伸应力—应变曲线

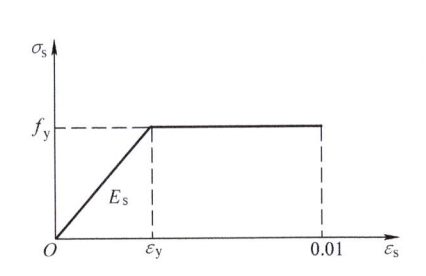

图3-2　钢筋应力—应变设计曲线

强屈比为钢筋极限抗拉强度与屈服强度的比值,其反映钢筋的强度储备。《混凝土结构设计规范》(GB/T 50010—2010)规定,按一、二、三级抗震等级设计的框架和斜撑构件,当采用普通钢筋配筋时,要求按纵向受力钢筋检验所得的强度实测值确定的强屈比不应小于 1.25。

(2) 无明显屈服点的钢筋

无明显屈服点钢筋的力学性能基本指标有:抗拉强度、伸长率和冷弯性能。这也是无明显屈服点钢筋进行质量检验的三项主要指标。

无明显屈服点钢筋拉伸时的典型应力—应变曲线如图 3-3 所示。

对这类钢筋,通常取残余应变为 0.2% 时对应的应力作为强度设计指标,称为条件屈服强度,用 $\sigma_{0.2}$ 表示。预应力筋均为此类钢筋,对传统的预应力钢丝、钢绞线,规范规定取 $0.85\sigma_b$ 作为条件屈服强度;对新增的中强度预应力钢丝和螺纹钢筋,按上述原则计算并考虑工程经验进行适当调整。

3. 钢筋的强度

普通钢筋的屈服强度标准值 f_{yk}、极限强度标准值 f_{stk}、抗拉强度设计值 f_y、抗压强度设计值 f'_y 和弹性模量应按表 3-1 采用,当构件中配有不同种类的钢筋时,每种钢筋应采用各自的强度设计值。横向钢筋的抗拉强度设计值 f_{yv} 应按表中 f_y 的数值采用;当用作受剪、受扭、受冲切进行承载力计算时,其数值大于 360N/mm² 时应取 360N/mm²。

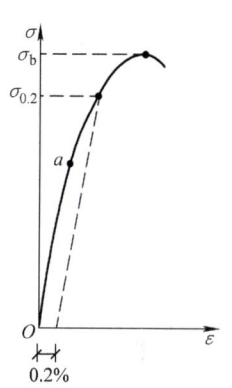

图 3-3 无明显屈服点钢筋的典型应力—应变曲线

表 3-1 普通钢筋强度标准值、设计值和弹性模量

牌号	符号	公称直径 d/mm	弹性模量 E_s (×10⁵N/mm²)	强度标准值/MPa 屈服 f_{yk}	强度标准值/MPa 极限 f_{stk}	强度设计值/MPa 抗拉 f_y	强度设计值/MPa 抗压 f'_y
HPB300	Φ	6~22	2.10	300	420	270	270
HRB335 HRBF335	Φ ΦF	6~50	2.00	335	455	300	300
HRB400 HRBF400 RRB400	Φ ΦF ΦR	6~50	2.00	400	540	360	360
HRB500 HRBF500	Φ ΦF	6~50	2.00	500	630	435	410

预应力筋的屈服强度标准值 f_{pyk}、极限强度标准值 f_{ptk}、抗拉强度设计值 f_{py}、抗压强度设计值 f'_{py} 和弹性模量应按表 3-2 采用。

表 3-2　预应力筋强度标准值、设计值和弹性模量

种类		符号	公称直径 d/mm	弹性模量 E_s ($\times 10^5$N/mm²)	强度标准值/MPa 屈服 f_{pyk}	强度标准值/MPa 极限 f_{ptk}	强度设计值/MPa 抗拉 f_{py}	强度设计值/MPa 抗压 f'_{py}
中强度预应力钢丝	光面 螺旋肋	Φ^{PM} Φ^{HM}	5、7、9	2.05	620	800	510	410
					780	970	650	
					980	1270	810	
预应力螺纹钢筋	螺纹	Φ^T	18、25、32、40、50	2.00	785	980	650	410
					930	1080	770	
					1080	1230	900	
消除应力钢丝	光面 螺旋肋	Φ^P Φ^H	5	2.05	—	1570	1110	410
					—	1860	1320	
			7		—	1570	1110	
					—	1470	1040	
			9		—	1570	1110	
钢绞线	1×3 (三股)	Φ^S	8.6、10.8、12.9	1.95	—	1570	1110	390
					—	1860	1320	
					—	1960	1390	
	1×7 (七股)		9.5、12.7、15.2、17.8		—	1720	1220	
					—	1860	1320	
					—	1960	1390	
			21.6		—	1860	1320	

注：1. 当极限强度标准值为 1960MPa 的钢绞线作后张预应力配筋时，应有可靠的工程经验。
　　2. 当预应力筋的强度标准值不符合表 3-2 的规定时，其强度设计值应进行相应的比例换算。

3.1.2　混凝土的力学性能

1. 混凝土的选用

混凝土结构中的混凝土应按下列规定选用：

1）素混凝土结构的混凝土强度等级不应低于 C20；钢筋混凝土结构的混凝土强度等级不应低于 C25；采用强度等级 400MPa 及以上的钢筋时，混凝土强度等级不应低于 C25。

2）预应力混凝土结构的混凝土强度等级不宜低于 C40，且不应低于 C30。

3）承受重复荷载的钢筋混凝土构件，混凝土强度不应低于 C30。

2. 混凝土的强度

（1）立方体抗压强度

《混凝土结构设计规范》(GB/T 50010—2010) 规定，混凝土强度等级按立方体抗压强度标准值确定。立方体抗压强度标准值是指按照标准方法制作、标准养护的边长为 150mm 的立方体试件在 28 天龄期，用标准试验方法测得的具有 95% 保证率的抗压强度（$f_{cu,k}$）。根据混凝土立方体抗压强度标准值，《混凝土结构设计规范》(GB/T 50010—2010) 将混凝土强度

等级分为 C20、C25、C30、C35、C40、C45、C50、C55、C60、C65、C70、C75、C80，共 13 个等级，单位为 N/mm²，其中 C 代表混凝土，C 后的数值为立方体抗压强度标准值。

（2）轴心抗压强度

《混凝土结构设计规范》（GB/T 50010—2010）规定，按照标准方法制作、标准养护的尺寸为 150mm×150mm×300mm 的棱柱体试件在 28 天龄期，用标准试验方法测得的具有 95% 保证率的抗压强度为混凝土轴心抗压强度标准值（f_c）。

（3）轴心抗拉强度 f_t

混凝土轴心抗拉强度（f_t）通常用测定混凝土立方体试件的劈裂抗拉强度值得到，也可以采用直接轴心受拉的试验方法测得。

混凝土轴心抗压、轴心抗拉强度标准值、设计值应按表 3-3 采用。

表 3-3 混凝土强度标准值 （单位：MPa）

强度种类	C20	C25	C30	C35	C40	C45	C50	C55	C60	C65	C70	C75	C80
f_{ck}	13.4	16.7	20.1	23.4	26.8	29.6	32.4	35.5	38.5	41.5	44.5	47.4	50.2
f_c	9.6	11.9	14.3	16.7	19.1	21.1	23.1	25.3	27.5	29.7	31.8	33.8	35.9
f_{tk}	1.54	1.78	2.01	2.20	2.39	2.51	2.64	2.74	2.85	2.93	2.99	3.05	3.11
f_t	1.10	1.27	1.43	1.57	1.71	1.80	1.89	1.96	2.04	2.09	2.14	2.18	2.22
弹性模量 E_c (×10⁴)	2.55	2.80	3.00	3.15	3.25	3.35	3.45	3.55	3.60	3.65	3.70	3.75	3.80

（4）复合应力状态下的混凝土强度

混凝土双向受压时，两个方向的抗压强度都有所提高，最大可达单向受压时的 1.2 倍左右；一向受压、一向受拉时，混凝土两个方向的强度均低于单向受力的强度；双向受拉时强度接近于单向受拉强度；混凝土三向受压时，各个方向上的抗压强度都有很大的提高。在三向压力作用下，由于周围压力约束了混凝土的横向变形，抑制混凝土内部开裂的倾向以及体积的膨胀，因此，混凝土在三向压力作用下强度和延性会大大提高。在钢筋混凝土柱中配置螺旋钢箍或密集钢箍就是基于这个原因。

混凝土在正应力 σ 和剪应力 τ 共同作用下，混凝土的抗剪强度随正应力的增大而减小；当压应力小于 $(0.5\sim0.7)f_c$ 时，抗剪强度随压应力增大而增大；当压应力大于 $(0.5\sim0.7)f_c$ 时，由于混凝土内裂缝的明显发展，抗剪强度反而随压应力的增大而减小。由于剪应力的存在，其抗压强度和抗拉强度均低于相应的单向强度。

3. 混凝土的变形

混凝土的变形分为两类：一类是荷载作用下的受力变形，包括一次短期加载的变形、荷载长期作用下的变形和多次重复荷载作用下的变形；另一类是体积变形，包括收缩、膨胀和温度变形。

(1) 混凝土在一次短期加载下的变形

我国采用棱柱体试件测定一次短期加载下混凝土受压应力—应变全曲线，如图3-4所示。此曲线包括上升段和下降段两部分。C点对应的峰值应力通常作为混凝土棱柱体的抗压强度f_c，而曲线中相应的应变称为峰值应变，其值在0.0015～0.0025之间波动，一般取0.002。

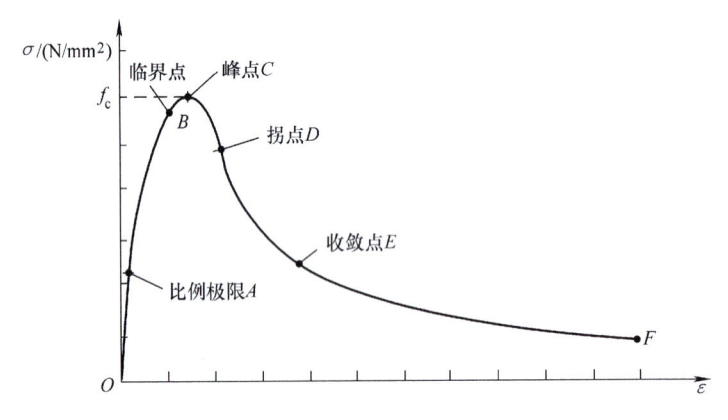

图3-4 混凝土棱柱体受压的应力—应变曲线

当应变持续增长，应力—应变曲线在D点出现反弯，则表明试件已充分破碎，此时混凝土达到极限压应变，它包括弹性应变和塑性应变两部分。塑性应变越长，表明混凝土的变形能力越大，延性越好。强度等级低的混凝土受荷载时的延性比强度等级高的好。

根据混凝土的应力—应变曲线，混凝土结构设计时采用理想化的应力—应变关系图，如图3-5所示。

(2) 混凝土的弹性模量、变形模量

在材料力学中，衡量弹性材料应力与应变之间的关系，可用弹性模量表示，即$E=\sigma/\varepsilon$。混凝土结构工程应用中，为了计算结构的变形、混凝土及钢筋的应力分布和预应力损失等，也必须要有一个材料常数——弹性模量。但混凝土的应力应变关系图是一条曲线，只有在应力很小时，才接近直线，此时它的应力与应变之比是一个常数，即弹性模量；而在应力较大时，应力与应变之比是一个变数，称为变形模量。混凝土的受压变形模量有如图3-6所示的几种表示方法。

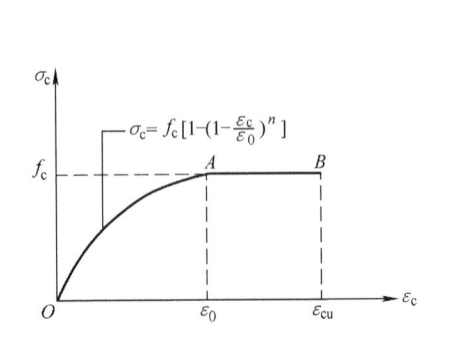

图3-5 混凝土应力—应变关系

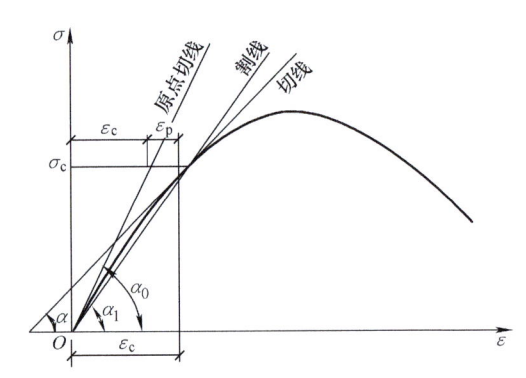

图3-6 混凝土变形模量的表示方法

1）原点弹性模量，也称原始或初始弹性模量，简称弹性模量。过应力应变曲线原点作曲线的切线，该切线的斜率即为原点弹性模量，以 E_c 表示，从图 3-6 中可得 $E_c = \tan\alpha_0$。

2）变形模量，也称割线模量 E'_c。作原点 O 与曲线任一点（σ_c、ε_c）的连线，其所形成的割线的正切值，即为混凝土的变形模量，可表达为 $E'_c = \nu E_c$，ν 为弹性特征系数。一般情况下，当 $\sigma \leq f_c/3$ 时，$\nu = 1.0$，当 $\sigma = 0.8 f_c$ 时，$\nu = 0.4 \sim 0.8$。

混凝土试件在单调短期加压时，纵向受到压缩，横向产生膨胀，横向应变与纵向应变之比称为横向变形系数（ν_c），也称泊松比，一般取 $\nu_c = 0.2$。

3）剪切变形模量，《混凝土结构设计规范》（GB/T 50010—2010）规定混凝土的剪切变形模量为 $G_c = 0.4 E_c$。

《混凝土结构设计规范》（GB/T 50010—2010）规定：受拉时的弹性模量与受压时的弹性模量基本相同，可取相同的数值，当混凝土受拉达到极限应变时，取弹性特征系数 $\nu = 0.5$。

（3）荷载长期作用下混凝土的变形性能（徐变）

混凝土在长期荷载作用下，应力不变，应变随时间继续增长的现象称为徐变。

（4）混凝土在重复荷载下的变形

混凝土的疲劳是在荷载重复作用下产生的。混凝土在荷载重复作用下引起的破坏称为疲劳破坏。疲劳现象大量存在于工程结构中，钢筋混凝土吊车梁受到重复荷载的作用，钢筋混凝土道桥受到车辆振动的影响以及港口海岸的混凝土结构受到波浪冲击而损伤等都属于疲劳破坏现象。疲劳破坏的特征是裂缝小而变形大。

（5）混凝土的收缩、膨胀和温度变形

混凝土在空气中凝结硬化时体积缩小的现象称为收缩。混凝土在水中凝结硬化时体积会膨胀。收缩和膨胀是混凝土在不受力的情况下体积变化产生的变形。混凝土的热胀冷缩变形称为混凝土的温度变形。混凝土的收缩和膨胀相比，前者数值大，对结构有明显的不利影响，必须予以注意；后者数值很小，且对结构有利，一般可不考虑。温度变形对大体积混凝土结构极为不利，应采用低热水泥、表层保温等措施，必要时还需采用内部降温措施。对钢筋混凝土屋盖房屋，屋顶与其下部结构的温度变形相差较大，为防止温度裂缝，房屋每隔一定长度宜设置伸缩缝。

4. 钢筋与混凝土共同工作

钢筋和混凝土之所以能共同工作，最主要的原因是二者间存在粘结力。在结构设计中，常要在材料选用和构造方面采取一些措施，以使钢筋和混凝土之间具有足够的粘结力，确保钢筋与混凝土能共同工作。材料方面的措施包括选择适当的混凝土强度等级，采用粘结强度较高的变形钢筋等。构造措施包括保证足够的混凝土保护层厚度和钢筋间距，保证受力钢筋有足够的锚固长度，光面钢筋端部设置弯钩，绑扎钢筋的接头保证足够的搭接长度并且在搭接范围内加密箍筋等。

（1）钢筋的弯钩

为了增加钢筋在混凝土内的抗滑移能力和钢筋端部的锚固作用，绑扎钢筋骨架中的受拉光面钢筋末端应做弯钩。

（2）钢筋的锚固

钢筋混凝土构件中，某根钢筋若要发挥其在某个截面内的强度，则必须从该截面向前延伸一个长度，以借助该长度上钢筋与混凝土的粘结力把钢筋锚固在混凝土中，这一长度称为锚固长度。钢筋的锚固长度取决于钢筋强度及混凝土强度,并与钢筋外形有关。它根据钢筋应力达到屈服强度时,钢筋才被拔动的条件确定。

1)当计算中充分利用钢筋的抗拉强度时,普通受拉钢筋的基本锚固长度 l_{ab} 按下式计算:

$$l_{ab} = \alpha \frac{f_y}{f_t} d \tag{3-1}$$

式中　l_{ab}——受拉钢筋的基本锚固长度;

　　　f_y——普通钢筋的抗拉强度设计值;

　　　f_t——混凝土轴心抗拉强度设计值,当混凝土强度等级高于 C40 时,按 C40 取值;

　　　d——锚固钢筋的直径;

　　　α——锚固钢筋的外形系数,按表 3-4 采用。

表 3-4　锚固钢筋的外形系数 α

钢筋类型	光面钢筋	带肋钢筋	螺旋肋钢丝	三股钢绞线	七股钢绞线
α	0.16	0.14	0.13	0.16	0.17

按式(3-1)计算的锚固长度应按下列规定进行修正,且不应小于 250mm。

$$l_a = \zeta_a l_{ab} \tag{3-2}$$

式中　l_a——受拉钢筋的锚固长度;

　　　ζ_a——锚固长度修正系数。

当纵向受拉普通钢筋末端采用钢筋弯钩或机械锚固措施时(图 3-7),包括弯钩或锚固,端头的锚固长度(投影长度)可取为基本锚固长度 l_{ab} 的 0.6 倍。钢筋弯钩和机械锚固的形式和技术要求应符合表 3-5 的规定。

表 3-5　钢筋弯钩和机械锚固的形式和技术要求

锚固形式	技 术 要 求
90°弯钩	末端 90°弯钩,弯后直段长度 12d
135°弯钩	末端 135°弯钩,弯后直段长度 5d
一侧贴焊锚筋	末端一侧贴焊长 5d 同直径钢筋,焊缝满足强度要求
两侧贴焊锚筋	末端两侧贴焊长 3d 同直径钢筋,焊缝满足强度要求
焊端锚板	末端与厚度 d 的锚板穿孔塞焊,焊缝满足强度要求
螺栓锚头	末端旋入螺栓锚头,螺纹长度满足强度要求

注:1. 锚板或锚头的承压净面积应不小于锚固钢筋计算截面积的 4 倍。
　　2. 螺栓锚头产品的规格、尺寸应满足螺纹连接的要求,并应符合相关标准的要求。
　　3. 螺栓锚头和焊接锚板的间距不大于 3d 时,宜考虑群锚效应对锚固的不利影响。
　　4. 截面角部的弯钩和一侧贴焊锚筋的布筋方向宜向内偏置。

2)混凝土结构中的纵向受压钢筋,当计算中充分利用钢筋的抗压强度时,其锚固长度不应小于相应受拉锚固长度的 70%。

(3)钢筋的连接

钢厂生产的热轧钢筋,直径较细时采用盘条供货,直径较粗时采用直条供货。盘条钢筋

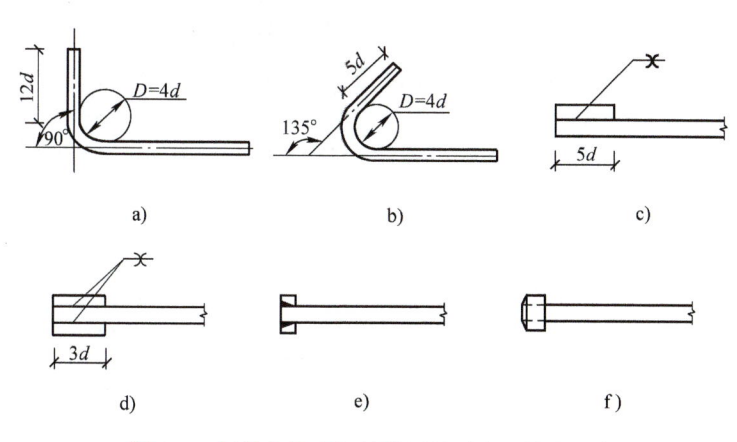

图 3-7 钢筋弯钩和机械锚固的形式和技术要求
a）90°弯钩 b）135°弯钩 c）一侧贴焊锚筋
d）两侧贴焊锚筋 e）焊端锚板 f）螺栓锚头

长度较长,连接较少,而直条钢筋长度有限（一般 9～15m）,施工中常需连接。当需要采用施工缝或后浇带等构造措施时,也需要连接。

钢筋的连接形式分为三类:绑扎搭接、机械连接和焊接。《混凝土结构设计规范》(GB/T 50010—2010）规定,轴心受拉及小偏心受拉构件的纵向受力钢筋不得采用绑扎搭接接头；直径大于 28mm 的受拉钢筋及直径大于 32mm 的受压钢筋不宜采用绑扎搭接接头。

钢筋连接的核心问题,是要通过适当的连接接头将一根钢筋的力传给另一根钢筋。由于钢筋通过连接接头传力总不如整体钢筋,所以钢筋连接的原则是:接头应设置在受力较小处,同一根钢筋上应尽量少设接头；机械连接接头能产生较牢固的连接力,所以应优先采用机械连接。

1）绑扎搭接接头。绑扎搭接接头的工作原理,是通过钢筋与混凝土之间的粘结强度来传递钢筋的内力。因此,绑扎接头必须保证足够的搭接长度,而且光圆钢筋的端部还需做弯钩。

纵向受拉钢筋绑扎搭接接头的搭接长度 l_1 应根据位于同一连接区段内的钢筋搭接接头面积百分率按下式计算,且在任何情况下均不应小于 300mm。

$$l_1 = \zeta_1 l_a \geqslant 300\text{mm} \tag{3-3}$$

式中　l_a——受拉钢筋的锚固长度；

ζ_1——纵向受拉钢筋搭接长度的修正系数,按表 3-6 取用。当纵向搭接钢筋接头面积百分率为表中的中间值时,修正系数可按内插取值。

表 3-6 纵向受拉钢筋搭接长度修正系数

纵向搭接钢筋接头面积百分率（%）	≤25	50	100
搭接长度修正系数 ζ_1	1.2	1.4	1.6

纵向受压钢筋采用搭接连接时,其受压搭接长度不应小于按式(3-3)计算的受拉搭接长度的 70%,且在任何情况下均不应小于 200mm。

钢筋绑扎搭接接头连接区段的长度为 1.3 倍搭接长度,凡搭接接头中点位于该长度范围内的搭接接头均属同一连接区段（图3-8）。位于同一连接区段内的受拉钢筋搭接接头面积百分率（即有接头的纵向受力钢筋截面面积占全部纵向受力钢筋截面面积的百分率），对于梁类、板类和墙类构件，不宜大于25%；对于柱类构件，不宜大于50%。当工程中却有必要增大受拉钢筋搭接接头面积百分率时，对梁类构件不应大于50%；对板类、墙类及柱类构件，可根据实际情况放宽。

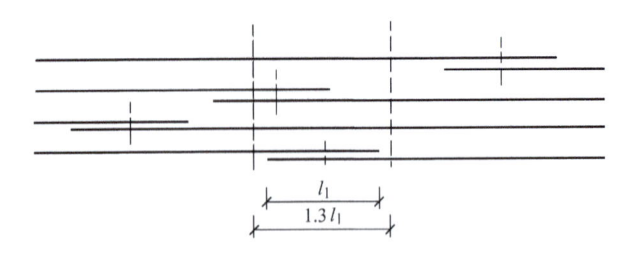

图3-8 同一连接区段内的纵向受拉钢筋绑扎搭接接头

图3-8中所示同一连接区段内的搭接接头钢筋为两根，当钢筋直径相同时，钢筋搭接接头面积百分率可为50%。

同一构件中相邻纵向的绑扎搭接接头宜相互错开。在纵向受力钢筋搭接长度范围内应配置箍筋，其直径不应小于搭接钢筋较大直径的25%。当钢筋受拉时，箍筋间距 s 不应大于搭接钢筋较小直径的5倍，且不应大于100mm；当钢筋受压时，箍筋间距 s 不应大于搭接钢筋较小直径的10倍，且不应大于200mm。当受压钢筋直径大于25mm时，还应在搭接接头两个端面外100mm范围内各设置两个箍筋。

需要注意的是，上述搭接长度不适用于架立钢筋与受力钢筋的搭接。架立钢筋与受力钢筋的搭接长度应符合下列规定：架立钢筋直径小于10mm时，搭接长度为100mm；架立钢筋直径大于或等于10mm时，搭接长度为150mm。

2）机械连接接头。纵向受力钢筋机械连接接头宜相互错开。钢筋机械连接接头连接区段的长度为35d（d 为纵向受力钢筋的较大直径）。在受力较大处设置机械连接接头时，位于同一连接区段内纵向受拉钢筋机械连接接头面积百分率不宜大于50%，纵向受压钢筋可不受限制；在直接承受动力荷载的结构构件中不应大于50%。

3）焊接接头。纵向受力钢筋的焊接接头应相互错开。钢筋焊接接头连接区段的长度为35d（d 为纵向受力钢筋的较大直径），且不小于500mm。位于同一连接区段内纵向受拉钢筋的焊接接头面积百分率不应大于50%，纵向受压钢筋可不受限制。

任务2　分析钢筋混凝土受弯构件

受弯构件是指轴力（N）可以忽略不计的构件，它是土木工程中数量最多，使用较为广泛的一类构件。工程结构中的梁和板就是典型的受弯构件。

受弯构件在荷载作用下可能发生两种破坏。当受弯构件沿弯矩最大的截面发生破坏时，破坏截面与构件的纵轴线垂直，称为沿正截面破坏，如图3-9a所示。当受弯构件沿剪力最大或弯矩和剪力都较大的截面发生破坏时，破坏截面与构件的纵轴线斜交，称为沿斜截面破坏，如图3-9b所示。

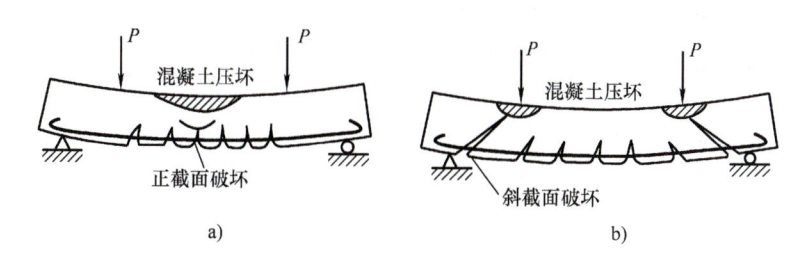

图 3-9 受弯构件的破坏形式

a) 正截面破坏 b) 斜截面破坏

设计受弯构件时，需进行正截面承载力和斜截面承载力计算。通过正截面承载力计算，确定受弯构件的截面尺寸、材料与纵向受力钢筋的用量，以保证不发生正截面受弯破坏；在剪力和弯矩共同作用的剪弯区段，产生斜裂缝，如果斜截面承载力不足，可能沿斜裂缝发生斜截面受剪破坏或斜截面受弯破坏。因此，要保证受弯构件斜截面承载力，即斜截面受剪承载力和斜截面受弯承载力。工程设计中，通过斜截面受剪承载力计算，进一步复核所选用的材料和截面尺寸，并确定箍筋和弯起钢筋用量，以保证不发生斜截面受剪破坏；通过一定的构造措施保证斜截面受弯承载力。

3.2.1 构造要求

1. 截面形式及尺寸

梁的截面形式主要有矩形、T 形、倒 T 形、L 形、I 形、十字形、花篮形等，如图 3-10 所示。其中，矩形截面由于构造简单、施工方便而被广泛应用。梁板现浇结构中梁和板组成 T 形截面。板的截面形式一般为矩形板、空心板、槽形板等，如图 3-11 所示。

钢筋混凝土受弯构件的构造要求

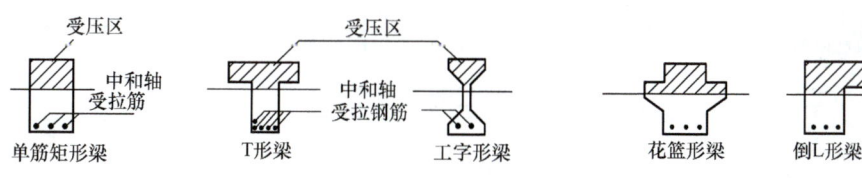

图 3-10 梁的截面形式

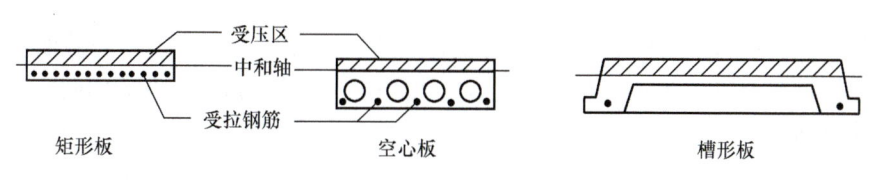

图 3-11 板的截面形式

梁的截面高度 h 一般可取 250mm、300mm、800mm、900mm、1000mm 等，$h \leq 800$mm 时取 50mm 的倍数，$h > 800$mm 时取 100mm 的倍数。矩形截面梁适宜的截面高宽比 h/b 为 2~3.5，矩形梁的截面宽度和 T 形截面的肋宽 b 宜采用 100mm、120mm、150mm、180mm、

200mm、220mm、250mm，大于250mm时取50mm的倍数。

现浇板的厚度一般取10mm的倍数，按构造要求，现浇板的厚度不应小于表3-7中的数值。

表3-7 现浇板的最小厚度

板的类型		最小厚度
实心楼板		80
实心屋面板		100
密肋楼板	面板	50
	肋高	250
悬臂板（根部）	悬臂长度不大于500mm	80
	悬臂长度500~1000mm	100
无梁楼板		150
现浇空心楼板		200

2. 梁和板的配筋

（1）梁的配筋

普通简支梁中通常配置纵向受力钢筋、弯起钢筋、箍筋、架立钢筋等，构成钢筋骨架，如图3-12所示，有时还配置纵向构造钢筋及相应的拉筋等。

梁的配筋

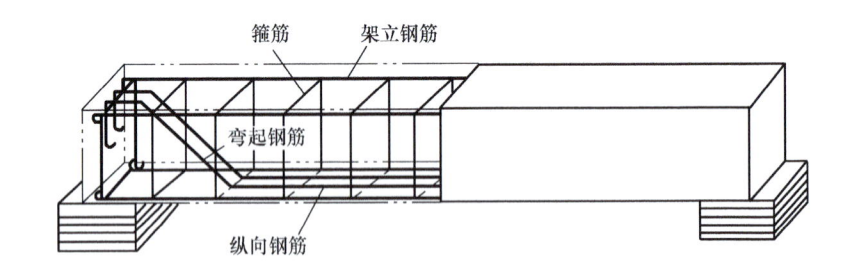

图3-12 梁的配筋

1）纵向受力钢筋。根据纵向受力钢筋配置的不同，受弯构件分为单筋截面和双筋截面两种。前者指只在受拉区配置纵向受力钢筋的受弯构件；后者指同时在梁的受拉区和受压区配置纵向受力钢筋的受弯构件。配置在受拉区的纵向受力钢筋主要用来承受由弯矩在梁内产生的拉力，配置在受压区的纵向受力钢筋则是用来补充混凝土受压能力的不足。

梁纵向受力钢筋的直径应当适中，太粗不便于加工，与混凝土的粘结力也差；太细则根数增加，在截面内不好布置，甚至降低受弯承载力。梁纵向受力钢筋的常用直径 $d = 12 \sim 25$mm。当 $h < 300$mm 时，$d \geq 8$mm；当 $h \geq 300$mm 时，$d \geq 10$mm。一根梁中同一种受力钢筋最好为同一种直径；当有两种直径时，其直径相差不应小于2mm，以便施工时辨别。梁中受拉钢筋的根数不应少于2根。纵向受力钢筋应尽量布置成一层。当一层排不下时，可布置

成两层，但应尽量避免出现两层以上的受力钢筋，以免过多地影响截面受弯承载力。

为了保证钢筋周围的混凝土浇筑密实，避免钢筋锈蚀而影响结构的耐久性，梁的纵向受力钢筋间必须留有足够的净间距。

在梁的配筋密集区域，如受力钢筋单根布置导致混凝土浇筑密实困难时，为方便施工，可采用2根或3根钢筋并在一起配置，称为并筋（钢筋束），如图3-13所示。当采用并筋（钢筋束）的形式配筋时，并筋的数量不应超过3根。并筋可视为一根等效钢筋，其等效直径 d_e，可按截面面积相等的原则换算确定，等直径二并筋公称直径 $d_e = 1.41d$，三并筋 $d_e = 1.73d$，d 为单根钢筋的直径。

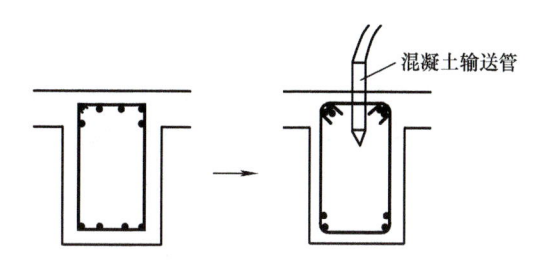

图3-13　梁内纵向受力钢筋的并筋配置方式

2）架立钢筋。架立钢筋设置在受压区外缘两侧，并平行于纵向受力钢筋。其作用，一是固定箍筋位置以形成梁的钢筋骨架；二是承受因温度变化和混凝土收缩而产生的拉应力，防止发生裂缝。受压区配置的纵向受压钢筋可兼作架立钢筋。

架立钢筋的直径与梁的跨度有关，其最小直径不宜小于表3-8所列数值。

表3-8　架立钢筋的最小直径

梁跨/m	<4	4~6	>6
架立钢筋最小直径/mm	8	10	12

3）弯起钢筋。弯起钢筋在跨中是纵向受力钢筋的一部分，在靠近支座弯矩较小处弯起钢筋用来承受弯矩和剪力共同产生的主拉应力，即作为受剪钢筋的一部分。钢筋的弯起角度一般为45°，梁高 $h > 800$mm 时可采用60°。当按计算需设弯起钢筋时，前一排（对支座而言）弯起钢筋的弯起点至后一排的弯终点的距离不应大于表3-9中 $V > 0.7f_t bh_0$ 栏的规定。实际工程中第一排弯起钢筋的弯终点距支座边缘的距离通常取为50mm，弯起钢筋的弯终点外应留有锚固长度，其长度在受拉区不应小于 $20d$，如图3-14所示，在受压区不应小于 $10d$，d 为弯起钢筋的直径；对光面钢筋在末端尚应设置180°弯钩；位于梁底层两侧的钢筋不应弯起。

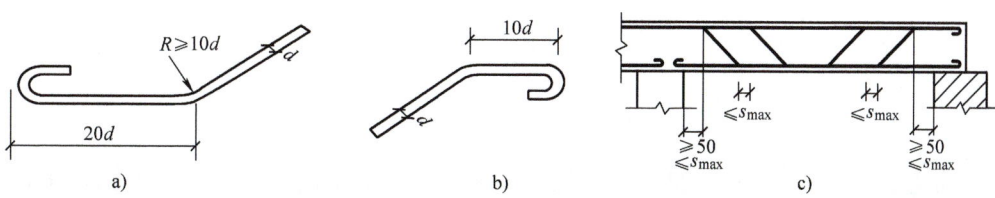

图3-14　弯起钢筋的形式

表 3-9　梁中箍筋和弯起钢筋的最大间距 s_{max}　　　　（单位：mm）

梁高 h/mm	$V > 0.7f_t bh_0$	$V \leq 0.7f_t bh_0$
$150 < h \leq 300$	150	200
$300 < h \leq 500$	200	300
$500 < h \leq 800$	250	350
$h > 800$	300	400

4）箍筋。箍筋主要用来承受由剪力和弯矩在梁内引起的主拉应力，并通过绑扎或焊接把其他钢筋联系在一起，形成空间骨架。

箍筋应根据计算确定。按计算不需要箍筋的梁，当梁的截面高度 $h > 300$mm 时，应沿梁全长按构造配置箍筋；当 $h = 150 \sim 300$mm 时，可仅在梁的端部各 1/4 跨度范围内设置箍筋，但当梁的中部 1/2 跨度范围内有集中荷载作用时，仍应沿梁的全长设置箍筋；若 $h < 150$mm，可不设箍筋。

梁内箍筋宜采用 HPB300、HRB335、HRB400 级钢筋。箍筋直径，当梁截面高度 $h \leq 800$mm 时，不宜小于 6mm；当 $h > 800$mm 时，不宜小于 8mm。当梁中配有计算需要的纵向受压钢筋时，箍筋直径不应小于纵向受压钢筋最大直径的 1/4。为了便于加工，箍筋直径一般不宜大于 12mm。箍筋的常用直径为 6mm、8mm、10mm。

箍筋的最大间距应符合表 3-9 的规定。当梁中配有计算需要的纵向受压钢筋时，箍筋的间距不应大于 $15d$（d 为纵向受压钢筋的最小直径），同时不应大于 400mm；当一层内的纵向受压钢筋多于 5 根且直径大于 18mm 时，箍筋间距不应大于 $10d$。

箍筋的形式可分为开口式和封闭式两种（图 3-15）。除无振动荷载且计算不需要配置纵向受压钢筋的现浇 T 形梁的跨中部分可用开口箍筋外，均应采用封闭式箍筋。箍筋的肢数，当梁的宽度 $b \leq 150$mm 时，可采用单肢；当 $b \leq 400$mm，且一层内的纵向受压钢筋不多于 4 根时，可采用双肢箍筋；当 $b > 400$mm，且一层内的纵向受压钢筋多于 3 根，或当梁的宽度不大于 400mm 但一层内的纵向受压钢筋多于 4 根时，应设置复合箍筋；梁中一层内的纵向受拉钢筋多于 5 根时，宜采用复合箍筋，如图 3-15 所示。

梁支座处的箍筋一般从梁边（或墙边）50mm 处开始设置。支承在砌体结构上的独立梁，在纵向受力钢筋的锚固长度 l_{as} 范围内应配置两道箍筋，其直径不宜小于纵向受力钢筋最大直径的 0.25 倍，间距不宜大于纵向受力钢筋最小直径的 10 倍。当梁与钢筋混凝土梁或柱整体连接时，支座内可不设置箍筋（图 3-16）。

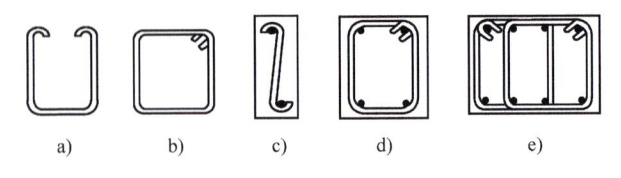

图 3-15　箍筋的形式与肢数
a）开口　b）封闭　c）单肢　d）双肢　e）四肢

箍筋是受拉钢筋，必须有良好的锚固。一般其端部应采用 135°弯钩，弯钩端头直段长度不小于 50mm，且不小于 $5d$。

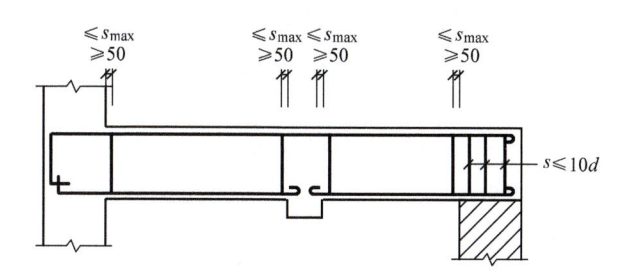

图 3-16　箍筋的布置

5) 纵向构造钢筋及拉筋。当梁的截面高度较大时，为了防止在梁的侧面产生垂直于梁轴线的收缩裂缝，同时也为了增强钢筋骨架的刚度，增强梁的抗扭作用，当梁的腹板高度 $h_w \geqslant 450mm$ 时，应在梁的两个侧面沿高度配置纵向构造钢筋（也称腰筋），并用拉筋固定（图 3-17）。每侧纵向构造钢筋（不包括梁的受力钢筋和架立钢筋）的截面面积不应小于腹板截面面积 bh_w 的 0.1%，且其间距不宜大于 200mm。此处 h_w 的取值为：矩形截面取截面有效高度，T 形截面取有效高度减去翼缘高度，工形截面取腹板净高。纵向构造钢筋一般不必做弯钩。拉筋直径一般与箍筋相同，间距常取为箍筋间距的两倍。

（2）板的配筋

普通简支板通常只配置纵向受力钢筋和分布钢筋，如图 3-18 所示。

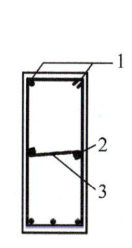

图 3-17　腰筋及拉筋
1—架立筋　2—腰筋　3—拉筋

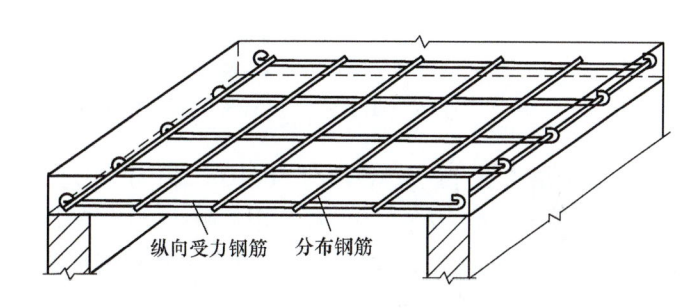

图 3-18　纵向受力钢筋和分布钢筋

1) 受力钢筋。梁式板的受力钢筋沿板的短跨方向布置在截面受拉一侧，用来承受弯矩产生的拉力。板的纵向受力钢筋的常用直径为 6mm、8mm、10mm、12mm。

为了正常地分担内力，板中受力钢筋的间距不宜过稀，但为了绑扎方便和保证浇捣质量，板的受力钢筋间距也不宜过密。当 $h \leqslant 150mm$ 时，不宜大于 200mm；当 $h > 150mm$ 时，不宜大于 $1.5h$，且不宜大于 300mm。板的受力钢筋间距通常不宜小于 70mm。

2) 分布钢筋。分布钢筋垂直于板的受力钢筋方向，在受力钢筋内侧按构造要求配置。分布钢筋的作用，一是固定受力钢筋的位置，形成钢筋网；二是将板上荷载有效地传到受力钢筋上去；三是防止温度或混凝土收缩等原因产生沿跨度方向的裂缝。

分布钢筋宜采用 HPB300、HRB335 级钢筋，常用直径为 6mm、8mm。梁式板中单位长度上分布钢筋的截面面积不宜小于单位宽度上受力钢筋截面面积的 15%，且不宜小于该方向板截面面积的 0.15%。分布钢筋的直径不宜小于 6mm，间距不宜大于 250mm；当集中荷载较大时，分布钢筋截面面积应适当增加，间距不宜大于 200mm。分布钢筋应沿受力钢筋直线段均匀布置，并且受力钢筋所有转折处的内侧也应配置。

3. 混凝土的保护层

钢筋外边缘至混凝土表面的距离称为钢筋的混凝土保护层厚度，用 c 表示，如图 3-19 所示。其主要作用，一是保护钢筋不致锈蚀，保证结构的耐久性；二是保证钢筋与混凝土间的粘结；三是在火灾等情况下，避免钢筋过早软化。

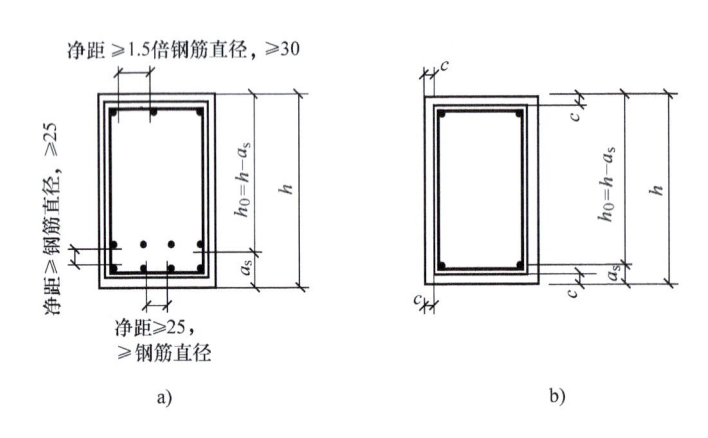

图 3-19 钢筋净距、保护层及有效高度
a) 双排受力钢筋　b) 单排受力钢筋
h—截面高度　c—最外层钢筋（箍筋）的保护层厚度
h_0—截面有效高度　a_s—受力钢筋合力作用点到截面外边缘的距离

《混凝土结构设计规范》（GB/T 50010—2010）规定：①构件中受力钢筋的混凝土保护层不应小于钢筋的公称直径。②设计使用年限为 50 年的混凝土结构，最外层钢筋的保护层厚度应符合表 3-10 的规定；设计使用年限为 100 年的混凝土结构，最外层钢筋的保护层厚度不应小于表 3-10 中数值的 1.4 倍。

表 3-10 混凝土保护层的最小厚度　（单位：mm）

环境等级	板、墙、壳	梁、柱
一	15	20
二 a	20	25
二 b	25	35
三 a	30	40
三 b	40	50

注：1. 混凝土强度等级不大于 C25 时，表中保护层厚度数值应增加 5mm。
　　2. 钢筋混凝土基础宜设置混凝土垫层，其受力钢筋的混凝土保护层厚度应从垫层顶面算起，且不应小于 40mm。

3.2.2 正截面承载力计算

1. 单筋矩形截面

（1）单筋截面受弯构件沿正截面的破坏特征

钢筋混凝土受弯构件正截面的破坏形式与钢筋和混凝土的强度以及纵向受拉钢筋配筋率

ρ 有关。ρ 用纵向受拉钢筋的截面面积与正截面的有效面积的比值来表示，即 $\rho = \dfrac{A_s}{bh_0}$。其中 A_s 为受拉钢筋截面面积；b 为梁的截面宽度；h_0 为梁的截面有效高度，$h_0 = h - a_s$；a_s 为受拉钢筋合力作用点到截面受拉边缘的距离，梁的正截面如图 3-20 所示。

根据梁纵向钢筋配筋率的不同，钢筋混凝土梁可分为适筋梁、超筋梁和少筋梁三种类型，不同类型的梁具有不同的破坏特征。

正截面承载力计算

1）适筋梁。配置适量纵向受力钢筋的梁称为适筋梁，该类梁的破坏称为适筋破坏，如图 3-21a 所示。

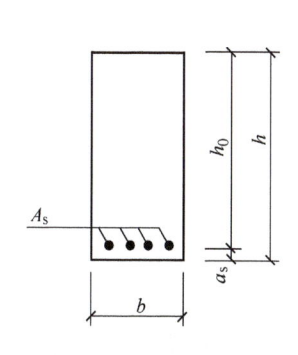

图 3-20　梁的正截面

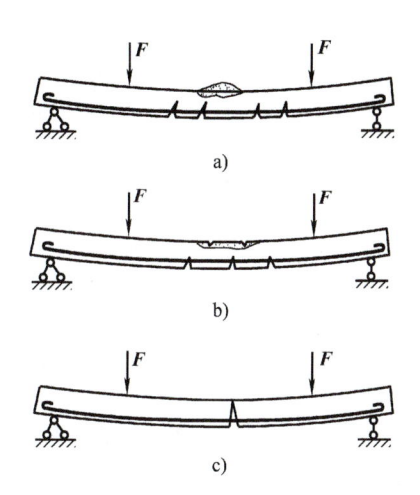

图 3-21　梁的正截面破坏
a）适筋梁　b）超筋梁　c）少筋梁

适筋梁从开始加载到完全破坏，其应力变化经历了三个阶段，如图 3-22 所示。

第Ⅰ阶段（弹性工作阶段）：荷载很小时，混凝土的压应力及拉应力都很小，应力和应变几乎成直线关系。当弯矩增大时，受拉区混凝土表现出明显的塑性特征，应力和应变不再呈直线关系，应力分布呈曲线。当受拉边缘纤维的应变达到混凝土的极限拉应变 ε_{tu} 时，截面处于将裂未裂的极限状态，即第Ⅰ阶段末，用Ⅰ$_a$ 表示，此时截面所能承担的弯矩称为抗裂弯矩 M_{cr}。Ⅰ$_a$ 阶段的应力状态是抗裂验算的依据。

第Ⅱ阶段（带裂缝工作阶段）：当弯矩继续增加时，受拉区混凝土的拉应变超过其极限拉应变 ε_{tu}，受拉区出现裂缝，截面即进入第Ⅱ阶段。裂缝出现后，在裂缝截面处，受拉区混凝土大部分退出工作，拉力几乎全部由受拉钢筋承担。随着弯矩的不断增加，裂缝逐渐向上扩展，中和轴逐渐上移，受压区混凝土呈现出一定的塑性特征，应力图形呈曲线形。当弯矩继续增加，钢筋应力达到屈服强度 f_y 时，它标志着截面进入第Ⅱ阶段末，以Ⅱ$_a$ 表示，这时截面所能承担的弯矩称为屈服弯矩 M_y。第Ⅱ阶段的应力状态是裂缝宽度和变形验算的依据。

第Ⅲ阶段（破坏阶段）：弯矩继续增加，受拉钢筋的应力保持屈服强度不变，钢筋的应变迅速增大，促使受拉区混凝土的裂缝迅速向上扩展，受压区混凝土的塑性特征表现得更加充分，压应力呈显著曲线分布。到本阶段末（即Ⅲ$_a$ 阶段），受压边缘混凝土压应变达到极限压应变，受压区混凝土产生近乎水平的裂缝，混凝土被压碎，甚至崩脱，截面破坏。此时

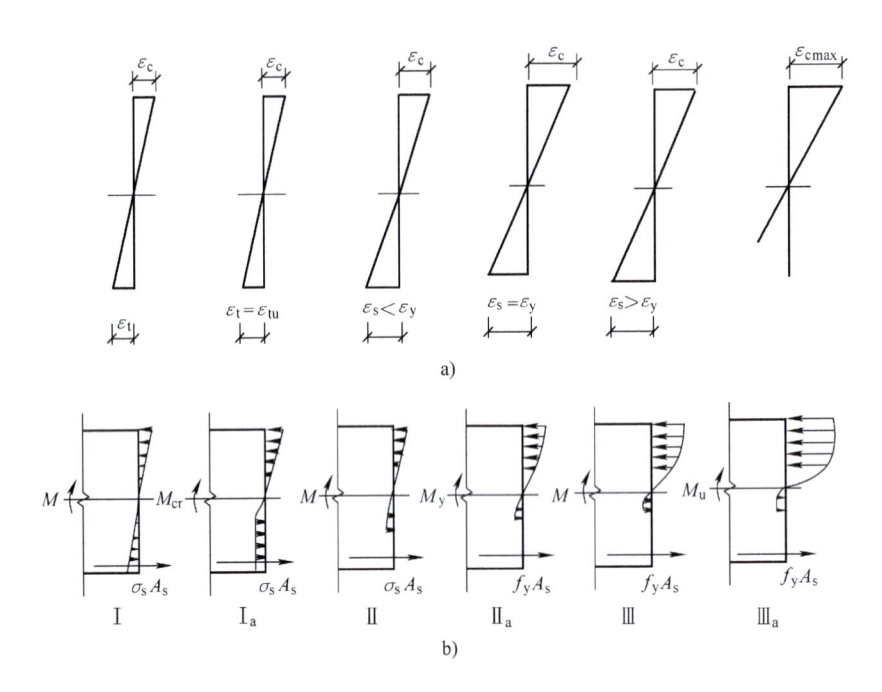

图 3-22 适筋梁工作的三个阶段
a) 应变分布图 b) 应力分布图

截面所承担的弯矩即为破坏弯矩 M_u。$Ⅲ_a$ 阶段的应力状态可作为构件承载力计算的依据。

由上述可知，适筋梁的破坏始于受拉钢筋屈服。从受拉钢筋屈服到受压区混凝土被压碎（即弯矩由 M_y 增大到 M_u），需要经历较长过程。由于钢筋屈服后产生很大的塑性变形，使裂缝急剧开展且挠度急剧增大，给人以明显的破坏预兆，这种破坏称为延性破坏。

2）超筋梁。纵向受力钢筋配筋率大于最大配筋率的梁称为超筋梁，该类梁的破坏称为超筋破坏，如图 3-21b 所示。这种梁由于纵向钢筋配置过多，受压区混凝土在钢筋屈服前即达到极限压应变被压碎而破坏。破坏时钢筋的应力还未达到屈服强度，因而裂缝宽度均较小，且形不成一根开展宽度较大的主裂缝，梁的挠度也较小。这种单纯因混凝土被压碎而引起的破坏，发生得非常突然，没有明显的预兆，属于脆性破坏。实际工程中不应采用超筋梁。

3）少筋梁。配筋率小于最小配筋率的梁称为少筋梁，该类梁的破坏称为少筋破坏，如图 3-21c 所示。这种梁破坏时，裂缝往往集中出现一条，不但开展宽度大，而且沿梁高延伸较高。一旦出现裂缝，钢筋的应力就会迅速增大并超过屈服强度而进入强化阶段，甚至被拉断。在此过程中，裂缝迅速开展，构件严重向下挠曲，最后因裂缝过宽、变形过大而丧失承载力，甚至被折断。这种破坏也是突然的，没有明显预兆，属于脆性破坏。实际工程中不应采用少筋梁。

（2）单筋矩形截面受弯构件正截面承载力计算

1）基本假定。钢筋混凝土受弯构件正截面承载力计算以适筋梁 $Ⅲ_a$ 阶段的应力状态为依据。为便于建立基本公式，现作如下假定：

① 构件正截面弯曲变形后仍保持一平面，即在三个阶段中，截面上的应变沿截面高度

为线性分布。

② 不考虑截面受拉区混凝土的抗拉强度。

③ 钢筋的应力 σ_s 等于钢筋应变 ε_s 与其弹性模量 E_s 的乘积，但不得大于其强度设计值 f_y，即 $\sigma_s \leqslant f_y$。

④ 受压混凝土采用理想化的应力—应变关系。

2) 等效矩形应力图。如图 3-23 所示，根据以上假定，适筋梁Ⅲa阶段的应力图形可简化为图 3-23c 所示的曲线应力图，其中 x_c 为实际混凝土受压区高度。为进一步简化计算，按照受压区混凝土的合力大小不变、受压区混凝土的合力作用点不变的原则，将其简化为图 3-23d 所示的等效矩形应力图形。等效矩形应力图形的混凝土受压区高度 $x = \beta_1 x_c$，等效矩形应力图形的应力值为 $\alpha_1 f_c$，其中 f_c 为混凝土轴心抗压强度设计值，β_1 为等效矩形应力图受压区高度与中和轴高度的比值，α_1 为受压区混凝土等效矩形应力图的应力值与混凝土轴心抗压强度设计值的比值，β_1、α_1 的值见表 3-11。

表 3-11　β_1、α_1 值

混凝土强度等级	≤C50	C55	C60	C65	C70	C75	C80
β_1	0.8	0.79	0.78	0.77	0.76	0.75	0.74
α_1	1.0	0.99	0.98	0.97	0.96	0.95	0.94

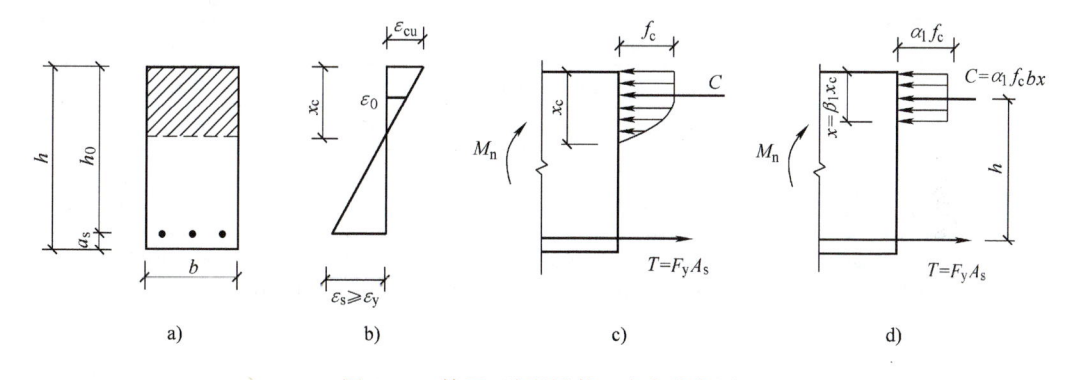

图 3-23　第Ⅲa 阶段梁截面应力分布图

a) 截面示意　b) 应变分布图　c) 曲线应力分布图　d) 等效矩形应力分布

3) 适筋梁与超筋梁的界限——界限相对受压区高度 ξ_b。比较适筋梁和超筋梁的破坏，前者始于受拉钢筋屈服，后者始于受压区混凝土被压碎。理论上，二者间存在一种界限状态，即所谓界限破坏。在这种状态下，受拉钢筋达到屈服强度和受压区混凝土边缘达到极限压应变是同时发生的。将受弯构件等效矩形应力图形的混凝土受压区高度 x 与截面有效高度 h_0 之比称为相对受压区高度，用 ξ 表示，$\xi = x/h_0$，适筋梁界限破坏时等效受压区高度与截面有效高度之比称为界限相对受压区高度，用 ξ_b 表示。

ξ_b 值是用来衡量构件破坏时钢筋强度能否充分利用的一个特征值。若 $\xi > \xi_b$，构件破坏时受拉钢筋不能屈服，表明构件的破坏为超筋破坏；若 $\xi \leqslant \xi_b$，构件破坏时受拉钢筋已经达到屈服强度，表明发生的破坏为适筋破坏或少筋破坏。各种钢筋的 ξ_b 值见表 3-12。

表 3-12 普通钢筋配筋的受弯构件的相对界限受压区高度 ξ_b 值

钢筋级别	屈服强度 $f_y/(N/mm^2)$	ξ_b ≤C50	C55	C60	C65	C70	C75	C80
HPB300	270	0.576	0.566	0.556	0.547	0.537	0.528	0.518
HRB335、HRBF335	300	0.550	0.541	0.531	0.522	0.512	0.503	0.493
HRB400、HRBF400、RRB400	360	0.518	0.508	0.499	0.490	0.481	0.472	0.463
HRB500、HRBF500	435	0.482	0.473	0.464	0.455	0.447	0.438	0.429

4) 适筋梁与少筋梁的界限——截面最小配筋率 ρ_{min}。少筋破坏的特点是"一裂即坏"。为了避免出现少筋情况，必须控制截面配筋率，使之不小于某一界限值，即最小配筋率 ρ_{min}。理论上讲，最小配筋率的确定原则是：配筋率为 ρ_{min} 的钢筋混凝土受弯构件，按 III_a 阶段计算的正截面受弯承载力应等于同截面素混凝土梁所能承受的开裂弯矩 M_{cr}。当构件按适筋梁计算所得的配筋率小于 ρ_{min} 时，理论上讲，梁可以不配受力钢筋，作用在梁上的弯矩仅素混凝土梁就足以承受，但考虑到混凝土强度的离散性，加之少筋破坏属于脆性破坏，以及收缩等因素，《混凝土结构设计规范》（GB/T 50010—2010）规定了梁的最小配筋率 ρ_{min}，见表 3-13。

表 3-13 纵向受力钢筋的最小配筋百分率 ρ_{min}

受力类型			最小配筋百分率（%）
受压构件	全部纵向钢筋	强度级别 500MPa	0.50
		强度级别 400MPa	0.55
		强度级别 300MPa、335MPa	0.60
	一侧纵向钢筋		0.20
受弯构件、偏心受拉、轴心受拉构件一侧的受拉钢筋			0.20 和 $45f_t/f_y$ 中的较大值

注：1. 受压构件全部纵向钢筋最小配筋百分率，当采用C60及以上强度等级的混凝土时，应按表中规定增加0.10。
2. 板类受弯构件（不包括悬臂板）的受拉钢筋，当采用强度级别400MPa、500MPa的钢筋时，其最小配筋百分率应允许采用0.15 和 $45f_t/f_y$ 中的较大值。
3. 偏心受拉构件中的受压钢筋，应按受压构件一侧纵向钢筋考虑。
4. 受压构件的全部纵向钢筋和一侧纵向钢筋的配筋率以及轴心受拉构件和小偏心受拉构件一侧受拉钢筋的配筋率均应按构件的全截面面积计算。
5. 受弯构件、大偏心受拉构件一侧受拉钢筋的配筋率应按全截面面积扣除受压翼缘面积 $(b'_f - b)\,h'_f$ 后的截面面积计算。
6. 当钢筋沿构件截面周边布置时，"一侧纵向钢筋"是指沿受力方向两个对边中一边布置的纵向钢筋。

(3) 基本公式及其适用条件

由图 3-23 所示等效矩形应力图形，根据静力平衡条件，可得出单筋矩形截面梁正截面承载力计算的基本公式：

$$\sum X = 0 \quad \alpha_1 f_c b x = f_y A_s \tag{3-4}$$

$$\sum M = 0 \quad M \leqslant M_u = \alpha_1 f_c b x \left(h_0 - \frac{x}{2}\right) \tag{3-5}$$

或

$$M \leqslant M_u = f_y A_s \left(h_0 - \frac{x}{2}\right) \tag{3-6}$$

式中　M——弯矩设计值；

　　　f_c——混凝土轴心抗压强度设计值；

　　　f_y——钢筋抗拉强度设计值；

　　　x——混凝土受压区高度。

式（3-4）~式（3-6）应满足下列两个适用条件：

1）为防止发生超筋破坏，需满足 $\xi \leqslant \xi_b$ 或 $x \leqslant \xi_b h_0$，其中 ξ、ξ_b 分别称为相对受压区高度和界限相对受压区高度。

2）防止发生少筋破坏，应满足 $\rho \geqslant \rho_{min}$ 或 $A_s \geqslant A_{s,min}$，$A_{s,min} = \rho_{min}bh$，其中 ρ_{min} 为截面最小配筋率。取 $x = \xi_b h_0$，即得到单筋矩形截面所能承受的最大弯矩的表达式：

$$M_{u,max} = \alpha_1 f_c b h_0^2 \xi_b (1 - 0.5\xi_b) \tag{3-7}$$

（4）正截面设计与承载力计算

单筋矩形截面受弯构件正截面承载力计算，有两类问题：一类是截面设计问题，另一类是复核已知截面的承载力问题。

1）截面设计

基本公式法

已知弯矩设计值 M，混凝土强度等级，钢筋级别，构件截面尺寸 b、h，求所需受拉钢筋截面面积 A_s，计算步骤如下：

① 确定设计参数，计算截面有效高度 h_0

$$h_0 = h - a_s \tag{3-8}$$

式中　h——梁的截面高度；

　　　a_s——受拉钢筋合力作用点到截面受拉边缘的距离，它与保护层厚度、箍筋直径及受拉钢筋的直径及排放有关。

当钢筋布置成一排时：$a_s = c + d_1 + \dfrac{d}{2}$（对于板，$a_s = c + \dfrac{d}{2}$）；当钢筋布置成两排时：$a_s = c + d_1 + \dfrac{d}{2} + d_2$，其中 c 为混凝土保护层厚度，d_1 为箍筋直径，d 为钢筋直径，d_2 为两排钢筋之间的间距。

梁中受拉钢筋常用直径为 12~28mm，平均按 20mm 计算。在室内干燥环境下，当混凝土强度等级大于 C25 时，钢筋的混凝土保护层最小厚度 $c = 20mm$，则其有效高度为：当为一排钢筋时 $h_0 = h - (35~40)$；当为两排钢筋时 $h_0 = h - (60~65)$。

混凝土强度等级不大于 C25 时，保护层厚度数值增加 5mm。

若取受拉钢筋直径为 20mm，则不同环境等级下，当混凝土强度等级大于 C25 时，钢筋混凝土梁设计计算中 a_s 参考取值可近似按表 3-14 取用。

表 3-14　钢筋混凝土梁 a_s 参考取值　　　　　　　　　　（单位：mm）

环境等级	梁混凝土保护层最小厚度	箍筋直径 φ6 受拉钢筋一排	箍筋直径 φ6 受拉钢筋两排	箍筋直径 φ8 受拉钢筋一排	箍筋直径 φ8 受拉钢筋两排
一	20	35	60	40	65
二 a	25	40	65	45	70

（续）

环境等级	梁混凝土保护层最小厚度	箍筋直径 $\phi 6$ 受拉钢筋一排	箍筋直径 $\phi 6$ 受拉钢筋两排	箍筋直径 $\phi 8$ 受拉钢筋一排	箍筋直径 $\phi 8$ 受拉钢筋两排
二 b	35	50	75	55	80
三 a	40	55	80	60	85
三 b	50	65	90	70	95

② 计算混凝土受压区高度 x，并判断是否属于超筋梁。

$$x = h_0 - \sqrt{h_0^2 - \frac{2M}{\alpha_1 f_c b}} \tag{3-9}$$

若 $x \leq \xi_b h_0$，则不属于超筋梁；否则为超筋梁，应加大截面尺寸，或提高混凝土强度等级，或改用双筋截面。

③ 计算钢筋截面面积 A_s，并判断是否属于少筋梁，即

$$A_s = \frac{\alpha_1 f_c bx}{f_y} \tag{3-10}$$

若 $A_s \geq \rho_{\min} bh$，则不属于少筋梁；否则为少筋梁，应取 $A_s = \rho_{\min} bh$。

④ 选配钢筋。计算出的 A_s，在表格中绝大多数情况下不会刚好存在，因此选用的配筋面积一般可在 5% 的范围内进行上下浮动，即 $A_{s(实际)} = (1 \pm 5\%) A_s$。

⑤ 验算配筋率。检查截面实际配筋率是否低于最小配筋率，即 $\rho \geq \rho_{\min}$ 或 $A_s \geq A_{s,\min}$，否则取 $\rho = \rho_{\min}$，则 $A_{s,\min} = \rho_{\min} bh$。

计算系数法

已知弯矩设计值 M，混凝土强度等级，钢筋级别，构件截面尺寸 b、h，求所需受拉钢筋截面面积 A_s，计算步骤如下：

① 求 α_s：令 $x = \xi h_0$，则 $M = \alpha_1 f_c bx\left(h_0 - \frac{x}{2}\right) = \alpha_1 f_c bh_0^2 \xi (1 - 0.5\xi) = \alpha_1 f_c bh_0^2 \alpha_s$，式中 $\alpha_s = \xi(1 - 0.5\xi)$ 称为截面抵抗矩系数，则 $\alpha_s = \frac{M}{\alpha_1 f_c bh_0^2}$。

② 根据 α_s 求出 γ_s 或 ξ。

令 $x = \xi h_0$，则 $M = f_y A_s \left(h_0 - \frac{x}{2}\right) = f_y A_s h_0 (1 - 0.5\xi) = f_y A_s h_0 \gamma_s$，式中 $\gamma_s = (1 - 0.5\xi)$ 称为内力臂系数。

系数 α_s、γ_s、ξ 之间存在着如下关系：$\xi = 1 - \sqrt{1 - 2\alpha_s}$；$\gamma_s = \frac{1 + \sqrt{1 - 2\alpha_s}}{2}$。

③ 求 A_s。

$$A_s = \frac{M}{\gamma_s f_y h_0} \text{ 或 } A_s = \frac{\alpha_1 f_c bx}{f_y} = \xi bh_0 \frac{\alpha_1 f_c}{f_y}$$

或由式（3-4）得：$x = \frac{f_y A_s}{\alpha_1 f_c b}$，则 $x = \frac{A_s}{bh_0} \frac{f_y}{\alpha_1 f_c} = \rho \frac{f_y}{\alpha_1 f_c}$。

④ 选配钢筋。选用的配筋面积一般可在 5% 的范围内进行上下浮动，即 $A_{s(实际)} = (1 \pm 5\%) A_s$。

⑤ 验算配筋率。检查截面实际配筋率是否低于最小配筋率，即 $\rho \geqslant \rho_{\min}$ 或 $A_s \geqslant \rho_{\min} bh$，否则取 $\rho = \rho_{\min}$，则 $A_s = \rho_{\min} bh$。

2) 截面校核

已知构件截面尺寸 b、h，钢筋截面面积 A_s，混凝土强度等级，钢筋级别，弯矩设计值 M，复核截面是否安全的计算步骤如下：

① 确定设计参数，计算截面有效高度 h_0。

② 判断梁的类型。

$$x = A_s f_y / \alpha_1 f_c b \tag{3-11}$$

若 $A_s \geqslant \rho_{\min} bh$，且 $x \leqslant \xi_b h_0$，为适筋梁；若 $x > \xi_b h_0$，为超筋梁；若 $A_s < \rho_{\min} bh$，为少筋梁。

③ 计算截面受弯承载力 M_u。

适筋梁

$$M_u = f_y A_s \left(h_0 - \frac{x}{2} \right) \tag{3-12}$$

超筋梁

$$M_u = M_{u,\max} = \alpha_1 f_c b h_0^2 \xi_b (1 - 0.5\xi_b) \tag{3-13}$$

对于少筋梁，应将其受弯承载力降低使用（已建成工程）或修改设计。

④ 判断截面是否安全。若 $M \leqslant M_u$，则截面安全。

【实例3-1】 某钢筋混凝土矩形截面简支梁，跨中弯矩设计值 $M = 80\text{kN} \cdot \text{m}$，梁的截面尺寸 $b \times h = 200\text{mm} \times 450\text{mm}$，采用C25混凝土，HRB400级钢筋，安全等级为二级，环境类别为一类，箍筋为Φ8。试确定跨中截面纵向受力钢筋的数量。

解：

（1）基本公式法

查表得 $f_c = 11.9\text{N/mm}^2$，$f_t = 1.27\text{N/mm}^2$，$f_y = 360\text{N/mm}^2$，$\alpha_1 = 1.0$，$\xi_b = 0.518$，$c = 25\text{mm}$。

1) 确定截面有效高度 h_0。假设纵向受力钢筋为单层，则

$$h_0 = h - 40\text{mm} = 450 - 40\text{mm} = 410\text{mm}$$

2) 计算 x，并判断是否为超筋梁。

$$x = h_0 - \sqrt{h_0^2 - \frac{2M}{\alpha_1 f_c b}} = 410 - \sqrt{410^2 - \frac{2 \times 80 \times 10^6}{1.0 \times 11.9 \times 200}}$$

$$= 92.4(\text{mm}) < \xi_b h_0 = 0.518 \times 410\text{mm} = 212.4\text{mm}$$

不属于超筋梁。

3) 计算 A_s，并判断是否为少筋梁。

$$A_s = \frac{\alpha_1 f_c bx}{f_y} = 1.0 \times 11.9 \times 200 \times 92.4 / 360 \text{mm}^2 = 610.9\text{mm}^2$$

$$0.45 f_t / f_y = 0.45 \times 1.27 / 360 = 0.16\% < 0.2\%，取 \rho_{\min} = 0.2\%$$

$$A_{s,\min} = 0.2\% \times 200 \times 450\text{mm} = 180\text{mm}^2 < A_s = 610.9\text{mm}^2$$

不属于少筋梁。

4) 选配钢筋，选配 4Φ14（$A_s = 615\text{mm}^2$），如图3-24所示。

（2）计算系数法

1) 确定截面有效高度，同基本公式法。

2）计算 α_s。

$$\alpha_s = \frac{M}{\alpha_1 f_c b h_0^2} = \frac{80 \times 10^6}{1.0 \times 11.9 \times 200 \times 410^2} = 0.19996$$

3）通过公式求 γ_s 或 ξ。

$$\gamma_s = \frac{1 + \sqrt{1 - 2\alpha_s}}{2} = \frac{1 + \sqrt{1 - 2 \times 0.19996}}{2} = 0.887$$

$$\xi = 1 - \sqrt{1 - 2\alpha_s} = 1 - \sqrt{1 - 2 \times 0.19996} = 0.225$$

4）计算 A_s，并判断是否为少筋梁。

$$A_s = \frac{M}{\gamma_s f_y h_0} = \frac{80 \times 10^6}{0.887 \times 360 \times 410} \text{mm}^2 = 611.05 \text{mm}^2$$

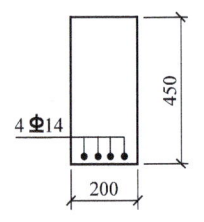

或

$$A_s = \xi b h_0 \frac{\alpha_1 f_c}{f_y} = 0.225 \times 200 \times 410 \times \frac{1.0 \times 11.9}{360} \text{mm}^2 = 609.9 \text{mm}^2$$

图 3-24

5）选配钢筋，同基本公式法。

【实例 3-2】 某钢筋混凝土矩形截面梁，截面尺寸 $b \times h = 200\text{mm} \times 500\text{mm}$，混凝土强度等级 C25，纵向受拉钢筋 3⫶18，混凝土保护层厚度 25mm，环境类别为一类，箍筋直径为 Φ8。该梁承受最大弯矩设计值 $M = 105\text{kN} \cdot \text{m}$。试复核该梁是否安全。

解：$f_c = 11.9\text{N/mm}^2$，$f_t = 1.27\text{N/mm}^2$，$f_y = 360\text{N/mm}^2$，$\xi_b = 0.518$，$\alpha_1 = 1.0$，$A_s = 763\text{mm}^2$。

1）计算 h_0。因纵向受拉钢筋布置成一层，故

$$h_0 = h - 35\text{mm} = (500 - 35)\text{mm} = 465\text{mm}$$

2）判断梁的类型。

$$x = \frac{A_s f_y}{\alpha_1 f_c b} = \frac{763 \times 360}{1.0 \times 11.9 \times 200}\text{mm} = 115.4\text{mm} < \xi_b h_0 = 0.518 \times 465\text{mm} = 240.9\text{mm}$$

$$0.45 f_t / f_y = 0.45 \times 1.27 / 360 = 0.16\% < 0.2\%，取 \rho_{min} = 0.2\%$$

$$\rho_{min} b h = 0.2\% \times 200 \times 500 \text{mm}^2 = 200\text{mm}^2 < A_s = 763\text{mm}^2$$

故该梁属于适筋梁。

3）求截面受弯承载力 M_u，并判断该梁是否安全。

已判断该梁为适筋梁，故

$$M_u = f_y A_s (h_0 - x/2) = 360 \times 763 \times (465 - 115.4/2)$$

$$= 111.88 \times 10^6 \text{N} \cdot \text{mm} = 111.88\text{kN} \cdot \text{m} > M = 105\text{kN} \cdot \text{m}$$

则该梁安全。

钢筋的计算截面面积及理论重量见表 3-15，每米板宽内的钢筋截面面积见表 3-16。

表 3-15 钢筋的计算截面面积及理论重量

公称直径 d/mm	不同根数钢筋的计算截面面积/mm²									单根钢筋理论重量/(kg/m)
	1	2	3	4	5	6	7	8	9	
6	28.3	57	85	113	142	170	198	226	255	0.222
6.5	33.2	66	100	133	166	199	232	265	299	0.260
8	50.3	101	151	201	252	302	352	402	453	0.395

(续)

公称直径 d/mm	不同根数钢筋的计算截面面积/mm²									单根钢筋理论重量/(kg/m)
	1	2	3	4	5	6	7	8	9	
8.2	52.8	106	158	211	264	317	370	423	475	0.432
10	78.5	157	236	314	393	471	550	628	707	0.617
12	113.1	226	339	452	565	678	791	904	1017	0.888
14	153.9	308	461	615	769	923	1077	1231	1385	1.21
16	201.1	402	603	804	1005	1206	1407	1608	1809	1.58
18	254.5	509	763	1017	1272	1526	1780	2036	2290	2.00
20	314.2	628	941	1256	1570	1884	2200	2513	2827	2.47
22	380.1	760	1140	1520	1900	2281	2661	3041	3421	2.98
25	490.9	982	1473	1964	2454	2945	3436	3927	4418	3.85
28	615.8	1232	1847	2463	3079	3695	4310	4926	5542	4.83
32	804.2	1609	2413	3217	4021	4826	5630	6434	7238	6.31
36	1017.9	2036	2054	4072	5089	6107	7125	8143	9161	7.99
40	1256.6	2513	3770	5027	6283	7540	8796	10053	11310	9.87

注：表中直径 $d = 8.2$ mm 的计算截面面积及理论重量仅适用于有纵肋的热处理钢筋。

表3-16　每米板宽内的钢筋截面面积

钢筋间距 a/mm	当钢筋直径为下列数值时的钢筋截面面积/mm²											
	4	4.5	5	6	8	10	12	14	16	18	20	22	25
70	180	227	280	404	718	1122	1616	2199	2872	3635	4488	5430	7012
75	168	212	262	377	670	1047	1508	2053	2681	3393	4189	5068	6545
80	157	199	245	353	628	982	1414	1924	2513	3181	3927	4752	6136
90	140	177	218	314	559	873	1257	1710	2234	2827	3491	4224	5454
100	126	159	196	283	503	785	1131	1539	2011	2545	3142	3801	4909
110	114	145	178	257	457	714	1028	1399	1828	2313	2856	3456	4462
120	105	133	164	236	419	654	942	1283	1676	2121	2618	3168	4091
125	101	127	157	226	402	628	905	1232	1608	2036	2513	3041	3927
130	97	122	151	217	387	604	870	1184	1547	1957	2417	2924	3776
140	90	114	140	202	359	561	808	1100	1436	1818	2244	2715	3506
150	84	106	131	188	335	524	754	1026	1340	1696	2094	2534	3272
160	79	99	123	177	314	491	707	962	1257	1590	1963	2376	3068
170	74	94	115	166	296	462	665	906	1183	1497	1848	2236	2887
175	72	91	112	162	287	449	646	880	1149	1454	1795	2172	2805
180	70	88	109	157	279	436	628	855	1117	1414	1745	2112	2727
190	66	84	103	149	265	413	595	810	1058	1339	1653	2001	2584
200	63	80	98	141	251	392	565	770	1005	1272	1571	1901	2454
250	50	64	79	113	201	314	452	616	804	1018	1257	1521	1963
300	42	53	65	94	168	262	377	513	670	848	1047	1267	1636

2. 双筋矩形截面和 T 形截面特点

（1）双筋矩形截面梁

双筋截面是指同时配置受拉和受压钢筋的截面，如图 3-25 所示。一般来说，采用受压钢筋协助混凝土承受压力是不经济的。采用双筋截面的条件：

1）弯矩很大，同时按单筋矩形截面计算所得的 ξ 又大于 ξ_b，而梁截面尺寸受到限制，混凝土强度等级又不能提高时。

2）在不同荷载组合情况下，梁截面承受异号弯矩。

此外，配置受压钢筋可以提高截面的延性，因此在抗震结构中要求框架梁必须配置一定比例的受压钢筋。

由于受压钢筋在纵向压力作用下易产生压曲而导致钢筋侧向凸出，将受压区保护层崩裂，从而使构件提前发生破坏，降低构件的承载力。因此，必须配置封闭箍筋防止受压钢筋的压曲，并限制其侧向凸出。为保证有效防止受压钢筋的压曲和侧向凸出，《混凝土结构设计规范》（GB/T 50010—2010）规定箍筋的间距 s 不应大于 15 倍受压钢筋最小直径和 400mm；箍筋直径不应小于受压钢筋最大直径的 1/4。上述箍筋的设置要求是保证受压钢筋发挥作用的必要条件。

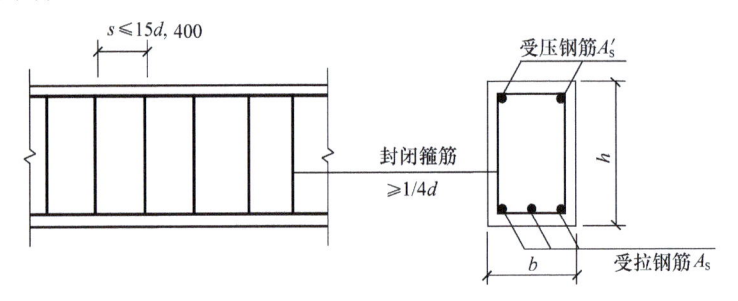

图 3-25 双筋截面

（2）T 形截面梁

受弯构件在破坏时，大部分受拉区混凝土早已退出工作，故可挖去部分受拉区混凝土，并将钢筋集中放置，如图 3-26a 所示，形成 T 形截面，对受弯承载力没有影响。这样既可节省混凝土，也可减轻结构自重。若受拉钢筋较多，为便于布置钢筋，可将截面底部适当增大，形成工形截面，如图 3-26b 所示。

T 形截面梁的特点及分类

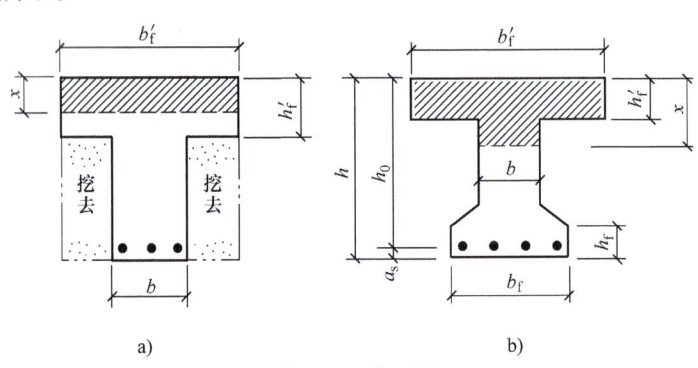

图 3-26 截面图
a）T 形截面　b）工形截面

T形截面伸出部分称为翼缘，中间部分称为肋或梁腹。肋的宽度为 b，位于截面受压区的翼缘宽度为 b'_f，厚度为 h'_f，截面总高为 h。工形截面位于受拉区的翼缘不参与受力，因此也按 T 形截面计算。

工程结构中，T 形和工形截面受弯构件的应用是很多的，如现浇肋形楼盖中的主、次梁，T 形吊车梁、薄腹梁、槽形板等均为 T 形截面；箱形截面、空心楼板、桥梁中的梁为工形截面。但是，若翼缘在梁的受拉区，如图 3-27a 所示的倒 T 形截面梁，当受拉区的混凝土开裂以后，翼缘对承载力就不再起作用了。对于这种梁应按肋宽为 b 的矩形截面计算承载力。又如整体式肋梁楼盖连续梁中的支座附近的 2—2 截面，如图 3-27b 所示，由于承受负弯矩，翼缘（板）受拉，故仍应按肋宽为 b 的矩形截面计算。

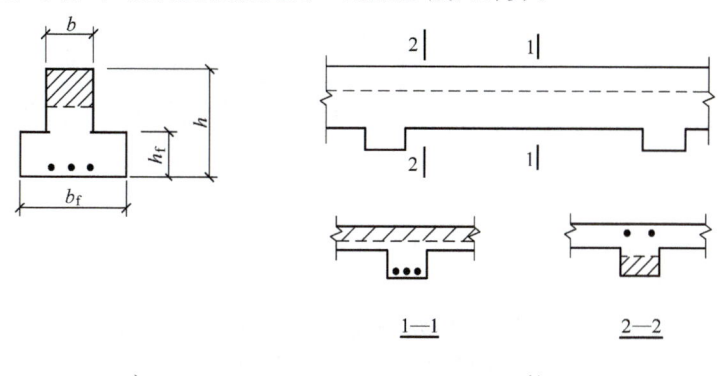

图 3-27 倒 T 形截面及连续梁截面

a）倒 T 形截面 b）连续梁跨中与支座截面

采用翼缘计算宽度 b'_f，T 形截面受压区混凝土仍按等效矩形应力图考虑。按照构件破坏时，中和轴位置的不同，T 形截面可分为两种类型。第一类 T 形截面：中和轴在翼缘内，即 $x \leq h'_f$；第二类 T 形截面：中和轴在梁肋内，即 $x > h'_f$。

第一类 T 形截面受弯构件正截面承载力计算简图如图 3-28 所示，这种类型与梁宽为 b 的矩形梁完全相同，可用 b'_f 代替 b 按矩形截面的公式计算。

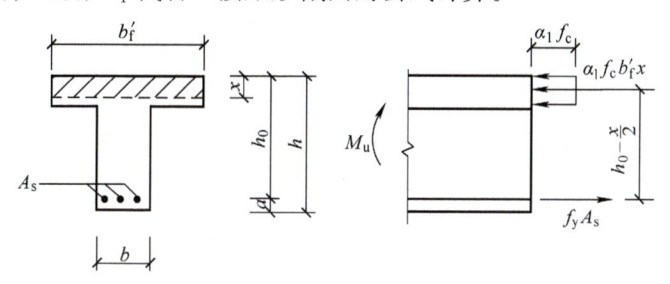

图 3-28 第一类 T 形截面梁正截面承载力计算简图

$$\sum X = 0 \qquad f_y A_s = \alpha_1 f_c b'_f x \qquad (3\text{-}14a)$$

$$\sum M = 0 \qquad M \leq M_u = \alpha_1 f_c b'_f x \left(h_0 - \frac{x}{2} \right) \qquad (3\text{-}14b)$$

适用条件：

① $\xi \leq \xi_b$——防止发生超筋脆性破坏，此项条件通常均可满足，不必验算。

② $\rho_1 = \dfrac{A_s}{bh} \geq \rho_{\min}$——防止发生少筋脆性破坏。

3.2.3 受弯构件斜截面承载力计算

1. 受弯构件斜截面受剪破坏形态

受弯构件斜截面受剪破坏形态主要取决于箍筋数量和剪跨比 λ，$\lambda = \dfrac{a}{h_0}$，其中 a 称为剪跨，即集中荷载作用点至支座的距离。随着箍筋数量和剪跨比的不同，受弯构件主要有以下三种斜截面受剪破坏形态。

（1）斜拉破坏

当箍筋配置过少，且剪跨比较大（$\lambda > 3$）时，常发生斜拉破坏。其特点是一旦出现斜裂缝，与斜裂缝相交的箍筋应力立即达到屈服强度，箍筋对斜裂缝发展的约束作用消失，随后斜裂缝迅速延伸到梁的受压区边缘，构件裂为两部分而破坏，如图 3-29a 所示。斜拉破坏的破坏过程急剧，具有很明显的脆性。

（2）剪压破坏

构件的箍筋适量，且剪跨比适中（$\lambda = 1 \sim 3$）时将发生剪压破坏。当荷载增加到一定值时，首先在剪弯段受拉区出现斜裂缝，其中一条将发展成临界斜裂缝（即延伸较长和开展较大的斜裂缝）。荷载进一步增加，与临界斜裂缝相交的箍筋应力达到屈服强度。随后，斜裂缝不断扩展，斜截面末端剪压区不断缩小，最后剪压区混凝土在正应力和剪应力共同作用下达到极限状态而压碎，如图 3-29b 所示。剪压破坏没有明显预兆，属于脆性破坏。

（3）斜压破坏

这种破坏一般发生在剪力较大而弯矩较小时，即剪跨比很小（集中荷载时 $\lambda < 1$），如图 3-29c 所示。加载后，在梁腹中垂直于主拉应力方向，先后出现若干条大致相互平行的腹剪斜裂缝，梁的腹部被分割成若干斜向的受压短柱。随着荷载的增大，混凝土短柱沿斜向最终被压酥破坏，即斜压破坏。这种破坏是拱体混凝土被压坏。

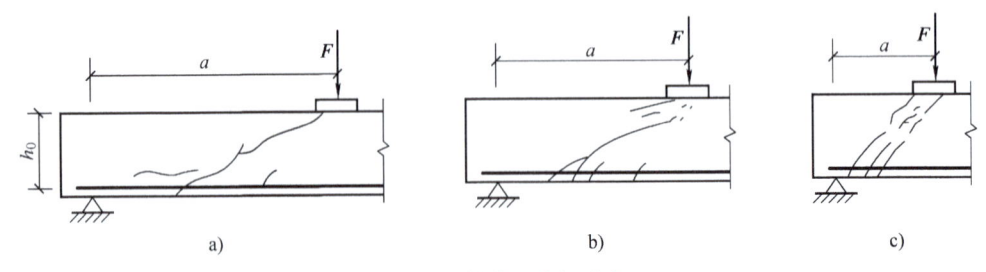

图 3-29 斜截面破坏形态
a）斜拉破坏 b）剪压破坏 c）斜压破坏

不同剪跨比梁的破坏形态和承载力不同，斜压破坏承载力最大，剪压次之，斜拉最小。而在荷载达到峰值时的跨中挠度均不大，且破坏后荷载均迅速下降，这与弯曲破坏的延性性质不同，均属于脆性破坏，其中斜拉破坏最明显，斜压破坏次之，剪压破坏稍好。

除上述三种破坏外，在不同的条件下，还可能出现其他的破坏形态，如荷载离支座很近时的纯剪切破坏以及局部受压破坏和纵筋的锚固破坏，这些都不属于正常的弯剪破坏形态，在工程中应采取构造措施加以避免。

2. 斜截面的承载力计算公式及使用条件

（1）计算公式

如前所述，影响斜截面受剪承载力的因素很多，精确计算比较困难，现行计算公式带有经验性质。

钢筋混凝土受弯构件斜截面受剪承载力计算以剪压破坏形态为依据。为便于理解，现将受弯构件斜截面受剪承载力表示为 3 项相加的形式，如图 3-30 所示，即：

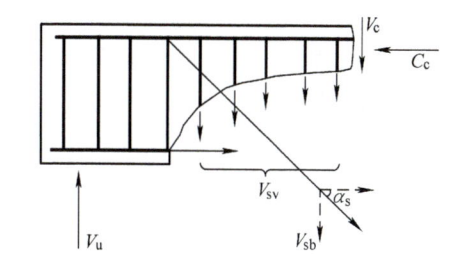

图 3-30　有腹筋梁斜截面破坏时的受力状态

$$V_u = V_c + V_{sv} + V_{sb} \tag{3-15}$$

式中　V_u——受弯构件斜截面受剪承载力；

V_c——剪压区混凝土受剪承载力设计值，即无腹筋梁的受剪承载力；

V_{sv}——与斜裂缝相交的箍筋受剪承载力设计值；

V_{sb}——与斜裂缝相交的弯起钢筋受剪承载力设计值。

需要说明的是，式（3-15）中 V_c 和 V_{sv} 密切相关，无法分开表达，故以 $V_{cs} = V_c + V_{sv}$ 来表达混凝土和箍筋总的受剪承载力，于是有：

$$V_u = V_{cs} + V_{sb} \tag{3-16}$$

《混凝土结构设计规范》（GB/T 50010—2010）在理论研究和试验结果的基础上，结合工程实践经验给出了以下斜截面受剪承载力计算公式。

1）仅配箍筋的受弯构件

对矩形、T 形及 I 形截面一般受弯构件，其受剪承载力计算基本公式为：

$$V \leq V_{cs} = 0.7 f_t b h_0 + f_{yv} \frac{A_{sv}}{s} h_0 \tag{3-17}$$

对集中荷载作用下（包括作用多种荷载，其中集中荷载对支座截面或节点边缘所产生的剪力占该截面总剪力值的 75% 以上的情况）的独立梁，其受剪承载力计算基本公式为：

$$V \leq V_{cs} = \frac{1.75}{\lambda + 1.0} f_t b h_0 + f_{yv} \frac{A_{sv}}{s} h_0 \tag{3-18}$$

式中　f_t——混凝土轴心抗拉强度设计值；

A_{sv}——配置在同一截面内箍筋各肢的全部截面积，$A_{sv} = n A_{sv1}$，其中 n 为箍筋肢数，A_{sv1} 为单肢箍筋的截面面积；

s——箍筋间距；

f_{yv}——箍筋抗拉强度设计值，$f_{yv} \leq 360 \text{N/mm}^2$；

λ——计算截面的剪跨比，当 $\lambda < 1.4$ 时，取 $\lambda = 1.4$，当 $\lambda > 3$ 时，取 $\lambda = 3$。

2）同时配置箍筋和弯起钢筋的受弯构件

同时配置箍筋和弯起钢筋的受弯构件，其受剪承载力计算基本公式为：

$$V \leq V_u = V_{cs} + 0.8 f_y A_{sb} \sin\alpha_s \tag{3-19}$$

式中　f_y——弯起钢筋的抗拉强度设计值；

A_{sb}——同一弯起平面内的弯起钢筋的截面面积。

(2) 计算公式的适用范围

为了防止发生斜压及斜拉这两种严重的脆性破坏形态，必须控制构件的截面尺寸不能过小、箍筋用量不能过少，因此规范给出了相应的控制条件。

1) 截面限制条件。当梁的截面尺寸较小而剪力过大时，可能在梁的腹部产生过大的主压应力，使梁腹产生斜压破坏。这种梁的承载力取决于混凝土的抗压强度和截面尺寸，不能靠增加腹筋来提高承载力，多配置的腹筋不能充分发挥作用。为了避免斜压破坏，同时也为了防止梁在使用阶段斜裂缝过宽（主要指薄腹梁），对矩形、T形和I形截面的一般受弯构件，应满足下列条件：

当 $\dfrac{h_w}{b} \leqslant 4$ 时　$V \leqslant 0.25\beta_c f_c b h_0$ 　　　　(3-20a)

当 $\dfrac{h_w}{b} \geqslant 6$ 时　$V \leqslant 0.2\beta_c f_c b h_0$ 　　　　(3-20b)

当 $4 < \dfrac{h_w}{b} < 6$ 时，按直线内插法取用。

式中　V——构件斜截面上的最大剪力设计值；

β_c——高强混凝土的强度折减系数，当混凝土强度等级不大于C50时，取 $\beta_c = 1$，当混凝土强度等级为C80时，$\beta_c = 0.8$，其间按线性内插法取值；

h——截面腹板高度；

b——矩形截面的宽度或T形截面和I形截面的腹板宽度。

2) 抗剪箍筋的最小配箍率。当配箍率小于一定值时，斜裂缝出现后，箍筋不能承担斜裂缝截面混凝土退出工作释放出来的拉应力，而很快达到屈服，其受剪承载力与无腹筋梁基本相同，当剪跨比较大时，可能产生斜拉破坏。为了防止斜拉破坏，《混凝土结构设计规范》（GB/T 50010—2010）规定，当 $V > V_c$ 时配箍率应满足：

$$\rho_{sv} \geqslant \rho_{sv,\min} = 0.24 \dfrac{f_t}{f_{yv}} \qquad (3\text{-}21)$$

工程设计中，如不能满足上述条件，则应按照 $\rho_{sv,\min}$ 配箍筋，并满足构造要求。

(3) 斜截面受剪承载力计算截面位置的确定

在计算斜截面受剪承载力时，剪力设计值 V 应按下列计算截面采用：

1) 支座边缘截面。通常支座边缘截面的剪力最大，对于图 3-31 中 1—1 裂缝截面的受剪承载力计算，应取支座截面处的剪力，如图 3-31 中 V_1 所示。

2) 腹板宽度改变处截面。当腹板宽度减小时，受剪承载力降低，有可能产生沿图 3-31 中 2—2 斜截面的受剪破坏。对此斜裂缝截面，应取腹板宽度改变处截面的剪力，如图 3-31 中 V_2 所示。

3) 箍筋直径或间距改变处截面。箍筋直径减小或间距增大，受剪承载力降低，可能产生沿图 3-31 中 3—3 斜截面的受剪破坏。对此斜裂缝截面，应取箍筋直径或间距改变处截面的剪力，如图 3-31 中 V_3 所示。

4) 弯起钢筋弯起点处的截面。对此斜裂缝截面，应取弯起钢筋弯起点处截面的剪力，如图 3-31 中 V_4 所示。

总之，斜截面受剪承载力的计算是按需要进行分段计算的，计算时应取区段内的最大剪力为该区段的剪力设计值。

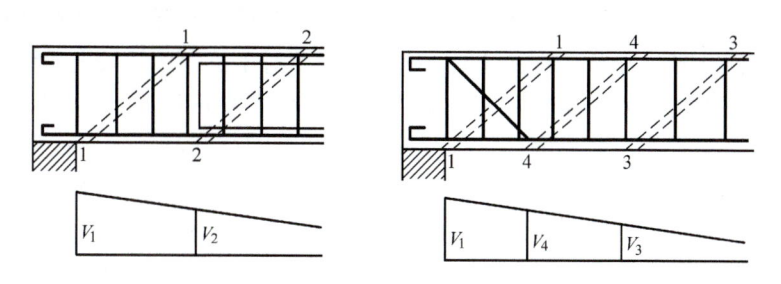

图 3-31 斜截面受剪承载力的计算截面

（4）斜截面受剪承载力计算步骤

已知剪力设计值 V，截面尺寸，混凝土强度等级，箍筋级别，纵向受力钢筋的级别和数量，求腹筋数量。计算步骤如下：

1）复核截面尺寸。梁的截面尺寸应满足式（3-20）的要求，否则应加大截面尺寸或提高混凝土强度等级。

2）确定是否需按计算配置箍筋。当满足下式条件时，可按构造配置箍筋，否则需按计算配置箍筋。

$$V \leqslant 0.7 f_t bh_0 \tag{3-22}$$

或

$$V \leqslant \frac{1.75}{\lambda+1} f_t bh_0 \tag{3-23}$$

3）确定腹筋数量。仅配箍筋时：

$$\frac{A_{sv}}{s} \geqslant \frac{V - 0.7 f_t bh_0}{f_{yv} h_0}$$

或

$$\frac{A_{sv}}{s} \geqslant \frac{V - \frac{1.75}{\lambda+1} f_t bh_0}{f_{yv} h_0}$$

求出 $\frac{A_{sv}}{s}$ 的值后，即可根据构造要求选定箍筋肢数 n 和直径 d，然后求出间距，或者根据构造要求选定 n、s，然后求出 d。箍筋的间距和直径应满足构造要求。

同时配置箍筋和弯起钢筋时，其计算较复杂，读者可参考有关文献。

4）验算配箍率。配箍率应满足式（3-21）的要求。

3.2.4 保证斜截面受弯承载力的构造措施

受弯构件斜截面受弯承载力是通过构造措施来保证的。这些措施包括纵向钢筋的锚固、简支梁下部纵筋伸入支座的锚固长度、支座截面负弯矩纵筋截断时的伸出长度、弯起钢筋弯终点外的锚固要求、箍筋的间距与肢距等，其中部分已在前面介绍，下面补充介绍其他措施。

(1) 纵向受拉钢筋弯起与截断时的构造

梁的正、负纵向钢筋都是根据跨中或支座最大弯矩值计算配置的。从经济角度考虑，当截面弯矩减小时，纵向受力钢筋的数量也应随之减少。对于正弯矩区段内的纵向钢筋，通常采用弯向支座（用来抗剪或承受负弯矩）的方式来减少多余钢筋，而不应将梁底部承受正弯矩的钢筋在受拉区截断。这是因为纵向受拉钢筋在跨间截断时，钢筋截面面积会发生突变，混凝土中会产生应力集中现象，在纵筋截断处提前出现裂缝。如果截断钢筋的锚固长度不足，则会导致粘结破坏，从而降低构件承载力。对于连续梁和框架梁承受支座负弯矩的钢筋则往往采用截断的方式来减少多余纵向钢筋，如图3-32所示。纵向受力钢筋弯起点及截断点的确定比较复杂，此处不作详细介绍。工程量计算和施工时，钢筋弯起和截断位置应严格按照施工图要求进行。

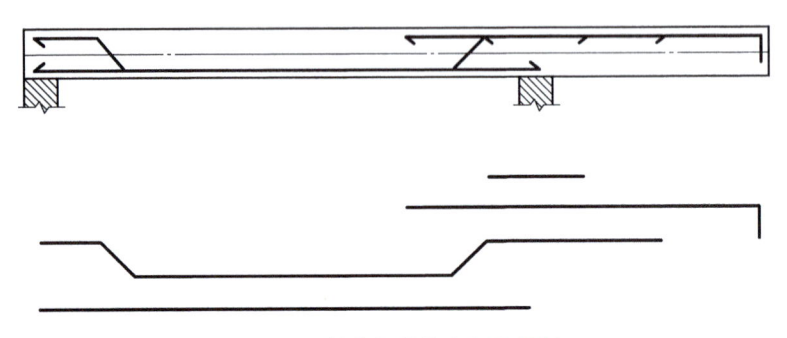

图3-32 梁内钢筋的弯起与截断

梁底层钢筋中的角部钢筋不应弯起，顶层钢筋中的角部钢筋不应弯下。

当纵向受力钢筋不能在需要的地方弯起或弯起钢筋不足以承受剪力时，可单独为抗剪设置弯起钢筋。此时，弯起钢筋应采用"鸭筋"形式，严禁采用"浮筋"，如图3-33所示，"鸭筋"的构造与弯起钢筋基本相同。

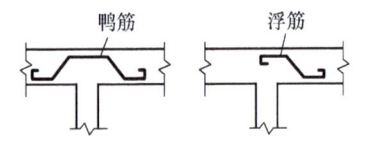

图3-33 鸭筋与浮筋

(2) 纵向受力钢筋在支座内的锚固

1) 梁。简支支座处弯矩虽较小，但剪力最大，在弯、剪共同作用下，容易在支座附近发生斜裂缝。斜裂缝产生后，与裂缝相交的纵筋所承受的弯矩会由原来的 M_C 增加到 M_D，如图3-34所示，纵筋的拉力明显增大。若纵筋无足够的锚固长度，就会从支座内拔出而使梁发生沿斜截面的弯曲破坏。因此，《混凝土结构设计规范》(GB/T 50010—2010) 规定，钢筋混凝土简支梁和连续梁简支端的下部纵向受力钢筋伸入支座内的锚固长度 l_{as} 的数值不应小于表3-17的规定。同时规定，伸入梁支座范围内锚固的纵向受力钢筋的数量不宜少于2根，但梁宽 $b<100\mathrm{mm}$ 的小梁可为1根。

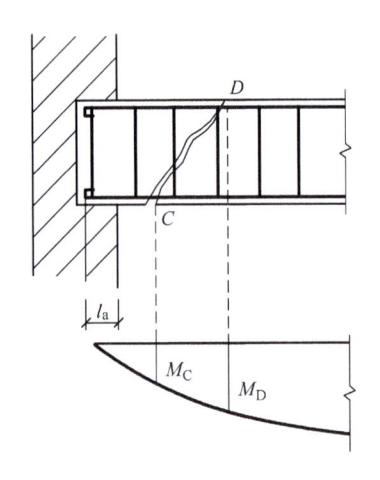

图3-34 荷载作用下梁简支端纵筋受力状态

表 3-17 简支支座的钢筋锚固长度 l_{as}

锚固条件		$V \leq 0.7f_tbh_0$	$V > 0.7f_tbh_0$
钢筋类型	光面钢筋（带弯钩）	5d	15d
	带肋钢筋		12d
	C25 及以下混凝土，跨边有集中力作用		15d

注：1. 为纵向受力钢筋直径。
  2. 跨边有集中力作用，是指混凝土梁的简支支座跨边 1.5h 范围内有集中力作用，且其对支座截面所产生的剪力占总剪力值的 75% 以上。

因条件限制不能满足上述规定锚固长度时，可将纵向受力钢筋的端部弯起，或采取附加锚固措施，如在钢筋上加焊锚固钢板或将钢筋端部焊接在梁端的预埋件上等，如图 3-35 所示。

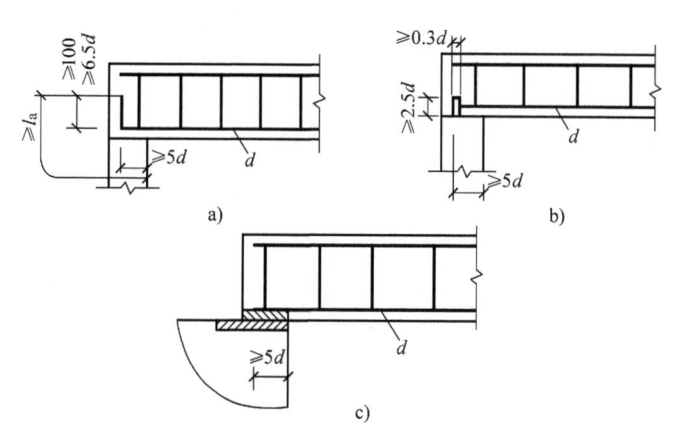

图 3-35　锚固长度不足时的措施
a）纵筋端部弯起锚固　b）纵筋端部加焊锚固钢板
c）纵筋端部焊接在梁端预埋件上

2）板。简支板或连续板简支端下部纵向受力钢筋伸入支座的锚固长度 $l_{as} \geq 5d$（d 为受力钢筋直径）。伸入支座的下部钢筋的数量，当采用弯起式配筋时其间距不应大于 400mm，截面面积不应小于跨中受力钢筋截面面积的 1/3；当采用分离式配筋时，跨中受力钢筋应全部伸入支座。

（3）悬臂梁纵筋的弯起与截断

试验表明，在作用剪力较大的悬臂梁内，由于梁全长受负弯矩作用，临界斜裂缝的倾角较小，而延伸较长，因此不应在梁的上部截断负弯矩钢筋。此时，负弯矩钢筋可以分批向下弯折并锚固在梁的下边（其弯起点位置和钢筋端部构造按前述弯起钢筋的构造确定），但必须有不少于 2 根上部钢筋伸至悬臂梁外端，并向下弯折不小于 12d，如图 3-36 所示。

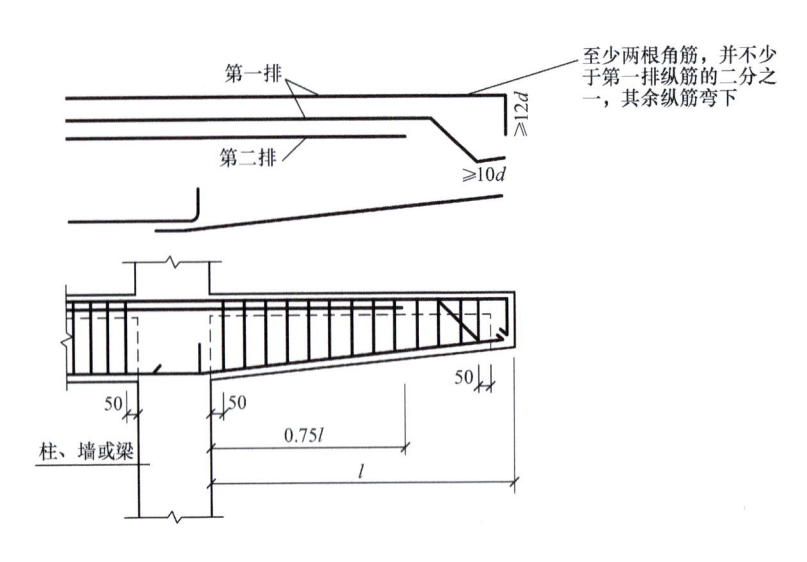

图 3-36 悬臂梁纵筋的弯起与截断

任务3　分析钢筋混凝土受压构件

钢筋混凝土受压构件分为轴心受压构件和偏心受压构件，它们在工业及民用建筑中应用十分广泛。

钢筋混凝土受压构件按纵向压力作用线是否作用于截面形心并平行于构件轴线，分为轴心受压构件和偏心受压构件。当纵向压力作用线与构件形心轴线不重合或在构件截面上既有轴心压力，又有弯矩、剪力作用时，这类构件称为偏心受压构件。在构件截面上，当弯矩 M 和轴力 N 共同作用时，可以看成具有偏心距为 e_0（$e_0 = M/N$）的纵向轴力 N 的作用。偏心受压构件又可分为单向偏心受压构件和双向偏心受压构件，如图3-37所示。

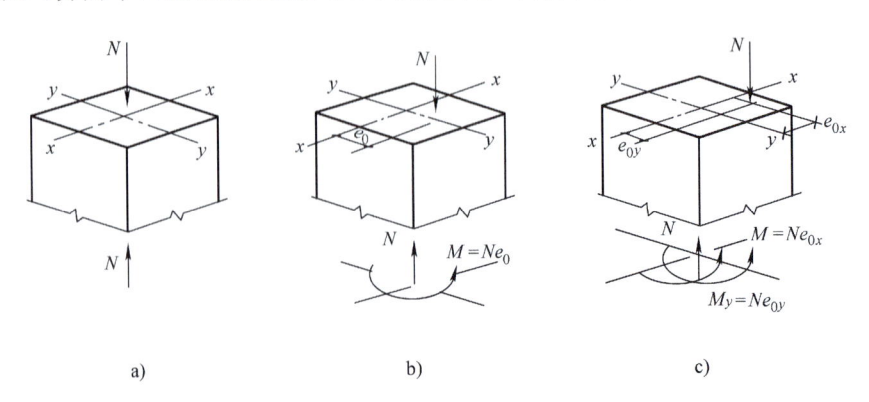

图 3-37　轴心受压与偏心受压构件
a) 轴心受压　b) 单向偏心受压　c) 双向偏心受压

轴心受压柱最常见的形式是配有纵筋和一般的横向箍筋，称为普通箍筋柱。箍筋是构造钢筋，这种柱破坏时，混凝土处于单向受压状态。当柱承受荷载较大，增加截面尺寸受到限制，普通箍筋柱又不能满足承载力要求时，横向箍筋也可以采用螺旋筋或焊接环筋，这种柱称为螺旋箍筋柱。螺旋箍筋是受力钢筋，这种柱破坏时由于螺旋箍筋的套箍作用，使得核心混凝土（螺旋筋或焊接环筋所包围的混凝土）处于三向受压状态，从而间接提高了柱的承载力，所以螺旋箍筋也称间接钢筋，螺旋箍筋柱也称间接箍筋柱。螺旋箍筋柱常用的截面形式为圆形或多边形。

3.3.1 构造要求

1. 材料要求

混凝土宜采用 C25、C30 或更高强度等级。钢筋宜用 HRB400、HRBF400、HRB500、HRBF500，为了减小截面尺寸，节省钢材，宜选用强度等级高的混凝土，而钢筋不宜选用高强度等级，其原因是受压钢筋与混凝土共同工作，钢筋应变受到混凝土极限压应变的限制，混凝土的极限压应变很小，所以钢筋的受压强度不能充分利用。《混凝土结构设计规范》（GB/T 50010—2010）规定，受压钢筋的最大抗压强度为 $400\text{N}/\text{mm}^2$。

2. 截面形式及尺寸

轴压柱常见截面形式有正方形、矩形、圆形及多边形。矩形截面最小尺寸不宜小于 $300\text{mm} \times 300\text{mm}$。为了避免柱长细比过大，承载力降低过多，常取 $l_0/b \leq 30$、$l_0/h \leq 25$，b、h 分别表示截面的短边和长边，l_0 表示柱子的计算长度，它与柱子两端的约束能力大小有关。

钢筋混凝土受压构件的构造措施

3. 配筋构造

（1）纵筋及箍筋构造

普通箍筋轴心受压柱和偏心受压柱的纵筋及箍筋构造见表 3-18。

表 3-18 纵筋及箍筋构造

名称		普通箍筋轴压柱	偏心受压柱（沿长边弯曲）
纵筋	作用	(1) 减少截面尺寸，与混凝土共同抗压； (2) 提高构件延性	(1) 纵向受压钢筋与混凝土共同抗压，减少截面尺寸；与混凝土共同抗压，提高构件延性； (2) 偏心距过大，截面出现受拉区时，纵向受拉钢筋承担拉力，减小裂缝宽度，提高构件承载力
	钢筋布置要求	(1) 应沿截面周边均匀对称布置，中距不宜大于 300mm； (2) 直径不宜小于 12mm，不少于 4 根（矩形），宜粗不宜细，以防止纵筋压曲，节约箍筋用量	(1) 纵向受力钢筋应设置在垂直于弯矩平面的两边，每边纵筋中距不宜大于 300mm； (2) 当偏心柱长边 ≥600mm 时，应在侧面设 10～16mm 纵向构造钢筋，并设相应复合箍筋或拉结筋； (3) 纵筋直径 ≥12mm，根数 ≥4 根，宜粗不宜细

（续）

名称		普通箍筋轴压柱	偏心受压柱（沿长边弯曲）
纵筋	配筋率要求	(1) $\rho = \dfrac{A'_s}{bh} \geq \rho_{\min} = 0.6\%$，不能过小，否则起不到提高延性的目的； (2) $\rho \leq \rho_{\max} = 0.5\%$，否则混凝土先压碎，钢筋不能充分利用，常用 $\rho = 0.5\% \sim 2.0\%$，A'_s 为全部纵筋面积	(1) 全部纵筋配筋率$\geq \rho_{\min} = 0.6\%$，且不宜超过5%； (2) 一侧纵向钢筋的配筋率 $\rho' = \dfrac{A'_s}{bh} \geq \rho_{\min} = 0.2\%$，$\rho = \dfrac{A'_s}{bh} \geq \rho_{\min} = 0.2\%$，$A'_s$ 为靠近纵向力一侧钢筋的截面面积，A_s 为远离纵向力一侧纵向钢筋的截面面积； (3) 在一般情况下，对于偏心距较大的受压柱，其全部纵筋配筋率采用 $1.0\% \sim 2.0\%$；对于偏心距较小的受压柱，其全部纵筋配筋率采用 $0.5\% \sim 1.0\%$； (4) 对于轴心受压柱或偏心受压柱，当采用HRB400、RRB400级纵向钢筋时，全部纵筋配筋率 $\geq \rho_{\min} = 0.5\%$；混凝土强度等级 $\geq$ C60，全部纵筋配筋率 $\geq \rho_{\min} = 0.7\%$
	净距及保护层	(1) 现浇柱纵筋净距$\geq$50mm，预制柱纵筋净距同普通梁； (2) 纵筋保护层厚度不应小于钢筋的公称直径且不应小于相关的规定，柱箍筋和构造钢筋保护层厚度不应小于20mm	
箍筋	形式	(1) 应采用封闭式，为防止纵筋压屈，箍筋末端应做135°弯钩，弯钩平直部分长度：当全部纵筋配筋率<3%时，$\geq 5d$；全部纵筋配筋率$\geq$3%时，$\geq 10d$ 或将箍筋焊成封闭环式（d 为箍筋的直径）； (2) 对于T形、L形、工字形截面，箍筋不允许有内折角，避免产生向外拉力，使折角处混凝土破坏，如图3-38所示	
	直径	(1) 全部纵筋配筋率<3%时，直径$\geq$6mm 且 $\geq d/4$； (2) 全部纵筋配筋率$\geq$3%时，直径$\geq$8mm 且 $\geq d/4$（d 表示纵筋的最大直径）	
	间距	(1) 非搭接长度范围内间距 s 不应大于400mm及截面短边尺寸和15d； (2) 搭接长度内，受压钢筋箍筋间距 s 不大于200mm及10d；受拉钢筋箍筋间距 s 不大于100mm及5d（d 表示纵筋最小直径）	
	附加箍筋	当截面短边尺寸大于400mm且各边纵筋多于3根时，或者当截面短边尺寸不大于400mm且各边纵筋多于4根时，应设置附加箍筋，其形式如图3-39和图3-40所示	

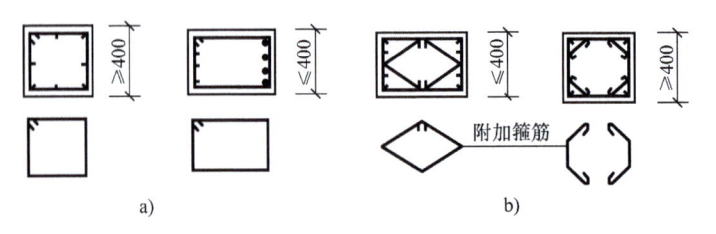

a)　　　　　　　　　　b)

图3-38　轴压柱箍筋形式

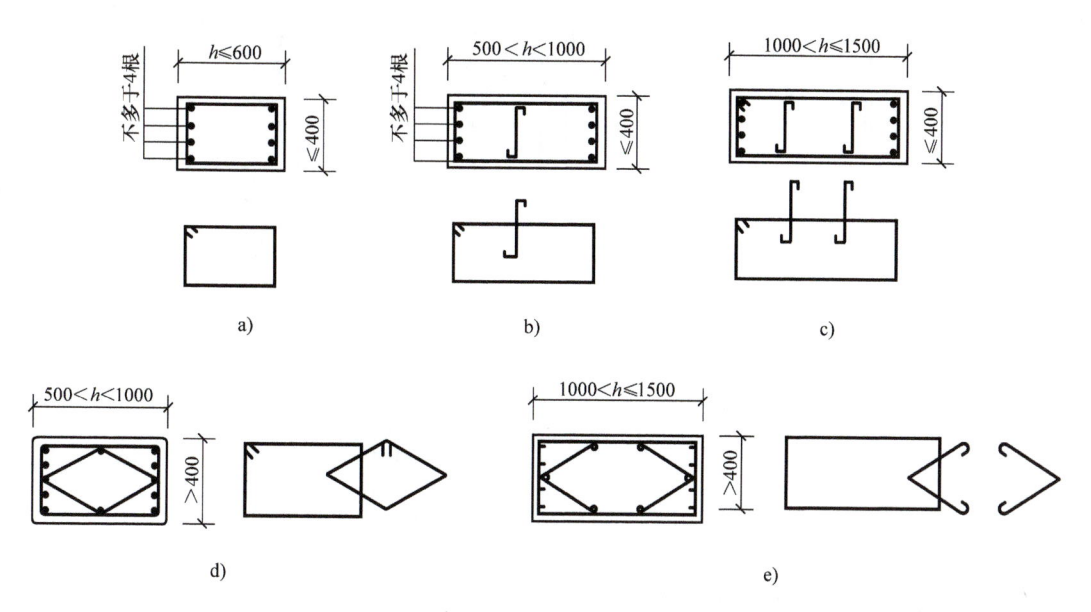

图 3-39 偏压柱箍筋形式

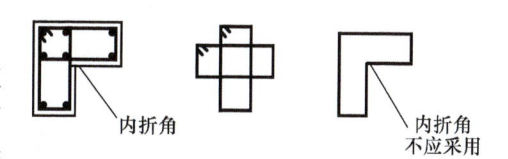

图 3-40 内折角箍筋形式

(2) 纵向钢筋的接头

受力钢筋接头宜设置在受力较小处，多层柱一般设在每层楼面处。当采用绑扎接头时，将下层柱纵筋伸出楼面一定长度并与上层柱纵筋搭接。同一构件相邻纵向受力钢筋接头位置宜相互错开，当柱每侧纵筋根数不超过 4 根时，可允许在同一绑扎接头连接区段内搭接，如图 3-41a 所示；纵筋每边根数为 5～8 根时，应在两个绑扎接头连接区段内搭接，如图 3-41b 所示；纵筋每边根数为 9～12 根时，应在三个绑扎接头连接区段内搭接，如图 3-41c 所示。当上下柱截面尺寸不同时，可在梁高范围内将下柱的纵筋弯折一斜角，然后伸入上层柱，如图 3-41d 所示，或采用附加短筋与上层柱纵筋搭接，如图 3-41e 所示。在搭接区段内纵向受拉钢筋接头面积不宜大于 50%。当工程中确有必要增大受拉钢筋搭接接头百分率时，可根据实际情况放宽。当采用机械连接或焊接时，受拉钢筋接头百分率不应大于 50%，受压钢筋百分率不受限制。

3.3.2 钢筋混凝土轴心受压构件承载力计算分析

实际工程中不存在理想的轴压杆件，构件受压时，或多或少地具有初始偏心，但为简化计算，初偏心很小的受压杆件可近似按轴心受压设计，如以恒载为主的多层多跨房屋的底层中间柱、桁架的受压腹杆等。

对于粗短柱，初偏心对柱子的承载力影响不大，破坏时主要产生压缩变形，其承载力取决于构件的截面尺寸和材料强度。对于长柱，由于初偏心影响，破坏时既有压缩变形又有纵向弯曲变形，导致偏心距增大，产生附加弯矩，降低构件承载力。通常将柱子长细比满足下列要求

钢筋混凝土轴心受压构件承载力计算

a) 每边筋不多于4根

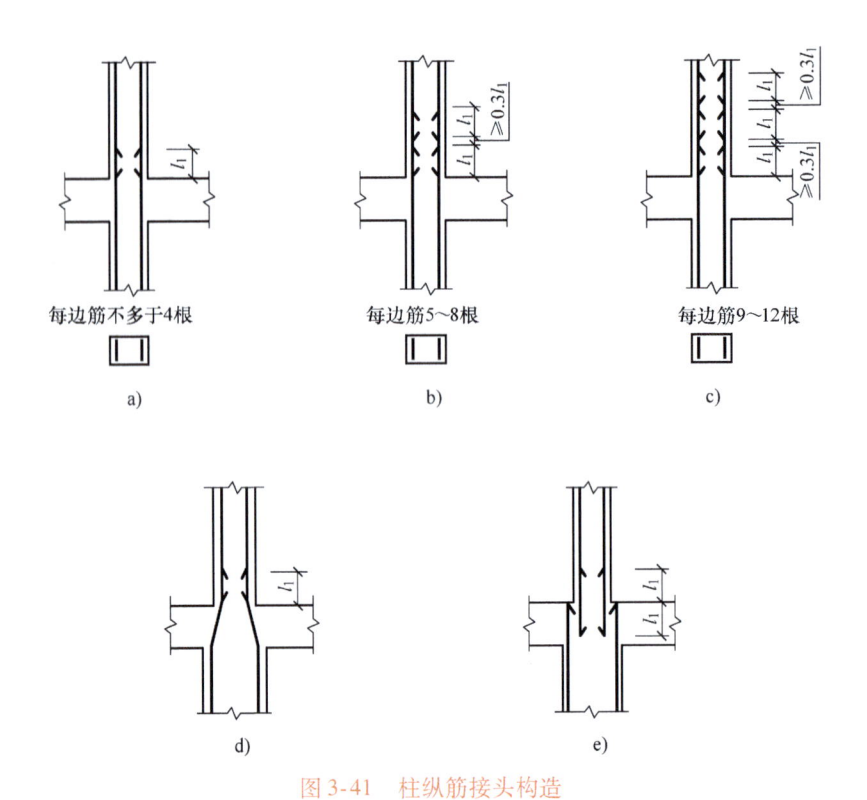

b) 每边筋5~8根

c) 每边筋9~12根

d)

e)

图 3-41　柱纵筋接头构造

的受压构件称为轴心受压短柱，否则为轴心受压长柱；矩形截面 $l_0/b \leqslant 8$（b 为截面的短边尺寸）；圆形截面 $l_0/d \leqslant 7$（d 为圆形截面的直径）。

普通钢筋混凝土轴心受压柱正截面承载力计算公式为：

$$N \leqslant N_u = 0.9\varphi(f_c A_c + f'_y A'_s) \tag{3-24}$$

式中　N——轴向压力设计值；

f_c、f'_y——混凝土的轴心抗压强度设计值和钢筋的抗压强度设计值；

A'_s——纵向受压钢筋的截面面积；

A_c——扣除钢筋面积之后的混凝土净截面面积，但当纵向钢筋的配筋率 $\leqslant 3\%$ 时，也可以取为构件的截面面积；

φ——钢筋混凝土轴心受压构件的稳定系数。

式（3-24）的适用条件为 $0.6\% \leqslant \rho' = \dfrac{A'_s}{A} \leqslant 3\%$，当 $\rho' > 3\%$ 时，公式中的 A 用 $(A - A'_s)$ 代替，但 ρ_{max} 不能超过 5%。

螺旋箍筋柱或焊接环筋柱的承载力计算公式较为繁琐，不再进行介绍。

3.3.3　钢筋混凝土偏心受压构件正截面承载力计算分析

偏心受压构件的正截面破坏类型见表 3-19。

钢筋混凝土偏心受压构件承载力计算

表 3-19　偏心受压构件破坏类型

破坏类型	大偏心受压破坏（受拉破坏）	小偏心受压破坏（受压破坏）
发生条件	偏心距 e_0 较大，远离纵向力一侧钢筋 A_s 不大	偏心距 e_0 较小，靠近纵向力一侧钢筋 A_s' 不大；或 e_0 较大，但远离纵向力一侧钢筋 A_s 过大
破坏时的应力图形		
破坏特征	破坏时，拉区混凝土已开裂，远离纵向力一侧钢筋 A_s 受拉并且达到屈服强度，压区混凝土也达到极限压应变 0.0033。靠近纵向力一侧钢筋受压，可能屈服也可能未屈服	破坏时，靠近纵向力一侧钢筋 A_s' 受压并且达到抗压强度设计值 f_y'，该侧混凝土也达到极限抗压强度；远离纵向力一侧的钢筋 A_s 可能受拉也可能受压，但都不屈服
截面应力分布	（1）偏心距较大时，部分截面受拉，部分截面受压，所有纵向受力钢筋均能达到抗拉、抗压强度设计值； （2）偏心距很大时，大部分截面受拉，少部分截面受压，受压钢筋应力很小，未屈服	（1）偏心距较小时，大部分截面受压，小部分截面受拉；偏心距更小时，全截面受压，少部分靠近纵向力一侧的钢筋受压并且达到 f_y'，A_s 可能受拉也可能受压； （2）偏心距较大时，部分截面受拉，部分截面受压，但都不屈服；破坏时 A_s' 也达到了 f_y'，但 A_s 过大，应力很小，这种破坏不经济，不宜采用
结论	（1）对于大偏心受压，受拉区纵向钢筋先达到屈服强度后，还可以继续加荷，直到压区混凝土压碎，所以也叫受拉破坏，这种破坏具有明显预兆，属于延性破坏，这种构件抗震性能较好，宜优先采用； （2）对于小偏心受压，靠近纵向力作用一侧截面受压大，该侧受压钢筋和受压混凝土先压碎，另一侧钢筋可能受拉也可能受压，但应力很小，所以也叫受压破坏，这种破坏无明显预兆，属于脆性破坏，这种构件抗震性能很差，设计时要避免	

通过以上分析可以看出，随着偏心距的增大，受压区高度越来越小，受拉区高度越来越大。从受压区先破坏到受拉区钢筋先破坏，它们之间一定存在这样一种破坏：受拉区钢筋刚达到屈服强度的同时，受压区钢筋和混凝土也破坏，这种破坏称为界限破坏。它相当于适筋的双筋梁，所以界限破坏时，界限相对受压区高度与受弯构件的界限相对受压区高度 ξ_b 意义完全相同，即：当 $\xi \leq \xi_b$ 时为大偏心受压，当 $\xi > \xi_b$ 时为小偏心受压。

偏心受压构件截面纵筋可以采用对称配筋和非对称配筋。非对称配筋能充分发挥混凝土的抗压能力，纵筋可以减少，但容易放错左右纵向受力钢筋的位置，另外，由于柱子往往承受左右变化的水平荷载（如水平地震作用），使得同一截面上往往承受正反两个方向的弯矩，因此柱子常采用对称配筋，即 $A_s = A_s'$ 且 $f_y = f_y'$。

任务4　分析钢筋混凝土受扭构件

3.4.1　概述

扭转是结构构件的基本受力形态之一。在钢筋混凝土结构中，构件受纯扭的情况较少，通常都是在弯矩、剪力和扭矩共同作用下的受力状态。例如钢筋混凝土雨篷梁、框架边梁、曲梁、吊车梁、螺旋形楼梯等，均属于受弯剪扭构件，如图3-42所示。

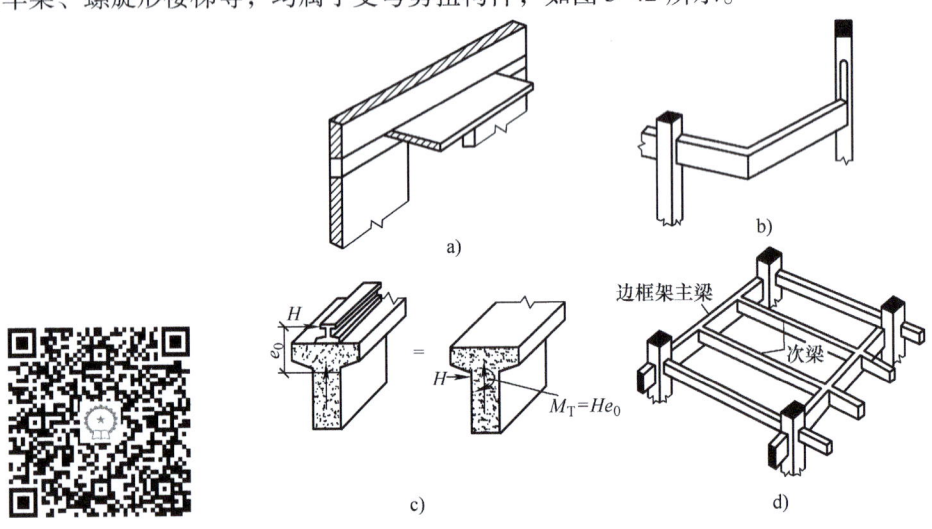

常见的受扭构件

图3-42　常见受扭构件示例

在实际工程中纯扭构件是很少的，一般是在弯矩、剪力、扭矩共同作用下的复合受扭构件。但纯扭构件的受力性能，是复合受扭构件承载力计算的基础，也是目前研究得比较充分的受扭构件。钢筋混凝土纯扭构件的承载力，与受剪构件相似，由混凝土和钢筋（纵筋和箍筋）两部分组成，而混凝土部分的承载力与截面的开裂扭矩有关。

3.4.2　素混凝土受扭构件与钢筋混凝土受扭构件的破坏特征

素混凝土受扭构件与钢筋混凝土受扭构件的破坏特征见表3-20。

表3-20　素混凝土受扭构件与钢筋混凝土受扭构件的破坏特征

	素混凝土受扭构件	钢筋混凝土受扭构件
示意图		

(续)

	素混凝土受扭构件	钢筋混凝土受扭构件
破坏特征	破坏时首先从长边形成45°斜裂缝,迅速向两边延伸至上下两面交界处,马上三面开裂,一面压碎,形成空间曲面而破坏。整个破坏过程是突然的,所以破坏扭矩与开裂扭矩接近,工程中不允许	横向箍筋和纵向受扭钢筋配置适当,产生45°斜裂缝后,还能继续加荷,直到与斜裂缝相交的钢筋屈服后,最后形成三面开裂,一面压碎而破坏。破坏时具有明显预兆,承载力比素混凝土纯扭构件高得多。破坏时纵筋屈服、箍筋屈服,混凝土也被压碎

3.4.3 受扭构件的构造要求

1. 截面尺寸限制条件

为了避免受扭构件配筋过多发生完全超筋性质的脆性破坏,《混凝土结构设计规范》(GB/T 50010—2010) 规定了构件截面承载力的上限,即:

当 $h_w/b \leq 4$ (或 $h_w/t_w \leq 4$) 时

$$\frac{V}{bh_0} + \frac{T}{0.8W_t} \leq 0.25\beta_c f_c \tag{3-25}$$

当 $h_w/b = 6$ (或 $h_w/t_w = 6$) 时

$$\frac{V}{bh_0} + \frac{T}{0.8W_t} \leq 0.2\beta_c f_c \tag{3-26}$$

当 $4 < h_w/b < 6$ (或 $4 < h_w/t_w < 6$) 时,按线性内插法确定。

当上式不能满足时,应加大截面尺寸或提高混凝土强度等级。

2. 构造配筋条件

由纯扭构件受力性能的试验研究可知,在受扭开裂前,配筋构件主要依靠混凝土承担扭矩引起的主拉应力,配筋的作用很小,其开裂扭矩可近似地按素混凝土计算。因此当截面中的设计扭矩不大于截面的开裂扭矩时,亦即满足:

$$T \leq 0.7 f_t W_t \tag{3-27}$$

可不进行抗扭计算,而只需按构造配置抗扭钢筋。

对于剪扭构件,《混凝土结构设计规范》(GB/T 50010—2010) 规定符合以下条件时,可不进行抗扭和抗剪承载力计算,仅需按构造配置箍筋和抗扭纵筋:

$$\frac{V}{bh_0} + \frac{T}{W_t} \leq 0.7 f_c \tag{3-28}$$

3. 最小配筋率

为了防止构件发生"少筋"性质的脆性破坏,在弯剪扭构件中箍筋和纵向钢筋的配筋率和构造要求应符合下列规定:

1) 箍筋的配筋率不应小于其最小配筋率,即:

$$\rho_{sv} \geq \rho_{sv,min} \tag{3-29}$$

式中

$$\rho_{sv,min} = \frac{A_{sv,min}}{bs} = 0.28 \frac{f_t}{f_{yv}} \tag{3-30}$$

2）纵向钢筋的配筋率，不应小于受弯构件纵向受力钢筋的最小配筋率与受扭构件纵向受力钢筋的最小配筋率之和。对受弯构件纵向受力钢筋的最小配筋率，可按表 3-13 的规定取值；对受扭的纵向受力钢筋，要求：

$$\rho_{\text{stl,min}} = \frac{A_{\text{stl,min}}}{bh} \geq 0.6 \sqrt{\frac{T}{Vb}} \cdot \frac{f_t}{f_y} \tag{3-31}$$

其中当 $\frac{T}{Vb} > 2$ 时，取 $\frac{T}{Vb} = 2$。

3.4.4　箍筋的形式与抗扭纵筋的布置

为了保证箍筋在整个周长上都能充分发挥抗拉作用，受扭构件中的箍筋必须将其做成封闭式，当绑扎钢筋骨架时，应采用的箍筋形式如图 3-43 所示，但箍筋的端部应做 135°的弯钩，弯钩末端的直线长度不应小于 10d（d 为钢筋直径）。此外，箍筋的直径和间距还应符合受弯构件对箍筋的有关规定。

构件中的抗扭纵筋应尽可能均匀地沿截面周边对称布置，间距不应大于 200mm，也不应大于截面短边尺寸。在截面的四角必须设有抗扭纵筋。如果抗扭纵筋在计算中充分利用其强度时，则其接头和锚固均应按受拉钢筋的有关要求处理。

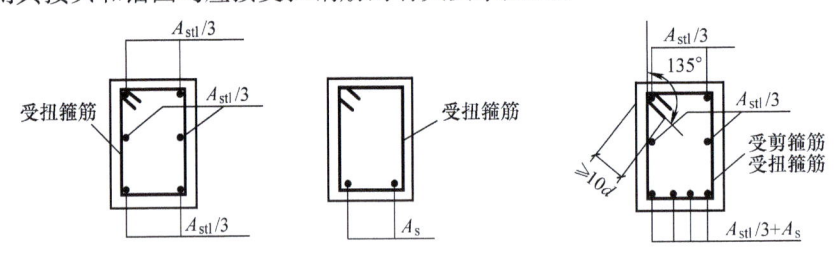

图 3-43　受扭构件配筋示例

任务 5　分析预应力混凝土构件

3.5.1　预应力混凝土的基本原理

1. 基本概念及特点

关于预应力的基本概念，人们早已应用到了生活实践中，例如，用一片片竹板围成的竹桶，用铁箍箍紧，铁箍给竹桶施加预压应力，盛水后水对竹桶内壁产生环向拉应力，当拉应力小于预压应力时，水桶就不会漏水。一般情况下，普通混凝土构件受拉区裂缝宽度限制在 0.2 ~ 0.3mm，此时钢筋的应力仅为 150 ~ 250N/mm²，所以高强度钢筋不能充分利用。所谓预应力混凝土构件就是在构件受荷之前（制作阶段），人为给使用阶段的受拉区混凝土施加预压应力，受荷之后（使用阶段）首先要抵消拉区混凝土的预压应力，若再加荷拉区混凝土开裂，直至破坏为止。预应力混凝土受弯构件的工作原理见表 3-21。

预应力混凝土构件的基本原理

表 3-21　预应力混凝土受弯构件工作原理

名称	预应力作用	外荷载作用（相当于普通混凝土）	预应力＋外荷载＝预应力混凝土
受力简图	（图示 f_1）	（图示 f_2）	（图示 f）
受力特征	在预压力作用下，截面下边缘产生压应力 σ_1，形成反拱 f_1	在外荷载作用下，截面下边缘产生拉应力 σ_2，其挠度为 f_2	在预压力及外荷载作用下，截面下边缘产生应力 $\sigma_2-\sigma_1$，其挠度为 f_2-f_1
优点	（1）提高构件的抗裂度； （2）减小裂缝宽度，提高耐久性； （3）减小挠度，提高刚度，扩大使用范围； （4）充分利用高强材料，减轻自重，节约材料； （5）限制斜裂缝的开展，提高构件抗剪强度； （6）预应力钢筋可减少纵向弯曲，提高受压构件稳定承载力； （7）在循环荷载作用下，减小应力变化幅度，提高构件抗疲劳能力		
缺点	（1）工艺复杂，质量要求高，技术含量高； （2）需要专门设备（例如，先张法需要张拉台座，后张法需要张拉机具、灌浆设备）； （3）后张法开工费用大，当跨度小、数量少时，成本高，另外锚具用钢量大		
适用范围	大型屋面板、屋面梁、空心板、桁架下弦、铁路桥梁等		

2. 预加应力的方法

给拉区混凝土施加预应力的方法，根据张拉钢筋与浇筑混凝土的先后顺序分为先张法及后张法。

（1）先张法

先张法即先张拉钢筋后浇筑混凝土。其主要张拉程序为：在台座上按设计要求将钢筋张拉到控制应力→用锚具临时固定→浇筑混凝土→待混凝土达到设计强度75%以上切断放松钢筋。

其传力途径是依靠钢筋与混凝土的粘结力阻止钢筋的弹性回弹，使截面混凝土获得预压应力，如图 3-44 所示。

先张法施工简单，靠粘结力自锚，不必耗费特制锚具，临时锚具可以重复使用（一般称工具式锚具或夹具），大批量生产时经济，质量稳定。适用于中小型构件工厂化生产。

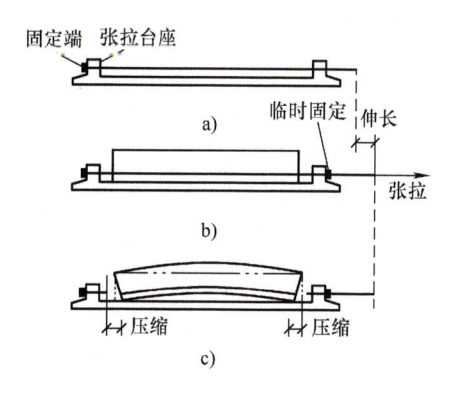

图 3-44　先张法工艺流程

（2）后张法

1）有粘结预应力混凝土。先浇混凝土，待混凝土达到设计强度75%以上，再张拉钢筋（钢筋束）。其主要张拉程序为：埋管制孔→浇混凝土→抽管→养护、穿筋张拉→锚固→灌浆（防止钢筋生锈）。其传力途径是依靠锚具阻止钢筋的弹性回弹，使截面混凝土获得预压应力，如图 3-45 所示。这种做法使钢筋与混凝土结为整体，称为有粘结预应力混凝土。

有粘结预应力混凝土由于粘力（阻力）的作用使得预应力钢筋拉应力降低，导致混凝土压应力降低，所以应设法减少这种粘结。这种方法设备简单，不需要张拉台座，生产灵活，适用于大型构件的现场施工。

2) 无粘结预应力混凝土。其主要张拉程序为预应力钢筋沿全长外表涂刷沥青等润滑防腐材料→包上塑料纸或套管（预应力钢筋与混凝土不建立粘结力）→浇混凝土、养护→张拉钢筋→锚固。

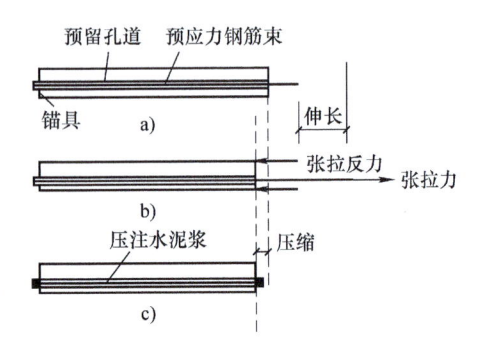

图 3-45 后张法主要工艺流程示意图

施工时跟普通混凝土一样，将钢筋放入设计位置可以直接浇混凝土，不必预留孔洞、穿筋、灌浆，简化施工程序，由于无粘结预应力混凝土有效预压应力增大，降低造价，适用于跨度大的曲线配筋的梁体。

3.5.2 预应力混凝土的材料及主要构造要求

1. 钢筋

（1）性能要求

1）强度高。预应力混凝土从制作到使用的各个阶段，预应力钢筋一直处于高拉应力状态，若钢筋强度低，将会导致混凝土预压效果不明显，或者在使用阶段钢筋突然脆断。

2）较好的塑性、可焊性。高强度的钢筋塑性性能一般较低，为了保证结构在破坏之前有较大的变形，必须有足够的塑性性能。另外，钢筋常需要焊接或镦头，所以对化学成分有一定的要求。

3）良好的粘结性。先张法是通过粘结力传递预压应力的，所以纵向受力钢筋宜选用直径较细的钢筋，高强度的钢丝表面要进行"刻痕"或"压波"处理。

4）低松弛。预应力钢筋在长度不变的前提下，其应力随着时间的延长而慢慢降低，这种现象称为应力松弛。不同的钢筋松弛不同，应选用松弛小的钢筋。

（2）钢筋的种类

1）热处理钢筋。热处理钢筋是将合金钢（40Si2Mn、48Si2Mn、45Si2Cr）经过调质热处理而成，达到提高抗拉强度，且塑性降低不多。这种钢筋具有强度高（节省钢材）、低松弛的特点，其直径为 6~10mm，以盘圆形式供给，省去焊接，有利施工。

2）消除应力钢丝。包括光面、螺旋肋、三面刻痕消除应力钢丝，是用高碳镇静钢轧制成的盘圆，经过加温、淬火（铅浴）、酸洗、冷拔、回火矫直等处理工序消除应力而成的，可提高抗拉强度，直径 4~9mm，强度高，低松弛。

3）钢绞线。以一根直径较粗的钢丝为芯，并用边丝围绕它进行螺旋状绞捻而成，有 1×3、1×7 捻，外径 8.6~15.2mm，强度高，低松弛，伸直性好，比较柔软，盘弯方便，粘结性好。

2. 混凝土

用于预应力混凝土结构的混凝土应符合下列要求：

(1) 高强度

预应力混凝土在制作阶段受拉区混凝土一直处于高压应力状态，受压区可能受拉也可能受压，特别是受压区混凝土受拉时最容易开裂，这将影响在使用阶段压区的受压性，因此，混凝土必须有足够的强度。此外，采用高强度混凝土可以有效减小截面尺寸，减轻自重。《混凝土结构设计规范》（GB/T 50010—2010）规定：预应力混凝土结构强度等级不应低于C30，当采用钢绞线、钢丝、热处理钢筋时预应力混凝土结构强度等级不宜低于C40。

(2) 收缩小、徐变小

由于混凝土收缩徐变的结果，使得混凝土得到的有效预压力减少，即预应力损失，所以在结构设计中应采取措施减少混凝土收缩徐变。

3. 主要构造要求

(1) 先张法构件

1) 预应力钢筋的净距及保护层应满足表3-22的要求。

表3-22 先张法构件预应力钢筋净距要求

种类	钢丝及热处理钢筋	钢绞线	
		1×3	1×7
钢筋净距	≥15mm	≥20mm	≥25mm

注：1. 钢筋保护层厚度同普通梁。
2. 除满足上述净距要求外，预应力钢筋净距不应小于其公称直径 d 或等效直径 d_{eq} 的1.5倍，双并筋 $d_{eq} = 1.4d$，三并筋 $d_{eq} = 1.7d$。

2) 端部加强措施

① 对单根预应力钢筋，其端部宜设置长度≥150mm，且不少于4圈螺旋筋，如图3-46a所示；当有可靠经验时，也可利用支座垫板上的插筋代替螺旋筋但不少于4根，长度≥120mm，如图3-46b所示。

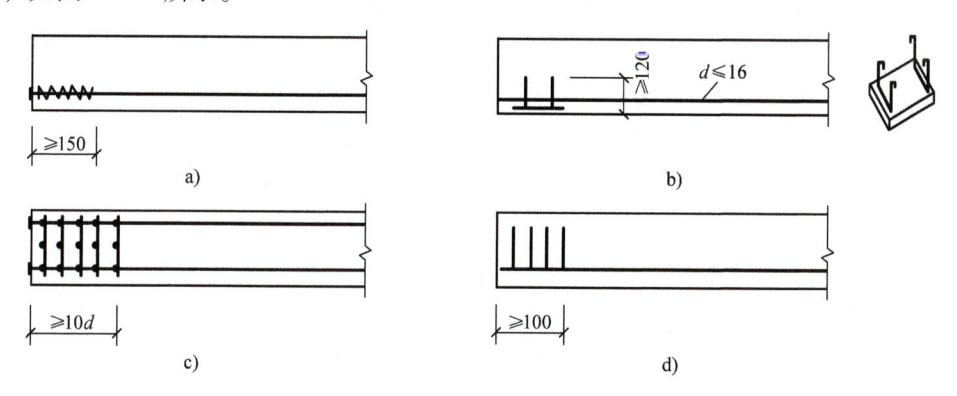

图3-46 构件端部配筋构造要求

② 对多根预应力钢筋，其端部 $10d$ 范围内应设置3~5片与预应力钢筋垂直的钢筋网，如图3-46c所示。

③ 对钢丝配筋的薄板，在端部100mm范围内应适当加密横向钢筋，如图3-46d所示。

(2) 后张法（有粘结预应力混凝土）

1) 孔道及排气孔要求见表3-23。

表 3-23 孔道及排气孔要求

孔道间水平净距	孔道至构件边净距	孔道内径至预应力钢丝束外径	排气孔距或灌浆孔
≥50mm	≥30mm，且≥孔径的一半	10~15mm	≤12mm

2）端部加强措施。为了提高锚具下混凝土的局部抗压强度，防止局部混凝土压碎，应采取在端部预埋钢板（厚度≥10mm），并在垫板下设置附加横向钢筋网片（图3-47a）或螺旋式钢筋（图3-47b）等措施。

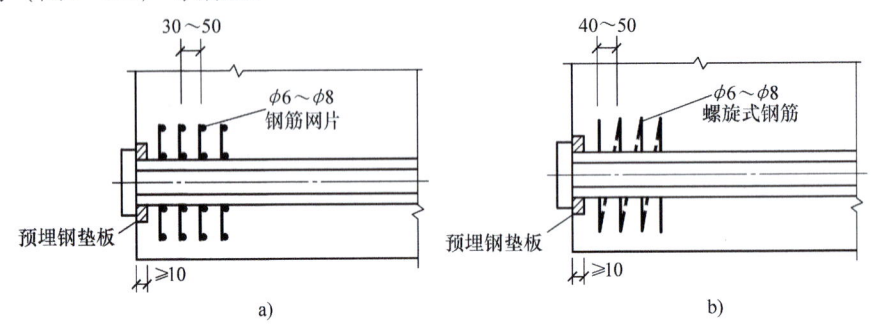

图 3-47 后张法端部加强构造图

3）长期外露的金属锚具应采取涂刷或砂浆封闭等防锈措施。

4）管道压浆要密实，水泥砂浆不宜小于M20，水灰比为0.4~0.45，为减少收缩，可掺入0.001水泥用量的铝粉。

任务6　识读钢筋混凝土结构构件施工图

不同类型的结构，其结构施工图的具体内容与表达也各有不同，但一般包括下列三个方面的内容：结构设计说明、结构平面布置图和构件详图。其中构件详图包括梁、板、柱及基础结构详图，楼梯、电梯结构详图，屋架结构详图，支撑、预埋件、连接件等的详图。

钢筋混凝土结构构件配筋图的表示方法通常有三种：

1）详图法。它通过平、立、剖面图将各构件（梁、柱、墙等）的结构尺寸、配筋规格等详细地表示出来。用详图法绘图的工作量非常大。

2）梁柱表法。它采用表格填写方法将结构构件的结构尺寸和配筋规格用数字符号表达。此法比"详图法"要简单方便得多，手工绘图时，深受设计人员欢迎。其不足之处是：同类构件的许多数据需多次填写，容易出现错漏，图纸数量多。

3）结构施工图平面整体设计方法（以下简称"平法"）。它把结构构件的截面型式、尺寸及所配钢筋规格在构件的平面位置用数字和符号直接表示，再与相应的"结构设计总说明"和梁、柱、墙等构件的"构造通用图及说明"配合使用。平法的优点是图面简洁、清楚、直观性强，图纸数量少，现在普遍采用该法。

3.6.1　钢筋混凝土构件结构详图的内容和特点

钢筋混凝土构件结构详图是结构施工图的重要组成部分，是钢筋翻样、制作、绑扎、现场支模、设预埋件和浇筑混凝土的主要依据。

1. 钢筋混凝土构件结构详图的主要内容

1）构件的名称或代号、绘制比例。
2）构件的定位轴线及其编号。
3）构件的形状、尺寸及配筋和预埋件。
4）钢筋的直径、尺寸和构件的结构标高。
5）施工说明等。

绘制钢筋混凝土结构详图时，假想混凝土是透明体，能显示混凝土内部的钢筋配置，这样的投影图称为配筋图。配筋图通常包括平面图、立面图、断面图等。必要时，还可以将构件中的每根钢筋抽出绘制钢筋大样图，同时列出钢筋表。

2. 钢筋混凝土构件施工图的特点

结构图采用正面投影法绘制；图中钢筋用粗实线绘制，钢筋的横截面用涂黑小圆点表示；构件的外轮廓线、尺寸线、尺寸界线、引出线等用细实线绘制；构件的名称采用代号表示，后跟阿拉伯数字表示该构件的编号或型号；构件对称时，可一半表示模板图一半表示钢筋；构件的轴线及编号等应与建筑施工图保持一致。

3.6.2 钢筋混凝土构件施工图中钢筋的表示

1. 钢筋的直径、根数及间距的表示

钢筋的直径、根数及相邻钢筋的中心距采用引出线的方式标注。为了便于识别，构件中的各种钢筋应进行编号，编号采用阿拉伯数字，写在引出线端部直径为6mm的细实线圆中。在引出线端部，用代号标注钢筋的等级、种类、直径、根数或间距等，标注方式如下：

Φ 8 @ 200
— 相邻钢筋的中心间距为200mm
— 相邻钢筋的中心距的符号
— 钢筋的直径为8mm
— HPB300级钢筋的牌号

2 Φ 8
— 钢筋的直径为8mm
— HPB300级钢筋的牌号
— 钢筋的根数

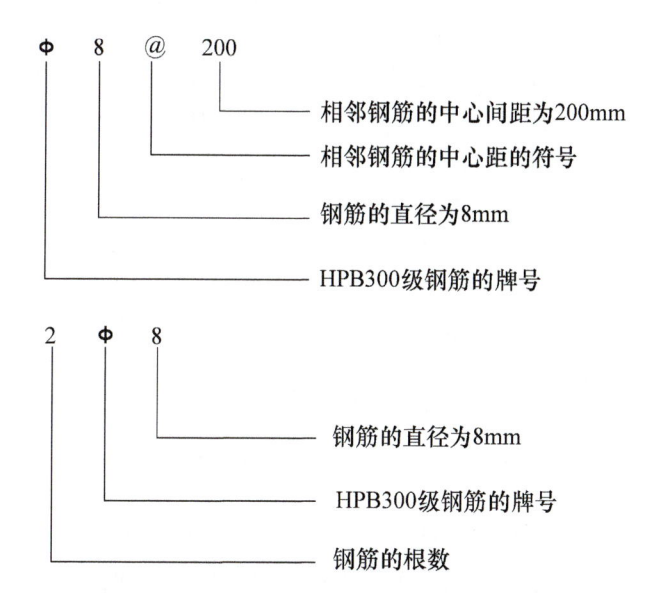

2. 结构施工图中钢筋的常规表示方法

为表示钢筋的端部形状、钢筋的配置和搭接情况，钢筋在施工图中一般采用表3-24中的图例表示。

表 3-24　一般钢筋常用图例

序号	名称	图例	说明
1	钢筋横断面	●	
2	无弯钩的钢筋端部		下图表示长、短钢筋投影重叠时，应在钢筋的端部用 45°短画线表示
3	带半圆形弯钩的钢筋端部		
4	带直钩的钢筋端部		
5	带丝扣的钢筋端部		
6	无弯钩的钢筋搭接		
7	带半圆形弯钩的钢筋搭接		
8	带直钩的钢筋搭接		
9	花篮螺栓钢筋接头		
10	机械连接的钢筋接头		

3.6.3　钢筋混凝土梁的结构详图

图 3-48 所示为某现浇钢筋混凝土梁的结构施工图，图名是 L1，立面图比例 1∶25，断面图比例 1∶10。立面图表示梁的立面轮廓、长度尺寸以及钢筋在梁内上下、左右的配置情况；断面图表示梁的截面形状、宽度、高度尺寸和钢筋的上下、前后的排列情况。可以看出梁位于ⓒⒹ轴线之间，完全对称布置。轴线间距为 8000mm，梁长 8240mm，两条次梁距离ⓒⒹ轴支座中心的距离均为 2670mm，从断面图 1—1、2—2、3—3 可看出梁高 650mm，梁宽 250mm。

识读钢筋混凝土梁的结构详图

从图 3-48 可以看出，梁中配有七种规格的钢筋。其中①号筋为 4Φ25，是梁下部的通长筋。②号筋为 2Φ22 的弯起钢筋，弯起后位于上部第二排，弯起角度 45°，弯终点距离支座ⓒⒹ边缘 50mm。③号筋为 2Φ18，是梁上部的通长角筋。④号筋为 2Φ16 的梁端附加钢筋，位于梁上部的内侧，其断点位置距离支座边缘 1950mm。⑤号筋为 Φ8 箍筋，距离支座ⓒⒹ边缘 50mm 处开始设置，其中距离支座ⓒⒹ边缘各 1100mm 范围内箍筋间距为 100mm，跨中部位间距为 200mm，沿梁长均匀布置。在主、次梁的交叉部位，在次梁两侧各加设附加箍筋 3 道以抵抗次梁传下的集中荷载。⑥号筋为 4Φ10 的梁侧构造筋。⑦号筋为⑥号筋的拉筋。

钢筋表中应列出构件的名称、构件数量、钢筋简图和钢筋的直径、长度、数量等。其中钢筋的长度根据梁长确定，梁长减去保护层再加上钢筋弯钩增加长度就是钢筋的长度，在此不详述。

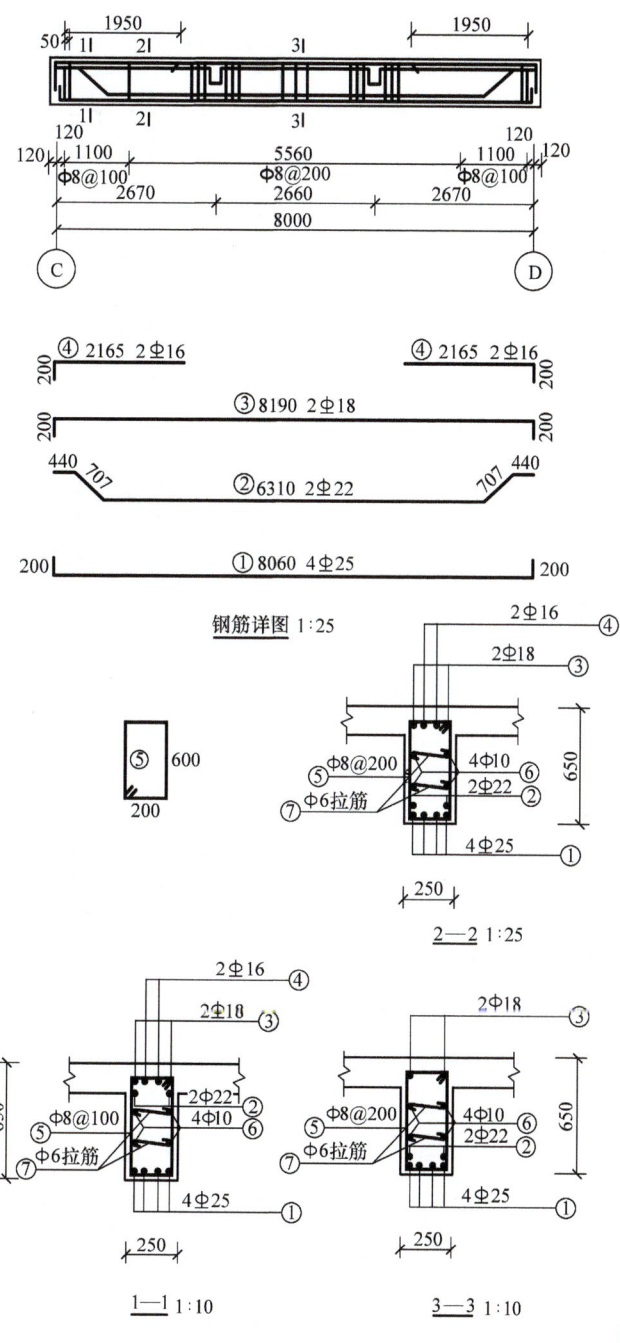

图 3-48 梁（L1）的配筋图

图 3-49 所示是某现浇钢筋混凝土柱的结构施工图，图名是 Z2，配筋立面图比例 1∶50。断面图比例 1∶25。从立面图可以看出，柱从 -1.500 起直至柱顶标高 14.670 处，柱形为方柱，尺寸 450mm×450mm。

由立面图和 1—1、2—2、3—3 断面图可以看出，沿柱高度方向，纵向受力钢筋的数量不变，但直径发生变化。从 -1.500~3.870 范围

识读钢筋混凝土柱的结构详图

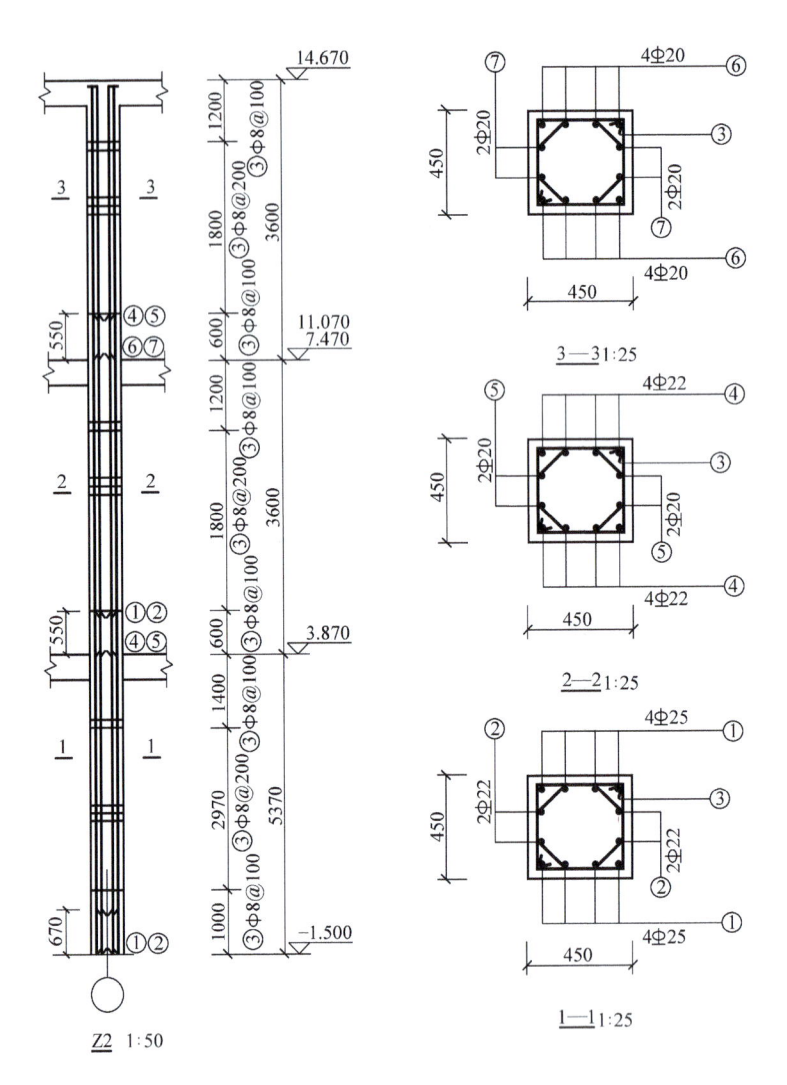

图 3-49 某现浇钢筋混凝土柱的配筋图

内纵向钢筋为①、②号钢筋，①号筋为沿 b 边的 8 根直径 25mm 的 HRB335 钢筋，每边各 4 根，对称布置。②号筋为 4 根直径 22mm 的 HRB335 钢筋，属 h 边中部筋，对称布置。纵筋底部与插入基础的钢筋搭接，搭接长度为 670mm；3.870～11.070m 范围内纵向钢筋为④、⑤号钢筋，④号筋为沿 b 边的 8 根直径 22mm 的 HRB335 钢筋，每边各 4 根，对称布置。⑤号筋为 4 根直径 20mm 的 HRB335 钢筋，属 h 边中部筋，对称布置。标高 11.070 以上至柱顶的⑥、⑦号筋为 12 根直径 20mm 的 HRB335 钢筋。楼层钢筋采用搭接连接，搭接长度 550mm。③号箍筋采用 Φ8 HPB300 级钢筋，封闭复合箍形式，箍筋间距沿柱高设置不同，柱根以上 1000mm，楼（屋）面梁顶以下 1200mm（首层 1400mm），楼面梁顶部标高 600mm 范围内，为箍筋的加密区，箍筋间距 100mm；其余柱中范围为非加密区，箍筋间距 200mm。

同 步 训 练

一、填空题

1. 钢筋混凝土单筋受弯构件，由于配筋率不同有（　　　　）、（　　　　）和（　　　　）三种破坏形态。
2. 受弯构件在斜裂缝出现后，将根据剪跨比和腹筋数量的不同，发生（　　　　）、（　　　　）和（　　　　）三种破坏形态。
3. 适筋梁从加荷至破坏，梁的受力存在三个阶段，分别为（　　　　）阶段、带裂缝工作阶段及（　　　　）阶段。
4. 钢筋混凝土 T 形截面受弯构件，根据受压区高度不同划分为两类。在构件设计时，当（　　　　）时为第一类 T 形截面，当（　　　　）时为第二类 T 形截面。
5. 根据预应力施加的方式不同，预应力混凝土施工方法分为（　　　　）和（　　　　）。

二、单选题

1. 混凝土保护层厚度是指（　　）。
   A. 纵向钢筋内表面到混凝土表面的距离　　B. 纵向钢筋外表面到混凝土表面的距离
   C. 箍筋外表面到混凝土表面的距离　　D. 纵向钢筋重心到混凝土表面的距离
2. 双筋矩形截面梁，当截面满足 $\dfrac{2a'_s}{h_0} \leq \xi \leq \xi_b$ 时，则该截面所能承担的弯矩是（　　）。
   A. $M_u = \alpha_1 f_c b h_0^2 \xi (1 - 0.5\xi_b)$
   B. $M_u = \alpha_1 f_c b h_0^2 \xi_b (1 - 0.5\xi)$
   C. $M_u = \alpha_1 f_c b h_0^2 \xi (1 - 0.5\xi) + A'_s f'_y (h_0 - a'_s)$
   D. $M_u = \alpha_1 f_c b h_0^2 \xi_b (1 - 0.5\xi) + A'_s f'_y (h_0 - a'_s)$
3. 对于无腹筋梁，当 $1 < \lambda < 3$ 时，常发生（　　）。
   A. 斜压破坏　　B. 剪压破坏　　C. 斜拉破坏　　D. 弯曲破坏
4. 位于同一连接区段内的受拉钢筋搭接接头面积百分率，对梁类、板类及墙类构件，不宜大于（　　）。
   A. 25%　　B. 50%　　C. 60%　　D. 75%
5. 在小偏压破坏时，随着轴力 N 的增大，构件的抗弯能力（　　）。
   A. 增大　　B. 减小　　C. 不变　　D. 先增大后减小
6. 受弯构件斜截面承载力计算公式的建立是依据（　　）破坏形态建立的。
   A. 斜压　　B. 剪压　　C. 斜拉　　D. 弯曲

三、简答题

1. 试述少筋梁、适筋梁和超筋梁的破坏特征。在设计中如何防止少筋梁和超筋梁破坏？
2. 为什么要求双筋矩形截面的受压区高度 $x > 2a'_s$？若不满足这一条件应如何处理？
3. 受弯构件中，斜截面有哪几种破坏形态？它们的特点是什么？
4. 无腹筋梁斜截面破坏的主要形态有哪些？
5. 大偏心受压破坏与小偏心受压破坏有什么区别？
6. 先张法与后张法有什么区别？

四、计算题

1. 已知梁的截面尺寸为 $b \times h = 200\text{mm} \times 500\text{mm}$，混凝土强度等级为 C25，$f_c = 11.9\text{N/mm}^2$，$f_t = 1.27\text{N/mm}^2$，钢筋采用 HRB335，$f_y = 300\text{N/mm}^2$，截面弯矩设计值 $M = 165\text{KN}\cdot\text{m}$。环境类别为一类，安全等级为二级，箍筋直径为Φ8。求受拉钢筋截面面积。

2. 一钢筋混凝土矩形截面简支梁，截面尺寸 $250\text{mm} \times 500\text{mm}$，混凝土强度等级为 C20（$f_t = 1.1\text{N/mm}^2$、$f_c = 9.6\text{N/mm}^2$），箍筋为热轧 HPB300 级钢筋（$f_{yv} = 210\text{N/mm}^2$），支座处截面的剪力最大值为 180kN，求箍筋的数量。

五、识图训练

识读图 3-50，绘出钢筋的分离图，并标注长度。

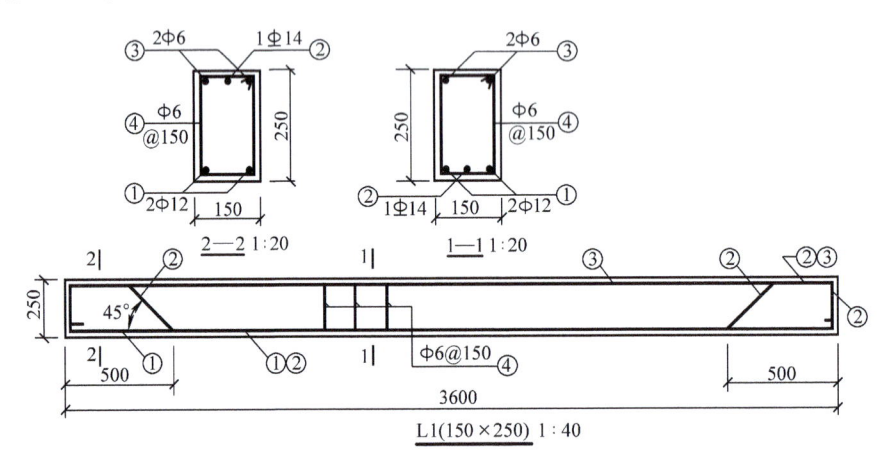

图 3-50　梁配筋图

【职业素养园地】

某别墅楼钢筋混凝土大梁倒塌案例

某别墅楼为三层砖混结构，于 2018 年 9 月 22 日开工，2019 年 3 月 2 日结构封顶，3 月 10 日工人们正进行装修施工，上午 11 时 50 分，该工程三层楼面梁和屋面梁突然倒塌。经事故调查，梁倒塌的主要原因是：

（1）施工单位擅自变更设计，使钢筋混凝土大梁所受荷载加大的同时承载能力减小。原设计方案中角柱在标高 6.60m 处为 250mm×300mm 的菱形截面柱；施工时，施工单位擅自改为 250mm×250mm 矩形截面柱。这样一改，上层柱有一半不是落在下层柱上，而是落在楼面梁上，加大了梁的荷载。楼面梁原设计长度为 4800mm，而施工实际长度仅为 4300mm，端部未伸出柱外，使楼面梁支座处应承受的约束力矩大大降低。所用Ⅱ级钢筋改换为Ⅰ级钢筋，这样就使楼面梁的承载能力大大减少。

（2）楼面梁拆模过早。当混凝土龄期仅为 12d 就提前拆除模板，按规范要求应为 28d 以上。3 月 10 日拆模时，门窗安装人员还在梁上打眼，加速了楼面梁的倒塌。

（3）设计构造不合理。楼面梁插入柱的锚固长度严重不足，柱梁交接处的构造不合理。

启迪人生

（1）社会责任感作为一切美德的基础和出发点，是人类理性与良知的集中体现，是社会得以发展的基石。作为从事土木工程的学生，需要认真学习，养成高度的社会责任感。

（2）作为未来的工程师，我们在建设自己的家园时，要确保工程质量，在学习、工作中，要具有实事求是、诚实守信的职业精神。

模块4

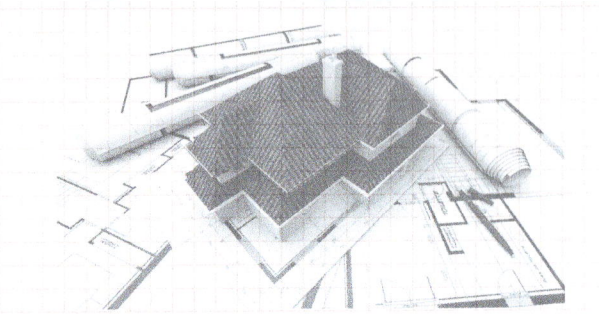

钢筋混凝土楼（屋）盖

学习目标

❋ **知识目标**

1. 了解钢筋混凝土楼盖的类型及特点。
2. 熟悉单向板肋梁楼盖的受力特点和构造要求。
3. 熟悉双向板肋梁楼盖的受力特点和构造要求。
4. 熟悉楼梯和雨篷的受力特点和构造要求。
5. 掌握钢筋混凝土梁板结构施工图的识读方法。

❋ **能力目标**

1. 能判别楼（屋）盖类型。
2. 能根据不同楼（屋）盖和楼梯、雨篷等的受力特点和构造要求识读钢筋混凝土梁板结构施工图。

工作任务

1. 认识钢筋混凝土楼盖的类型。
2. 熟悉现浇单向板肋形楼盖。
3. 熟悉现浇双向板肋形楼盖。
4. 熟悉钢筋混凝土悬挑构件。
5. 熟悉钢筋混凝土楼梯。
6. 识读钢筋混凝土梁板结构施工图。

学习指南

屋盖和楼盖是建筑结构的重要组成部分，其主要功能是将楼（屋）盖上的竖向力传给竖向结构构件（柱、墙和基础等），将水平力传给竖向结构或分配给竖向结构，作为竖向结构构件的水平联系和支撑。屋盖也称屋顶，主要由防水层、结构层和保温层组成，楼盖也称楼层，主要由面层、结构层和顶棚组成，其结构层采用的结构形式主要为梁板结构，梁板结构是由板和支承板的梁组成的结构，是土木工程中常见的结构形式。本模块主要讲述梁板结构的典型构件：楼盖和屋盖，同时讲述楼梯和典型的悬挑构件——悬臂板式钢筋混凝土雨篷、挑梁、挑檐。

本模块基于识读钢筋混凝土梁板结构施工图的工作过程，分为六个学习任务，目的是让学生在学习相关内容的基础上，进一步提高识读结构施工图的能力，因此每个学生应沿着如下流程进行学习：熟悉钢筋混凝土楼盖的类型→现浇单向板肋形楼盖→现浇双向板肋形楼盖→钢筋混凝土楼梯→钢筋混凝土雨篷→识读钢筋混凝土梁板结构施工图。

教学方法建议

采用"教、学、做"一体化，利用实物、模型、仿真试验及相关多媒体资源和教师的讲解，结合钢筋混凝土梁板结构施工图，使学生带着任务进行学习，在了解梁板结构受力特点和构造要求的基础上，进一步提高识读结构施工图的能力。

任务1　认知钢筋混凝土楼（屋）盖的类型

根据施工方法不同，钢筋混凝土楼（屋）盖分为现浇整体式、预制装配式和装配整体式三种。现浇整体式的优点是刚度大，抗震性强，防水性好，对不规则平面适应性强，但存在模板耗费量大、施工周期长等缺点。预制装配式的优点是节约模板，施工周期短；缺点是刚度小，整体性差、抗震性差，不便开设洞口。装配整体式的优缺点介于两者之间。根据结构的受力形式，楼（屋）盖可分为单向板肋梁楼盖、双向板肋梁楼盖、井式楼盖、密肋楼盖、无梁楼盖。根据是否施加预应力可分为钢筋混凝土楼盖、预应力混凝土楼盖等。

钢筋混凝土楼盖的类型

4.1.1　现浇整体式楼（屋）盖

现浇整体式楼（屋）盖主要有肋形楼（屋）盖、无梁楼（屋）盖和井式楼盖三种。

1. 肋形楼盖

现浇肋形楼盖是由板、次梁和主梁组成的梁板结构，如图4-1所示，是楼盖中最常见的结构形式，同其他结构形式相比，其整体性好，用钢量少。

钢筋混凝土楼盖的类型

梁板结构主要承受垂直于板面的荷载作用，荷载由上至下依次传递，板上的荷载先传递给次梁，次梁上的荷载再传递给主梁，主梁上的荷载再传递给柱或墙，最后传到基础和地基。在整体式梁板结构中，梁和墙将板分成不同大小的板区格，板区格的四周一般均有梁或墙体支承。因为梁的抗弯刚度比板大得

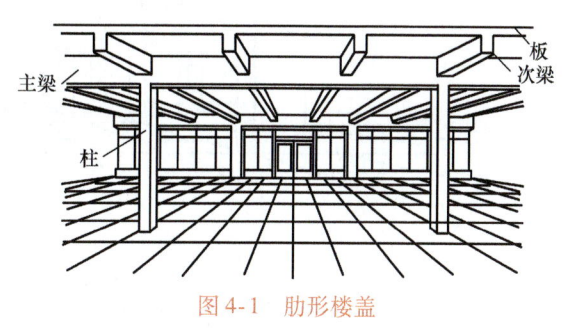

图4-1　肋形楼盖

多，所以可以将梁视为板的不动支承。四边支承的板的荷载通过板的双向弯曲传到两个方向上。传到支承上的荷载的大小，取决于该板两个方向上边长的比值。当板的长短边的比值超过一定数值时，沿板长边方向所分配的荷载可以忽略不计，故荷载可视为仅沿短边方向传递，这样的四边支承可视为两边支承。因此，对于四边支承的板根据长短边的比值，肋形结构可分为单向板和双向板两种。

1）单向板肋形结构。当板的长短边比值 $l_2/l_1 \geq 3$ 时，板上的荷载主要沿短边方向传递

给梁，短边为主要弯曲方向，受力钢筋沿短边方向布置，长边方向仅按构造布置分布钢筋。此种梁板结构称为单向板肋形结构。单向板肋形结构的优点是计算简单、施工方便，如图 4-2b 所示。

2) 双向板肋形结构。当板的长短边比值 $l_2/l_1 \leq 2$ 时，两个方向上的弯曲相近，板上的荷载沿两个方向传递给四边的支承，板是双向受力，在两个方向上板都要布置受力钢筋，此种梁板结构称为双向板肋形结构。双向板肋形结构的优点是经济美观，如图 4-2c 所示。

但当长短边比值 $2 < l_2/l_1 < 3$ 时，宜按双向板计算，也可按短边方向的单向板计算，但应在长边方向增加足够数量的钢筋。

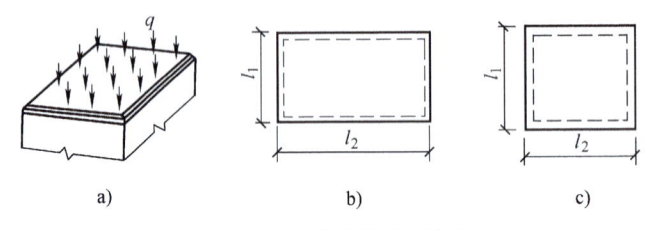

图 4-2 单向板和双向板

a) 荷载图　b) 四边支承单向板（$l_2/l_1 \geq 3$）　c) 四边支承双向板（$l_2/l_1 \leq 2$）

2. 无梁楼盖

无梁楼盖是一种由板、柱组成的梁板结构，没有主梁和次梁，如图 4-3 所示。其结构特点是钢筋混凝土楼板直接支承在柱上，同肋梁楼盖相比，无梁楼盖厚度更大。当荷载和柱网较大时，为了改善板的受力条件，提高柱顶处板的抗冲切能力以及降低板中的弯矩，通常在每层柱的上部设置柱帽，柱帽截面一般为矩形，其形式如图 4-4 所示。

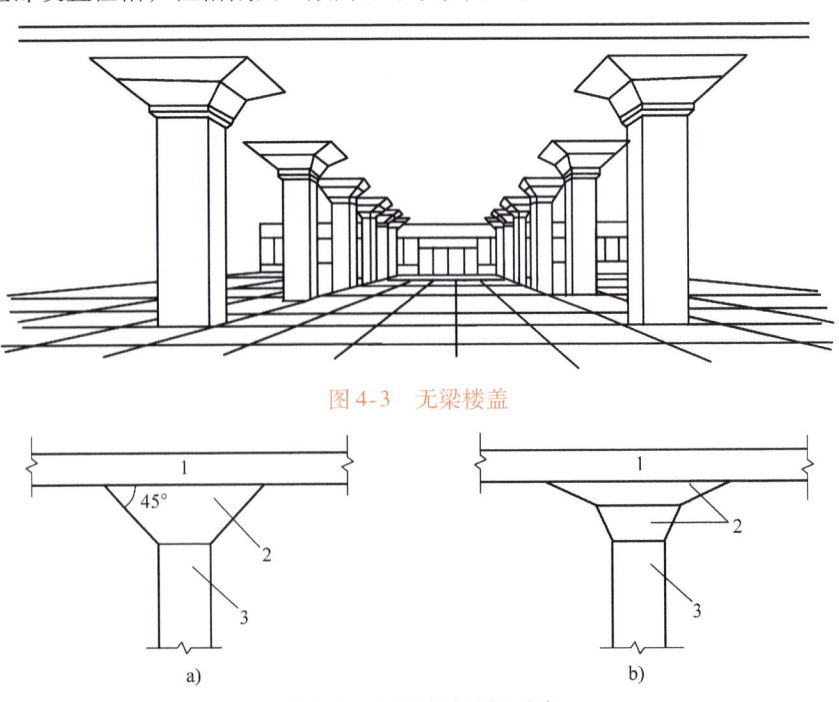

图 4-3 无梁楼盖

图 4-4 无梁楼盖柱帽形式

1—楼盖　2—柱帽　3—柱

无梁楼盖具有楼层净空高、顶棚平整、采光性好、节省模板、支模简单及施工方便等优点。无梁楼盖常用于书库、仓库、商场、水池底板以及筏板基础等结构。

3. 井式楼盖

井式楼盖是由肋形楼盖演变而来的，与肋形楼盖不同的是，井式楼盖不分主次梁，如图4-5所示。其两个方向上的梁的截面尺寸相同，比肋形楼盖截面高度小，梁的跨度较大，常用于公共建筑的大厅等结构。

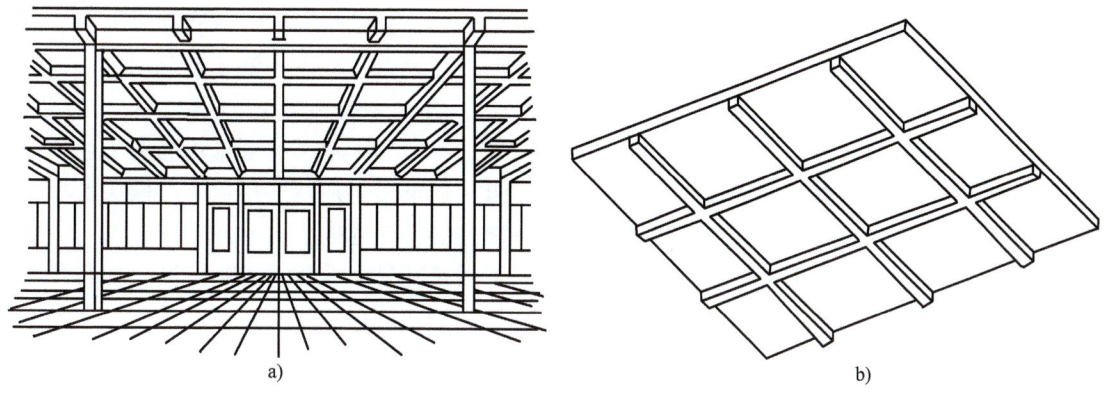

图4-5 井式楼盖

4.1.2 装配式楼盖

装配式楼盖目前采用预制板、现浇梁或者是预制梁和预制板在现场装配连接而成。装配式楼盖整体性、抗震性能较差，但可节省模板，有利于工业化生产、机械化施工并缩短工期。目前采用的是铺板式楼盖，即将预制楼板铺设在支承梁或承重墙上而构成。

装配式楼盖

1. 结构平面布置

根据墙体支承情况不同，装配式楼盖有横墙承重、纵墙承重、纵横墙承重和内框架承重四种不同的结构布置方案，如图4-6所示。

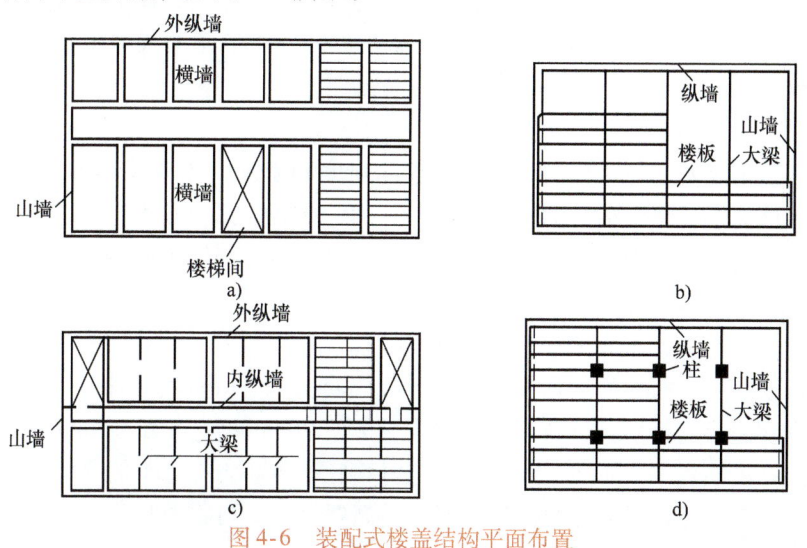

图4-6 装配式楼盖结构平面布置
a）横墙承重 b）纵墙承重 c）纵横墙承重 d）内框架承重

141

2. 预制构件的类型

（1）预制板

预制板一般为通用定型构件。根据板的施工工艺不同有预应力和非预应力两类，根据板的形状不同又分为实心板、空心板、槽形板和T形板等类型。

实心板（图4-7a）具有制作简单、板面平整、施工方便等特点，但其材料用量较多、自重大、刚度小，故仅适用于跨度不大的走道板、地沟盖板等。

空心板（图4-7b）具有板面平整、用料省、自重轻、刚度大、受力性能好、隔声、隔热效果好等优点，在民用建筑中应用较广泛，但其制作较复杂，板面不能随意开洞。

槽形板有正槽板（肋向下）和反槽板（肋向上）两种（图4-7c），正槽板受力合理、用料省、自重轻、便于开洞，但隔声、隔热效果较差，一般用于对顶棚要求不高的工业厂房中；反槽板受力性能较差，但可提供平整的顶棚，可与正槽板组成双层楼盖，在两层槽板中间填充保温材料，具有良好的保温性能，可用在寒冷地区的屋盖中。

T形板有单T板和双T板两种（图4-7d），单T板具有受力性能好、制作简便、布置灵活、开洞自由、能跨越较大空间等特点，是通用性很强的构件；双T板的宽度和跨度在预制时可根据需要加以调整，且整体刚度较大、承载力大，但自重大、对吊装有较高要求。T形板可用于楼板、屋面板和外墙板。

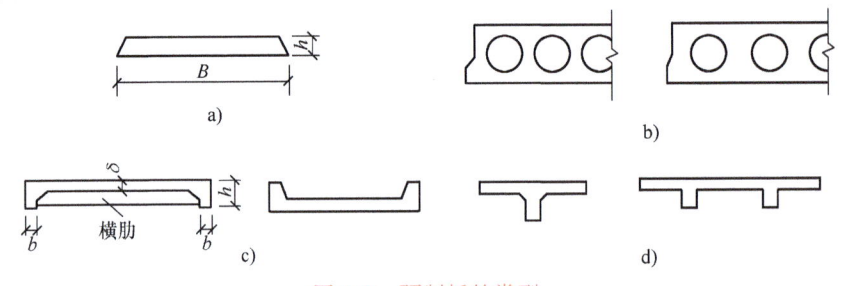

图4-7 预制板的类型

（2）楼盖梁

楼盖梁可分为预制和现浇两种。预制梁一般为单跨梁，主要是简支梁或外伸梁。其截面形式有矩形、T形、倒T形、L形、十字形和花篮形等，矩形截面梁由于其外形简单、施工方便，应用较广泛。

3. 装配式楼盖的连接构造

装配式楼盖不仅要求每个预制构件有足够的强度和刚度，还应保证各构件之间有紧密、可靠的连接，从而保证整个结构的整体稳定性。因此在装配式楼盖设计中，要妥善处理好预制板与预制板之间、预制板与墙之间、预制板与梁之间、梁与墙之间的连接构造问题。

（1）预制板与预制板之间的连接

板与板之间的连接，主要通过填实板缝来处理。板缝的截面形式应有利于板间荷载的传递。为保证板缝密实，板缝的上口宽度不应小于30mm，下口宽度不小于10mm。其次还要根据板缝的宽度适当选择填缝材料。当下口宽度大于20mm时，填缝材料一般用不低于C20的细石混凝土；当缝宽不大于20mm时，填缝材料宜选择不低于M5的水泥砂浆；当缝宽不小于50mm时，应按计算配置受力钢筋。当有更高要求时，可设置厚度为40~50mm的整浇层，采用C20细石混凝土内配Φ6@200的双向钢筋网。

（2）板与墙、梁的连接

板与墙、梁的连接，一般采用在支座上坐浆（即在板搁置前，支承面铺设一层10～15mm厚的强度等级不低于M5的水泥砂浆），然后将板直接平铺上去即可。板在砖墙上的支承长度不少于100mm，在钢筋混凝土梁上的支承长度不少于60～80mm。空心板搁置在墙上时，为防止嵌入墙内的端部被压碎和保证板端部的填缝材料能灌注密实，在空心板两端需用混凝土将空洞堵塞密实。板与墙、梁的连接构造如图4-8所示。

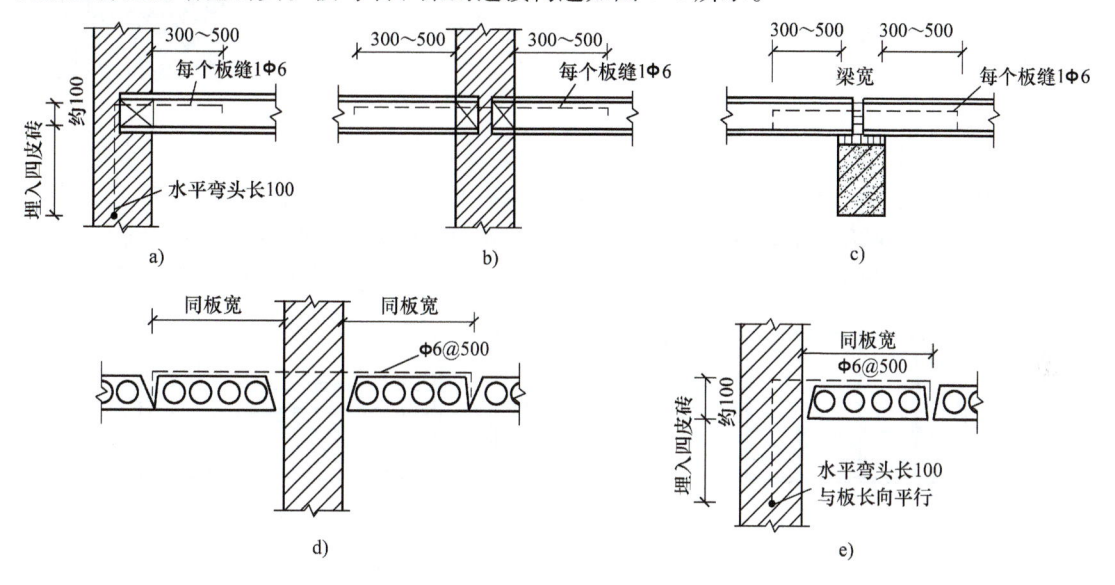

图4-8 板与墙、梁的连接构造

a）板与山墙连接 b）板与承重墙连接 c）板与梁连接 d）板与非承重内墙连接 e）板与非承重外墙连接

（3）梁与墙的连接

梁在墙上的支承长度，应考虑梁内受力钢筋在支座处的锚固要求，并满足支承处梁下砌体局部抗压承载力的要求。梁在墙上的支承长度按下述方法取用：当梁高小于400mm时，预制梁支承长度不小于110mm，现浇梁不小于120mm；当梁高不小于400mm时，预制梁支承长度不小于170mm，现浇梁不小于180mm。预制梁还应在支座坐浆10～20mm。

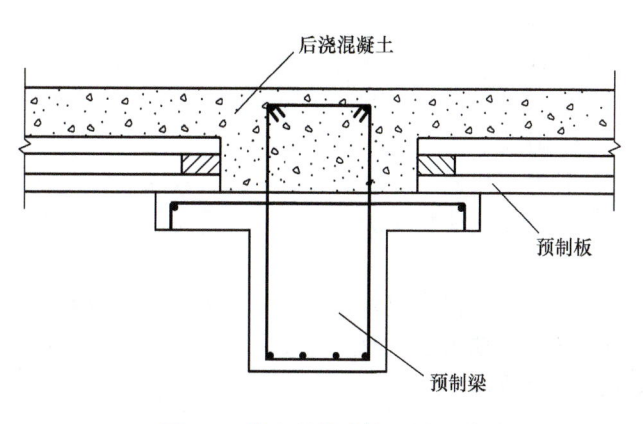

4.1.3 装配整体式楼（屋）盖

装配整体式楼（屋）盖是将各预制梁或板（包括叠合梁、叠合板中的预制部分），在现场吊装就位后，通过整结措施和现浇混凝土构成整体，即在预制板或预制梁间现浇一叠合层而成为一个整体，如图4-9所示。这种楼盖兼有现浇式和装配式的特点，其不足之处是需要进行混凝土二次浇灌，有时还需要增加焊接工作量。

图4-9 装配整体式楼（屋）盖

任务2　分析现浇单向板肋形楼盖

单向板肋形楼盖由单向板、次梁和主梁组成。单向板肋形楼盖的设计步骤一般可分以下几步进行：选择结构平面布置方案；确定结构计算简图并进行荷载计算；对板、次梁、主梁分别进行内力计算；对板、次梁、主梁分别进行截面配筋计算；根据计算和构造要求，绘制楼盖结构施工图。

现浇单向板肋形楼盖设计

4.2.1　结构平面布置方案

肋形楼盖的主梁一般应布置在整个结构刚度较小的方向（即垂直于纵墙方向），这样可使截面较大、抗弯刚度较好的主梁与柱形成框架，以加强承受水平作用力的侧向刚度，而次梁又将各框架连接起来，加强结构的整体性。如图4-10所示为单向板肋形楼盖布置的示例。

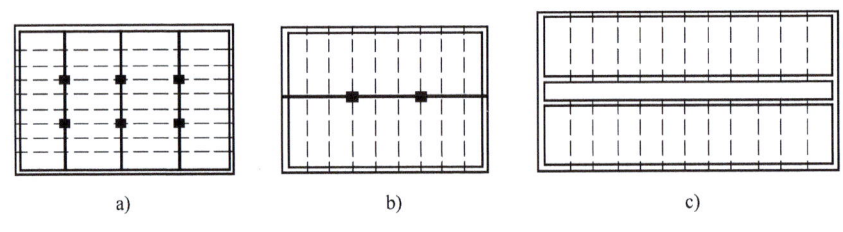

图4-10　单向板肋形楼盖结构布置图
a）主梁沿横向布置　b）主梁沿纵向布置　c）有中间走廊的梁布置

4.2.2　结构计算简图

结构布置方案完成以后，就可确定结构的计算简图。整体式单向板肋形楼盖是由板、次梁、主梁整体浇筑在一起的梁板结构，为方便计算，需将其分解，以便对板、次梁和主梁分别计算。在确定计算简图时，除了考虑现浇楼盖中板和梁多跨连续的特点外，还要对荷载、支座、计算跨度和跨数做简化处理，即画出结构的计算简图。

1. 荷载的计算

荷载计算就是确定板、次梁和主梁承受的荷载大小和形式。

（1）板

当楼面承受均布荷载时，通常取宽度为1m的板带为计算单元。板所受的荷载有恒载（包括板自重、面层及粉刷层等）和活载（均布可变荷载）。

（2）次梁

在计算板传递给某次梁的荷载时，取其相邻板跨中线所包围的面积作为该次梁的受荷面积。次梁所受的荷载为次梁自重和其受荷面积上板传来的荷载。

（3）主梁

对于主梁，其荷载为主梁自重和次梁传来的集中荷载，但由于主梁自重同次梁传来的集中荷载相比往往较小，为简化计算，一般可将主梁自重化为集中荷载，加入次梁传来的集中荷载一起计算。

2. 支座的简化与修正

次梁对板的支承、主梁对次梁的支承及柱对主梁的支承都不是理想的铰支座，在计算时需要将它们简化以方便计算。

（1）板的支承

板的周边直接搁在墙上，可视为不动铰支座；板的中间支承为次梁，为简化计算，也把次梁支承视为铰支座，这样可以将板简化成以墙和次梁为铰支座的多跨连续板。

（2）次梁的支承

次梁的支承是墙和主梁，同样为简化计算，也都简化成铰支座，这样也可以将次梁简化成以墙和主梁为铰支座的连续多跨梁。

（3）主梁的支承

主梁的支承是墙和柱，当主梁支承在墙上时，可把墙视为主梁的不动铰支座；当主梁的支承是柱时，若支承点两侧主梁的线刚度之和与该支承点上下柱的线刚度之和的比值大于3时，可将柱视为主梁的铰支座，则主梁此时可以简化成以墙和柱为铰支座的多跨连续梁，否则应按框架结构计算。

3. 计算跨度与跨数

连续板梁各跨的计算跨度与支座的构造形式、构件截面尺寸及内力计算方法有关。各跨的计算跨度按表 4-1 取用。在计算剪力时，计算一律用净跨。

对于连续多跨板和梁，若跨数多于 5 跨，并且跨度相等或相差不大于 10%，可按 5 跨计算，即取两头各两跨及中间任一跨，并将中间这一跨的内力值作为中间各跨的内力值，这样既简化了计算，又满足实际工程的精度要求。

表 4-1 板和梁的计算跨度 l_0

跨数	支座形式		计算跨度	
			板	梁
单跨	两端简支		$l_0 = l_n + h$	$l_0 = l_n + a \leq 1.05 l_n$
	一端简支、一端与梁整体连接		$l_0 = l_n + 0.5h$	
	两端与梁整体连接		$l_0 = l_n$	
多跨	两端简支		当 $a \leq 0.1 l_c$ 时，$l_0 = l_c$	当 $a \leq 0.05 l_c$ 时，$l_0 = l_c$
			当 $a > 0.1 l_c$ 时，$l_0 = 1.1 l_n$	当 $a > 0.05 l_c$ 时，$l_0 = 1.05 l_n$
	一端伸入墙内、一端与梁整体连接	按弹性计算	$l_0 = l_n + 0.5(h+b)$	$l_0 \leq l_c \leq 1.025 l_n + 0.5b$
		按塑性计算	$l_0 = l_n + 0.5h$	$l_0 = l_n + 0.5a \leq 1.025 l_n$
	两端均与梁整体连接	按弹性计算	$l_0 = l_c$	$l_0 = l_c$
		按塑性计算	$l_0 = l_n$	$l_0 = l_n$

注：l_n 为支座间净距离；l_c 为相邻两支座中心间的距离；h 为板厚；a 为板、梁在墙上的支承长度；b 为中间支座宽度。

通过以上简化，得到板、次梁、主梁的计算简图如图 4-11 所示。

4.2.3 板的设计要点及构造要求

1. 板的尺寸

（1）板的跨厚比

钢筋混凝土单向板不大于 30，双向板不大于 40；无梁支承的有柱帽板不大于 35，无梁支承的无柱帽板不大于30。当板的荷载、跨度较大时宜适当减小。板的跨度一般取1.7~2.5m。

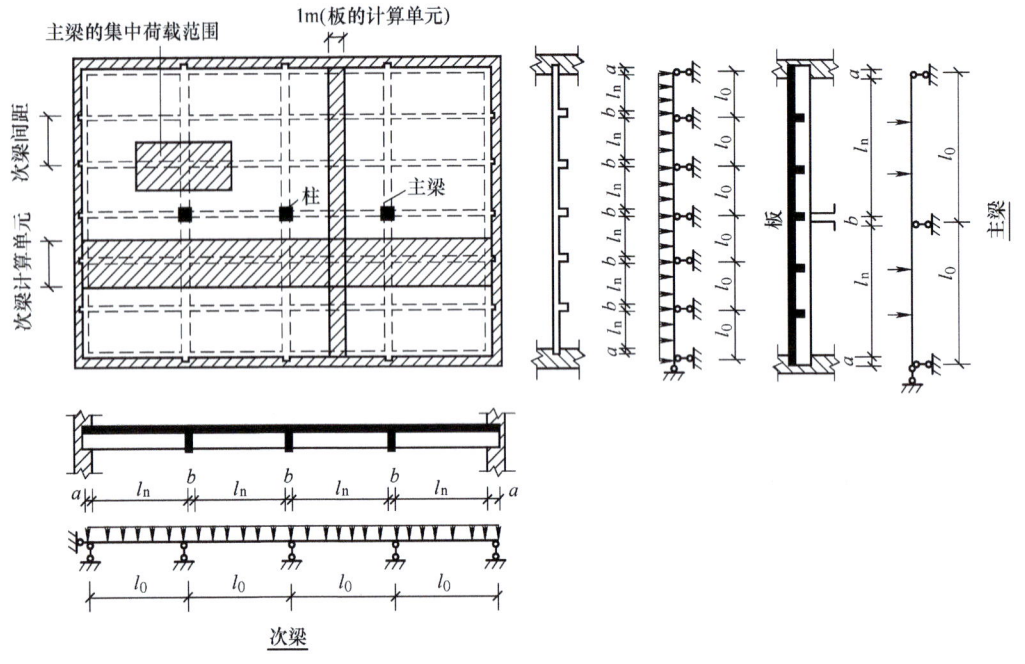

图4-11 单向板肋形楼盖的荷载及计算简图

（2）板的厚度

现浇钢筋混凝土板的厚度不应小于表4-2规定的数值。

表4-2 现浇钢筋混凝土板的最小厚度　　　　　　　　　　（单位：mm）

板的类别		最小厚度
单向板	屋面板	60
	民用建筑楼板	60
	工业建筑楼板	70
	行车道下的楼板	80
双向板		80
密肋楼盖	面板	50
	肋高	250
悬臂板（根部）	悬臂长度不大于500mm	60
	悬臂长度1200mm	100
无梁楼板		150
现浇空心楼盖		200

（3）板的支承长度

板的支承长度要满足受力钢筋在支座内的锚固要求，且不小于板的厚度，当板支承在砖墙上时，其支承长度一般不得小于120mm。

2. 受力钢筋的构造

板的受力钢筋经计算确定之后，按构造要求进行布置。由于多跨连续板各跨截面配筋可能不同，配筋时只采用一种间距，然后通过调整钢筋直径的方法来满足截面积的要求。板中受力钢筋多采用热轧 HPB300 级钢筋，常用直径为 6mm、8mm、10mm、12mm 等。为便于施工架立，宜采用较大直径的钢筋。多跨连续板受力钢筋的配筋方式有两种：弯起式和分离式。

（1）弯起式配筋

弯起式配筋是将跨中的一部分纵向钢筋在支座附近弯起，弯终点距离支座 $l_n/6$ 的距离，伸过支座的距离不小于 a，弯起数量为纵向钢筋的 $1/3 \sim 1/2$，常采用的做法是一根纵向钢筋只在一头弯起，很少采用两头弯起的做法，弯起后作为支座截面的受拉纵向钢筋来承担支座截面的负弯矩，如数量不足，则另加直钢筋，如图 4-12 所示。弯起式配筋的优点是：节约钢筋，锚固可靠，整体性好，但施工复杂。a 按下述方法确定：当 $g/q \leq 3$ 时，$a = l_n/4$；当 $g/q > 3$ 时，$a = l_n/3$。

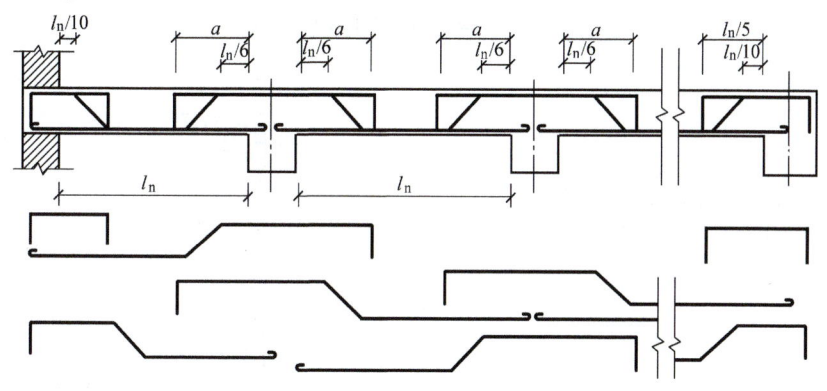

图 4-12　连续板的配筋（弯起式）

（2）分离式配筋

分离式配筋中没有弯起钢筋，所有跨的跨中纵向钢筋都直接伸入支座，而在支座截面单独配置承受负弯矩的纵向钢筋。跨中纵向钢筋可以几跨连通或全通，支座截面的纵向钢筋伸过支座的距离 a 与弯起式要求相同，如图 4-13 所示。分离式配筋的优点是计算简单，设计方便，但整体性较差，用钢量大，不宜用于承受动力荷载的板。

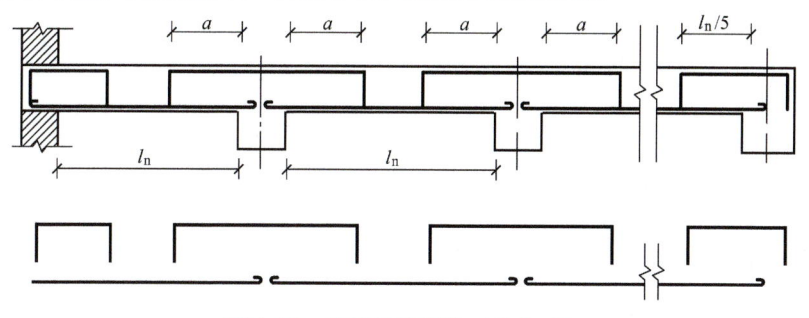

图 4-13　连续板的配筋（分离式）

3. 分布钢筋

在板中平行于单向板的长跨方向，设置垂直于受力钢筋且位于受力钢筋内侧的分布钢筋。分布钢筋应配置在受力钢筋的所有转折处，并沿受力钢筋直线段均匀布置，但在梁的范围内不必布置。分布钢筋按构造配置，其直径不宜小于 6mm，间距不宜大于 250mm。

4. 构造钢筋

（1）垂直于主梁的板面附加配筋

在单向板与主梁连接的部位，板荷载会直接传给主梁，则在靠近主梁两侧一定宽度范围内，板内仍将产生与主梁方向垂直的负弯矩，为防止此处产生过大裂缝，需在板内垂直主梁方向配置附加钢筋。附加钢筋直径不小于 8mm，间距不大于 200mm，数量不得少于板中受力钢筋的 1/3，且伸出主梁的长度不应小于板计算跨度 l_0 的 1/4，如图 4-14 所示。

（2）嵌固在墙内的板上部的构造钢筋

嵌固在墙上的板端，计算时按铰支座考虑，没有考虑该处的负弯矩，但实际上墙对板的约束会产生负弯矩。因此需要配置承受负弯矩的构造钢筋，其直径不小于 8mm，间距不小于 200mm，截面积不小于该方向跨中受力钢筋截面积的 1/3，且伸出墙边的长度不应小于短跨跨度的 1/7。若板有两端嵌固在墙上，则在两端均要配置同类型的构造钢筋，但伸出墙端的长度应该加长，不宜小于短跨跨度的 1/4，如图 4-15 所示。

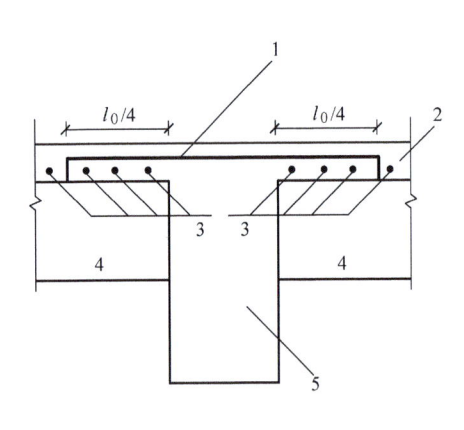

图 4-14　垂直于主梁的板面附加配筋
1—垂直于主梁的构造钢筋　2—板　3—板内纵向钢筋
4—次梁　5—主梁

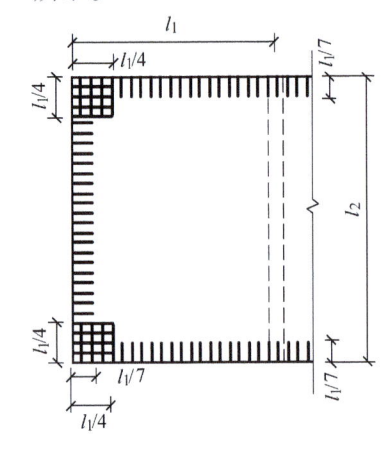

图 4-15　嵌固在墙内的板上部的构造钢筋

4.2.4　次梁的配筋计算及构造要求

1. 次梁的配筋计算

（1）计算步骤

① 根据构造要求初选截面尺寸。
② 计算荷载。
③ 计算内力。
④ 计算纵向受力钢筋。
⑤ 计算箍筋和弯起钢筋。
⑥ 配置其他构造钢筋。
⑦ 绘制配筋图。

（2）计算要点

次梁在截面设计计算时，计算简图如前所述，内力一般采用塑性法计算。由于单向板肋梁楼盖的板与次梁是整体连接，板可视为次梁的上翼缘。正截面受弯承载力计算时，对跨中截面按 T 形截面梁计算，而对支座负弯矩截面仍按矩形截面梁计算。斜截面受剪计算时，当荷载和跨度较小时，一般可仅配箍筋抗剪，但箍筋的数量宜增大 20%，也可以配置弯起钢筋协助抗剪，以减少箍筋的用量。次梁可不必验算使用阶段的变形和裂缝宽度。

2. 次梁的构造要求

次梁的跨度一般取 4~6m，次梁伸入墙内支承长度一般不宜小于 240mm；纵向钢筋的弯起与截断应按内力包络图确定，但当相邻跨度相差不超过 20%，承受均布荷载且活荷载与恒荷载的比值不大于 3 时，可按图 4-16 确定纵向钢筋的弯起与截断位置。

（1）下部受力钢筋伸入边支座的长度不应小于锚固长度 l_a。

① 当 $V \leq 0.7f_t bh_0$ 时，$l_a \geq 5d$。

② 当 $V > 0.7f_t bh_0$ 时，光面钢筋：$l_a \geq 15d$，带肋钢筋：$l_a \geq 12d$。

（2）下部受力钢筋伸入中间支座的长度不应小于锚固长度 l_a。

① 受拉时与边支座同。

② 受压时锚固长度取受拉时的 0.7 倍。

③ 若支座宽度不满足锚固长度的要求时，应采取专门的锚固措施，如加焊横向锚固钢筋或将钢筋端部焊接在梁端部的预埋件上等。

（3）钢筋的搭接

受力钢筋一般不允许在下部截断，为节约钢筋，上部受力钢筋可截断搭接，截断位置如图 4-16 所示，搭接长度应满足：受力钢筋之间的搭接，搭接长度不小于 $1.2l_a$；架立筋的搭接，搭接长度为 150~200mm。

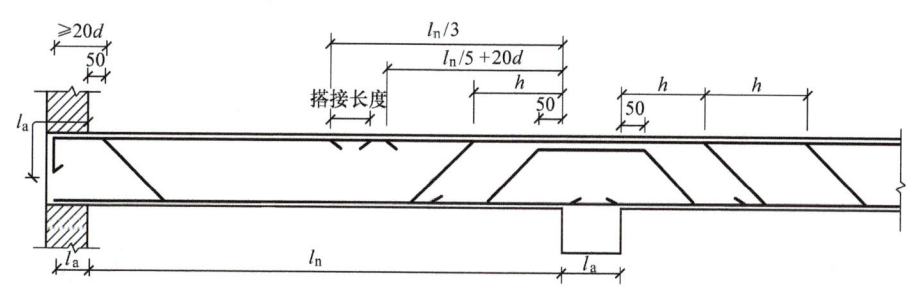

图 4-16 次梁的配筋构造要求

4.2.5 主梁的配筋计算及构造要求

1. 主梁的配筋计算

主梁在截面设计计算时，计算简图如前所述，其内力一般采用弹性计算法计算。

1）主梁的跨度一般取 5~8m，在正截面受弯计算时，和次梁一样，跨中截面按 T 形截面计算，支座截面按矩形截面计算。

2）主梁的荷载包括次梁传来的集中荷载和主梁自重，由于自重是均布荷载，在计算时将其等效成集中荷载，荷载作用点与次梁传来的集中荷载作用点相同。

3）在主梁与次梁连接的部位，主梁上部的纵向钢筋与次梁上部的纵向钢筋相互交错，主梁的纵向钢筋应放在次梁纵向钢筋的下面，因此主梁的有效高度 h_0 减小，h_0 按下述方法取值，如图 4-17 所示：当主梁纵向钢筋为一排时，$h_0 = h - (50~60)$ mm；当主梁纵向钢筋为二排时，$h_0 = h - (80 \sim 90)$ mm。

4）在计算支座负弯矩时，最大负弯矩位于支座中心截面，但由于此处主梁和柱整体连接，承载力很大，不会发生破坏，因此最大负弯矩应取支座边缘截面弯矩。

2. 主梁的构造要求

1）主梁纵向钢筋的弯起与截断应根据内力包络图和抵抗弯矩图来确定，主梁的剪力较大，需考虑弯起钢筋承担剪力，若纵筋的数量不够，则需要在支座配置专门抗剪的鸭筋。

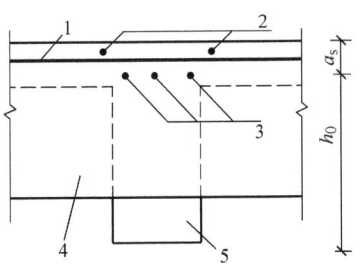

图 4-17　主梁支座的有效高度
1—次梁纵筋　2—板的钢筋　3—主梁纵筋
4—次梁　5—主梁

2）钢筋的构造。在次梁与主梁连接处，次梁的集中荷载会在主梁腹部产生斜裂缝，因此为了避免裂缝引起的局部破坏，应设置附加箍筋或附加吊筋，如图 4-18 所示。

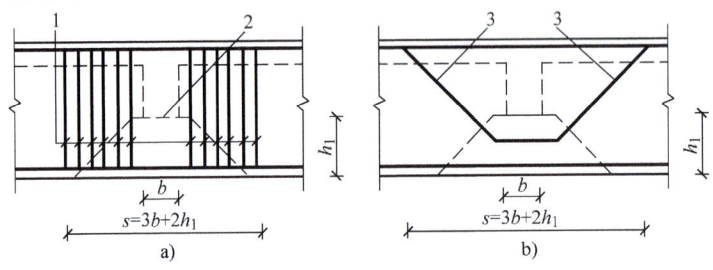

图 4-18　附加箍筋或附加吊筋的布置
a）附加箍筋构造　b）附加吊筋构造
1—附加箍筋　2—传递集中荷载的位置　3—附加弯起钢筋

任务3　分析现浇双向板肋形楼盖

4.3.1　双向板的受力特点

1）对于均布荷载作用下，四周简支正方形双向板，当均布荷载逐渐增加时，第一批裂缝出现在板底面的中间部分，其后裂缝沿着对角线向四角扩展。当板接近破坏时，板顶面四角附近也出现和各自对角线垂直的大致形成圆形的裂缝。这种裂缝的出现促使板底面沿对角线方向的裂缝进一步扩展，最后跨中纵向受力钢筋达到屈服，板发生破坏，如图 4-19a、b 所示。

现浇双向板肋形楼盖设计

现浇双向板肋形楼盖的破坏特征

图 4-19　双向板破坏特征
a）方形板底　b）方形板顶　c）矩形板底　d）矩形板顶

2）对于均布荷载作用下，四周简支矩形双向板，第一批裂缝仍然出现在板底中间部分，大致与长边平行，随着荷载增大，该裂缝逐渐沿着45°方向向四角扩展。接近破坏时，板顶面也出现和各自对角线垂直的和正方形板相似的裂缝，这些裂缝促使板底面的沿45°方向裂缝进一步扩展，最后跨中纵向受力钢筋达到屈服，板发生破坏，如图4-19c、d所示。

4.3.2 双向板的配筋计算及构造要求

1. 板

1）内力计算。通过双向板的破坏特点分析，板底受力钢筋应在两个方向都要布置。配筋计算时先要计算出跨中两个方向的最大弯矩值，然后分别按受弯构件计算配筋，计算时要考虑两个方向弯矩的相互影响。同时板上部四周都要布置负弯矩筋，配筋计算时先要计算出支座最大负弯矩值，然后分别按受弯构件计算配筋。板四周都有翘起的趋势，因此板传给四周支座的压力并非沿边长均匀分布，而是在支承中部最大，两端最小。对双向板的内力计算多采用弹性理论计算法，而很少采用塑性理论计算法。此法是根据弹性薄板小挠度理论的假定进行的。要精确计算双向板的内力是很复杂的，为方便计算，可利用相关表格进行计算。

2）双向板的厚度。双向板的厚度一般不宜小于80mm，也不宜大于160mm。不需进行刚度验算的板的厚度应符合：简支板 $h \geq l_x/45$，连续板 $h \geq l_x/50$，其中 l_x 是板的较小跨度。

3）钢筋配置。受力钢筋沿纵横两个方向均匀设置，应将弯矩较大方向的钢筋（沿短向的受力钢筋）设置在外层，另一方向的钢筋设置在内层。板的配筋形式类似于单向板，有弯起式与分离式两种。为简化施工，目前在工程中多采用分离式配筋，但是对于跨度及荷载均较大的楼盖板，为提高刚度和节约钢材宜采用弯起式。沿墙边及墙角的板内构造钢筋与单向板楼盖相同。

按弹性理论计算时，计算正弯矩时用的是跨中最大弯矩，但靠近板周边的弯矩明显要小。

为减少钢筋的用量，可将板划分为不同的板带，不同板采用不同的配筋。考虑到施工的方便，可按图4-20划分：将板在 l_{01} 和 l_{02} 方向均划分为三个板带，两边的板带分别为短跨跨度的1/4，其余为中间板带。在中间板带上按跨中最大正弯矩均匀配置纵向钢筋，而在两边板带上，按中间板带配筋量的一半均匀配置纵向钢筋，但均不得少于4根。支座配筋时不能划分板带。

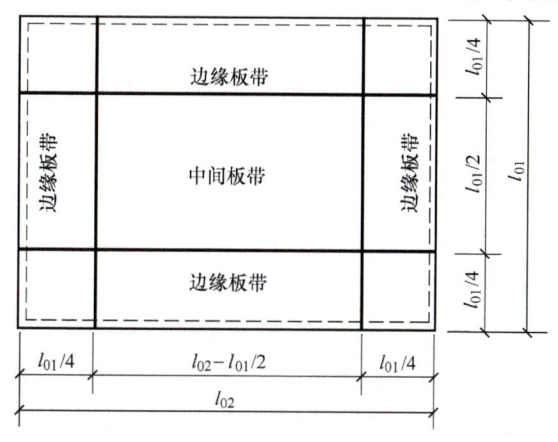

图4-20 双向板的板带划分

2. 双向板支承梁的设计

双向板的荷载沿四周向最近的支座传递，精确计算双向板传递给支承梁的荷载比较困难，在设计时采用近似方法进行分配。从每一区格板的四角分别作45°线与平行于长边的中线相交，每一区格被分成四块，每一块面积上的荷载只传递给邻近支承梁。因此传递给短边方向上的支承梁的荷载形式是三角形，而传递给长边方向的支承梁的荷载形式是梯形，如图4-21所示。支承梁除承受板传来的荷载外，还应考虑梁的自重，支撑梁的配筋构造与单向板肋形楼盖中对梁的要求相同。

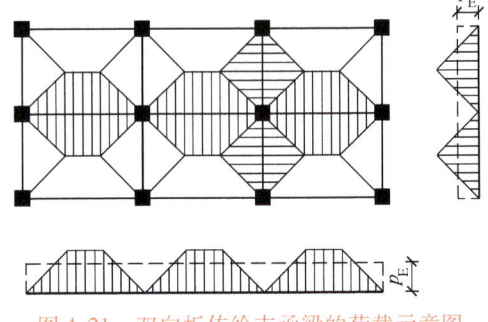

图 4-21 双向板传给支承梁的荷载示意图

对于支承梁的内力计算，可按单向板次梁的计算方法进行计算，但双向板传递给支承梁的荷载并不是均布的，因此要加以简化。当支承梁是连续的，且跨度相差不超过10%时，可将支承梁上的荷载等效成均布荷载 p_E，如图4-22所示。

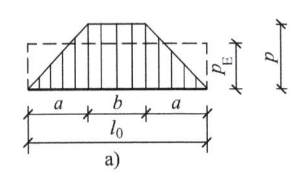

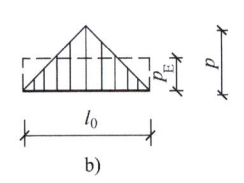

图 4-22 双向板支承梁的等效荷载

任务4　分析钢筋混凝土楼梯

楼梯是房屋的竖向通道，由梯段和平台组成。为了满足承重及防火的要求，建筑中较多采用的是钢筋混凝土楼梯。

1. 楼梯的形式

（1）楼梯的分类

按平面布置可分为单跑、双跑和三跑楼梯；按施工方法分为整体式楼梯和装配式楼梯；按结构形式分为梁式楼梯、板式楼梯、剪刀式楼梯和螺旋式楼梯，如图4-23所示。

（2）楼梯结构形式的选择

对于楼梯结构形式的选择应考虑楼梯的使用要求、材料供应、施工条件等因素，本着安全、适用、经济和美观八字原则确定。当楼梯使用时的荷载较小，且水平投影长度小于3m时，通常采用施工方便、外形美观的板式楼梯；当荷载较大、水平投影长度大于3m时，则多采用梁式楼梯。板式楼梯和梁式楼梯受力简单，除此之外还可以采用受力较为复杂的剪刀式楼梯和螺旋式楼梯。当建筑中不方便设置平台梁或平台板

楼梯的计算与构造要求

楼梯的形式

的支承时，可考虑采用剪刀式楼梯，剪刀式楼梯具有悬臂的梯段和平台，具有新颖、轻巧的特点。螺旋式楼梯通常用于建筑上有特殊要求的地方（如不便设置平台或需要特殊造型时）。剪刀式楼梯和螺旋式楼梯属于空间受力体系，内力计算比较复杂，造价高、施工麻烦。本书主要介绍现浇板式楼梯和现浇梁式楼梯。

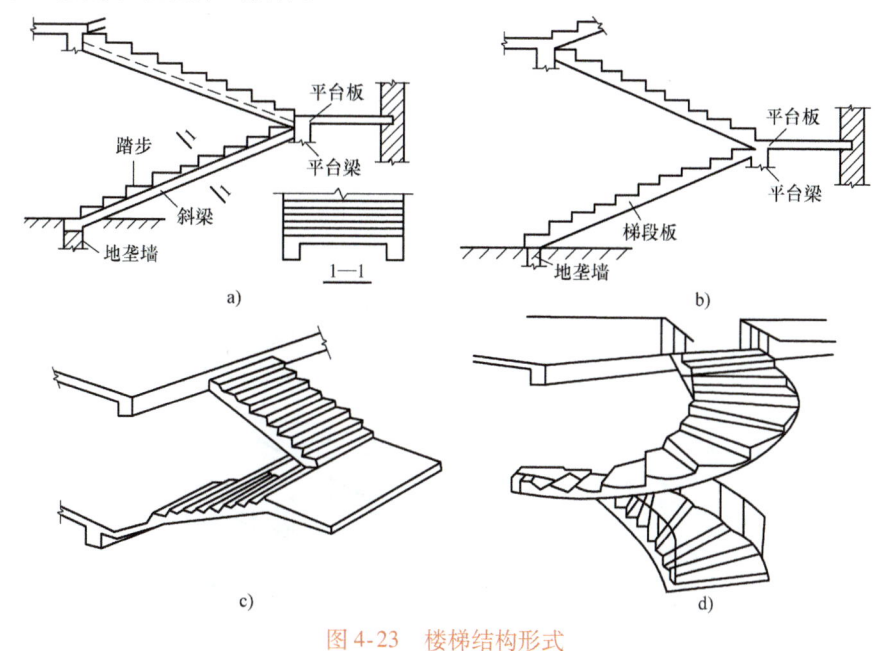

图 4-23 楼梯结构形式
a）梁式楼梯　b）板式楼梯　c）剪刀式楼梯　d）螺旋式楼梯

2. 现浇板式楼梯的计算与构造要求

板式楼梯由梯段板、平台板和平台梁组成。梯段板和平台板均支承在平台梁上，平台梁支承在墙上，因此板式楼梯的荷载传递途径是：梯段板和平台板的荷载传递给平台梁，平台梁再将荷载传递给墙。板式楼梯的计算包括梯段板的计算、平台板的计算和平台梁的计算。

（1）梯段板的计算与构造

1）板厚。为保证刚度要求，板厚 h 取垂直于梯段板轴线的最小高度，不考虑三角形踏步部分，可取梯段水平投影长度的 1/30，一般为 100~120mm。

2）内力的计算。梯段板倾斜地支承在平台梁和楼层梁上，其承受的荷载包括斜板、踏步及粉刷层等恒载和活荷载。计算时取 1m 宽板带作为计算单元，同时将梯段板两端支承简化为铰支座，梯段板按简支板计算，计算简图如图 4-24 所示。梯段板不进行斜截面受剪承载力计算。

3）钢筋的布置。当按跨中弯矩计算出受力钢筋的截面积后，按梯段板的斜向轴线布置。在支座负弯矩区段，可不必计算，按跨中受力钢筋截面积配筋。受力钢筋的配置方式有弯起式和分离式。除受力钢筋外，还应在垂直方向配置分布钢筋，要求每个踏步范围内需配置一根直径不小于 6mm 的分布钢筋，梯段板的配筋如图 4-25 所示。

（2）平台板的计算与构造

平台板厚度 $h = l_0/35$（l_0 为平台板计算跨度），一般不小于 60mm，平台板按单向板考虑，计算时两端支承简化为铰支座，取 1m 宽板带作为计算单元，因此平台板的内力计算可按单跨简支板计算，平台板的配筋如图 4-26 所示。

图 4-24 梯段板计算简图

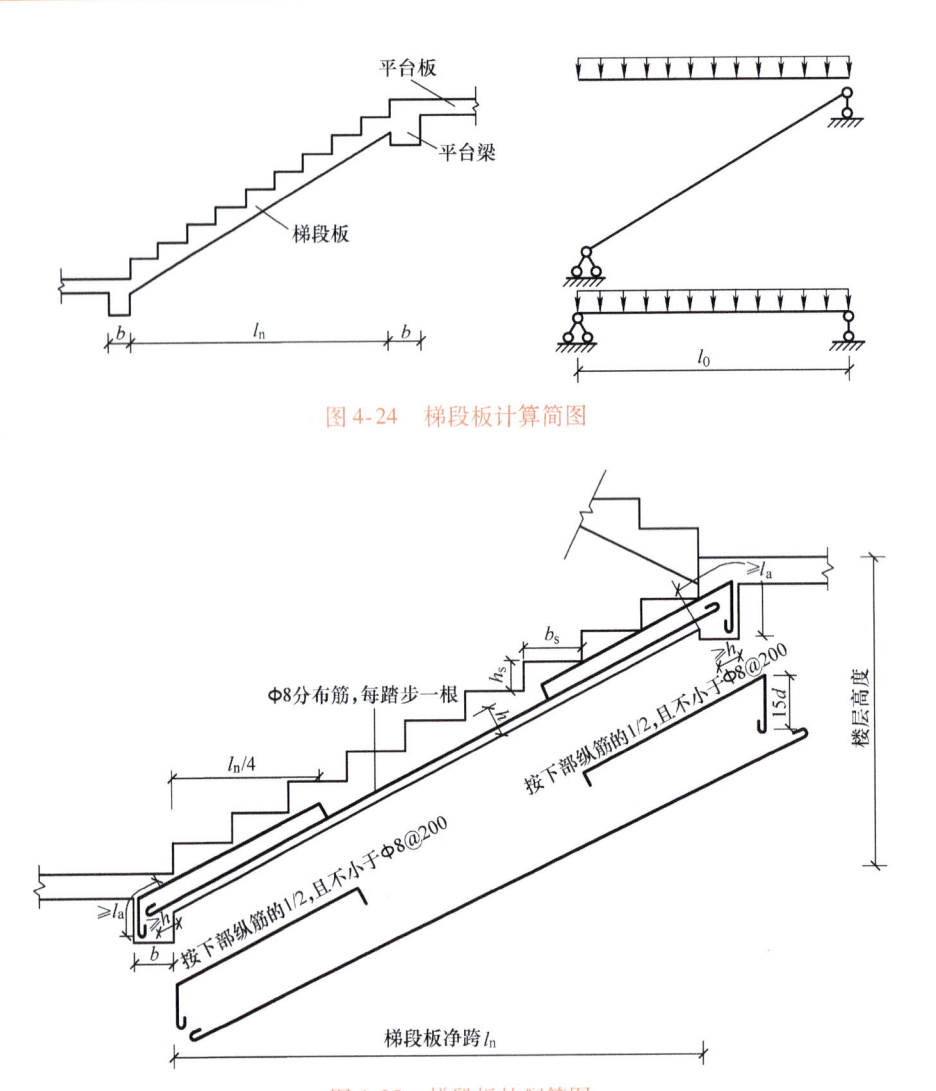

图 4-25 梯段板的配筋图

平台板与平台梁整体连接时,连接处会产生负弯矩,则应配置承受负弯矩的纵向钢筋,此时可不用计算,直接按跨中纵向钢筋的数量配置连接处负弯矩钢筋。当平台板的跨度远小于梯段板的跨度时,平台板内可能只出现负弯矩而无正弯矩,此时应按计算通长配置负弯矩纵向钢筋。平台板不进行斜截面受剪承载力计算。

（3）平台梁的计算与构造

1）平台梁的截面高度 $h = l_0/12$（l_0 为平台梁计算跨度，$l_0 = l_n + a$，但不大于 $1.05l_n$，l_n 为平台梁的净跨，a 为平台梁的支承宽度）。

2）在确定平台梁所承受的荷载时，忽略上下梯段板之间的空隙，并认为上下梯段板施加给平台梁的荷载相等，因此荷载可简化为沿梁长的均布荷载。平台梁的支承是两侧的墙体或柱，计算时简化为铰支座。这样平台梁可按承受均布荷载作用的倒 L 形简支梁计算。考虑到实际情况下，上下梯段板对平台梁的荷载大小不一，梁内会产生扭矩，因此还应配置适量的抗扭钢筋。其他钢筋的构造同一般梁。

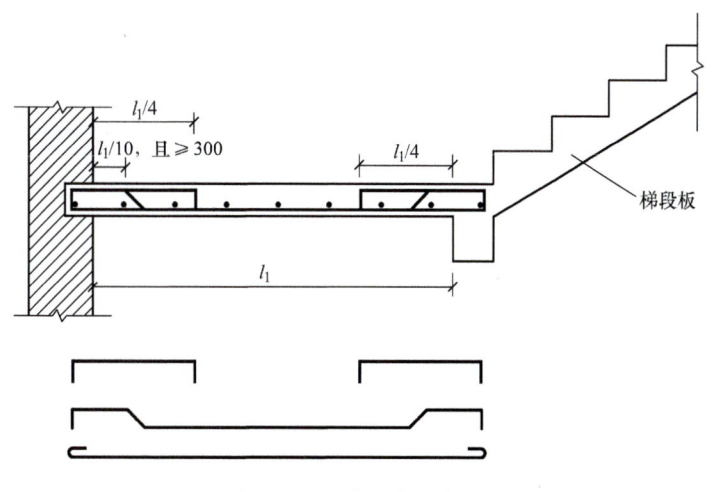

图 4-26 平台板的配筋图

3. 现浇梁式楼梯的荷载传递与构造要求

（1）梁式楼梯的组成及荷载传递

梁式楼梯由踏步板、斜梁、平台板和平台梁组成，如图 4-27 所示。踏步板两端支承在斜梁上，斜梁两端分别支承在上、下平台梁（有时一端支承在层间楼面梁）上，平台板支承在平台梁或楼层梁上，而平台梁则支承在楼梯间两侧的墙或柱上。每个梯段通常设置两根斜梁，但梯段较窄或有特殊要求时，可在中间设一根梁，称为单梁式楼梯。

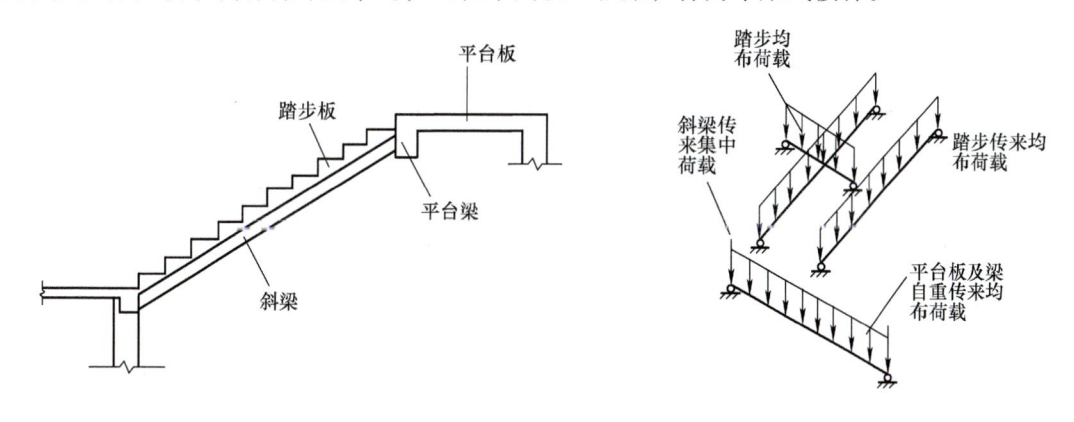

图 4-27 梁式楼梯的组成及计算简图

（2）梁式楼梯的构造

1）踏步板。踏步板的截面大多为梯形（由三角形踏步和其下的斜板组成），现浇踏步板的斜板厚度一般取 30～40mm，配筋按计算确定。每一级踏步下应配置不少于 2Φ8 的受力钢筋，布置在踏步下面的斜板中，并将每两根中的一根伸入支座后弯起作支座负钢筋。此外，沿整个梯段斜向布置间距不大于 250mm 的分布钢筋，位于受力钢筋的内侧，如图 4-28 所示。

2）斜梁。梯段斜梁按倒 L 形截面或矩形截面计算，踏步板下斜梁为其受压翼缘，梯段斜梁的截面高度一般取 $h \geq l_0/20$，梁端部纵筋必须放在平台梁纵筋上面，梁端上部应设置负弯矩钢筋，斜梁纵筋在平台梁中的锚固长度应满足受拉钢筋锚固长度的要求，其他构造与一

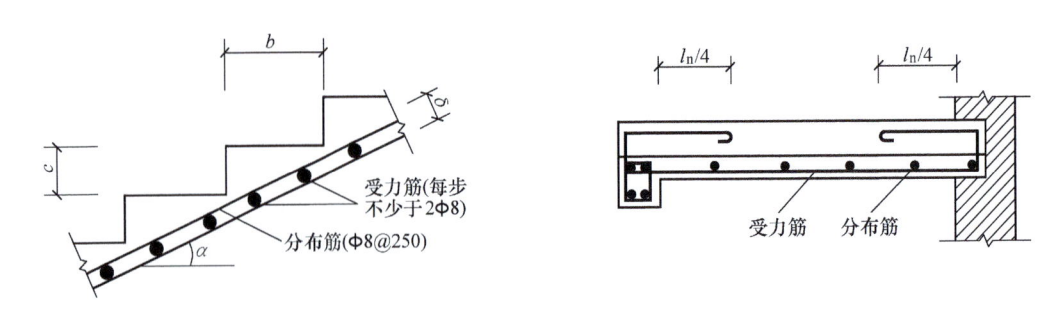

图 4-28 踏步板的配筋分布

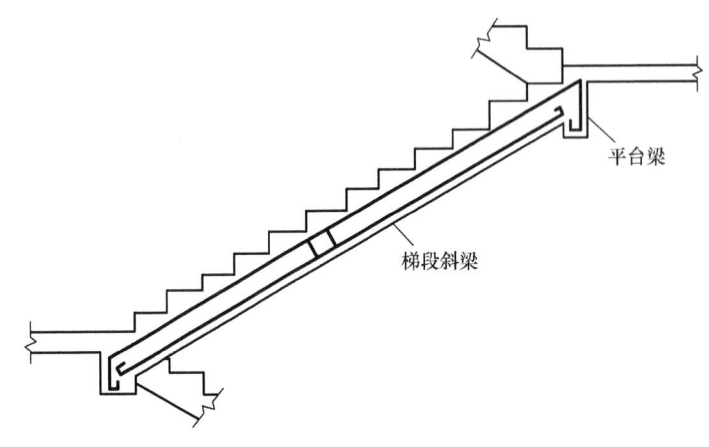

图 4-29 斜梁配筋图

般梁相同,斜梁的配筋如图 4-29 所示。

3）平台板和平台梁。平台板的配筋构造同板式楼梯。平台梁由于要承受斜梁传来的集中荷载,因此在平台梁与斜梁相交处,应在平台中斜梁两侧设置附加箍筋或吊筋,其要求与钢筋混凝土主梁内附加钢筋的要求相同。

4. 折线形楼梯

有时为了满足建筑功能的要求,有些房屋的楼梯可能做成折线形。折线形梁（或板）的计算与普通斜梁（板）的计算相同。

对于折线形的梁式（或板式）楼梯,在梁（板）内折角处的下部受力钢筋不允许沿板底弯折,以免产生向外的合力将该处的混凝土崩开,如图 4-30a 所示,应将内折角处的受拉钢筋断开,各自延伸至受压区分别加以锚固,如图 4-30b 所示。当该钢筋同时兼作支座的负钢筋时,可按图 4-30c 所示配筋。在折线形斜梁中,同时还应在该处增设箍筋（箍筋数量应由计算确定）。

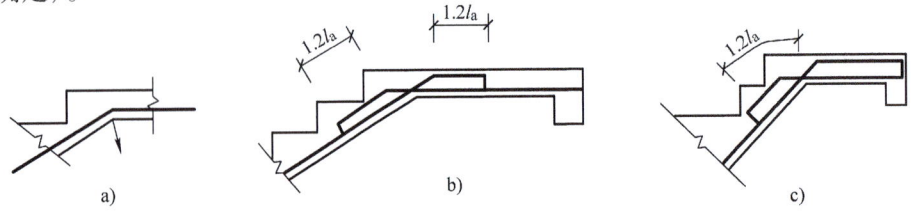

图 4-30 折线形楼梯折角内边的配筋图

任务5　认知悬挑构件

建筑工程中，常见的钢筋混凝土雨篷、阳台、挑檐、挑廊等均为具有代表性的悬挑构件。现以悬臂板式钢筋混凝土雨篷、挑梁、挑檐为例，进行简要介绍。

4.5.1　雨篷

雨篷是房屋结构中常见的悬挑构件，一般雨篷由雨篷板和雨篷梁组成，雨篷板直接承受作用在雨篷上的恒载和活载，雨篷梁一方面支承雨篷板，承受雨篷板传来的荷载，另一方面，又兼作过梁，承受上部墙体、楼面梁或楼梯平台传来的各种荷载。对于悬挑较长的雨篷，一般还要设置边梁来支撑雨篷。

一般雨篷承受荷载后有三种破坏形式：雨篷板在支承端（根部）发生受弯破坏；雨篷梁发生受弯、受剪、受扭复合破坏；雨篷整体发生倾覆破坏，如图 4-31 所示。

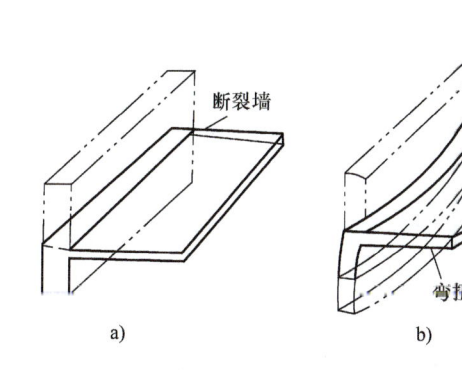

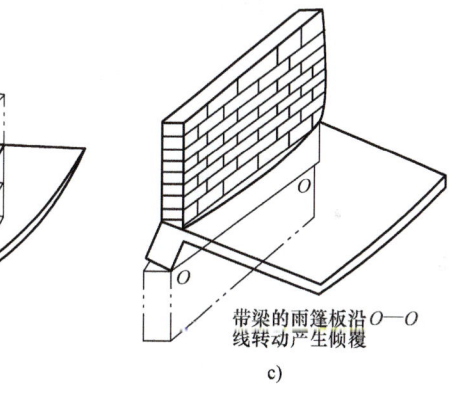

图 4-31　雨篷的破坏形式
a）雨篷板断裂　b）雨篷板弯扭　c）雨篷板倾覆

1. 雨篷板的设计要点与构造要求

雨篷板是悬臂板，按悬臂受弯构件设计。

（1）构造要求

雨篷板厚可取 $h = l_n/12$，雨篷板挑出长度一般为 0.6～1.2m，现浇雨篷板一般做成变厚度的，根部的厚度可取挑出长度的 1/10，当雨篷板挑出的长度超过 0.6m 时，雨篷板根部的厚度不应小于 70mm，自由端部不应小于 50mm。

（2）荷载计算

雨篷板上的荷载有自重、抹灰层重、面层重、雪荷载、均布活荷载和施工或检修集中荷载。其中均布活荷载的标准值按不上人屋面考虑，取 $0.5kN/m^2$。施工或检修集中荷载取 1.0kN，并且在计算承载力时，沿板宽每米作用一个集中荷载；进行抗倾覆验算时，沿板宽每隔2.5~3.0m作用一个集中荷载,并应作用于最不利位置。均布活荷载与雪荷载不同时考虑,且取两者的较大值。均布活荷载与施工或检修集中荷载不同时考虑。

雨篷板的计算通常是取1m宽的板带,在上述荷载作用下,按悬臂板计算,雨篷板受力图如图4-32所示。

(3) 配筋

对一般无边梁的雨篷板,其配筋按悬臂板计算,钢筋构造与普通板相同,需要补充的是雨篷板的受力钢筋必须伸入雨篷梁,并与梁中的钢筋搭接,其配筋图如图4-33所示。

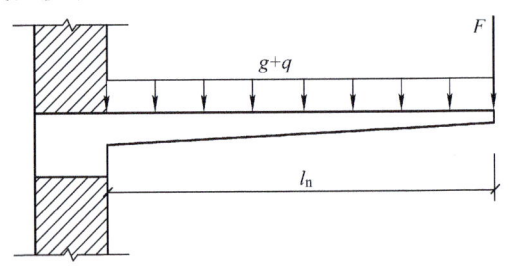

图4-32 雨篷板受力图

2. 雨篷梁的设计

雨篷梁承受的荷载有:雨篷板传来的荷载;上部墙体、楼面梁或楼梯平台传来的各种荷载;自重。

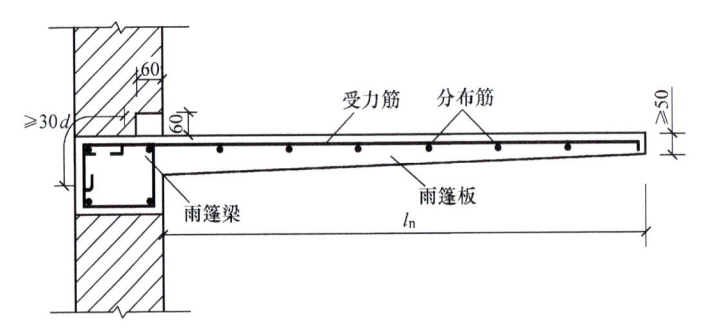

图4-33 雨篷梁的配筋图

雨篷梁是受弯、受剪、受扭复合受力构件,故应按弯剪扭构件设计配筋,雨篷梁的配筋图如图4-33所示。

雨篷梁的宽度一般与墙厚相同,高度除满足普通梁的高跨比之外,还应为砖的皮数。为防止雨水沿着墙缝渗入墙内,一般在雨篷梁的顶部靠近外部的一侧设置一个高60mm的凸块,如图4-33所示。

3. 雨篷的整体抗倾覆验算

雨篷是悬挑构件,除了进行承载力计算之外,还应进行整体抗倾覆验算。如图4-34所示的雨篷,雨篷板上的荷载绕O点产生倾覆力矩M_{ov},而雨篷梁的自重G、作用在梁上的墙体重量G_r以及楼盖传来的荷载产生抗倾覆力矩M_r。雨篷整体抗倾覆验算的条件是:

$$M_r \geq M_{ov}$$

其中 M_r——抗倾覆力矩,$M_r = 0.8G_r(l_2 - x_0)$;

G_r——作用在雨篷梁上的墙体重量,按雨篷梁尾部上端45°扩散角内的墙体重量,该部分墙体的宽度为$l_n + 2a + 2l_3$,$l_3 = l_n/2$;

x_0——计算倾覆点至墙外边缘的距离,一般为$0.13l_1$,l_1为墙厚;

M_{ov}——作用在雨篷上的所有荷载对O点的倾覆力矩。

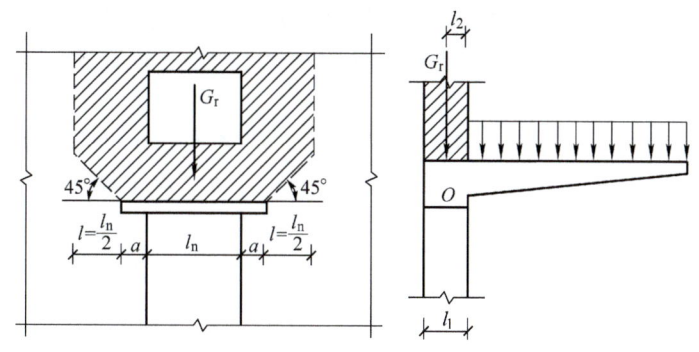

图 4-34 雨篷整体抗倾覆验算受力图

4.5.2 挑梁

1. 挑梁的受力特点

在悬挑端集中力 F、墙体自重以及上部荷载作用下，挑梁可能发生的破坏形态有以下三种（图 4-35）。

1）挑梁倾覆破坏：挑梁倾覆力矩大于抗倾覆力矩，挑梁尾端墙体斜裂缝不断开展，挑梁绕倾覆点发生倾覆破坏。

2）梁下砌体局部受压破坏：当挑梁埋入墙体较深、梁上墙体高度较大时，挑梁下靠近墙边小部分砌体由于压应力过大发生局部受压破坏。

3）挑梁弯曲或剪切破坏：当挑梁埋入墙体较深，抗倾覆力矩大于倾覆力矩，挑梁作为悬臂构件可能产生弯曲破坏；当悬挑端集中力 F 较大时，也有可能沿着挑梁与墙体相交部位产生剪切破坏。

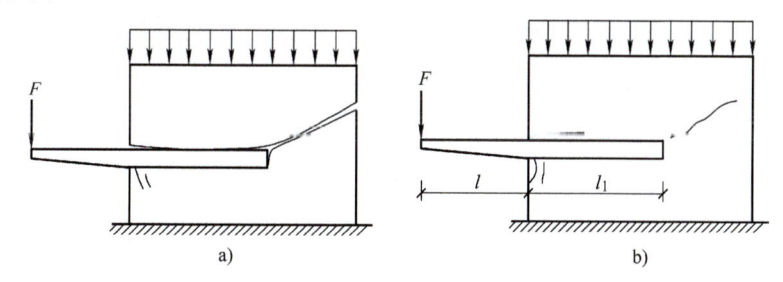

图 4-35 挑梁的破坏形态
a）倾覆破坏 b）挑梁下砌体局部受压破坏、挑梁弯曲或剪切破坏

2. 挑梁的构造要求

挑梁设计除应满足《混凝土结构设计规范》（GB/T 50010—2010）的有关规定外，尚应满足下列要求：

1）纵向受力钢筋至少应有 1/2 的钢筋面积伸入梁尾端，且不少于 2Φ12，其余钢筋伸入支座的长度不应小于 $2l_1/3$。

2）挑梁埋入砌体长度 l_1 与挑出长度 l 之比宜大于 1.2；当挑梁上无砌体时，l_1 与 l 之比宜大于 2。

4.5.3 挑檐

钢筋混凝土现浇挑檐通常将挑檐板和圈梁整浇在一起，挑檐板的受力与现浇雨篷板相似。圈梁内的配筋，除按构造要求设置外，尚应满足抗扭钢筋的构造要求。此外，在挑檐板挑出部分转角处，须配置上下层加固钢筋，如图4-36a所示；或设置放射状附加构造负筋，如图4-36b所示。

悬臂雨篷（或挑檐）板有时带构造翻边，这时应考虑积水荷载对翻边的作用。当为竖直翻边时，积水将对其产生向外的推力，翻边的钢筋应置于靠近积水的内侧，且在内折角处钢筋有良好的锚固，如图4-37a所示。当为斜翻边时，由于斜翻边自身重量产生的力矩使其有向内倾倒的趋势，故翻边钢筋应置于外侧，且应弯入平板一定的长度，如图4-37b所示。

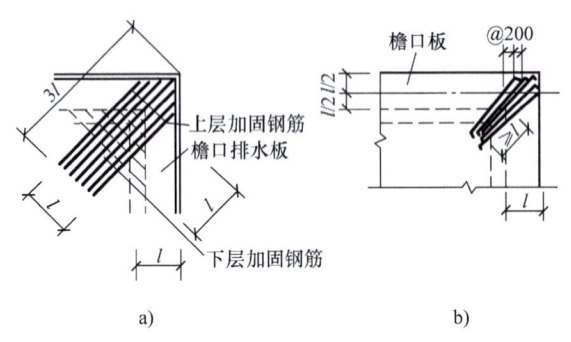

图4-36 现浇挑檐板转角处配筋
a) 上下层加固钢筋 b) 放射形构造负筋

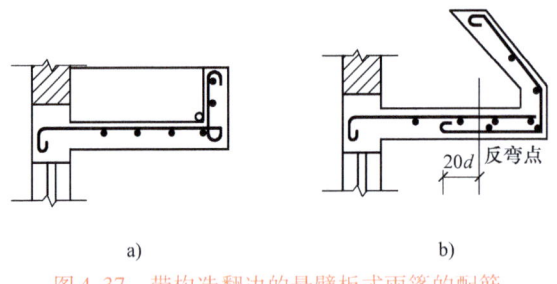

图4-37 带构造翻边的悬臂板式雨篷的配筋
a) 直翻边 b) 斜翻边

任务6 识读钢筋混凝土梁板结构施工图

4.6.1 钢筋混凝土楼（屋）盖结构施工图

钢筋混凝土楼（屋）盖施工图一般包括楼层结构平面图、屋盖结构平面图和钢筋混凝土构件详图。

楼层结构平面图是假想用一个紧贴楼面的水平面剖切后所得的水平投影图，主要用于表示每层楼（屋）面中的梁、板、柱、墙等承重构件的平面布置情况，现浇板还应反映出板的配筋情况，预制板则应反映出板的类型、排列、数量等。

1. 楼层结构平面图的特点

1）轴线网及轴线间距尺寸与建筑平面图一致。

2）标注墙、柱、梁的轮廓线以及编号、定位尺寸等内容。可见墙体轮廓线用中实线，楼板下面不可见墙体轮廓线用中虚线；剖切到的钢筋混凝土柱可涂黑表示，并分别标注代号 Z_1、Z_2 等；由于钢筋混凝土梁被板压盖，一般用中虚线表示其轮廓，也可在其中心位置用一道粗实线表示，并在旁侧标注梁的构件代号。

3）钢筋混凝土楼板的轮廓线用细实线表示，板内钢筋用粗实线表示。

4）楼层的标高为结构标高，即建筑标高减去构件装饰面层后的标高。

5）门窗过梁可用虚线表示其轮廓线或用粗点画线表示其中心位置，同时在旁侧标注其代号。圈梁可在楼层结构平面图中相应位置涂黑或单独绘制小比例单线平面示意图，其断面形状、大小和配筋通过断面图表示。

6）楼层结构平面图的常用比例为 1∶100、1∶200 或 1∶50。

7）当各层楼面结构布置情况相同时，只需用一个楼层结构平面图表示，但应注明合用各层的层数。

8）预制楼板中，预制板的数量、代号和编号以及板的铺设方向、板缝的调整和钢筋配置情况等均通过结构平面图反映。

2. 楼层结构平面图中钢筋的表示方法

1）现浇板的配筋图一般直接画在结构平面布置图上，必要时加画断面图。

2）钢筋在结构平面图上的表达方式为：底层钢筋弯钩应向上或向左，若为无弯钩钢筋，则端部以 45°短画线符号向上或向左表示；顶层钢筋则弯钩向下或向右。

3）相同直径和间距的钢筋，可以用粗实线画出其中一根来表示，其余部分可不再表示。

4）钢筋的直径、根数与间距采用标注直径和相邻钢筋中心距的方法标注，如Φ8@150，并注写在平面配筋图中相应钢筋的上侧或左侧。对编号相同而设置方向或位置不同的钢筋，当钢筋间距相一致时，可只标注一处，其他钢筋只在其上注写钢筋编号即可。

5）钢筋混凝土现浇板的配筋图包括平面图和断面图。通常板的配筋用平面图表示即可，必要时可加画断面图。断面图反映板的配筋形式、钢筋位置、板厚及其他细部尺寸。

3. 楼层结构平面图识图举例

识读钢筋混凝土楼（屋）盖施工图时，先看结构平面布置图，再看构件详图；先看轴线网和轴线尺寸，再看各构件墙、梁、柱等与轴线的关系；先看构件截面形式、尺寸和标高，再看楼（屋）面板的布置和配筋。

（1）单向板肋形楼盖结构施工图

图 4-38～图 4-41 为某现浇钢筋混凝土单向板肋形楼盖结构平面图。

图 4-38 为结构平面布置图，从此图中可看出，主梁三跨沿横向布置，跨度为 6m；次梁五跨沿纵向布置，跨度为 6m；单向板有九跨，每跨跨度为 2m。楼盖四周支承在砌体墙上，中间主梁支承在钢筋混凝土柱上。楼盖为对称结构平面。

图 4-39 为单向板配筋图，由于结构对称，故取出板面的 1/4 进行配筋。板内钢筋均为 HPB300 级钢筋。板底受力钢筋有①号、②号、③号、④号四种规格

图 4-38 单向板结构平面布置图

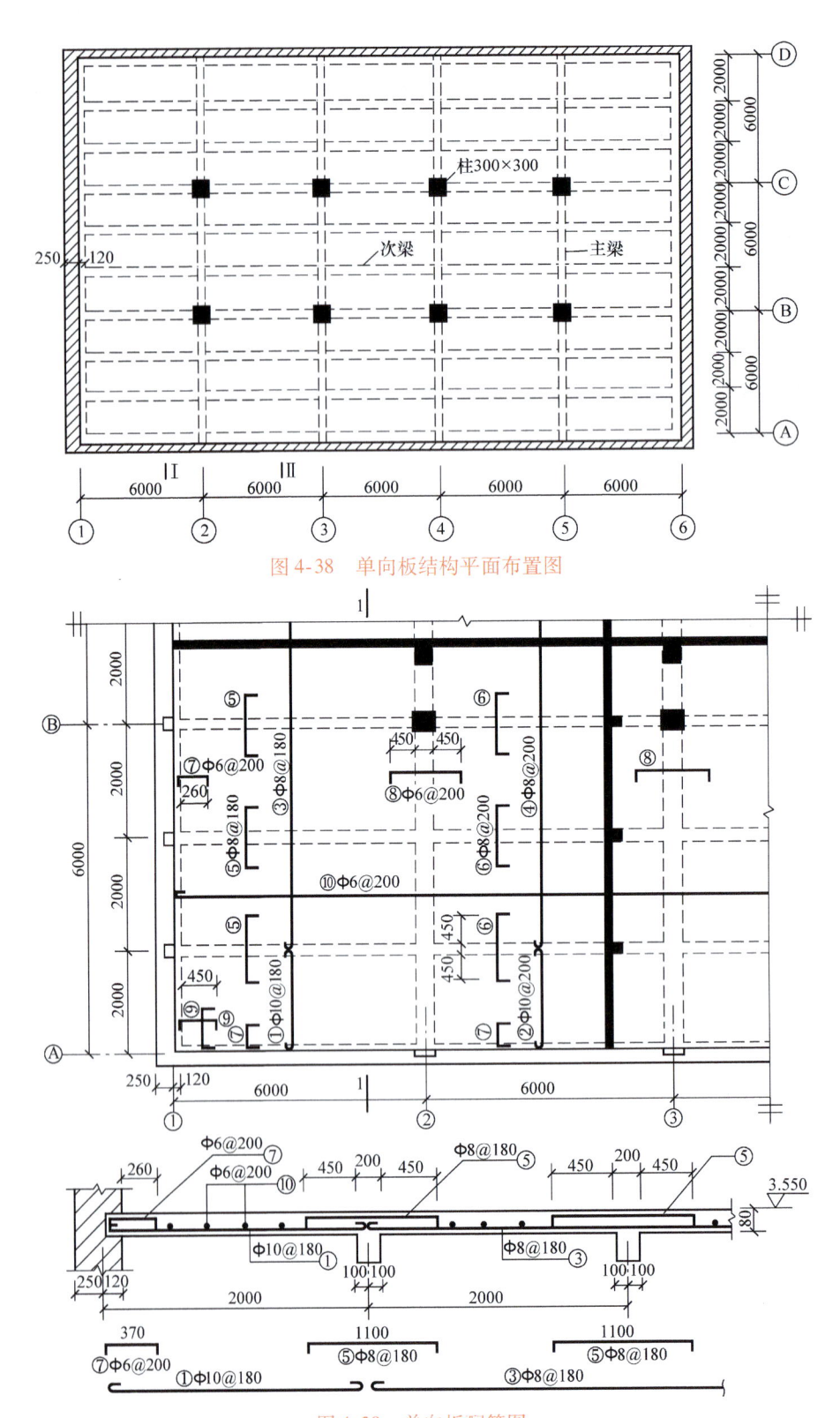

图 4-39 单向板配筋图

的钢筋，分别位于不同板块内。①~②、⑤~⑥轴线间受力钢筋间距均为180mm，其中边跨为①号钢筋直径10mm，中间跨为③号钢筋直径8mm；②~⑤轴线间受力钢筋间距为200mm，其中边跨为②号钢筋直径10mm，中间跨为④号钢筋直径8mm。

板面受力钢筋有⑤号、⑥号两种规格的钢筋，沿次梁长度方向设置，均为扣筋形式。①~②、⑤~⑥轴线间为⑤号扣筋，直径8mm，间距为180mm，②~⑤轴线间为⑥号扣筋，直径8mm，间距200mm。扣筋伸出次梁两侧边的长度均为450mm。

板中分布钢筋为⑩号钢筋，沿板内纵向均匀布置，直径6mm，间距为200mm，从墙边开始设置，板中梁宽范围内不设分布钢筋。

板中设有周边嵌入墙内的板面构造钢筋、垂直于主梁的板面构造钢筋。周边嵌入墙内的板面构造钢筋为⑦号扣筋，直径6mm，间距200mm，钢筋伸出墙边长度为260mm；板角部分双向设置⑨号扣筋，直径6mm，间距200mm，伸出墙边长度为450mm。垂直于主梁的板面构造钢筋为⑧号扣筋，直径6mm，间距200mm，伸出主梁两侧边的长度均为450mm。

从断面图中，反映出受力钢筋与分布钢筋之间的相互关系（受力钢筋位于外侧），同时反映出板面受力钢筋的布置方式（扣筋）。

图4-40为次梁配筋图。①~②轴线间梁下部配有①、②号两种规格的钢筋，①号筋2Φ18为直钢筋，②号筋1Φ16为弯起钢筋，位于梁底中部；②~⑤轴线间梁下部配有④号、⑤号两种规格的钢筋，④号筋2Φ14为直钢筋，⑤号筋1Φ16为弯起钢筋，位于梁底中部；轴线②处梁上部配有③、②和⑤号三种规格的钢筋，③号筋2Φ18为直钢筋，在距离轴线②左右各2050mm处截断；②号筋为从左跨弯来的钢筋，⑤号筋为从右跨弯来的钢筋，分别在距离轴线②左右各1600mm处截断；在①~②轴线间梁的上部加设⑦号2根直径10mm的HPB300级架立钢筋，左侧伸入支座，右端与③号钢筋搭接；其余不再赘述。

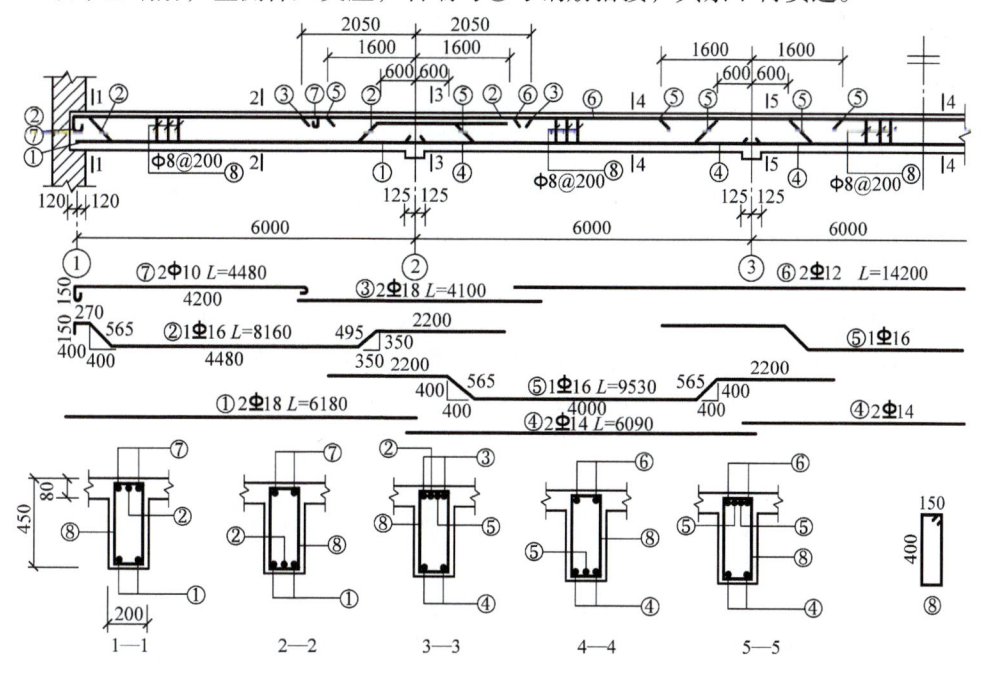

图4-40 次梁配筋图

图4-41为主梁配筋图，从图中可以看出，在主梁上与次梁相交处，分别设置了2根直径18mm的⑩号附加吊筋；在主梁与柱相交处，增设了1根直径25mm的⑨号鸭筋；沿梁高每侧设有⑫号2Φ10纵向构造钢筋，其余配筋叙述从略。

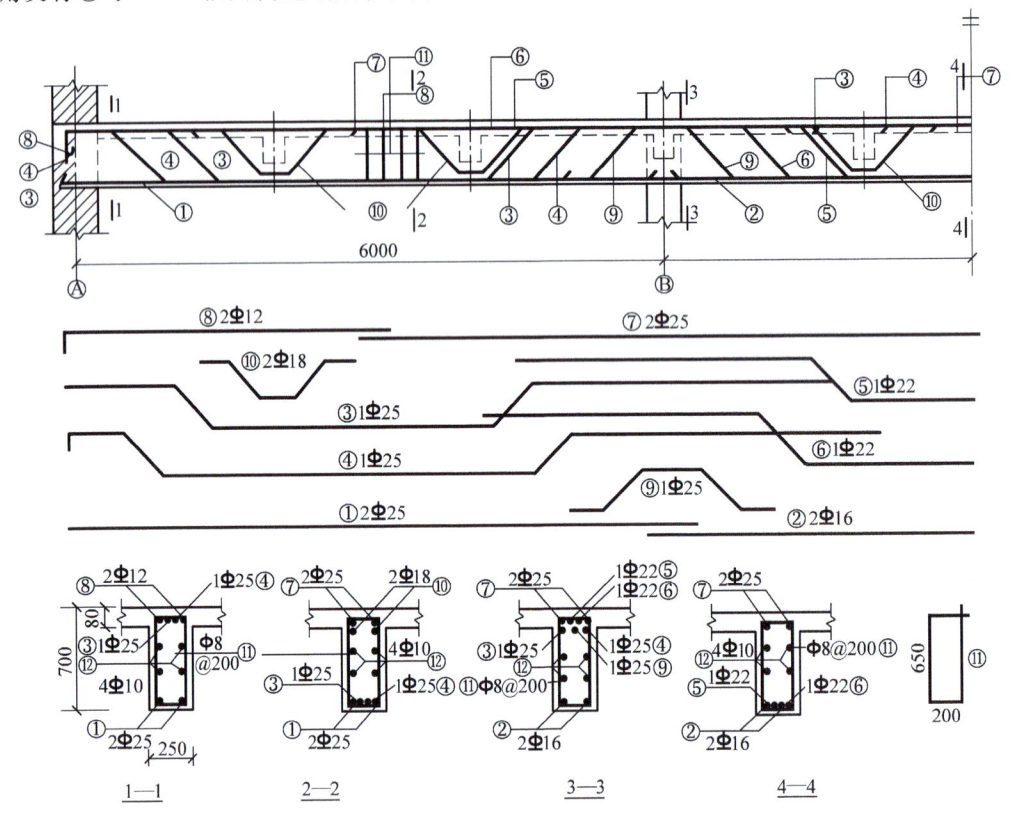

图4-41 主梁配筋图

（2）钢筋混凝土双向板配筋图

如图4-42所示为一现浇钢筋混凝土板（代号XB1）的配筋图，混凝土等级C20，这是一种板底钢筋和板面钢筋分别配置，不设弯起钢筋的配筋方式，称之为板的分离式配筋。它通常适用于板厚$h \leqslant 120$mm时。

1）先看板底钢筋：①~②区格为双向板，故底板配有两个方向的受力筋，即在该区格①号钢筋按Φ8@150布置，②号钢筋按Φ6@150布置。②~③区格为单向板，板底沿短向为受力筋，即③号钢筋按Φ6@150布置；沿长向为分布钢筋，按Φ6@250布置。

2）再看板面钢筋：沿各区格板边均为⑤号筋，按Φ8@200布置，角区为⑦号筋，按双向Φ8@200布置；②轴线支座板面钢筋为⑥号筋，按Φ8@150布置。

另外，可以看出该板均采用HPB300级钢筋，板厚为100mm，板底标高为3.170m。

【实例4-1】 识读板弯起式配筋图。

如图4-43所示为该板的另一种配筋方式，即设有弯起钢筋，通常称为弯起式配筋，它一般用于板厚$h>120$mm或承受动力荷载时。这种配筋图与前述分离式配筋的区别就在于把板底一部分钢筋在邻近支座的适当位置弯起（一般弯起角为30°）伸至板面起到板面罩筋的作用。

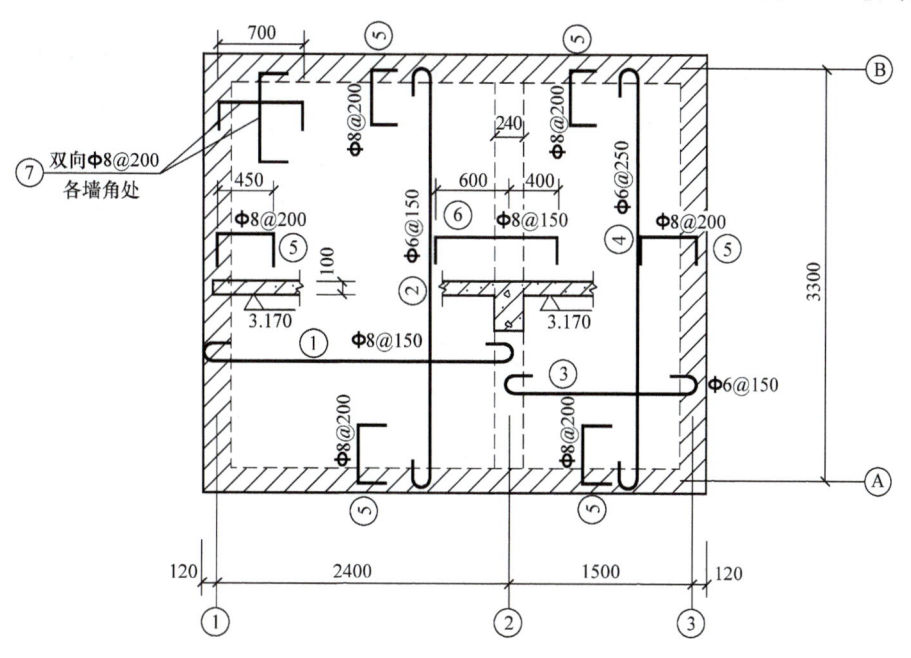

图 4-42　XB1 板分离式配筋图

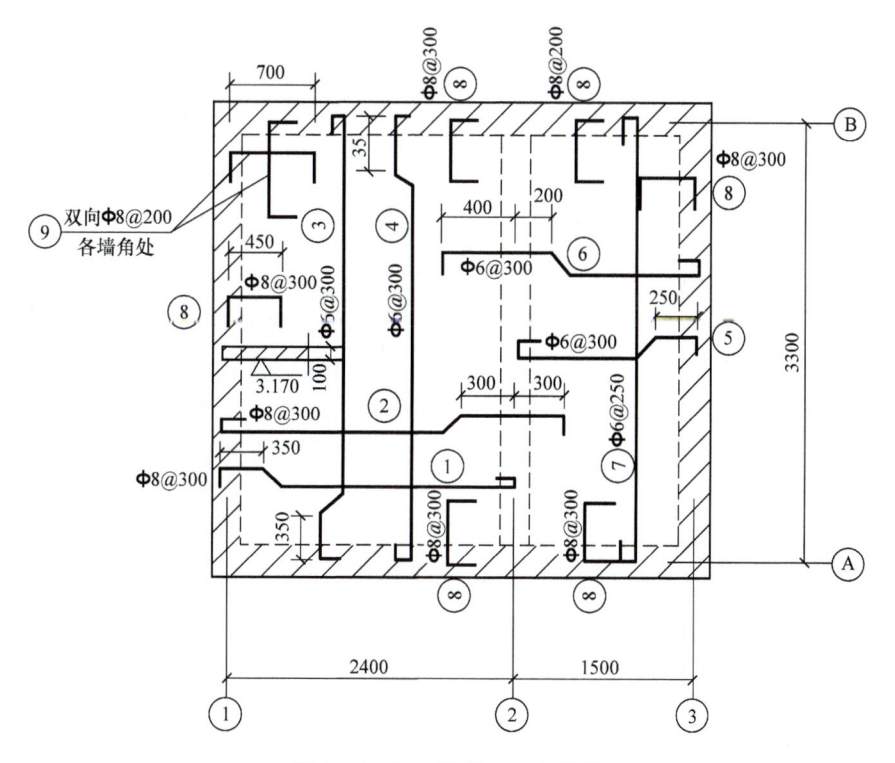

图 4-43　XB1 板弯起式配筋图

4.6.2　有梁楼盖板平法施工图识读

有梁楼盖板指以梁为支座的楼面与屋面板。

1. 有梁楼盖板平法施工图表达方式

有梁楼盖板平法施工图，是在楼面板和屋面板布置图上，采用平面注写的表达方式，板平面注写主要包括板块集中标注和板支座原位标注。

为方便设计表达和施工识图，规定结构平面的坐标方向为：

1）当两向轴网正交布置时，图面从左至右为 x 向，从下至上为 y 向。

2）当轴网转折时，局部坐标方向顺轴网转折角做相应转折。

3）当轴网向心布置时，切向为 x 向，径向为 y 向。

此外，对于平面布置比较复杂的区域，如轴网转折交界区域、向心布置的核心区域等，其平面坐标方向应由设计者另行规定并在图上明确表示。

2. 板块集中标注

板块集中标注的内容为：板块编号、板厚、贯通纵筋，以及当板面标高不同时的标高高差。

对于普通楼面，两向均以一跨为一板块；对于密肋楼盖，两向主梁（框架梁）均以一跨为一板块（非主梁密肋不计）。所有板块应逐一编号，相同编号的板块可择其一做集中标注，其他仅注写置于圆圈内的板编号，以及当板面标高不同时的标高高差。板块编号应符合表4-3的规定。

表4-3 板块编号

板类型	代号	序号
楼面板	LB	××
屋面板	WB	××
悬挑板	XB	××

板厚注写为 $h-×××$（为垂直于板面的厚度）；当悬挑板的端部改变截面厚度时，用斜线分隔根部与端部的高度值，注写为 $h-×××/×××$；当设计已在图注中统一注明板厚时，此项可不注。

贯通纵筋按板块的下部和上部分别注写（当板块上部不设贯通纵筋时则不注），并以 B 代表下部，以 T 代表上部，B&T 代表下部与上部；x 向贯通纵筋以 X 打头，y 向贯通纵筋以 Y 打头，两向贯通纵筋配置相同时则以 $X\&Y$ 打头。当为单向板时，分布筋可不必注写，而在图中统一注明。当在某些板内（例如在悬挑板 XB 下部）配置有构造钢筋时，则 x 向以 Xc，y 向以 Yc 打头注写。当 y 向采用放射配筋时（切向为 x 向，径向为 y 向），设计者应注明配筋间距的定位尺寸。当贯通筋采用两种规格钢筋"隔一布一"方式时，表达为 $\phi xx/yy@xxx$，表示直径为 xx 的钢筋和直径为 yy 的钢筋二者之间间距为 xxx，直径 xx 的钢筋的间距为 xxx 的2倍，直径 yy 的钢筋的间距为 xxx 的2倍。

板面标高高差，是指相对于结构层楼面标高的高差，应将其注写在括号内，且有高差则注，无高差不注。

【实例4-2】 设有一楼面板块注写为：LB5　$h=110$
B：$X\Phi12@120$；$Y\Phi10@110$

表示 5 号楼面板，板厚 110mm，板下部配置的贯通纵筋 x 向为Φ12@120；y 向为Φ10@110；板上部未配置贯通纵筋。

【实例 4-3】 设有一延伸悬挑板注写为：XB2　$h=150/100$

B：$Xc\&Yc$Φ8@200

表示 2 号悬挑板，板根部厚 150mm，端部厚 100mm，板下部配置构造钢筋双向均为Φ8@200（上部受力钢筋见板支座原位标注）。

同一编号板块的类型、板厚和贯通纵筋均应相同，但板面标高、跨度、平面形状以及板支座上部非贯通纵筋可以不同，如同一编号板块的平面形状可为矩形、多边形及其他形状等。施工预算时，应根据其实际平面形状，分别计算各板块的混凝土与钢材用量。

设计与施工应注意：单向或双向连续板的中间支座上部同向贯通纵筋，不应在支座位置连接或分别锚固。当相邻两跨的板上部贯通纵筋配置相同，且跨中部位有足够空间连接时，可在两跨任意一跨的跨中连接部位连接；当相邻两跨的上部贯通纵筋配置不同时，应将配置较大者越过其标注的跨数终点或起点伸至相邻跨的跨中连接区域连接。

设计应注意板中间支座两侧上部贯通纵筋的协调配置，施工及预算应按具体设计和相应标准构造要求实施。等跨与不等跨板上部贯通纵筋的连接有特殊要求时，其连接部位及方式应由设计者注明。

3. 板支座原位标注

板支座原位标注的内容为：板支座上部非贯通纵筋和悬挑板上部受力钢筋。

板支座原位标注的钢筋，应在配置相同跨的第一跨表达（当在梁悬挑部位单独配置时则在原位标注）。在配置相同跨的第一跨（或梁悬挑部位），垂直于板支座（梁或墙）绘制一段适宜长度的中粗实线（当该筋通长设置在悬挑板或短跨板上部时，实线段应画至对边或贯通短跨），以该线段代表支座上部非贯通纵筋，并在线段上方注写钢筋编号（如①、②等）、配筋值、横向连续布置的跨数（注写在括号内，且当为一跨时可不注），以及是否横向布置到梁的悬挑端。例如，（××）为横向布置的跨数，（××A）为横向布置的跨数及一端的悬挑梁部位，（××B）为横向布置的跨数及两端的悬挑梁部位。

板支座上部非贯通筋自支座中线向跨内的伸出长度，注写在线段的下方位置。

当中间支座上部非贯通纵筋向支座两侧对称伸出时，可仅在支座一侧线段下方标注伸出长度，另一侧不注，如图 4-44a 所示。

当向支座两侧非对称伸出时，应分别在支座两侧线段下方注写伸出长度，如图 4-44b 所示。

对线段画至对边贯通全跨或贯通全悬挑长度的上部通长纵筋，贯通全跨或伸出至全悬挑一侧的长度值不注，只注明非贯通筋另一侧的伸出长度值，如图 4-44c 所示。

当板支座为弧形，支座上部非贯通纵筋呈放射状分布时，设计者应注明配筋间距的度量位置并加注"放射分布"，必要时应补绘平面配筋图，如图 4-44d 所示。

悬挑板的注写方式如图 4-44e、f 所示。当悬挑板端部厚度不小于 150mm 时，设计者应指定板端部封边构造方式，当采用 U 形钢筋封边时，尚应指定 U 形钢筋的规格、直径。

此外，悬挑板的悬挑阳角上部放射钢筋的表示方法，如图 4-45 所示。

在板平面布置图中，不同部位的板支座上部非贯通纵筋及悬挑板上部受力钢筋，可仅在一个部位注写，对其他相同者则仅需在代表钢筋的线段上注写编号及横向连续布置的跨数

图 4-44 板支座原位标注

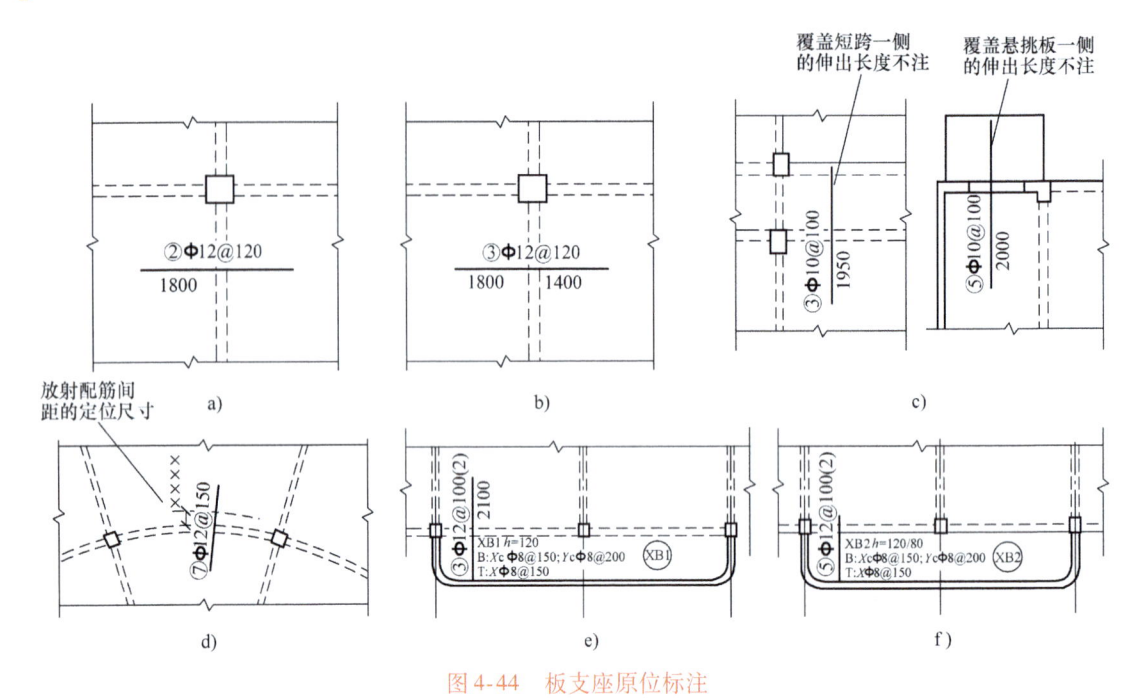

a) 板支座上部非贯通筋对称伸出　b) 板支座上部非贯通筋非对称伸出　c) 板支座非贯通筋贯通全跨或伸出至悬挑端
d) 弧形支座处放射配筋　e)、f) 悬挑板支座非贯通筋

（当为一跨时可不注）即可。

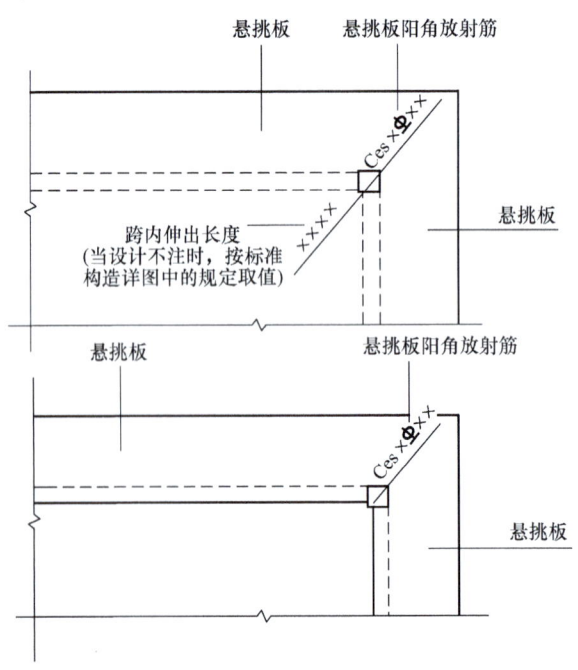

图 4-45 悬挑板阳角放射筋 Ces 引注图示

【实例 4-4】 在板平面布置图某部位，横跨支承梁绘制的对称线段上注有⑦Φ12@100 (5A) 和 1500，表示支座上部⑦号非贯通纵筋为Φ12@100，从该跨起沿支承梁连续布置 5 跨加梁一端的悬挑端，该筋自支座中线向两侧跨内的伸出长度均为 1500mm。在同一板平面

布置图的另一部位横跨梁支座绘制的对称线段上注有⑦（2），表示该筋同⑦号纵筋，沿支承梁连续布置2跨，且无梁悬挑端布置。

此外，与板支座上部非贯通纵筋垂直且绑扎在一起的构造钢筋或分布钢筋，应由设计者在图中注明。

当板的上部已配置有贯通纵筋，但需增配板支座上部非贯通纵筋时，应结合已配置的同向贯通纵筋的直径与间距采取"隔一布一"的方式配置。

"隔一布一"方式，为非贯通纵筋的标注间距与贯通纵筋相同，两者组合后的实际间距为各自标注间距的1/2。当设定贯通纵筋为纵筋总截面面积的50%时，两种钢筋应取相同直径；当设定贯通纵筋大于或小于总截面面积的50%时，两种钢筋则取不同直径。

【实例4-5】 板上部已配置贯通纵筋Φ12@250，该跨同向配置的上部支座非贯通纵筋为⑤Φ12@250，表示在该支座上部设置的纵筋实际为Φ12@125，其中1/2为贯通纵筋，1/2为⑤号非贯通纵筋（伸出长度值略）。

施工时应注意：当支座一侧设置了上部贯通纵筋（在板集中标注中以T打头），而在支座另一侧仅设置了上部非贯通纵筋时，如果支座两侧设置的纵筋直径、间距相同，应将二者连通，避免各自在支座上部分别锚固。

板平法施工图示例如图4-46所示。

4.6.3　楼梯结构施工图

楼梯结构施工图包括楼梯结构平面图和楼梯结构剖面图。

1. 楼梯结构平面图

多高层房屋结构的楼梯结构平面图，根据楼梯梁、板、柱的布置变化，包括底层楼梯结构平面图、中间层楼梯结构平面图和顶层楼梯结构平面图，当中间几层的结构布置和构件类型完全相同时，只用一个标准层楼梯结构平面图表示。

在各楼梯结构平面图中，主要反映出楼梯梁、板的平面布置，轴线位置与轴线尺寸，构件代号与编号，细部尺寸及结构标高，同时确定纵剖面图位置。当楼梯结构平面图比例较大时，还可直接绘制出休息平台板的配筋。

楼梯结构平面图中的轴线编号与建筑施工图一致，钢筋混凝土楼梯的不可见轮廓线用细虚线表示，可见轮廓线用细实线表示，剖切到的砖墙轮廓线用中实线表示，剖切到的钢筋混凝土柱用涂黑表示，钢筋用粗实线表示。

楼梯结构平面图一般用1∶50的比例，也可用1∶40、1∶30的比例。

2. 楼梯结构剖面图

楼梯结构剖面图是根据楼梯平面图中剖面位置绘出的楼梯剖面模板图。楼梯结构剖面图主要反映楼梯间承重构件梁、板、柱的竖向布置，构造和连接情况；平台板和楼层的标高以及各构件的细部尺寸。若楼梯结构剖面图比例较大时，还可直接绘制出楼梯板的配筋。

如比例较小而无法表示清楚钢筋的布置时，应用较大比例绘出楼梯配筋详图，其表示方法与混凝土构件施工图表示方法相同。

楼梯结构剖面图常用比例为1∶50，也可采用1∶40、1∶30、1∶25、1∶20等比例。

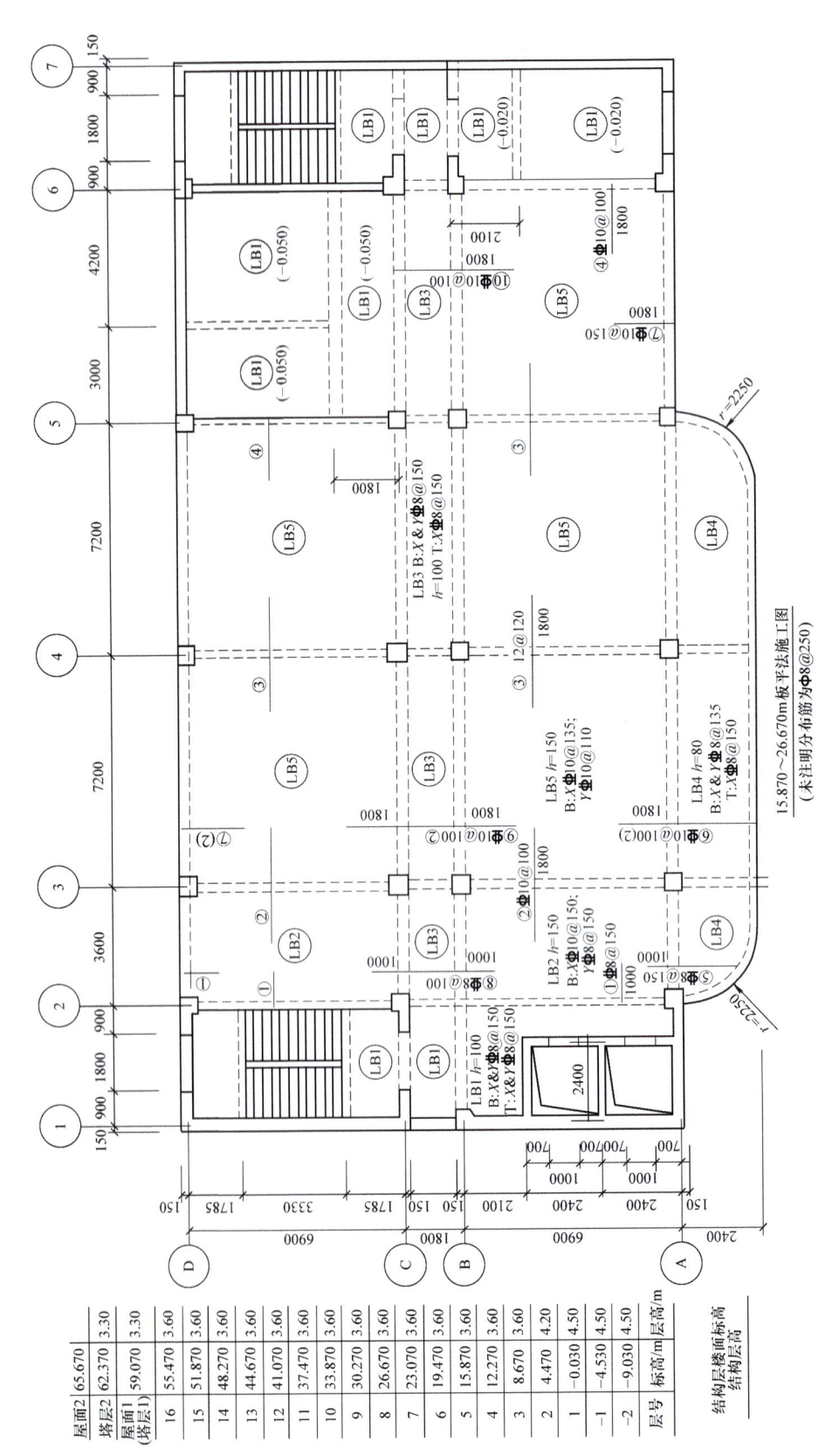

图 4-46 板平法施工图示例

3. 楼梯配筋图实例

某钢筋混凝土现浇板式楼梯配筋图实例，如图 4-47 所示。某钢筋混凝土现浇梁式楼梯配筋图实例，如图 4-48 所示。

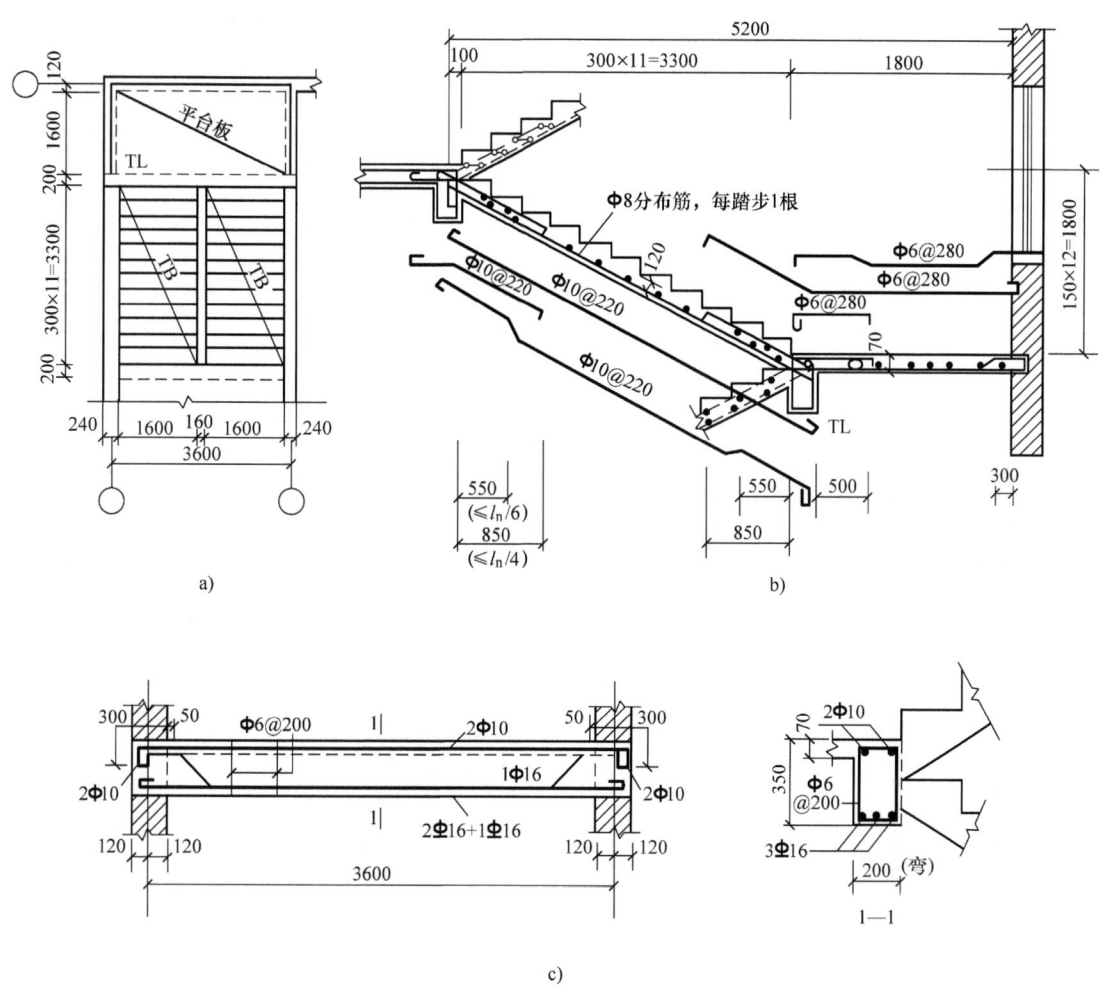

图 4-47 板式楼梯配筋图实例

a）楼梯结构布置　b）梯段板和平台板配筋　c）平台梁配筋

4.6.4 板式楼梯平法识图

现浇混凝土板式楼梯平法施工图有平面标注、剖面标注和列表标注三种表达方式。

1. 楼梯类型

22G101-2 图集楼梯包含 14 种类型，见表 4-4。

2. 板式楼梯平面标注方式

板式楼梯平面标注方式是指在楼梯平面布置图上标注截面尺寸和配筋具体数值来表达楼梯施工图，包括集中标注和外围标注两部分。

（1）楼梯集中标注

楼梯集中标注的内容有五项，具体规定如下。

板式楼梯平法识图

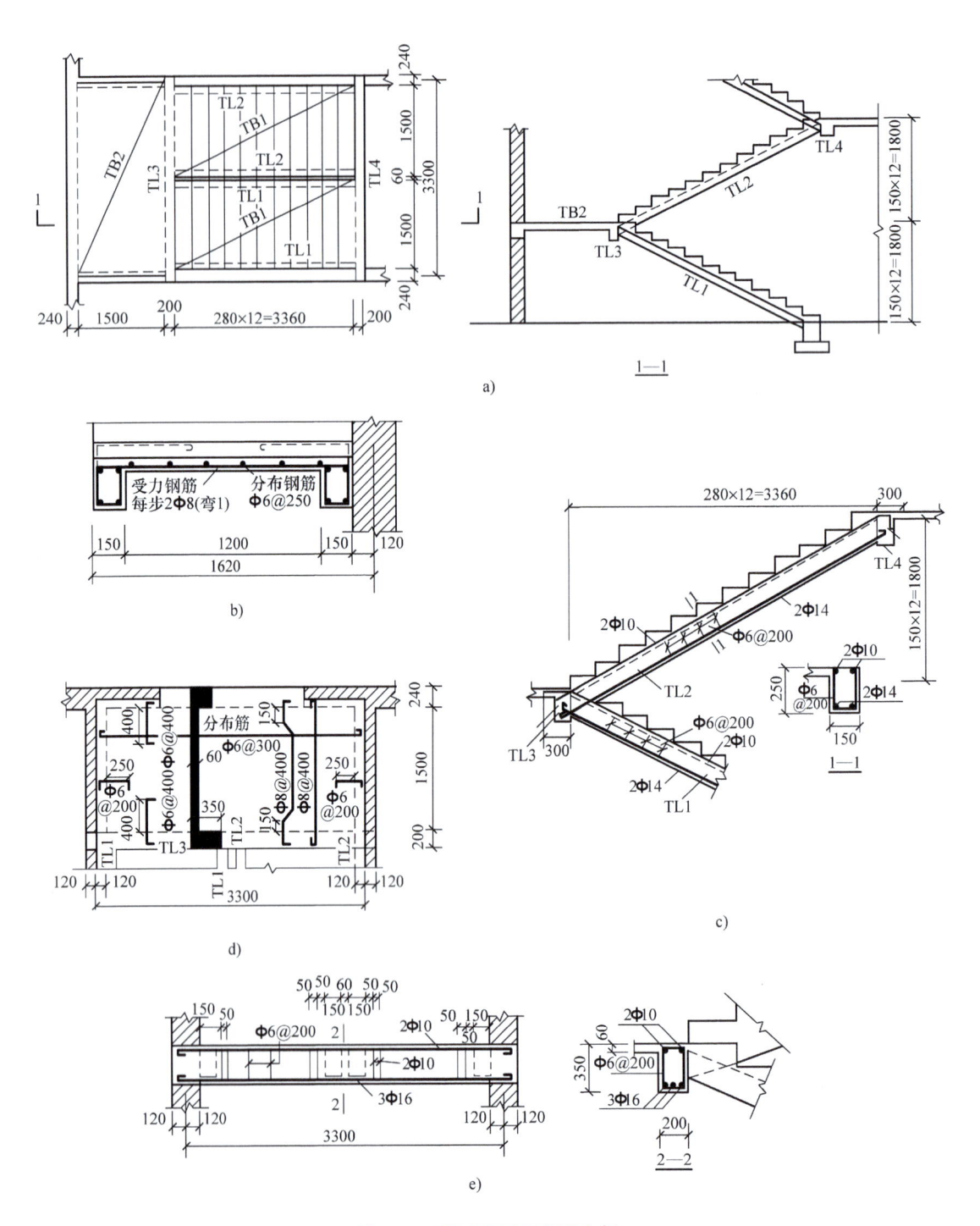

图 4-48 梁式楼梯配筋图实例

a) 楼梯结构布置图 b) 踏步板 TB1 配筋图 c) 斜梁 TL2 配筋图 d) 平台板 TB2 配筋图 e) 平台梁 TL3 配筋图

表 4-4　楼梯类型

梯板代号	适用范围		是否参与结构整体抗震计算	示意图所在页码	注写方式及构造图所在页码
	抗震构造措施	适用结构			
AT	无	剪力墙、砌体结构	不参与	1–8	2–7、2–8
BT				1–8	2–9、2–10
CT	无	剪力墙、砌体结构	不参与	1–9	2–11、2–12
DT				1–9	2–13、2–14
ET	无	剪力墙、砌体结构	不参与	1–10	2–15、2–16
FT				1–10	2–17、2–18 2–19、2–23
GT	无	剪力墙、砌体结构	不参与	1–11	2–20～2–23
ATa	有	框架结构、框剪结构中框架部分	不参与	1–12	2–24～2–26
ATb			不参与	1–12	2–24、2–27、2–28
ATc			参与	1–12	2–29、2–30
BTb	有	框架结构、框剪结构中框架部分	不参与	1–13	2–31～2–33
CTa	有	框架结构、框剪结构中框架部分	不参与	1–14	2–25、2–34、2–35
CTb			不参与	1–14	2–27、2–34、2–36
DTb	有	框架结构、框剪结构中框架部分	不参与	1–13	2–32、2–37、2–38

注：1. ATa、CTa 低端带滑动支座支承在梯梁上；ATb、BTb、CTb、DTb 低端带滑动支座支承在挑板上。
　　2. 表中所说"页码"为 22G101–2 中页码。

1）梯板类型代号与序号，如 AT××。
2）梯板厚度，标注 $h=×××$。当为带平板的梯板且梯段板厚度和平板厚度不同时，可在梯段板厚度后面括号内以字母 P 打头标注平板厚度，例如，$h=100$（P120），100 表示梯段板厚度，120 表示梯板平板段的厚度。
3）踏步段总高度和踏步级数之间以"/"分隔。
4）梯板支座上部纵筋、下部纵筋之间以"；"分隔。
5）梯板分布筋，以 F 打头标注分布钢筋具体值。

下面以 AT 型楼梯举例介绍平面图中梯板类型及配筋的完整标注，如图 4-49 所示。

图 4-49 中梯板类型及配筋的标注表达的内容是：

AT1，$h=140$ 表示梯板类型及编号、梯板板厚。1600/12 表示踏步段总高度、踏步级数。Φ12@200；Φ12@150 表示上部纵筋、下部纵筋。FΦ10@250 表示梯板分布筋。

（2）楼梯外围标注

楼梯外围标注的内容包括楼梯间的平面尺寸、楼层结构标高、层间结构标高、楼梯的上下方向、梯板的平面几何尺寸、平台板配筋、梯梁及梯柱配筋等。

3. 楼梯的剖面标注方式

1）剖面标注方式是指在楼梯平法施工图中绘制楼梯平面布置图和楼梯剖面图，标注方

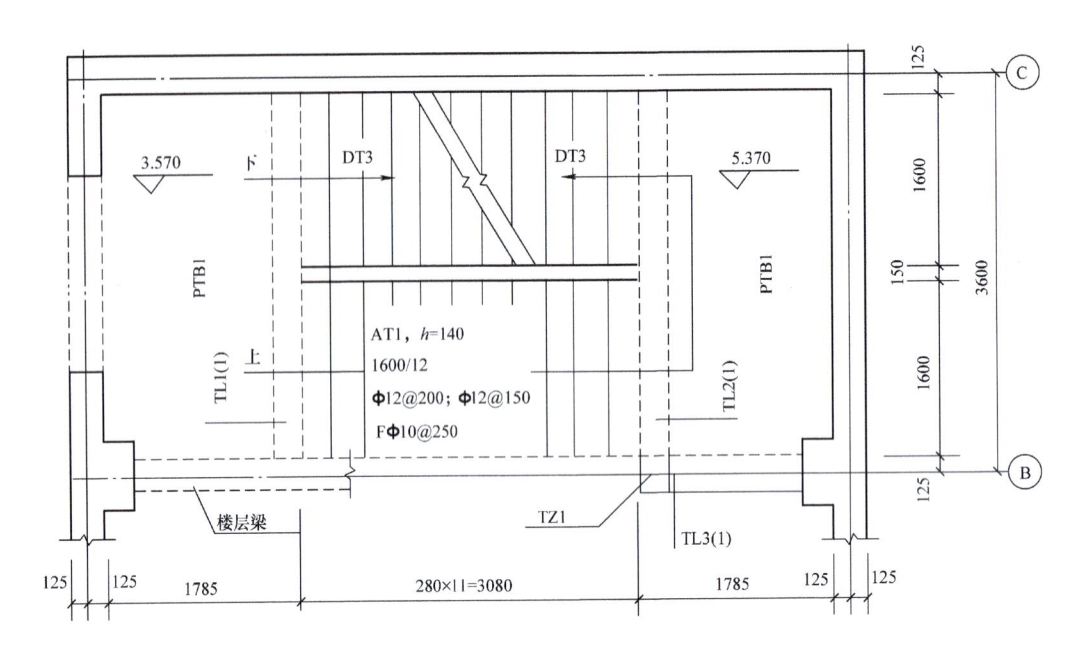

图 4-49 楼梯平面标注示意图

式分平面标注、剖面标注两部分。

2）楼梯平面布置图标注内容包括楼梯间的平面尺寸、楼层结构标高、层间结构标高、楼梯的上下方向、梯板的平面几何尺寸、梯板类型及编号、平台板配筋、梯梁及梯柱配筋等。

3）楼梯剖面图标注内容包括梯板集中标注、梯梁及梯柱编号、梯板水平及竖向尺寸、楼层结构标高、层间结构标高等。

楼梯的剖面标注示意图如图 4-50 所示。

4. 楼梯列表标注方式

1）列表标注方式是指用列表的方式标注梯板截面尺寸和配筋具体数值来表达楼梯施工图。

2）列表标注方式的具体要求同剖面标注方式，仅将剖面标注方式中的梯板配筋标注项改为列表标注项即可。

梯板列表格式见表 4-5。

表 4-5 梯板几何尺寸和配筋表

梯板编号	踏步段总高度/踏步级数	板厚 h	上部纵向钢筋	下部纵向钢筋	分布筋

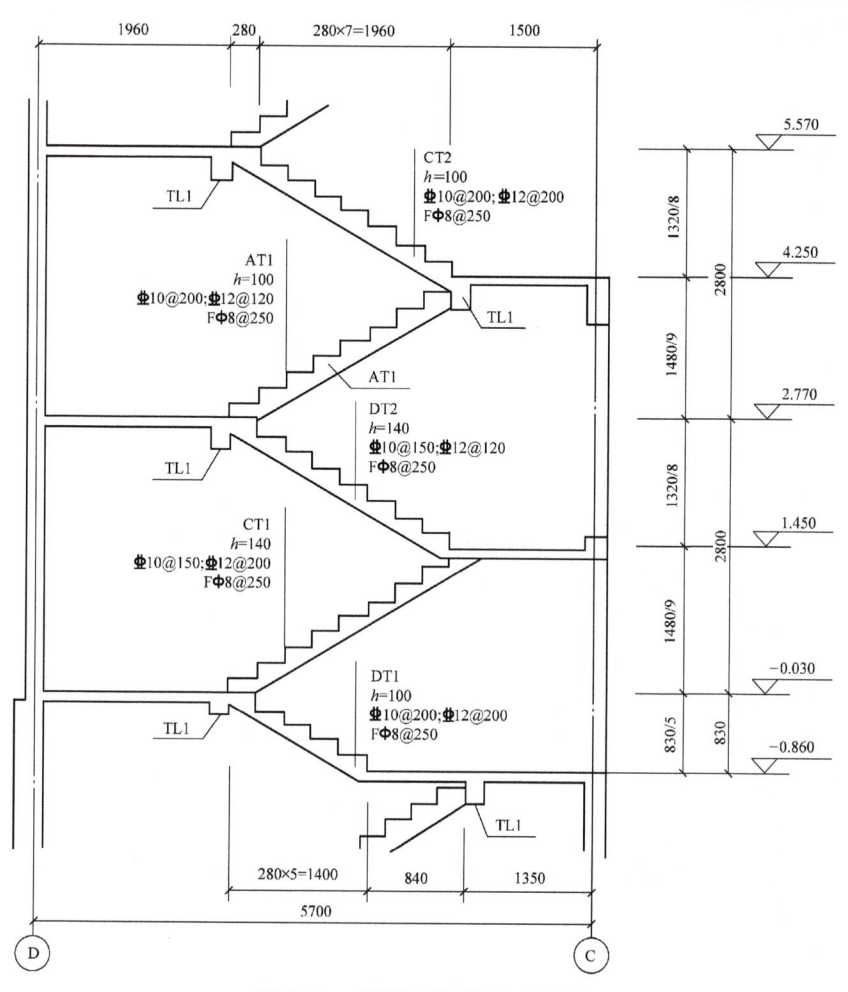

图 4-50 楼梯的剖面标注示意图

同 步 训 练

一、填空题

1. 根据施工方法的不同，钢筋混凝土楼（屋）盖分为（　　）、预制装配式和装配整体式三种。

2. 多跨连续板受力钢筋的配筋方式有两种：（　　）和（　　），其中（　　）配筋的优点是计算简单，设计方便，但整体性较差，用钢量大，不宜用于承受动力荷载的板。

3. 对于次梁和主梁的计算截面的确定：在跨中处按（　　），在支座处按（　　）。

4. 双向板支承梁的荷载分布情况，由板传至长边支承梁的荷载为（　　）分布，传给短边支承梁上的荷载为（　　）分布。

5. （　　）指以梁为支座的楼面与屋面板。

二、名词解释

1. 单向板
2. 双向板

3. 板式楼梯

4. 梁式楼梯

5. 有梁楼盖板平法施工图

三、选择题

1. 混凝土板计算原则的下列规定中（　　）不完全正确。

A. 两对边支承板应按单向板计算

B. 四边支承板当 $l_1/l_2 \leqslant 2$ 时，应按双向板计算

C. 四边支承板当 $l_1/l_2 \geqslant 3$ 时，可按单向板计算

D. 四边支承板当 $2 < l_1/l_2 < 3$ 时，宜按双向板计算

2. 以下（　　）不是板的构造钢筋。

A. 分布钢筋

B. 箍筋或弯起筋

C. 与梁（墙）整浇或嵌固于砌体墙的板，应在板边上部设置扣筋

D. 单向板肋梁楼盖现浇板中与主梁垂直的上部钢筋

3. 当梁的腹板高度是下列（　　）项值时，在梁的两个侧面应沿高度配纵向构造筋（俗称腰筋）。

A. $h_W \geqslant 700\text{mm}$　　B. $h_W \geqslant 450\text{mm}$　　C. $h_W \geqslant 600\text{mm}$　　D. $h_W \geqslant 500\text{mm}$

4. 承担梁下部或截面高度范围内集中荷载的附加横向钢筋应按（　　）配置。

A. 集中荷载全部由附加箍筋或附加吊筋承担，或同时由附加箍筋和吊筋承担

B. 附加箍筋可代替剪跨内一部分受剪箍筋

C. 附加吊筋如满足弯起钢筋计算面积的要求，可代替一道弯起钢筋

D. 附加吊筋的作用如同鸭筋

四、简答题

1. 单向板楼盖中，板、次梁、主梁的常用跨度是多少？

2. 板、次梁、主梁各有哪些受力钢筋和构造钢筋？这些钢筋在构件中各起什么作用？

3. 双向板中支座负筋伸出支座边的长度应为多少？

4. 梁式楼梯和板式楼梯有何区别？各适用于哪种情况？两者踏步板的配筋有何不同？

5. 悬臂板式雨篷可能发生哪几种破坏？应采取哪些相应措施？有哪些构造要求？

6. 挑梁的配筋在构造上有哪些要求？

五、识图训练

识读图 4-51 所示的单、双向板配筋施工图，并完成下表钢筋的填空。

代号	左右方向板跨中配筋情况	上下方向板跨中配筋情况	左右方向板支座配筋情况	上下方向板支座配筋情况
B-1				
B-2				
B-3				

模块 4
钢筋混凝土楼（屋）盖

图 4-51 单、双向板配筋施工图

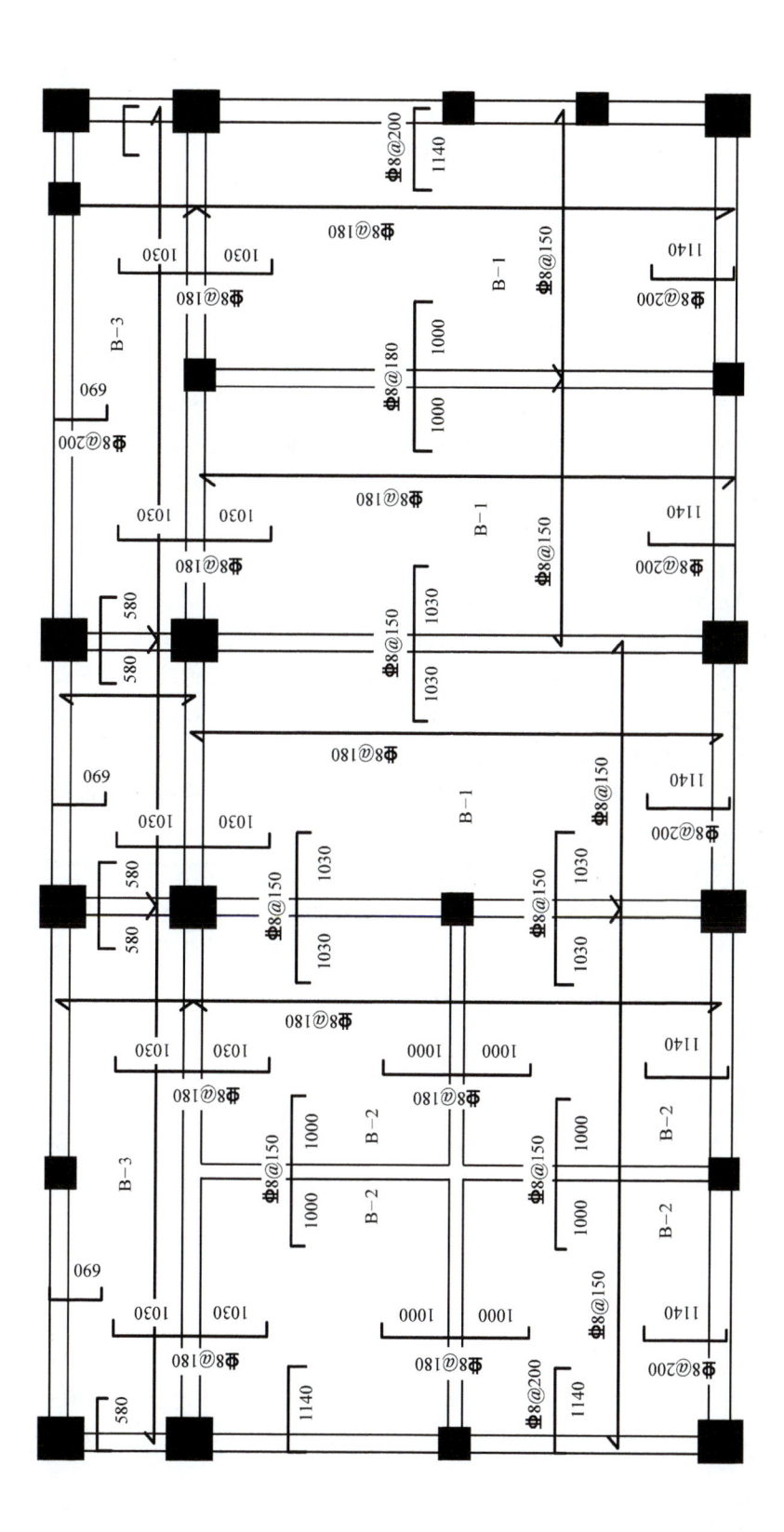

【职业素养园地】

混凝土叠合楼板技术

随着建筑工业化的不断发展，装配整体式混凝土结构逐渐成为土建市场的主流，其中楼板体系在整个结构中所占的比重较大，而叠合楼板结合了预制楼板和现浇楼板的优点，以其特有的优越性得到广泛的应用。

混凝土叠合楼板技术是指将楼板沿厚度方向分成两部分，底部是预制底板，上部是后浇混凝土叠合层。配置底部钢筋的预制底板作为楼板的一部分，在施工阶段作为后浇混凝土叠合层的模板承受荷载，与后浇混凝土叠合层形成整体的叠合混凝土构件。

混凝土叠合楼板按具体受力状态分为单向受力叠合板和双向受力叠合板；预制底板按有无外伸钢筋可分为"有胡子筋"和"无胡子筋"两种类型；拼缝按照连接方式可分为分离式接缝（即底板间不拉开的"密拼"）和整体式接缝（底板间有后浇混凝土带）。

预制底板按照受力钢筋种类可以分为预制混凝土底板和预制预应力混凝土底板，预制混凝土底板采用非预应力钢筋时，为增强刚度，目前多采用桁架钢筋混凝土底板；预制预应力混凝土底板可以是预应力混凝土平板、预应力混凝土带肋板、预应力混凝土空心板。

跨度大于3m时，预制底板宜采用桁架钢筋混凝土底板或预应力混凝土平板；跨度大于6m时，预制底板宜采用预应力混凝土带肋底板、预应力混凝土空心板；叠合楼板厚度大于180mm时宜采用预应力混凝土空心叠合板。

保证叠合面上下两侧混凝土共同承载、协调受力是预制混凝土叠合楼板设计的关键，一般通过叠合面的粗糙度以及界面抗剪构造钢筋实现。

施工阶段是否设置可靠支撑决定了叠合板的设计计算方法，设置有可靠支撑的叠合板，预制构件在后浇混凝土的重量及施工荷载作用下，不会发生影响内力的变形，可按整体受弯构件设计计算；无可靠支撑的叠合板，二次成形浇筑混凝土的重量及施工荷载会影响构件的内力和变形，应按二阶段受力的叠合构件进行设计计算。

启迪人生

党的十八大以来，我国建筑工业化水平突飞猛进，装配式混凝土结构是建筑工业化发展过程中重点推广的结构形式之一，而叠合楼板则是装配式混凝土结构的重要组成部分，我们要不断地进行科技创新，在质量强国建设中体现人生价值。

模块 5

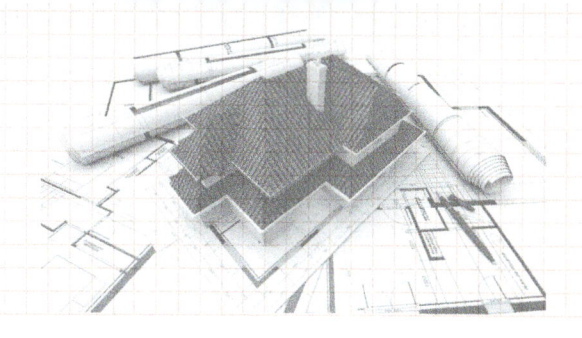

钢筋混凝土多层与高层结构

学习目标

❈ 知识目标

1. 了解多高层钢筋混凝土房屋的结构类型和适用范围。
2. 掌握荷载作用下框架梁、柱的受力特点和控制截面。
3. 了解剪力墙结构、框架-剪力墙结构的受力特点和构造要求。

❈ 能力目标

1. 能快速判断出框架梁、柱的控制截面。
2. 能识别并应用非抗震设防、抗震设防下现浇框架的构造要求。
3. 能读懂钢筋混凝土框架结构施工图。

工作任务

1. 了解多高层结构体系的特点及使用条件。
2. 熟悉框架结构的受力特点。
3. 熟悉现浇框架结构的非抗震和抗震构造。
4. 熟悉剪力墙结构、框架-剪力墙结构的受力特点和构造要求。

学习指南

《高层建筑混凝土结构技术规程》(JGJ 3—2010)把10层及10层以上或房屋高度大于28m的住宅建筑和房屋高度大于24m的其他高层民用建筑定义为高层建筑;3~9层的民用建筑称为多层房屋。

《民用建筑设计统一标准》(GB 50352—2019)和《建筑设计防火规范》(GB 50016—2014)均以10层及10层以上或高度大于24m的房屋为高层建筑。

目前,多层与高层建筑最常用的结构体系有:混合结构体系、框架体系、剪力墙体系、框架-剪力墙体系和筒体体系等。

本模块主要介绍钢筋混凝土多层、高层房屋结构的结构类型及受力特性,重点介绍常用结构的构造要求。本模块分为四个学习任务,目的是让学生在学习相关内容的基础上,进一步提高识读结构施工图的能力,因此每个学生应沿着如下流程进行学习:了解多层与高层结构体系→熟悉框架结构的受力特点和构造要求→熟悉剪力墙结构的受力特点和构造要求→熟悉框架-剪力墙结构的受力特点和构造要求。

教学方法建议

采用"教、看、学、做"一体化形式进行教学,教师利用相关多媒体进行理论讲解和图片、动画展示，让学生有一个直观认识；同时可结合本校的实训基地和周边施工现场进行参观学习，让学生对结构类型有一个更直观更深刻的认识，为以后的学习奠定基础。

任务1　认知多层与高层结构体系

1. 混合结构体系

混合结构体系是多层民用房屋中最常用的一种结构形式，其墙体、基础等竖向结构构件采用砌体结构，而楼盖、屋盖等水平构件则采用钢筋混凝土梁板结构，如图5-1所示。有抗震设计要求时，在进行混合结构房屋设计和选型时，应注意房屋的总高度、层数、横墙间距、局部尺寸限值等问题。

多层与高层结构体系

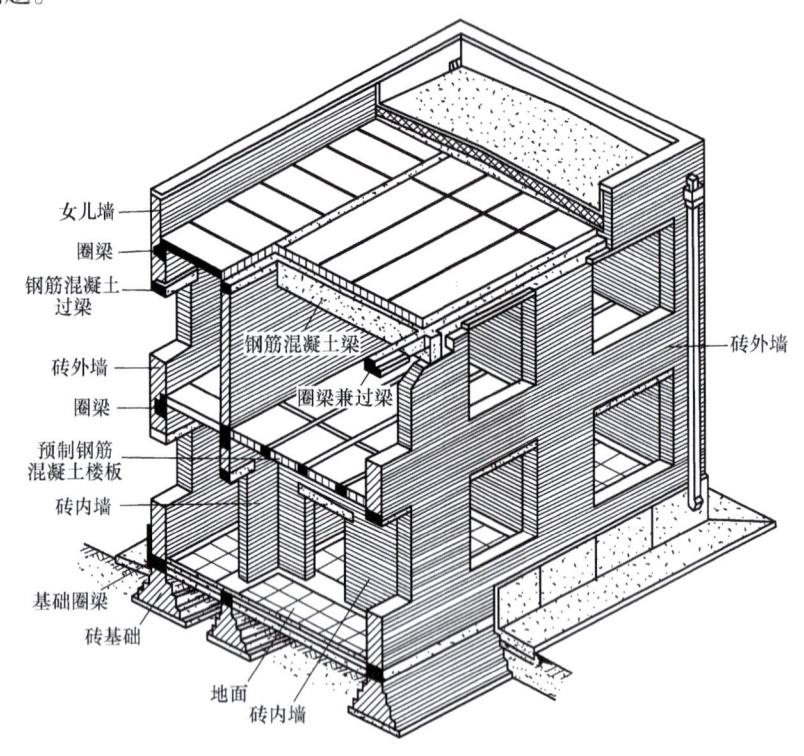

图5-1　混合结构体系

2. 框架结构体系

框架结构体系主要由梁、板、柱及基础等承重构件组成。一般由框架梁、柱与基础形成多个平面框架，作为主要承重结构，各平面框架再由连系梁联系起来，形成一个空间结构体系，如图5-2所示。

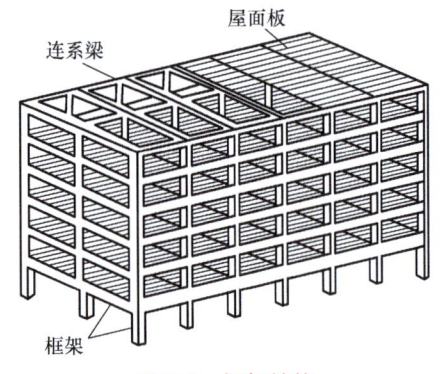

框架结构的优点是布置灵活、造型活泼，可以做成较大空间的会议室、餐厅、办公室，加隔墙后，也可做成小房间，容易满足建筑布置和使用功能的多种要求。框架结构的构件主要是梁和柱，可

图5-2　框架结构

以组成预制框架或现浇框架，布置比较灵活，立面也可变化。通常，梁、柱断面尺寸都不能太大，否则会影响使用面积。因此，框架结构的侧向刚度较小，水平位移大，这是它的主要缺点，并因此限制了框架结构的建筑高度，一般不超过60m。一般房屋常采用横向框架承重，在房屋纵向设置连系梁与横向框架相连；当楼板为预制板时，楼板顺纵向布置，楼板现浇时，一般设置纵向次梁，形成单向板肋形楼盖体系。当柱网为正方形或接近正方形，或者楼面活荷载较大时，也往往采用纵、横双向布置的框架，这时，楼面常采用现浇双向板楼盖或井字梁楼盖。

框架的结构体系包括全框架结构（一般简称为"框架结构"）、内框架砖房（框架横梁边支座支承在墙体上）和底层框架上部砖房几种形式。

框架结构的整体性和抗震性能较好，建筑平面布置相当灵活，广泛用于6～15层的多层和高层房屋（经济层数约为10层左右，房屋高宽比以5～7为宜）。

3. 剪力墙结构体系

剪力墙结构体系是由纵向和横向钢筋混凝土墙体互相连接构成的承重结构体系。一般情况下，剪力墙结构楼盖内不设梁，采用现浇楼板直接支承在钢筋混凝土墙上，墙体承受全部的竖向和水平荷载，同时兼起围护、分隔作用，如图5-3所示。

剪力墙结构体系具有抗侧刚度大，整体性好，整齐美观，抗震性能好，利于承受水平荷载，并可使用滑模、大模板等先进施工方法施工等众多优点，但由于横墙较多、间距较密，使得建筑平面的空间较小。剪力墙结构体系的适用高度为15～50层，常用于住宅、旅馆等开间较小的高层建筑。

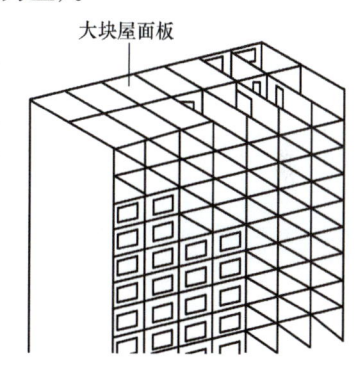

图5-3 剪力墙结构

4. 框架-剪力墙结构体系

在框架体系中设置适当数量的剪力墙，即形成框架-剪力墙体系。该体系综合了框架结构和剪力墙结构的优点，其中竖向荷载主要由框架承担，水平荷载则主要由剪力墙承担，如图5-4所示。

框架-剪力墙结构的侧向刚度较大，抗震性较好，具有平面布置灵活、使用方便的特点，广泛应用于办公楼和宾馆等公共建筑中。框架-剪力墙体系的适用高度为15～25层，一般不宜超过30层。

5. 筒体结构体系

筒体结构体系由剪力墙体系和框架-剪力墙体系演变发展而成，是将剪力墙或密柱框架围合而成一个或多个封闭的筒体（或框筒），以筒体承受房屋的大部分或全部竖向荷载和水平荷载的结构体系。

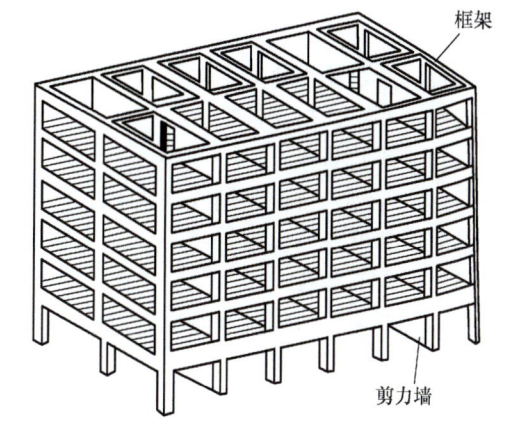

图5-4 框架-剪力墙结构

根据所受水平力及房屋高度的不同，筒体结构体系可以布置成筒中筒结构、框架-核心筒结构、成束筒结构等形式，如图5-5所示。筒体结构体系因为刚度大，可形成较大的内部空间且平面布置灵活，广泛应用于写字楼等超高层公共建筑。

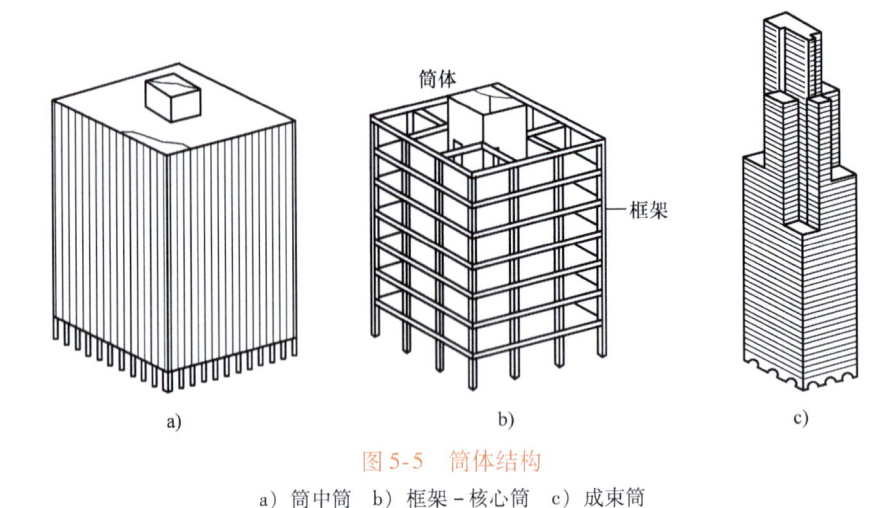

图 5-5 筒体结构
a）筒中筒　b）框架-核心筒　c）成束筒

任务 2　认知框架结构

5.2.1　框架结构的形式

1. 框架结构类型

框架结构按照施工方法的不同，可分为现浇整体式框架、半现浇框架、装配式框架和装配整体式框架四种形式。

（1）现浇整体式框架

框架全部构件均在现场浇筑成整体。其优点是：整体性和抗震性好，平面布置灵活，可以获得较大的使用空间，构件尺寸不受标准构件的限制，节省钢材等，所以它的应用极为广泛；但耗用模板量大，现场工程量大，工期长，北方冬期施工要求防冻等。适用于使用要求高，功能复杂，对抗震性能要求较强的多层、高层框架。

（2）半现浇框架

梁、柱现浇，楼板预制或现浇柱，预制梁、板。其特点是梁、柱整体性好，抗震性较好，楼板预制可节约模板约20%。

（3）装配式框架

框架全部构件采用预制装配。其特点是可加快施工速度，提高建筑工业化程度，节点构造刚性差，抗震性差，需要大型运输吊装机械，地震区不适宜采用。

（4）装配整体式框架

预制梁、柱，装配时通过局部现浇混凝土使构件连接成整体。其特点是保证了结点的刚性，结构整体性和抗震性介于现浇和装配式框架之间，可省去连接件，比全现浇可节省模板及加快进度，但增加了后浇混凝土工序，施工相对复杂。

2. 框架结构平面布置形式

框架结构是由若干平面框架通过连系梁连接而形成的空间结构体系，可将空间框架分解成纵、横两个方向的平面框架，楼盖的荷载可传递到纵、横两个方向的框架上。根据框架楼板布置方案和荷载传递线路的不同，框架布置形式可分为以下三种。

（1）横向框架承重布置

主要承重框架由横向主梁（框架梁）与柱构成，楼板纵向布置，支承在主梁上，纵向连系梁将横向框架连成一空间结构体系，如图5-6a所示。采用这种布置方案有利于增大房屋的横向刚度，有利于抵抗横向水平荷载；而纵向连系梁截面较小，有利于房屋室内的采光和通风。

（2）纵向框架承重布置

主要承重框架由纵向主梁（框架梁）与柱构成，楼板沿横向布置，支承在纵向主梁上，而横向连系梁则将纵向框架连成一空间结构体系，如图5-6b所示。由于横向连系梁的高度较小，有利于设备管线的穿行，可获得较高的室内空间，且开间布置灵活，室内空间可以有效利用；但横向刚度差，故只适用于层数较少的房屋。

（3）纵横向框架混合承重布置

沿房屋纵、横两个方向布置的梁均要承担楼面荷载，如图5-6c所示。当采用现浇双向板或井字梁楼盖时，常采用这种方案。由于纵横向的梁均承担荷载，梁截面均较大，故房屋的双向刚度均较大，具有较好的整体工作性能，目前采用较多。

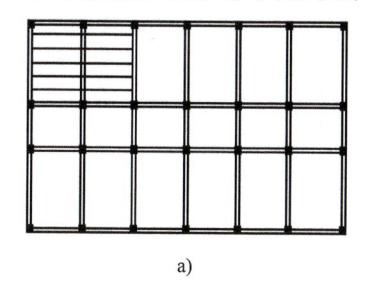

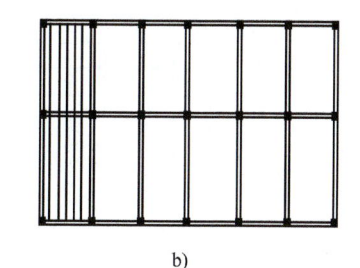

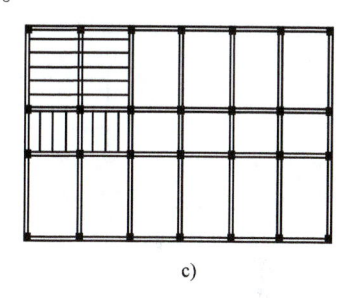

图5-6 框架结构布置形式

a）横向布置 b）纵向布置 c）纵横向混合布置

5.2.2 框架结构的受力特点

1. 框架结构的荷载

框架结构一般受到竖向荷载和水平荷载作用，水平荷载主要包括风荷载和水平地震作用。

（1）竖向荷载

竖向荷载主要是结构自重（恒荷载）和楼面使用活荷载、雪荷载、屋面积灰荷载和施工检修荷载等。竖向荷载在结构上主要以均匀分布的形式作用。

（2）风荷载

当风受到建筑物阻挡时，在建筑物表面会形成压力（或吸力），即风荷载。在迎风面产生风压力，在背风面产生风吸力，两者方向相同，且风压力大于风吸力。风荷载随建筑物高度的增加而增大。为方便计算，风荷载沿建筑物高度按均匀分布荷载考虑，一般折算成作用于框架节点上的水平集中力，并合并于迎风面一侧。

（3）地震作用

在抗震设防烈度6度以上时考虑。对一般房屋结构而言，只需考虑水平地震作用，而在

8度以上的大跨结构、高耸结构中才考虑竖向地震作用。

2. 框架结构的计算简图

框架结构是由横向框架和纵向框架组成的一个空间结构体系。在工程设计中为简化起见，常忽略结构的空间联系，将纵向、横向框架分别按平面框架进行分析和计算，如图5-7a、b所示。取出来的平面框架承受如图5-7b阴影范围内的水平荷载，竖向荷载则需按楼盖结构布置方案确定。

框架结构的计算简图是以梁、柱轴线来确定的。框架杆件用轴线表示，杆件之间的连线用节点表示，杆件长度用节点间的距离表示。对于现浇整体式框架，将各节点视为刚性节点，认为框架柱在基础顶面处为固定支座，如图5-7c、d所示。

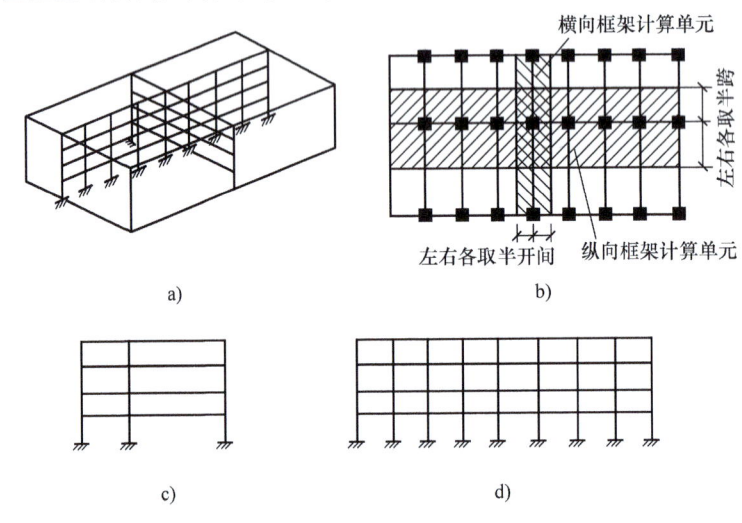

图5-7 框架结构计算单元
a）纵向与横向框架　b）框架计算单元　c）横向框架　d）纵向框架

3. 框架结构在荷载作用下的内力

（1）竖向、水平荷载作用下的内力

如图5-8a所示为某一多层框架，同时在竖向均布荷载和水平集中力作用下的计算简图以及框架内力图，如图5-8b、c所示。

其中图5-8b为框架在竖向荷载作用下的内力图。从图中可以看出，在竖向荷载作用下，框架梁、柱截面上均产生弯矩，其中框架梁的弯矩呈抛物线形变化，跨中截面产生最大的正弯矩（截面下侧受拉），框架梁的支座截面产生最大的负弯矩（梁截面上侧受拉）。柱的弯矩沿柱长线性变化，弯矩最大的位置位于柱的上、下端截面；剪力沿框架梁长呈线性变化，最大剪力出现在端部支座截面处；同时，在竖向荷载作用下框架柱截面上还产生轴力。

框架在水平荷载作用下的内力图如图5-8c所示。从图中可以看出，左侧来风时，在框架梁、柱截面上均产生线性变化的弯矩，在梁、柱支座端截面处分别产生最大的正弯矩和最大的负弯矩，并且在同一根柱中柱端弯矩由下至上逐层减小。剪力图中反映出剪力在梁的各跨长度范围内呈现均匀分布。框架柱的轴力图在同一根柱中由下至上逐层减小。由于水平荷载作用的方向是任意的，故水平集中力还可能是反方向作用。当水平集中力的方向改变时，相应的内力也随之发生变化。

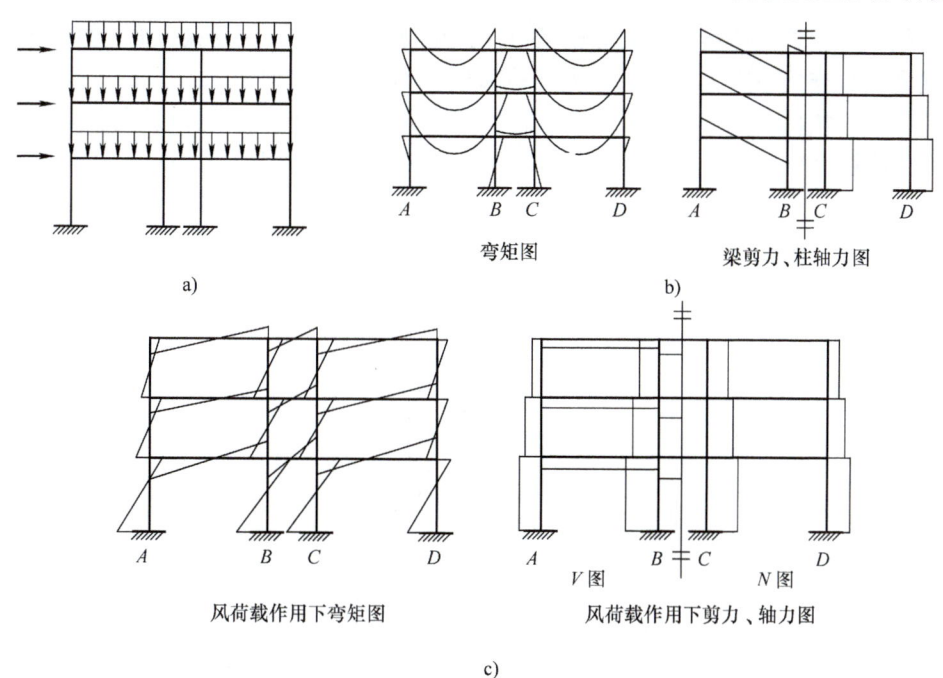

图 5-8 竖向及水平荷载下框架的计算简图和内力图

（2）控制截面及内力组合

框架结构同时承受竖向荷载和水平荷载作用。为保证框架结构的安全可靠，需根据框架的内力进行框架梁、柱的配筋计算以及加强节点的连接构造。

控制截面就是杆件中需要按其内力进行设计计算的截面，内力组合的目的就是为了求出各构件在控制截面处对截面配筋起控制作用的最不利内力，以作为梁、柱配筋的依据。对于某一控制截面，最不利内力组合可能有多种。

1）框架梁。梁的内力主要为弯矩 M 和剪力 V。框架梁的控制截面是梁的跨中截面和梁端支座截面，跨中截面产生最大正弯矩（$+M_{max}$），有时也可能出现负弯矩；支座截面产生最大负弯矩（$-M_{max}$）、最大正弯矩（$+M_{max}$）和最大剪力（V_{max}）。

按梁跨中的 $+M_{max}$ 计算确定梁的下部纵向受力钢筋；按 $-M_{max}$、$+M_{max}$ 计算确定梁端上部及下部的纵向受力钢筋；按 V_{max} 计算确定梁中的箍筋及弯起钢筋，同时须符合构造要求。

2）框架柱。框架柱的内力主要是弯矩 M 和轴力 N。框架柱的控制截面是柱的上、下端截面，其中弯矩最大值出现在柱的两端，而轴力最大值位于柱的下端。一般的柱都是偏心受压构件。根据柱的 M_{max} 和 N_{max}，确定出柱中纵向受力钢筋的数量，并配置相应的箍筋。

5.2.3 现浇框架构造要求（非抗震设防要求）

1. 框架梁

框架梁除应满足一般梁的有关构造规定外，在跨中上部至少应配置 2Φ12 的钢筋与横梁支座的负弯矩钢筋搭接，搭接长度不应小于 $1.2l_a$（l_a 为纵向受拉钢筋的最小锚固长度）。

2. 框架柱

框架柱纵向钢筋的接头可采用绑扎搭接、机械连接或焊接连接等方式，宜优先采用焊接或机械连接。柱相邻纵筋连接接头应相互错开，在同一截面内的钢筋接头面积百分率：对于绑扎搭接和机械连接不宜大于50%，对于焊接连接不应大于50%。

纵筋搭接连接构造如图5-9所示。在绑扎搭接接头中，纵筋搭接长度不得小于 l_1（$l_1 = \xi l_a$，ξ 为搭接长度修正系数，与接头面积百分率有关），且不应小于300mm；相邻接头间距，机械连接时为35d，搭接时不得小于600mm，焊接时不得小于500mm且不小于35d。当上、下柱中纵筋的直径或根数不相同时，其连接构造如图5-10所示。当纵筋直径大于28mm时不宜采用绑扎搭接接头。

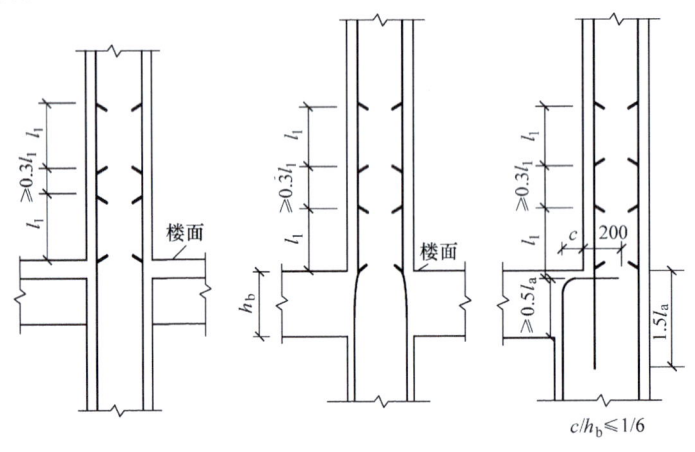

图5-9 纵筋搭接连接

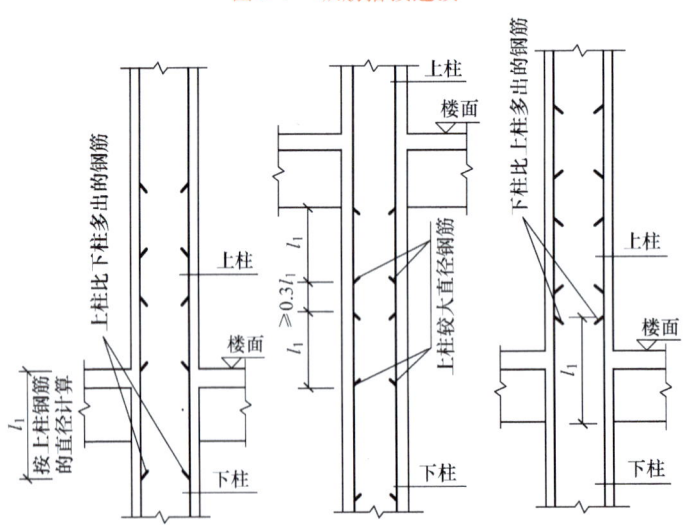

图5-10 上、下柱纵筋的直径或根数不同时纵筋搭接连接

柱纵向钢筋搭接长度范围内，当纵筋受压时，箍筋间距不应大于10d，且不应大于200mm；当纵筋受拉时，箍筋间距不应大于5d，且不应大于100mm。箍筋弯钩要适当加长，以绕过搭接的两根纵筋。

3. 现浇框架节点构造

梁柱节点是框架结构的重要组成部分，必须保证其连接的可靠性。现浇框架节点应做成刚性节点，节点区的混凝土强度等级，应不低于混凝土柱的强度等级。

(1) 顶层中间节点

柱内纵向钢筋伸入顶层中间节点并在梁中锚固。柱纵向钢筋可采用直线方式锚固,其锚固长度不应小于 l_a,且必须伸至柱顶,如图 5-11a 所示。当节点处梁截面高度不足时,柱纵向钢筋应伸至柱顶并向节点内水平弯折,弯折前的垂直投影长度不应小于 $0.5l_a$,弯折后的水平投影长度不应小于 $12d$,如图 5-11b 所示。当框架顶层有现浇板且板厚不小于 80mm、混凝土强度不低于 C20 时,柱纵向钢筋也可向外弯入框架梁和现浇板内,弯折后的水平投影长度不应小于 $12d$,如图 5-11c 所示。

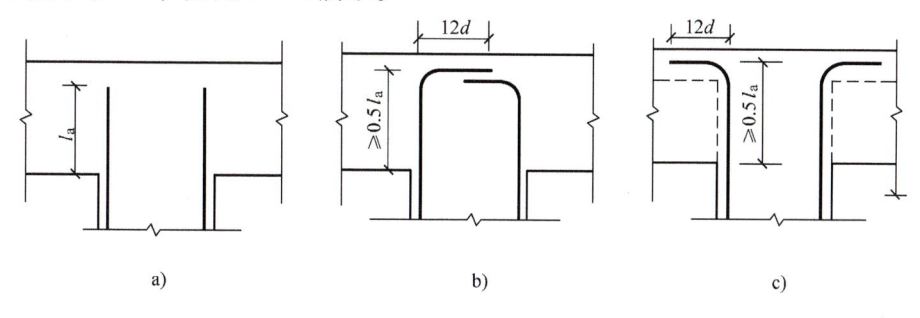

图 5-11 顶层中间节点柱纵向钢筋的锚固
a) 直线锚固 b) 向内弯折锚固 c) 向外弯折锚固

(2) 顶层端节点

柱内侧纵向钢筋的锚固要求同顶层中间节点的纵向钢筋。柱外侧纵向钢筋与梁上部纵向钢筋在节点内为搭接连接。可将柱外侧纵向钢筋的相应部分弯入梁内作梁上部纵向钢筋使用,也可将梁上部纵向钢筋与柱外侧纵向钢筋在顶层端节点及其附近部位搭接,如图 5-12 所示。

1) 搭接接头沿顶层端节点外侧及梁端顶部布置,如图 5-12a 所示。此时,搭接长度不应小于 $1.5l_a$,其中伸入梁内的外侧柱筋截面面积不宜小于外侧柱筋全部截面的 65%;梁宽范围以外的外侧柱筋宜沿节点顶部伸至柱内边,当柱筋位于柱顶第一层时,至柱内边后宜向下弯折不小于 $8d$ 后截断;当柱筋位于柱顶第二层时,可不向下弯折。当有现浇板且板厚不小于 80mm、混凝土强度等级不低于 C20 时,梁宽范围以外的外侧柱筋可伸入现浇板内,其长度与伸入梁内的柱筋相同。当外侧柱筋配筋率大于 1.2% 时,伸入梁内的柱筋除应满足以上规定外,宜分两批截断,其截断点之间的距离不宜小于 $20d$。梁上部纵筋应伸至节点外侧并向下弯至梁下边缘高度后截断。该方法适用于梁上部和柱外侧钢筋不太多的情况。

2) 搭接接头沿柱顶外侧布置,如图 5-12b 所示。此时,搭接长度竖直端不应小于 $1.7l_a$。当梁上部纵筋配筋率大于 1.2% 时,弯入柱外侧的梁上部纵筋除应满足以上规定外,宜分两批截断,其截断点之间的距离不宜小于 $20d$。柱外侧纵筋伸至柱顶后宜向节点内水平弯折,弯折后的水平投影长度不宜小于 $12d$。该方法适用于梁上部钢筋较多的情况。

(3) 中间层中间节点

框架梁上部纵向钢筋应贯穿中间节点,如图 5-13 所示。框架梁下部纵向钢筋伸入中间节点范围内的锚固长度应符合下列要求:

1) 当计算中不利用其强度时,伸入节点的锚固长度不应小于 $12d$。

2) 当计算中充分利用钢筋的抗拉强度时,应锚固在节点内。可采用直线锚固形式,钢筋的锚固长度不应小于 l_a,如图 5-13a 所示;当框架柱截面较小而直线锚固长度不足时,也

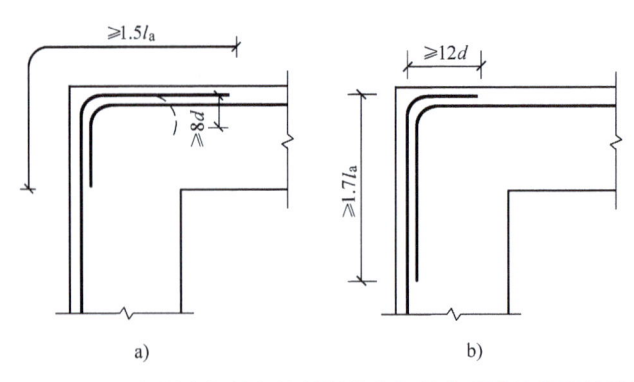

图 5-12 梁上部纵向钢筋与柱外侧纵向钢筋在顶层端节点的锚固
a) 位于节点外侧和梁端顶部的弯折搭接接头 b) 位于柱顶部外侧的直线搭接接头

可采用带 90°弯折的锚固形式，其中竖直段应向上弯折，锚固段的水平投影长度不应小于 $0.4l_a$，垂直投影长度应取 $15d$，如图 5-13b 所示；框架梁下部纵向钢筋也可贯穿框架节点，在节点以外梁中弯矩较小部位设置搭接接头，如图 5-13c 所示，搭接长度应满足受拉钢筋的搭接长度要求。

3）当计算中充分利用钢筋的抗压强度时，伸入节点的直线锚固长度不应小于 $0.7l_a$。

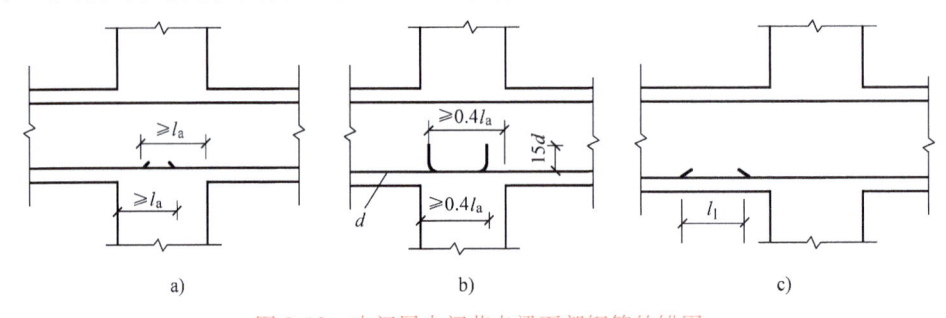

图 5-13 中间层中间节点梁下部钢筋的锚固
a) 直线锚固 b) 弯折锚固 c) 节点外锚固

（4）中间层端节点

梁上部纵向钢筋在端节点的锚固长度应满足：

1）采用直线锚固形式时，不应小于 l_a，且伸过柱中心线不小于 $5d$，如图 5-14a 所示。

2）当柱截面尺寸较小时，可采用弯折锚固形式，应将梁上部纵向钢筋伸至节点对边并向下弯折，其弯折前的水平投影长度不应小于 $0.4l_a$，弯折后的垂直投影长度不应小于 $15d$，如图 5-14b 所示。

梁下部纵向钢筋伸入端节点范围内的锚固要求与中间层节点相同。

框架柱的纵向钢筋应贯穿中间层的中间节点和中间层的端节点，柱纵向钢筋的接头应在节点区以外、弯矩较小的区域。

（5）节点处箍筋设置

在框架节点内应设置必要的水平箍筋，以约束柱的纵向钢筋和节点核心区混凝土。对非抗震设防的框架节点箍筋的构造规定与柱中箍筋相同，但间距不宜大于 250mm。对四边均有梁与之相连的中间节点，节点内可只设置沿周边的矩形箍筋，而不设复合箍筋。当顶层端节点内设有梁上部纵向钢筋和柱外侧纵向钢筋的搭接接头时，节点内水平箍筋应符合规范对纵向受力钢筋搭接长度范围内箍筋的构造要求。高层框架内梁、柱纵向钢筋在框架节点区的

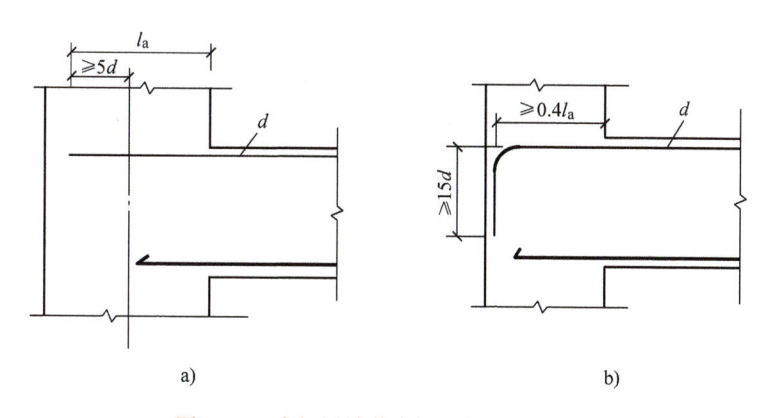

图 5-14 中间层端节点梁上部钢筋的锚固
a）直线锚固　b）弯折锚固

搭接和锚固要求如图 5-15 所示。

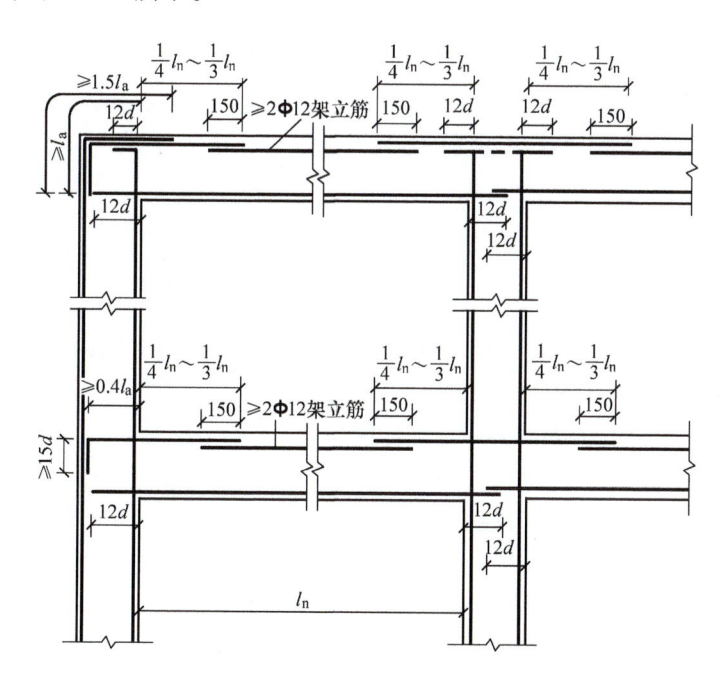

图 5-15 高层框架内梁、柱纵向钢筋在框架节点区的锚固和搭接

4. 填充墙的构造要求

在隔墙位置较为固定的建筑中，常采用砌体填充墙。砌体填充墙必须与框架牢固地连接。砌体填充墙的上部与框架梁底之间必须用块材填实；砌体填充墙与框架柱连接时，柱与墙之间应紧密接触，在柱与填充墙的交接处，沿高度每隔若干皮砖，用2Φ6 钢筋与柱拉结。

5.2.4　现浇框架抗震构造要求

1. 框架抗震设计一般概念

震害调查表明，钢筋混凝土框架的震害主要发生在梁端、柱端和梁柱节点处。一般来说，柱的震害重于梁，柱顶的震害重于柱底，角柱的震害重于内柱，短柱的震害重于一般柱。

框架梁由于梁端处的弯矩、剪力均较大，并且是反复受力，故破坏常发生在梁端。梁端可能会由于纵筋配筋不足、钢筋端部锚固不好、箍筋配置不足等原因而引起破坏。

框架柱由于柱两端弯矩大，破坏一般发生在柱的两端，多发生于柱顶。柱端破坏可能会由于柱内纵筋不足、箍筋较少，对混凝土的约束差而引起破坏。角柱由于双向受弯、受剪，加上扭转作用，故震害比中柱和边柱严重。柱高小于4倍柱截面高度的短柱，由于刚度大，吸收地震力大，易发生剪切破坏。

梁柱节点多由于节点内未设箍筋或箍筋不足，以及核心区的钢筋过密而影响混凝土浇筑质量引起破坏。

此外，嵌固于框架中的砌体填充墙由于受剪承载力低，与框架缺乏有效的连接，易发生墙面斜裂缝，并沿柱周边开裂。填充墙震害呈现"下重上轻"的现象。

当抗震缝的宽度不能满足地震时产生的实际侧移量的要求时，还会导致相邻结构单元之间相互碰撞而产生震害。

为了体现在不同烈度下不同结构类型的钢筋混凝土房屋有不同的抗震要求，《建筑抗震设计规范》根据房屋烈度、结构类型和房屋高度，将框架结构划分为四个抗震等级，其中一级抗震要求最高。不同抗震等级的房屋结构，应符合相应的计算、构造措施和材料要求。

2. 框架结构抗震构造措施

（1）一般构造要求

1）混凝土的强度等级。抗震等级为一级的框架梁、柱和节点核心区，不应低于C30，其他各类构件不应低于C20，并且在9度时不宜超过C60，8度时不宜超过C70。

2）钢筋种类。框架梁、柱中的受力钢筋宜选用HRB400级和HRB335级钢筋，箍筋宜选用HRB335、HRB400和HPB300级钢筋。

3）钢筋锚固。纵向受力钢筋最小抗震锚固长度 l_{aE} 的取用：

一、二级抗震等级　　　　$l_{aE} = 1.15 l_a$

三级抗震等级　　　　　　$l_{aE} = 1.05 l_a$

四级抗震等级　　　　　　$l_{aE} = 1.0 l_a$

其中，l_a 为纵向受拉钢筋的最小锚固长度，按规范要求取用。

4）钢筋的接头。柱纵向受力钢筋的接头宜优先采用焊接或机械连接。钢筋接头不宜设置在梁端和柱端箍筋加密区范围内。当柱每边主筋多于4根时，应在两个或两个以上的水平面上搭接。

5）箍筋。箍筋须做成封闭式，端部设135°弯钩。弯钩端头平直段长度不应小于10d（d为箍筋直径）。箍筋应与纵向钢筋紧贴。当设置附加拉结钢筋时，拉结钢筋必须同时钩住箍筋和纵筋。

（2）框架梁抗震构造要求

1）梁的截面尺寸。梁的截面宽度不宜小于200mm，截面高宽比不宜大于4，净跨与截面高度之比不宜小于4。

2）梁的纵向钢筋。框架梁端截面的底面和顶面配筋量的比值，一级不应小于0.5，二、三级不应小于0.3；梁的顶面和底面至少应配置两根通长的纵向钢筋，一、二级框架不应少于2Φ14，且分别不应少于梁两端顶面和底面纵向配筋中较大截面面积的1/4；三、四级框架不应少于2Φ12；一、二级框架梁内贯通中柱的每根纵筋直径，不宜大于柱在该方向截面尺寸的1/20。

3）梁的箍筋。梁端箍筋应加密，箍筋加密区的范围和构造要求应按表5-1选用。当梁端纵筋配筋率大于2%时，表中箍筋的最小直径应增大2mm。

梁端加密区的箍筋肢距，抗震等级一级不宜大于200mm和20d（d为箍筋直径较大者），二、三级不宜大于250mm和20d，四级不宜大于300mm。

表5-1 梁端箍筋加密区的长度、箍筋的最大间距和最小直径

抗震等级	箍筋最大间距/mm（取三者中最小值）	箍筋最小直径/mm	箍筋加密区长度/mm（取两者中较大值）
一	$h_b/4$, $6d$, 100	10	$2h_b$, 500
二	$h_b/4$, $8d$, 100	8	$1.5h_b$, 500
三	$h_b/4$, $8d$, 150	8	$1.5h_b$, 500
四	$h_b/4$, $8d$, 150	8	$1.5h_b$, 500

注：h_b为梁截面高度；d为纵向钢筋的直径。

（3）框架柱抗震构造要求

1）柱截面尺寸。柱的截面宽度和高度均不宜小于300mm，剪跨比λ宜大于2，截面的长边和短边之比不宜大于3。

2）柱的纵向钢筋。柱中纵向钢筋宜对称配置；当截面尺寸大于400mm时，纵向钢筋间距不宜大于200mm；柱中全部纵向钢筋的最小配筋率应满足表5-2的规定，同时每一侧配筋率不应小于0.2%；柱的总配筋率不应大于5%，一级且剪跨比$\lambda \leq 2$的柱，每侧纵向钢筋配筋率不宜大于1.2%；边柱、角柱在地震作用组合下产生拉力时，柱内纵筋截面面积应增加25%。

表5-2 框架柱全部纵向钢筋最小配筋率（%）

类别	抗震等级			
	一	二	三	四
边柱、中柱	1.0	0.8	0.7	0.6
角柱、框支柱	1.2	1.0	0.9	0.8

注：采用HRB400级热轧钢筋时允许减少0.1，混凝土强度等级高于C60时应增加0.1。

3）柱的箍筋。框架柱内的箍筋的常用形式如图5-16所示。

柱的上下端箍筋应加密。柱两端加密区的范围和构造要求应按表5-3选用。一、二级抗震的框架角柱、框支柱和剪跨比不大于2的柱，应沿柱全高加密箍筋。底层柱柱根处不小于1/3柱净高范围内应按加密区的要求配置箍筋。

柱箍筋加密区的箍筋肢距，一级不宜大于200mm，二、三级不宜大于250mm和20d（d为箍筋直径较大者），四级不宜大于300mm。至少每隔一根纵向钢筋宜在两个方向有箍筋或拉筋约束。采用拉筋复合箍时，拉筋宜紧靠纵筋并钩住封闭箍筋。

柱箍筋非加密区的箍筋间距，一、二级框架柱不应大于 10 倍纵筋直径，三、四级框架柱不应大于 15 倍纵筋直径。

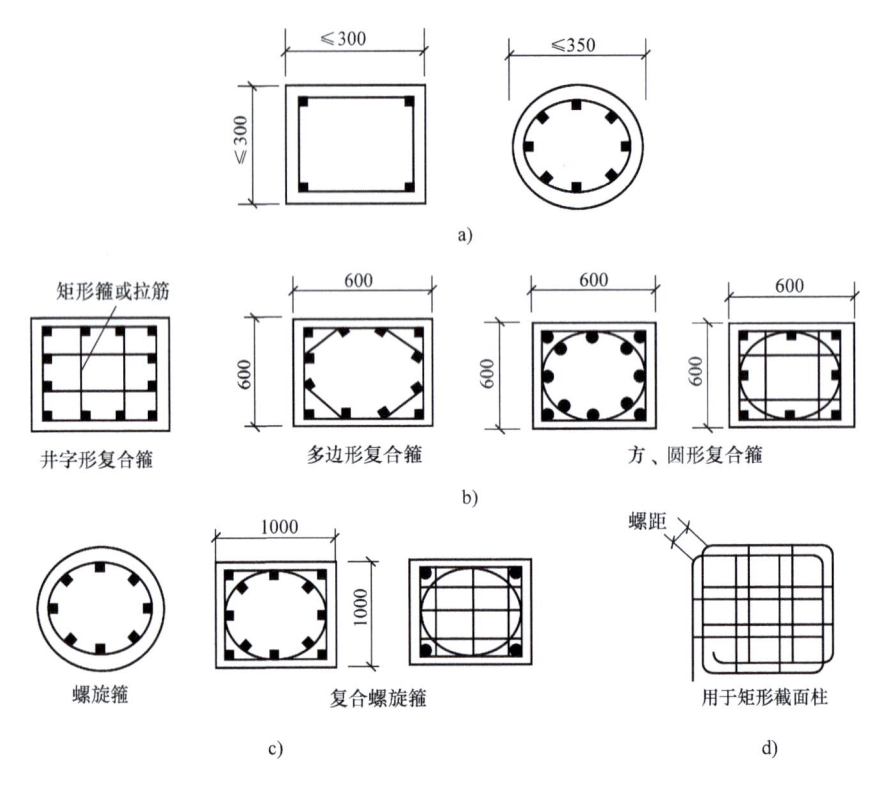

图 5-16 柱的箍筋形式
a) 普通箍　b) 复合箍　c) 螺旋箍　d) 连续复合螺旋箍

表 5-3 柱箍筋加密区长度、箍筋最大间距和最小直径

抗震等级	箍筋最大间距/mm（取两者中较小值）	箍筋最小直径/mm	箍筋加密区长度/mm（取三者中较大值）
一	6d，100	10	h，$H_n/6$，500 （D，$H_n/3$，500）
二	8d，100	8	
三	8d，150（柱底 100）	8	
四	8d，150（柱底 100）	6（柱底为 8）	

注：d 为纵筋最小直径，h 为矩形截面长边尺寸，D 为圆柱直径，H_n 为柱净高；柱根指框架底层柱的嵌固部位。

（4）框架节点构造要求

框架节点内应设箍筋，箍筋的最大间距和最小直径与柱加密区相同。柱中的纵向受力钢筋不宜在节点区截断，框架梁上部纵向钢筋应贯穿中间节点。框架梁、柱中钢筋在节点的配筋构造参照非抗震设防要求的现浇框架，但钢筋的锚固长度应满足相应的纵向受拉钢筋抗震锚固长度 l_{aE}。

任务3 认知剪力墙结构

5.3.1 剪力墙结构的基本概念

剪力墙是一种抵抗竖向荷载引起的轴向作用以及风、地震等水平荷载引起的剪切、弯曲作用的结构单元。剪力墙平面内的刚度很大，而平面外的刚度很小，为了保证剪力墙的侧向稳定，各层楼盖对它的支撑作用很重要。在水平荷载作用下，墙体的工作状态如同一根底部嵌固于基础顶面的直立悬臂深梁，墙体的长度相当于深梁的截面高度，墙体的厚度相当于深梁的截面宽度，墙体属于压、弯、剪复合受力状态。在抗震设防区，水平荷载还包括水平地震作用，因此剪力墙有时也称为抗震墙。

剪力墙宜沿结构的主轴方向布置成双向或者多向，使两个方向的刚度接近。剪力墙的墙肢截面应简单、规则，墙体宜沿建筑物高度方向对齐贯通、上下不错层以避免刚度的突变。较长的剪力墙可用楼板或连梁分成若干独立的墙段，各独立墙段的总高度与长度之比不宜小于2。剪力墙中的洞口宜上下对齐布置，以形成明显的墙肢和连梁，不宜采用错洞墙。墙肢截面长度与厚度之比不宜小于3。

根据墙体的开洞大小和截面应力的分布特点，剪力墙可划分为整截面剪力墙、整体小开口剪力墙、联肢剪力墙和壁式框架四类，如图5-17所示，不同类型的剪力墙具有不同的受力状态和特点。

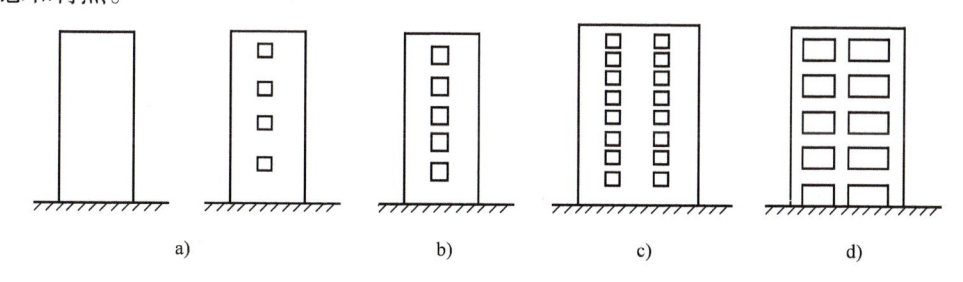

图5-17 剪力墙的类型
a）整截面剪力墙　b）整体小开口剪力墙　c）联肢剪力墙　d）壁式框架

（1）整截面剪力墙

不开洞或所开洞口面积不大于15%的剪力墙，称为整截面剪力墙。它在水平荷载作用下，如同一整体的悬臂弯曲构件，在墙肢的整个高度上，弯矩图无突变也无反弯点，其变形以弯曲变形为主，结构上部的层间位移较大，越往下层间位移越小。

（2）整体小开口剪力墙

若门窗洞口沿竖向成列布置，洞口总面积虽超过了墙体总面积的15%，但相对而言墙肢较宽、洞口仍较小时，墙的整体性仍然较好，这种开洞剪力墙称为整体小开口剪力墙，其变形以弯曲变形为主。

(3) 联肢剪力墙

若剪力墙上开洞规则，且洞口面积较大时，称为联肢剪力墙，其变形仍以弯曲变形为主。

(4) 壁式框架

当剪力墙有多列洞口，且洞口尺寸很大时，整个剪力墙的受力接近于框架，故称为壁式框架。其受力特点与框架相似，在结构上部层间侧移较小，越到底部层间侧移越大。

5.3.2 剪力墙结构构件的受力特点

1. 墙肢

在整截面剪力墙中，墙肢处于受压、受弯和受剪状态；而开洞剪力墙的墙肢大多处于受压、受弯和受剪状态。在墙肢中，其弯矩和剪力均在基底部位达最大值，因此基底截面是剪力墙设计的控制截面。

墙肢的配筋计算与偏心受力柱类似，但由于剪力墙截面高度大，在墙肢内除了在端部正应力较大部位集中配置竖向钢筋外，还应在剪力墙腹板中设置分布钢筋。截面端部的竖向钢筋与竖向分布钢筋共同抵抗压弯作用，水平分布钢筋承担剪力作用，竖向分布钢筋与水平分布钢筋形成网状，还可以抵抗墙面混凝土的收缩及温度应力。

剪力墙结构构件的受力特点

2. 连梁

剪力墙结构中的连梁承受弯矩、剪力、轴力的共同作用，属于受弯构件。连梁由正截面承载力计算纵向受力钢筋（上、下配筋），由斜截面承载力计算箍筋用量。由于在剪力墙结构中连梁的跨高比都比较小，因而连梁容易出现斜裂缝，也容易出现剪切破坏。连梁通常采用对称配筋。

5.3.3 剪力墙结构的构造要求

1. 材料

混凝土强度等级不宜低于 C20。墙中分布钢筋和箍筋采用 HPB300 级钢筋，其他钢筋可用 HRB335 级钢筋。

2. 剪力墙的最小厚度

为保证墙体出平面的刚度和稳定性以及浇筑混凝土的质量，混凝土剪力墙的截面厚度不应小于 160mm，且不应小于楼层高度的 1/25。

3. 墙肢配筋要求

（1）墙肢端部纵向钢筋

在剪力墙两端和洞口两侧边缘应力较大的部位，采用竖向钢筋和箍筋组成边缘构件，是提高墙肢端部混凝土极限压应变、改善剪力墙延性的重要措施。边缘构件又分为约束边缘构件和构造边缘构件两类，当边缘的压应力较高时采用约束边缘构件，其约束范围大、箍筋较多、对混凝土的约束较强；当边缘的压应力较小时采用构造边缘构件，其箍筋数量和约束范围都小于约束边缘构件，对混凝土的约束程度较弱。边缘构件包括暗柱、端柱和翼柱。非抗震设计时应按规定设置构造边缘构件。

在墙肢两端应集中配置直径较大的竖向受力钢筋，与墙内的竖向分布钢筋共同承受正截面受弯承载力。端部竖筋应位于由箍筋或水平分布钢筋和拉筋约束的边缘构件（暗柱）内。

每端的竖向受力钢筋不宜少于 4 根直径 12mm 的钢筋或 2 根直径 16mm 的钢筋；沿竖向钢筋方向宜配置直径不小于 6mm、间距不大于 250mm 的拉筋。纵向钢筋宜采用 HRB335 或 HRB400 级钢筋。

暗柱及端柱内纵向钢筋的连接和锚固要求宜与框架柱相同。非抗震设计时，剪力墙纵向钢筋的最小锚固长度应取 l_a。

（2）墙身分布钢筋

剪力墙墙身应配置水平方向和竖向分布钢筋，分布钢筋的配筋方式有单排及多排配筋。

1）当剪力墙厚度大于 160mm 时，应采用双排分布钢筋网；结构中重要部位的剪力墙，当其厚度不大于 160mm 时，也宜配置双排分布钢筋网。

双排分布钢筋网布置在墙的两侧表面，并采用直径不小于 6mm、间距不大于 600mm 的拉筋连系，拉筋应与外皮钢筋钩牢。对重要部位的剪力墙，拉筋数量还应增加。竖向钢筋宜在内侧，水平钢筋宜在外侧，水平与竖向分布钢筋的直径、间距宜相同。

2）水平和竖向分布钢筋的直径不应小于 8mm，间距不应大于 300mm；拉筋直径不应小于 6mm，间距不宜大于 600mm。

3）无翼墙时，水平分布钢筋应伸至墙端并向内水平弯折 10d（d 为水平分布钢筋直径）后截断。当剪力墙端部有翼墙或转角墙时，内墙两侧的水平分布钢筋和外墙内侧的水平分布钢筋应伸至外墙边，并分别向两侧水平弯折 15d 后截断；在转角墙处，外墙外侧的水平分布钢筋应在墙端外角处弯入翼墙，并与翼墙外侧水平分布钢筋互相搭接，搭接长度 l_1 不小于 $1.2l_a$；剪力墙水平分布钢筋连接构造如图 5-18a、b 所示。

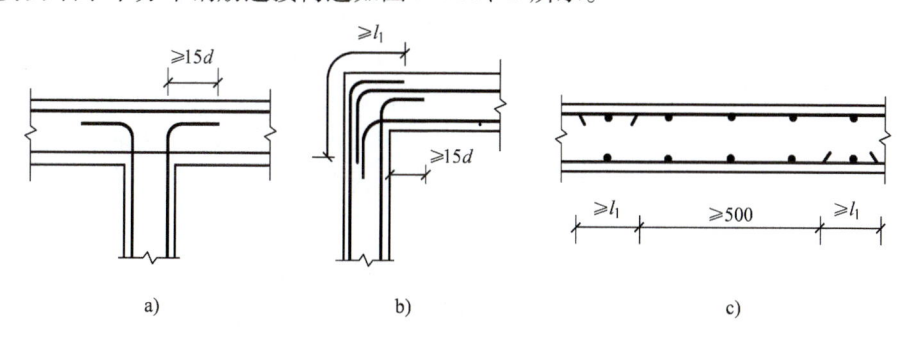

图 5-18 剪力墙水平分布钢筋的连接构造
a) 丁字节点　b) 转角节点　c) 水平钢筋的搭接（沿高度每隔一根错开搭接）

4）剪力墙中水平分布钢筋的搭接长度 l_1 不小于 $1.2l_a$。同排水平分布钢筋及上、下相邻水平分布钢筋的搭接区段之间，沿水平方向净间距不宜小于 500mm，如图 5-18c 所示。

5）竖向分布钢筋可在同一高度上全部搭接，搭接长度 l_1 不小于 $1.2l_a$，且不应小于 300mm。当分布钢筋直径大于 28mm 时，不宜采用搭接接头。

（3）连梁的配筋构造

1）剪力墙连梁顶面、底面纵向受力钢筋两端应伸入墙内，其锚固长度不应小于 l_a。

2）连梁应沿全长配置箍筋，箍筋直径不应小于 6mm，箍筋间距不应大于 150mm。

3）在顶层连梁中，配箍范围应一直延伸到洞口以外连梁纵向钢筋的整个锚固长度范围内，箍筋直径、间距应与该连梁跨内箍筋直径、间距相同。

4）墙体内水平分布钢筋应作为连梁的腰筋在连梁范围内拉通连续布置。当连梁的截面高度大于 700mm 时，其两侧面沿梁高范围设置的纵向构造钢筋（腰筋）的直径不应小于 10mm，间距不应大于 200mm。对跨高比不大于 2.5 的连梁，梁两侧的纵向构造钢筋的面积配筋率不应小于 0.3%。采用现浇楼板时，连梁配筋构造如图 5-19 所示。

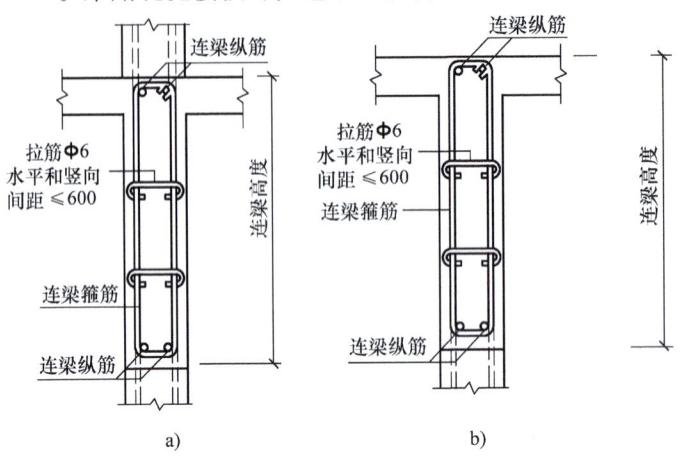

图 5-19 采用现浇楼板时连梁配筋构造
a）楼层剪力墙连梁 b）顶层剪力墙连梁

（4）墙面和连梁开洞时的构造

剪力墙墙面开洞较小时，除了要集中在洞口边缘补足切断的分布钢筋外，还要进一步加强以抵抗洞口的应力集中。连梁是剪力墙中的薄弱位置，同样应重视连梁开洞后的加强措施。当剪力墙墙面开有非连续小洞口（各边长度小于 800mm）时，应将洞口处被截断的分布筋量分别集中配置在洞口的上、下和左、右两侧，且钢筋直径不应小于 12mm，从洞口边伸入墙内的长度不应小于 l_a（抗震设计中取 l_{aE}），如图 5-20a 所示。剪力墙洞口上、下两侧的水平纵向钢筋除了应满足洞口连梁的正截面受弯承载力外，其面积不宜小于洞口截断的水平分布钢筋总面积的一半，并不应少于 2 根。

穿过连梁的管道宜预埋套管，洞口上、下的有效高度不宜小于梁高的 1/3，且不宜小于 200mm，并且洞口处应配置补强钢筋，如图 5-20b 所示。

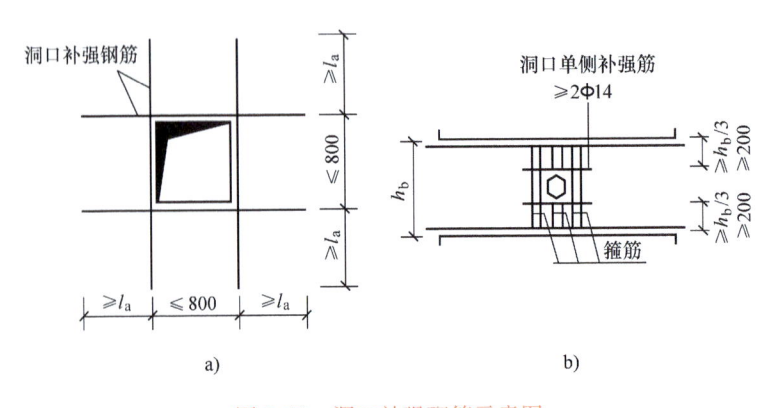

图 5-20 洞口补强配筋示意图
a）剪力墙洞口补强 b）连梁洞口补强

5.3.4 剪力墙结构的抗震构造措施

1. 混凝土的最低强度等级

剪力墙结构混凝土强度等级不应低于 C20；带有筒体和短肢剪力墙的剪力墙结构混凝土强度等级不应低于 C25。

2. 剪力墙边缘构件

《建筑抗震设计规范》(GB 50011—2010) 规定，在抗震剪力墙墙肢两端和洞口两侧应设置边缘构件。

（1）约束边缘构件的设置

1）约束边缘构件的设置部位。一、二级抗震等级的剪力墙墙底部加强部位及相邻的上一层的墙肢端部应设置约束边缘构件。在部分框支剪力墙结构中，一、二级落地剪力墙底部加强部位及相邻的上一层墙肢端部应设置符合约束边缘构件要求的翼墙或端柱，洞口两侧应设置约束边缘构件；不落地剪力墙应在底部加强部位及相邻的上一层的墙肢两端设置约束边缘构件。

2）约束边缘构件的构造。约束边缘构件的形式可以是暗柱（矩形端）、端柱和翼墙，如图 5-21 所示。

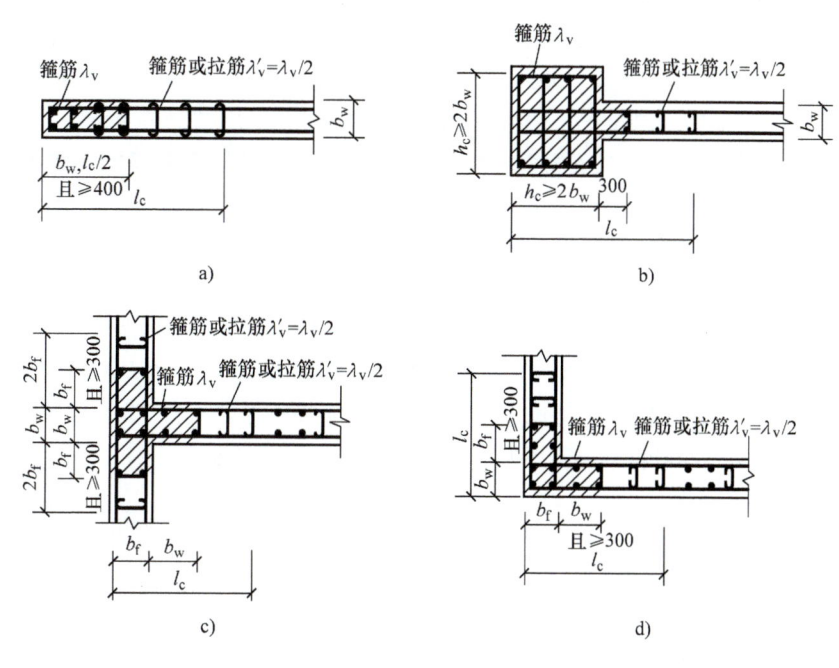

图 5-21 剪力墙的约束边缘构件
a) 暗柱　b) 端柱　c) 翼墙　d) 转角墙

（2）构造边缘构件的设置

1）构造边缘构件的设置部位。一、二级抗震等级剪力墙的其他部位和三、四级抗震等级的剪力墙墙肢端部，均应设置构造边缘构件。

2）构造边缘构件的构造。构造边缘构件的设置范围，如图 5-22 所示。

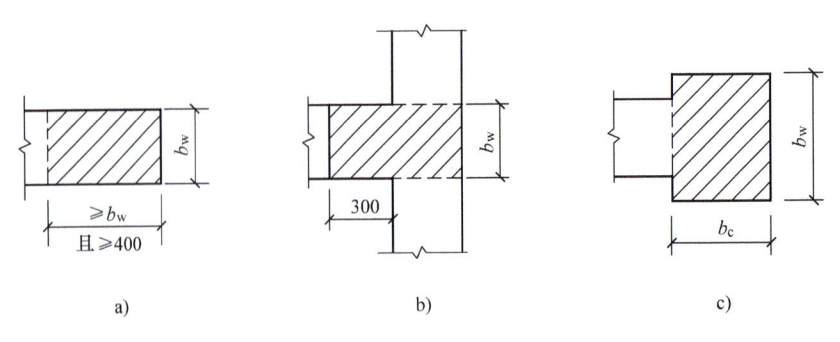

图 5-22 剪力墙的构造边缘构件范围
a) 暗柱　b) 翼墙　c) 端柱

3. 剪力墙的配筋构造

（1）墙肢端部纵向钢筋的构造要求

墙肢端部竖筋应位于由箍筋或水平分布钢筋和拉筋约束的边缘构件（暗柱）内。暗柱及端柱内纵向钢筋的连接和锚固要求与框架柱相同。抗震设计时，剪力墙纵向钢筋的最小锚固长度应取 l_{aE}。

（2）剪力墙的分布钢筋

1）分布钢筋的布置。钢筋混凝土剪力墙厚度大于 140mm 时，竖向和水平方向分布钢筋应双排布置；当剪力墙厚度大于 400mm，但不大于 700mm 时，宜采用三排配筋；当墙厚度大于 700mm 时，宜采用四排配筋，各排分布钢筋网之间应采用拉筋连系。

2）分布钢筋的配筋构造。抗震剪力墙中竖向和水平方向分布钢筋的最大间距不应大于 300mm，直径不应小于 8mm，但直径不宜大于墙厚的 1/10。拉筋直径不应小于 6mm，间距不应大于 600mm；在底部加强部位，约束边缘构件以外的拉筋间距应适当加密。

3）分布钢筋的锚固。剪力墙水平分布钢筋应伸至墙端。当剪力墙端部无翼墙时，分布钢筋应伸至墙端并向内弯折 15d 后截断，如图 5-23a 所示，其中 d 为水平分布钢筋的直径；当墙厚度较小时，也可采用在墙端附近搭接的做法，如图 5-23b 所示；当剪力墙端部有翼墙或转角墙时，内墙两侧的水平分布钢筋和外墙内侧的水平分布钢筋应伸至翼墙或转角墙外边，并分别向两侧水平弯折不小于 15d 后截断，如图 5-23c 所示。

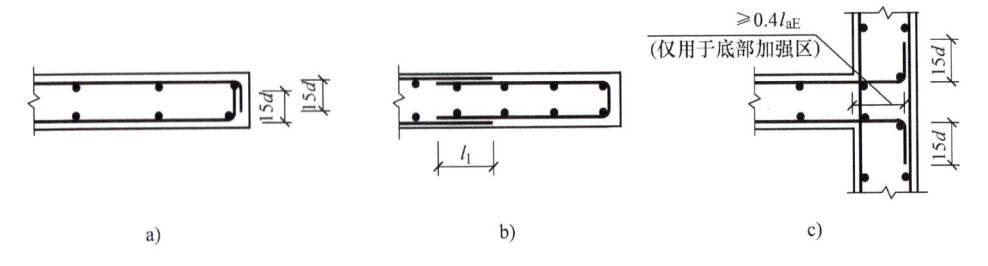

图 5-23 剪力墙端部水平分布钢筋的锚固
a) 无翼墙时的锚固　b) 无翼墙时的搭接　c) 有翼墙时的锚固

当剪力墙有端柱时，内墙两侧水平分布钢筋和外墙内侧的水平分布钢筋应伸入端柱内进行锚固，其锚固长度不应小于 l_{aE}，且必须伸至端柱对边；当伸至端柱对边的长度不满足 l_{aE}

时，应伸至端柱对边后分别向两侧水平弯折不小于$15d$，其中弯前长度不应小于$0.4l_{aE}$。

在转角墙部位，沿剪力墙外侧的水平分布钢筋应沿外墙边在翼墙内连续通过转弯。当需要在纵横墙转角处设置搭接接头时，沿外墙的水平分布钢筋应在墙端外角处弯入翼墙，并与翼墙外侧水平分布钢筋搭接，搭接长度应不小于$1.2l_{aE}$。

4）分布钢筋的连接构造。剪力墙水平分布钢筋的搭接长度不应小于$1.2l_{aE}$。同排水平分布钢筋的搭接接头之间以及上、下相邻水平分布钢筋的搭接接头之间沿水平方向的净间距不宜小于500mm。

剪力墙内竖向分布钢筋的直径不大于28mm时，可采用搭接连接，搭接长度不应小于$1.2l_{aE}$，采用HPB300级钢筋时端头加$5d$直钩；一、二级抗震等级剪力墙竖向分布钢筋接头应分两批相互错开搭接，接头间距应不小于0.3倍的搭接长度；三、四级抗震等级剪力墙竖向分布钢筋接头可在同一高度搭接。当剪力墙内竖向分布钢筋直径大于28mm时，应分两批采用机械连接，接头间距应不小于$35d$。

(3) 连梁的配筋构造

1）剪力墙连梁顶面、底面纵向受力钢筋两端伸入墙内，其锚固长度不应小于l_{aE}，且均不应小于600mm。位于端部洞口的连梁顶面、底面纵筋伸入墙端部长度不满足l_{aE}时，应伸至墙端部后分别上下弯折$15d$，且弯前长度不应小于$0.4l_{aE}$。

2）连梁应沿全长配置箍筋，抗震设计时箍筋的构造应按框架梁梁端加密区箍筋的构造采用。

3）在顶层连梁纵向钢筋伸入墙内的锚固长度范围内，应配置间距不大于150mm的箍筋，钢筋直径应与该连梁跨内的箍筋直径相同。

4）墙体水平分布钢筋应作为连梁的腰筋在连梁范围内拉通连续配置；当连梁截面高度大于700mm时，其两侧沿梁高范围设置的纵向构造钢筋（腰筋）的直径不应小于10mm，间距不应大于200mm。

任务4　认知框架-剪力墙结构

5.4.1　框架-剪力墙的概念和力学机理

框架-剪力墙结构是由框架和剪力墙两种不同的结构构件组成的受力体系。在框架-剪力墙结构中，剪力墙应沿平面的主轴方向布置，并遵循"均匀、对称、分散、周边"的原则。抗震剪力墙宜贯通房屋全高，且横向与纵向的剪力墙宜相连。剪力墙宜设置在墙面不需要开大洞口的位置。房屋较长时，刚度较大的剪力墙不宜设置在房屋的端开间。剪力墙洞宜上下对齐，洞边距端柱不宜小于300mm。

框架-剪力墙结构

横向剪力墙宜均匀对称地设置在建筑物的端部附近、楼梯间、平面形状变化处以及恒载较大的部位。纵向剪力墙宜布置在结构单元的中间区段内，当房屋纵向较长时，不宜集中在房屋的两端布置纵向剪力墙。

框架-剪力墙结构中的楼盖结构是框架和剪力墙能够协同工作的基础，宜采用现浇楼盖。

5.4.2　框架-剪力墙结构的受力特点

框架-剪力墙结构由框架和剪力墙两种不同的抗侧力单元组成，通过楼盖把两者联系在一起，迫使框架和剪力墙在一起协同工作，形成了其独特的一些特点。

1）在水平荷载作用下，框架变形的特点是其层间相对水平位移越到上部越小，如图5-24a所示，而剪力墙的变形特点是其层间相对水平位移越往上部越大，如图5-24b所示。在框架-剪力墙结构中，两者变形互相协调，使结构的层间变形趋于均匀，如图5-24d所示。总之，框架-剪力墙结构使剪力墙的下部变形加大而上部变形减小，使框架结构下部变形减小而上部变形加大，如图5-24c所示。

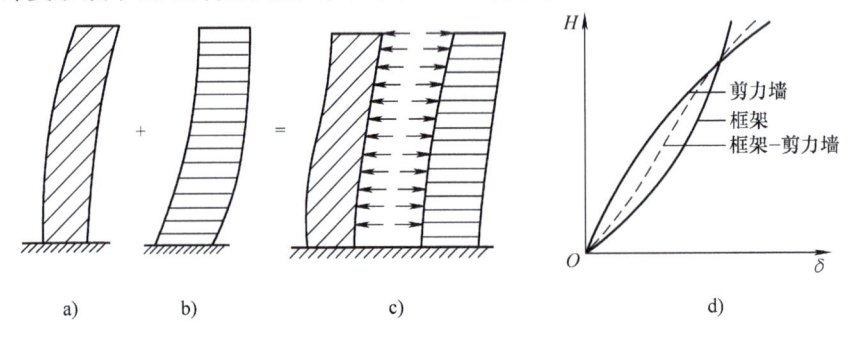

图5-24　框架-剪力墙结构变形特点
a) 框架变形　b) 剪力墙变形　c) 框架-剪力墙变形　d) 框架-剪力墙协同工作

2）由于框架和剪力墙之间的变形协调作用，框架和剪力墙的剪力沿高度也在不断调整。由于剪力墙的刚度比框架大得多，因此剪力墙负担了大部分剪力（70%~90%），框架只负担小部分剪力，使得框架上部和下部各层柱所受的剪力趋于均匀而受力更合理。

5.4.3　框架-剪力墙结构的构造

框架-剪力墙结构中，剪力墙是主要的抗侧力构件，承担着绝大部分剪力，因此构造上应加强，除应满足一般框架和剪力墙的有关构造要求外，框架-剪力墙结构中的框架、剪力墙和连梁的设计构造，还应符合下列构造要求：

1）剪力墙的厚度不应小于160mm，且不应小于楼层净高的1/20；底部加强部位的剪力墙墙厚不应小于200mm，且不应小于楼层高度的1/16。

2）剪力墙内竖向和水平方向分布钢筋的配筋率均不应小于0.2%，直径不应小于8mm，间距不应大于300mm，至少应双排布置。各排分布钢筋间应设置直径不小于6mm，间距不大于600mm的拉筋拉结。

3）剪力墙周边应设置梁（或暗梁）和端柱围成边框。梁宽不宜小于$2b_w$（b_w为剪力墙厚度），梁的截面高度不宜小于$3b_w$；柱截面宽度不宜小于$2.5b_w$，柱的截面高度不应小于截面宽度。边框梁或暗梁的上、下纵筋的配筋率均不应小于0.2%，箍筋不应少于Φ6@200。

4）剪力墙的水平分布钢筋应全部锚入边框柱内，其锚固长度不应小于l_a（或l_{aE}）。

5）剪力墙端部的纵向受力钢筋应配置在边框柱截面内。剪力墙底部加强部位处，边框柱内箍筋宜沿全高加密；当带边框剪力墙上的洞口紧靠边框柱时，边框柱内箍筋宜沿全高加密。

同 步 训 练

一、填空题

1. 《高层建筑混凝土结构技术规程》（JGJ 3—2010）把（　　）层以上或房屋高度大于 28m 的住宅建筑和房屋高度大于（　　）m 的其他高层民用建筑定义为高层建筑。

2. 目前，多层与高层建筑最常用的结构体系有混合结构体系、（　　）、（　　）、（　　）和筒体结构体系等。

3. 框架结构按照施工方法的不同，可分为（　　）、半现浇框架、装配式框架和装配整体式框架四种形式。

4. 框架结构一般受到竖向荷载和水平荷载作用，水平荷载主要包括（　　）和（　　）。

5. 根据墙体的开洞大小和截面应力的分布特点，剪力墙可划分为（　　）、（　　）、联肢剪力墙和壁式框架四类。

二、名词解释

1. 框架结构。
2. 剪力墙结构。
3. 框架-剪力墙结构。
4. 混合结构。

三、简答题

1. 在水平荷载作用下，框架梁、柱截面中分别产生哪些内力？其内力是如何分布的？
2. 在竖向荷载作用下，框架梁、柱截面中主要产生哪些内力？其内力是如何分布的？
3. 如何确定框架梁、柱的控制截面？其最不利内力是什么？
4. 框架节点的构造有哪些？
5. 剪力墙结构中，分布钢筋的作用是什么？构造要求有哪些？
6. 框架-剪力墙结构的受力特点有哪些？

四、职业体验

1. 职业体验的目的

进一步认识各种钢筋混凝土结构及构件，具备识读钢筋混凝土结构施工图的能力。通过职业体验环节，学生了解企业实际，体验企业文化，从而建立起对即将从事职业的认识，形成初步的职业素养。

2. 时间与内容

（1）时间

课程职业体验宜安排在课余时间，周六、日或节假日进行，时间 2~4 课时。

（2）场所

多高层钢筋混凝土框架和框架-剪力墙结构施工工地。

（3）内容

1）参观认知

① 了解框架结构、剪力墙结构、框架-剪力墙结构及其他新型结构；了解各结构之间的区别、荷载传递途径、构件间的关系、常用构件尺寸等。

② 了解钢筋混凝土结构的构造要求，包括柱、梁、板等的设置要求。

③ 了解基础的类型，钢筋的布置形式等。

2）识读图纸。在施工现场，针对工程结构施工图纸，结合实际工程，在工程技术人员或指导教师的指导下识读结构施工图，增强感性认识。

【职业素养园地】

上海中心大厦

上海中心大厦的总重量超过80万t，要想将这些重量安全地分担在承重桩上，就需要对每根承重桩进行合理的规划和设计。上海中心大厦一共有980根承重桩，这些承重桩深入地下约86m。

这些承重桩并不是直接建造在长江入海口柔软的河床上，工程师们为了让每根承重桩可以充分受力，同时保持足够的稳定性，将原来的地面进行了深挖施工。长江三角洲地区地面下280m范围内多是软土，为了让承重桩更加牢固，工程师们决定浇筑一块厚达6m的大楼底板，这块底板的面积达到了1万m^2。为了连续不断地浇筑好这块底板，2010年3月26日，500多名工人和18台混凝土泵开始了浇筑工作，全上海80%的搅拌车参与了混凝土的运输工作，保证每小时1000m^3的混凝土供应量；终于，经过了63h的奋斗，大楼的底板全部完成，这一次浇筑过程也创造了新的吉尼斯世界纪录。

在进行承重桩密度和位置规划时，工程师们进行了科学的计算。承重桩的数量并不是越多越好，过多的承重桩不仅会增加建设成本，还会导致大楼不稳定。在设计承重桩的位置和数量时，工程师们通过各种科学的计算，不仅要考虑承重桩受到的纵向力，还需要考虑大楼建成以后可能受到的风压等横向力，最终设计出来的承重桩既能支撑大楼重量，还能保证大楼不会出现移位甚至变形。

上海中心大厦在建造过程中还采取了许多其他方法来维持大楼的稳定性，其中有许多技术是我国工程师独创或者自主研发的。对于这种超高建筑物来说，风的作用是不能忽视的，而且越往上风的作用越明显，顶层的大风甚至可以将楼层吹出肉眼可见的摇晃，所以上海中心大厦采取了阻尼器设计。

上海中心大厦首次采用电涡流摆设式调谐质量阻尼器，这种阻尼器是由我国自主研发制造的，它被安装在大楼的第125层，是有效减弱风力影响的大型阻尼器。它的重量达到了1000t，类似于一个巨形复摆，通过12根钢索吊装在大厦的内部，可以通过自身的摆动有效地降低由风力导致的峰值加速度，降低的幅度可超过43%，大大减少了大楼高层的晃动。

上海中心大厦还充分考虑了节能环保，大厦外墙采用玻璃幕墙设计，从而使内部形成相对封闭的区域，可以有效隔热，而且内部绿化面积超过30%，能够有效地给建筑内部降温；采用的玻璃经过了防爆处理，可以给游客带来良好的保护。

上海中心大厦的顺利落成，充分体现了中国的基建能力，这座大厦已经对外开放观光，游客只需要购买门票，就可以登上数百米高的楼层，一览上海的全景，感受中国发展前沿地区日新月异的变化。

启迪人生

（1）伴随着我国经济的高速发展，高层、超高层建筑在我们的周围越来越多，中国建筑也在发展中不断地探索、成长、创新、壮大，建造过程中所应用的新技术充分体现了祖国的强大和中国建筑不断创新的强大生命力。

（2）经过多年积累，中国建筑的科技创新按下了"快进键"，全面塑造高质量发展新优势，中国建筑的科技实力正在从量的积累迈向质的飞跃，从点的突破迈向系统能力的提升，科技创新不断取得新的历史性成就。

模块6

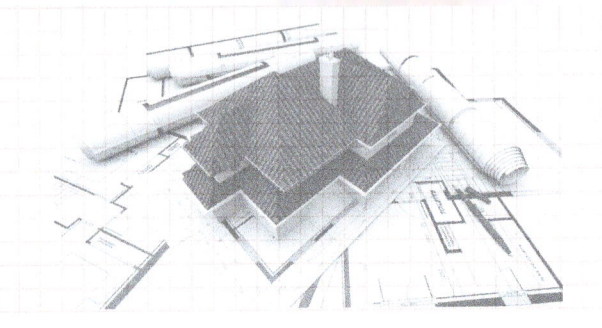

砌体结构基本知识

学习目标

❈ **知识目标**
1. 掌握砌体结构的基本材料及力学性能。
2. 理解砌体结构的结构布置。
3. 了解砌体结构的基本构造要求。
4. 掌握砌体结构施工图的识读方法。

❈ **能力目标**
1. 懂得砌体结构的基础知识。
2. 能读懂砌体结构施工图。

工作任务

1. 认识砌体结构材料。
2. 了解砌体的力学性质。
3. 熟悉砌体结构房屋结构设计方案。
4. 了解砌体房屋的构造要求。
5. 识读砌体结构房屋施工图。

学习指南

砌体结构是指将由块体和砂浆砌筑而成的墙、柱作为建筑物主要受力构件的结构体系。根据所用块体的不同可分为砖砌体、石砌体和砌块砌体结构三大类。

砌体结构的主要优点：取材方便，价格便宜，具有良好的耐久性及耐久性，施工设备和方法简单，可连续施工；主要缺点：砌体结构自重大，砌体的抗拉和抗剪强度都很低，抗震性能较差，而且砌筑工作劳动量大。基于上述特点，砌体结构主要用在七层以下的住宅楼和旅馆，五层以下的办公楼、教学楼等民用建筑的承重结构，以及工业厂房建筑的围护结构。

本模块基于识读砌体结构房屋施工图的工作过程，分为五个学习任务，目的是让学生在学习相关课程的基础上，进一步提高识读结构施工图的能力，因此每个学生应沿着如下流程进行学习：认识砌体材料→认识砌体的种类，了解砌体的选择原则→熟悉砌体的受压、受拉、受弯、受剪性能→熟悉砌体结构房屋结构设计方案→了解砌体房屋的构造要求→识读砌体结构房屋施工图。

教学方法建议

采用"教、学、做"一体化，利用实物、模型、仿真试验及相关多媒体资源和教师的讲解，结合某砌体结构房屋的施工图纸，使学生带着任务进行学习，在了解砌体结构材料、力学性能、构造要求的基础上，进一步提高识读结构施工图的能力。

任务1 认知砌体结构材料

6.1.1 砌体材料

砌体是由块体和砂浆砌筑构成的。

1. 块体

目前我国常用的砌体块体有砖、砌块和石材。

（1）砖

砖是以黏土、页岩以及工业废渣为主要原料制成的小型建筑块体，分烧结砖和非烧结砖。

1）烧结砖。烧结砖一般可分为烧结普通砖和烧结多孔砖。

烧结普通砖是指以黏土、页岩、煤矸石或粉煤灰为主要原料，经过焙烧而成的实心砖。按照主要原料可分为烧结黏土砖、烧结页岩砖、烧结煤矸石砖、烧结粉煤灰砖等。烧结普通砖的规格尺寸为 240mm×115mm×53mm，如图 6-1a 所示，适用于房屋上部及地下基础等部位。

烧结多孔砖以黏土、页岩、煤矸石或粉煤灰为主要原料，经焙烧而成，孔洞率不大于35%，孔的尺寸小而数量多，且为竖向孔，主要用于承重部位，简称多孔砖。目前多孔砖分为 P 型砖和 M 型砖，P 型砖的规格尺寸为 240mm×115mm×90mm，如图 6-1b 所示，M 型砖的规格尺寸为 190mm×190mm×90mm，如图 6-1c 所示。多孔砖可节约黏土、减少砂浆用量、提高工效、节省墙体造价，可减轻块体自重，增强墙体抗震性能，适用于房屋上部结构，不宜用于冻胀地区地下部位。

此外，以黏土、页岩、煤矸石或粉煤灰为主要原料，还可焙烧成孔洞较大、孔洞率大于35%的烧结空心砖。烧结空心砖孔洞为水平孔，为非承重砖，主要用于围护结构，如图 6-1d 所示。

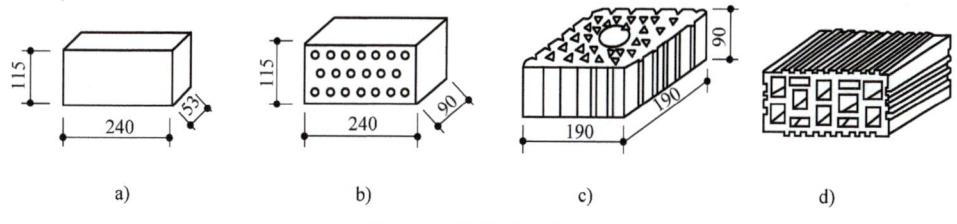

图 6-1 烧结砖的分类

a）烧结普通砖 b）P 型多孔砖 c）M 型多孔砖 d）烧结空心砖

2）非烧结砖。非烧结砖是相对于烧结砖而言的用于砌筑墙体的砖。按产品材质可分为非烧结硅酸盐砖和混凝土砖两类。按产品的品种可分为实心砖、通孔多孔砖及盲孔多孔砖三种。在我国实际生产中常见的非烧结硅酸盐砖有蒸压灰砂普通砖、蒸压粉煤灰普通砖和混凝土砖。

蒸压灰砂普通砖是以石灰等钙质材料和砂等硅质材料为主要原料，经坯料制备、压制排气成型、高压蒸汽养护而成的实心砖，其规格尺寸与烧结普通砖规格尺寸相同。

蒸压粉煤灰普通砖是以石灰、消石灰（如电石渣）或水泥等钙质材料与粉煤灰等硅质材料及集料（砂等）为主要原料，掺加适量石膏，经坯料制备、压制排气成型、高压蒸汽养护而成的实心砖，其规格尺寸与烧结普通砖规格尺寸相同。

混凝土砖是以水泥为胶结材料，以砂、石等为主要集料，加水搅拌、成型、养护制成的一种多孔的混凝土半盲孔砖或实心砖。多孔砖的主规格尺寸为240mm×115mm×90mm、240mm×190mm×90mm、190mm×190mm×90mm等；实心砖的主规格尺寸为240mm×115mm×53mm、240mm×115mm×90mm等。

非烧结砖耐久性能差，所以蒸压灰砂普通砖、蒸压粉煤灰普通砖不得用于严寒、使用化冰盐的潮湿环境和有化学介质侵蚀的建筑部位。

（2）砌块

砌块是利用混凝土、工业废料（炉渣、粉煤灰等）或地方材料制成的人造块材。按原料可分为：普通混凝土砌块、加气混凝土砌块和轻集料混凝土砌块；按内部结构可分为实心砌块和空心砌块；按尺寸大小可分为小型砌块、中型砌块和大型砌块，通常将砌块高度为180~390mm的称为小型砌块，高度为390~900mm的称为中型砌块，高度大于900mm的称为大型砌块。使用中最为普遍的是混凝土小型空心砌块，它是由普通混凝土或轻骨料混凝土制成，规格尺寸为390mm×190mm×190mm，空心率为25%~50%，简称混凝土砌块或砌块，如图6-2所示。

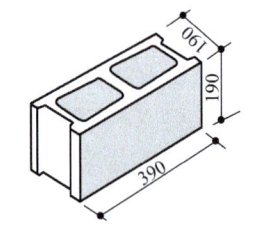

图6-2 混凝土小型空心砌块

（3）石材

石材按加工后的外形规则程度分为料石和毛石，料石又细分为细料石、半细料石、粗料石和毛料石。石材的抗压强度高，抗冻性能好，但传热性强，一般适用于基础、勒脚，现在部分石材也用于装饰装修。

2. 砂浆

砂浆是用砂和适量的无机胶凝材料（水泥、石灰、石膏、黏土等）加水搅拌而成的一种粘结材料。其作用是将块材粘结成整体并使砌体受力均匀，同时因砂浆填满块材间的缝隙还能减少砌体的透气性，提高砌体的保温性及抗冻性。按砂浆的组成可分为以下几种：

（1）普通砂浆

用无机胶凝材料与细集料和水按比例拌和而成，也称灰浆。根据组成材料不同，普通砂浆还可分为以下三种：

1）水泥砂浆。由水泥、砂和水拌和而成的无塑性掺合料的纯水泥砂浆。这类砂浆强度高、耐久性好、和易性和保水性差，一般适用于砌筑潮湿环境或水中的砌体、墙面或地面等。

2）混合砂浆。由水泥、砂、水和一定的塑性掺合料（石灰浆或黏土浆）拌和而成的砂浆。这类砂浆具有一定的强度和耐久性，和易性、保水性好。其适用于一般墙体中，不宜用于潮湿的地方，易风化。

3）石灰砂浆。指拌合料中不含水泥的砂浆，一般由石灰膏、砂和水按一定配比制成。

这类砂浆强度低、耐久性差，一般适用于强度要求不高、不受潮湿的砌体和抹灰层。

(2) 砌块专用砌筑砂浆

用水泥、砂、水以及根据需要掺入一定比例的掺合料和外加剂等组分，采用机械拌和而成，专门用于砌筑混凝土砌块的砌筑砂浆。

(3) 蒸压灰砂普通砖、蒸压粉煤灰普通砖专用砌筑砂浆

用水泥、砂、水以及根据需要掺入一定比例的掺合料和外加剂等组分，采用机械拌和而成，专门用于砌筑蒸压灰砂砖、蒸压粉煤灰砖砌体，且砌体抗剪强度应不低于烧结普通砖砌体的取值的砂浆。

6.1.2 块体和砂浆的强度等级

1. 块体的强度等级

块体的强度等级是根据标准试验方法所得到的极限抗压强度标准值的大小而划分的，是确定砌体在各种受力情况下强度的基础。块体的强度等级用符号"MU"加相应的数字表示，其中"MU"表示砌体中的块体，数字表示块体强度大小，单位为 MPa（即 N/mm²）。

(1) 承重结构的块体强度等级

1) 烧结普通砖、烧结多孔砖等的强度等级共分五级，依次为 MU10、MU15、MU20、MU25、MU30。

2) 蒸压灰砂普通砖、蒸压粉煤灰普通砖的强度等级共分三级，依次为 MU15、MU20、MU25。

3) 混凝土普通砖、混凝土多孔砖的强度等级共分四级，依次为 MU15、MU20、MU25、MU30。

4) 混凝土砌块、轻集料混凝土砌块的强度等级共分五级，依次为 MU5、MU7.5、MU10、MU15 和 MU20。

5) 石材的强度等级共分七级，依次为 MU20、MU30、MU40、MU50、MU60、MU80 和 MU100。

(2) 自承重墙的块体强度等级

1) 空心砖的强度等级共分四级，依次为 MU3.5、MU5、MU7.5、MU10。

2) 轻集料混凝土砌块的强度等级共分四级，依次为 MU3.5、MU5、MU7.5、MU10。

2. 砂浆的强度等级

砂浆的强度等级是采用同类块体为砂浆试块底模，按标准方法制作的边长 70.7mm 的立方体试块，在温度为 15～25℃ 环境下养护 28d 的抗压强度来确定的。砂浆的强度等级用符号"M""Ms"或"Mb"加相应的数字表示，其中 M 表示砂浆，数字表示砂浆的强度大小，单位为 MPa（即 N/mm²）。

1) 烧结普通砖、烧结多孔砖、蒸压灰砂普通砖、蒸压粉煤灰普通砖砌体采用的普通砂浆强度等级共分五级，依次为 M2.5、M5、M7.5、M10 和 M15。

2) 蒸压灰砂普通砖、蒸压粉煤灰普通砖砌体采用的专用砌筑砂浆的强度等级共分四级，依次为 Ms5、Ms7.5、Ms10 和 Ms15。

3) 混凝土普通砖、混凝土多孔砖、单排孔混凝土砌块和煤矸石混凝土砌块砌体采用的砂浆的强度等级共分五级，依次为 Mb5、Mb7.5、Mb10、Mb15 和 Mb20。

4）双排孔或多排孔轻集料混凝土砌块砌体采用的砂浆强度等级共分三级，依次为 Mb5、Mb7.5 和 Mb10。

5）毛料石、毛石砌体采用的砂浆强度等级共分三级，依次为 M2.5、M5 和 M7.5。

当验算施工阶段砂浆尚未硬化的新砌砌体的强度和稳定性时，可按砂浆强度为零来确定其砌体强度。

6.1.3　砌体种类

砌体是由块体和砂浆砌筑而成的整体，按照所用材料的不同可分为砖砌体、砌块砌体和石砌体，按照是否配筋可分为无筋砌体和配筋砌体。

砖砌体砌筑方式

1. 砖砌体

由砖和砂浆砌筑而成的砌体称为砖砌体，可用作内外墙、柱、基础等承重结构以及隔墙和围护墙等非承重结构。通常采用一顺一丁（砖长面与墙长度方向平行为顺砖，砖短面与墙长度方向平行为丁砖）、三顺一丁和梅花丁等砌筑方式，如图 6-3 所示。施工时严禁不同强度等级砖块混用。

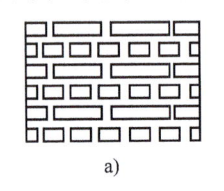

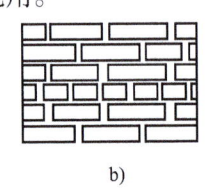

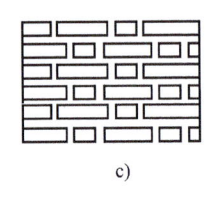

图 6-3　砖砌体砌筑方式
a）一顺一丁　b）三顺一丁　c）梅花丁

砖实砌墙体常用厚度有：120mm（半砖）、180mm（七分墙）、240mm（一砖）、370mm（一砖半）、490mm（两砖）等。

2. 砌块砌体

由砌块和砂浆砌筑而成的砌体称为砌块砌体。砌块尺寸较大，减轻了砌筑劳动强度，便于提高劳动生产率，目前使用最多的是混凝土小型空心砌块砌体，先排块后施工，施工时砌块底面向上反向砌筑。砌块砌体为建筑工厂化、机械化、加快建设速度、减轻结构自重开辟了新的途径。墙体常用厚度有：190mm、200mm、240mm、290mm。

3. 石砌体

由石材和砂浆砌筑而成的砌体称为石砌体。该砌体便于就地取材，造价低，但自重大、隔热性差。常见的石砌体的类型有料石砌体、毛石砌体和毛石混凝土砌体。

4. 配筋砌体

由配置钢筋的砌体作为建筑物主要受力构件的结构称为配筋砌体。该砌体受压承载力较高，结构整体性强。通常配筋砌体分为以下三类：

（1）网状配筋砖砌体

网状配筋砖砌体又称横向配筋砖砌体，是在砖柱或砖墙中每隔几皮砖在其水平灰缝中配置直径为 3～4mm 的方格网式钢筋网片，或直径为 6～8mm 的连弯式钢筋网片，在砌体受压时钢筋网片可以约束砌体的横向变形，从而提高砌体抗压承载力，如图 6-4 所示。

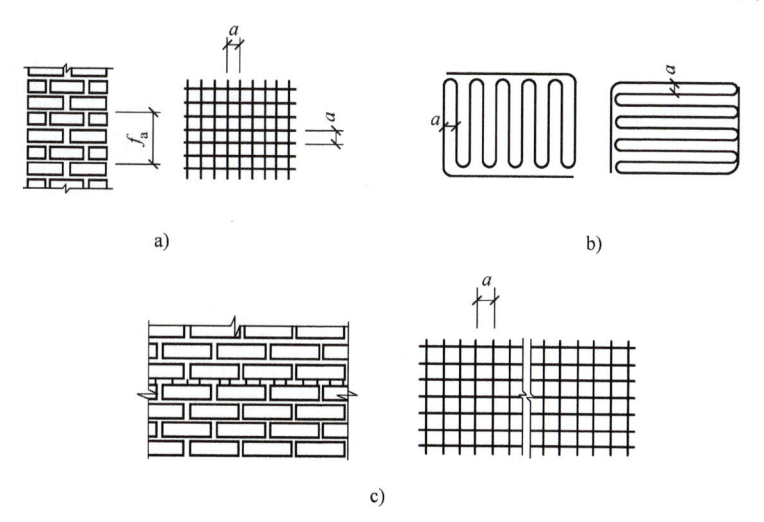

图 6-4　网状配筋砖砌体
a）方格网状配筋砖柱　b）连弯钢筋网　c）方格网配筋砖墙

（2）组合砖砌体

在砖砌体内部配置钢筋混凝土（或钢筋砂浆）部件组合而成的砌体称为组合砖砌体。组合砖砌体构件分为两类：一类是砖砌体和钢筋混凝土面层或钢筋砂浆面层的组合砖砌体构件，称为组合砌体构件，可以承受较大的偏心轴压力，如图 6-5a 所示；另一类是砖砌体和钢筋混凝土构造柱的组合墙，简称组合墙，如图 6-5b 所示。一般可在房屋墙体中设置间距不大于 4m 的构造柱。

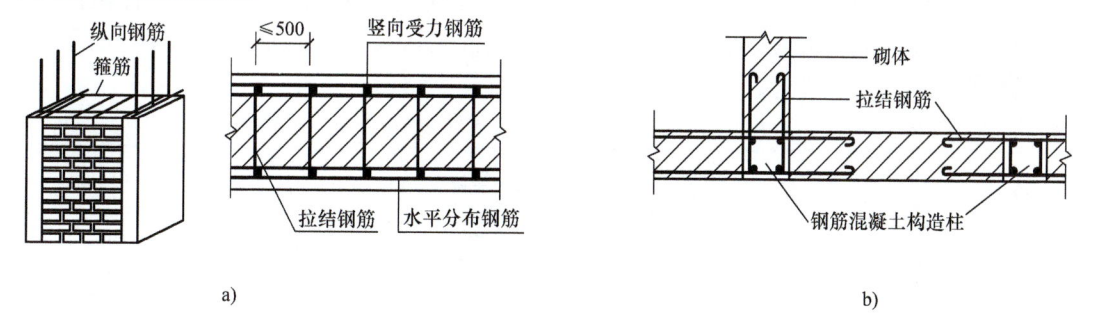

图 6-5　组合砖砌体
a）组合砌体构件　b）砖砌体和钢筋混凝土构造柱组合墙

（3）配筋砌块砌体

配筋砌块砌体是在混凝土小型空心砌块砌体的水平灰缝中配置竖向钢筋并用混凝土灌实的一种配筋砌体。一般可分为约束配筋砌块砌体和均匀配筋砌块砌体。约束配筋砌块砌体仅在砌块墙体的转角、接头部位及较大洞口的边缘设置竖向钢筋，并在这些部位砌体的水平灰缝中设置一定数量的钢筋网片，主要用于中、低层建筑；均匀配筋砌块砌体是在砌块墙体上下贯通的竖向孔洞中插入竖向配筋，并用灌孔混凝土灌实，使竖向和水平钢筋与砌体形成一个共同工作的整体，故又可称为配筋砌块剪力墙，可用于大开间建筑和中高层建筑，如图 6-6 所示。

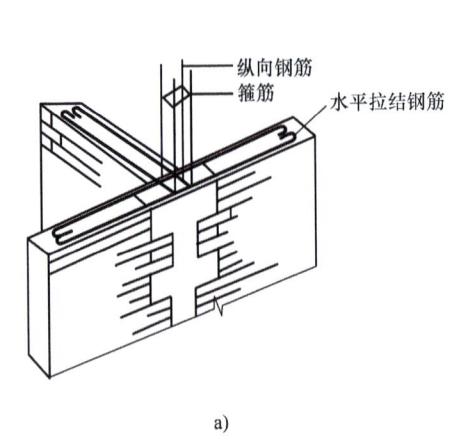

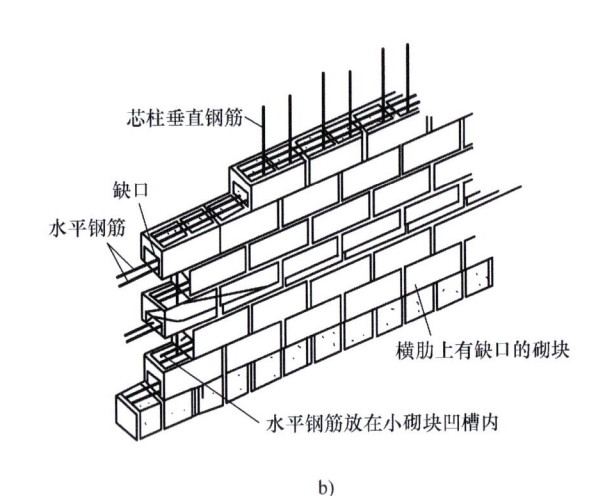

图 6-6 配筋砌块砌体
a) 约束配筋砌块砌体 b) 均匀配筋砌块砌体

6.1.4 砌体的选用原则

在进行砌体结构设计时，可按以下几个原则选用：

1) 因地制宜，就地取材。充分利用工业废料，选择经济指标好的砌体种类。

2) 考虑结构的受荷性质与受荷载的大小。对于五层及五层以上房屋的墙，以及受振动或层高大于 6m 的墙、柱所用材料的最低强度等级：砖为 MU10，砌块为 MU7.5，石材为 MU30，砂浆为 M5。

3) 考虑建筑物的使用要求、设计工作年限和工作环境。对寒冷地区应满足保温性、抗冻性的要求；对地面以下或防潮层以下的砌体，潮湿的房间的墙，应满足其强度长期不变和其他正常使用的功能，符合表 6-1 的规定。

表 6-1 地面以下或防潮层以下的砌体、潮湿房间墙体所用材料的最低强度等级

潮湿程度	烧结普通砖	混凝土普通砖、蒸压普通砖	混凝土砌块	石材	水泥砂浆
稍潮湿的	MU15	MU20	MU7.5	MU30	M5
很潮湿的	MU20	MU20	MU10	MU30	M7.5
含水饱和的	MU20	MU25	MU15	MU40	M10

注：1. 在冻胀地区，地面以下或防潮层以下的砌体，不宜采用多孔砖，如采用多孔砖时，其孔洞应用不低于 M10 的水泥砂浆预先灌实；当采用混凝土空心砌块时，其孔洞应采用强度等级不低于 C20 的混凝土预先灌实。

2. 对安全等级为一级或设计工作年限大于 50 年的房屋，表中材料强度等级应至少提高一级。

任务 2 分析砌体的力学性质

6.2.1 砌体的受压性质

1. 砌体受压破坏特征

根据砌体受压试验研究，砌体轴心受压破坏过程大致经历三个阶段（以标准试件 240mm×

370mm×720mm普通黏土砖砌体轴心受压为例)。

第一阶段：从砌体受压开始，当压力增大至50%~70%的破坏荷载时，砌体内某些单块砖在拉、弯、剪复合作用下出现第一批裂缝。此阶段裂缝细小，未能穿过砂浆层，如果不再增加压力，单块砖内的裂缝也不继续发展，如图6-7a所示。

第二阶段：随着荷载的增加，当压力增大至80%~90%的破坏荷载时，单块砖内的裂缝将不断上下开展和延伸，沿着竖向灰缝通过若干皮砖，在砌体内逐渐连接成一段段较连续的裂缝。若此时荷载不再增加，裂缝仍会继续发展，砌体已临近破坏，在工程实践中应视为构件处于危险状态，如图6-7b所示。

第三阶段：随着荷载的继续增加，砌体中裂缝迅速延伸、宽度增大，并连成通缝，连续的竖向贯通裂缝把砌体分割成半砖左右的小柱体（个别砖可能被压碎）而失稳破化，如图6-7c所示。以破坏时的压力除以砌体截面面积所得的应力值称为该砌体极限抗压强度。

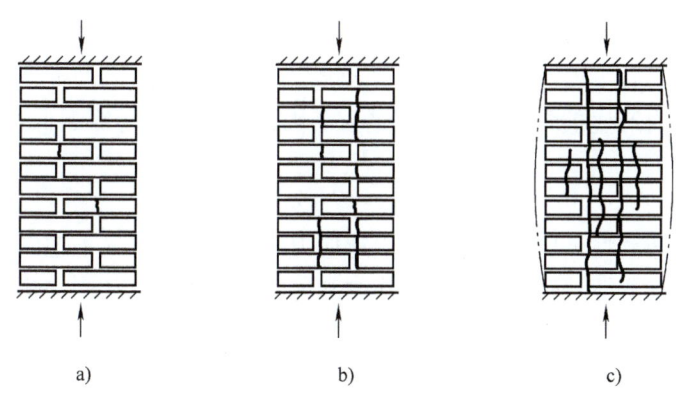

图6-7 轴心受压砌体的破坏形态
a) 第一阶段 b) 第二阶段 c) 第三阶段

砌体轴心受压破坏试验结果表明：砖柱的抗压强度远小于砖的抗压强度，出现这一现象的原因主要有以下四个方面：

（1）单砖的压、弯、剪复合受力

由于单块砖本身形状不完全规则平整，而且施工时砂浆铺砌厚度和密实性不均匀，使得单块砖在砌体内并不是均匀受压，而是处于压、弯、剪复合受力状态，如图6-8所示。由于砖的脆性，抵抗弯、剪的能力较差，砌体内第一批裂缝的出现是单砖受弯和受剪引起的。

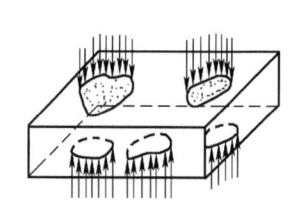

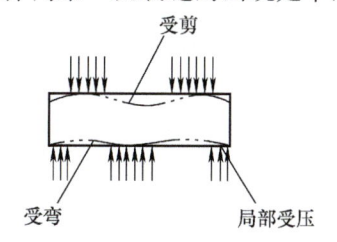

图6-8 砌体内单砖受力状态示意图

(2) 砌体横向变形时与砂浆存在交互作用

砌体在受压时会产生横向变形，砖的弹性模量大、横向变形系数小，而砂浆弹性模量小、横向变形系数大，在砌体受压时，砖的横向变形小于砂浆的横向变形，二者共同作用，则砂浆对砖会产生拉应力，所以单砖在砌体中处于压、弯、剪和拉的复合应力状态，抗压强度降低；相反，砖也会对砂浆产生阻止其横向变形的压应力，这样砂浆就处于三向受压的受力状态，如图 6-9 所示，其抗压强度提高。由于砖和砂浆的交互作用，使得砌体的抗压强度比单块砖的强度低得多，而对于用较低强度等级砂浆砌筑的砌体抗压强度有时比砂浆本身的强度高得多，甚至刚砌筑好的砌体（砂浆强度为零）也能承受一定荷载。由于交互作用在砖内产生了附加拉应力，从而加快了砖内裂缝的出现，因此在用较低强度等级砂浆砌筑的砌体内，砖内裂缝出现较早。

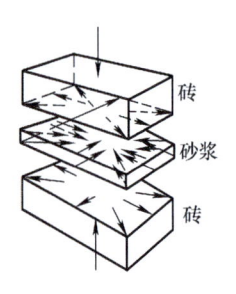

图 6-9　砂浆与砖的交互作用

(3) 弹性地基梁的作用

单块砖受弯、受剪的应力值不仅与灰缝厚度及密实性有关，与砂浆的弹性性质也有关。每块砖可视为作用在弹性地基上的梁，其下面的砌体可视为"弹性地基"。"地基"的弹性模量越小，砖的弯曲变形就越大，砖内产生的弯、剪应力就越大。因此砂浆强度等级越低，砖弯曲变形越大。

(4) 竖向灰缝处的应力集中

竖向灰缝的存在造成了砌体的不连续性，块材截面突变引起应力集中，若灰缝又不饱满则不能保证砌体的完整性，因此在竖向灰缝处砖内将产生拉应力和剪应力的集中，从而加快砖的开裂，引起砌体抗压强度的降低。

2. 影响砌体抗压强度的因素

(1) 块材和砂浆强度的影响

块材和砂浆强度是影响砌体抗压强度的主要因素，砌体强度随块材和砂浆强度的提高而提高，但并不与强度等级的提高成正比。对提高砌体强度而言，提高块材强度比提高砂浆强度更有效。一般情况下，砌体强度低于块材强度。当砂浆强度等级较低时，砌体强度高于砂浆强度；当砂浆强度等级较高时，砌体强度低于砂浆强度。

(2) 块材的形状和几何尺寸的影响

块材表面越平整，灰缝厚薄越均匀，砌体的抗压强度可提高。当块材翘曲时，砂浆层严重不均匀，将产生较大的附加弯曲应力使块材过早破坏。块材高度大时，其抗弯、抗剪和抗拉能力增大；块材较长时，在砌体中产生的弯剪应力也较大。

(3) 砂浆的流动性、保水性和弹性模量的影响

砂浆的流动性和保水性越好，砌体抗压强度越高；但流动性过大，砌体抗压强度反而降低。如采用纯水泥砂浆，砌体强度比用同一强度等级的混合砂浆砌筑的砌体强度低 10%~20%。

砂浆弹性模量的大小对砌体强度也具有决定性作用，当砖弹性不变时，砂浆的弹性模量决定其变形率。因此砂浆的弹性模量越大，其变形率越小，相应砌体的抗压强度越高。

(4) 砌筑质量与灰缝厚度的影响

砌体砌筑时水平灰缝的厚度、饱满度、砖的含水率及砌筑方法，均影响到砌体的强度和

整体性。砌体砌筑时，应提前将砖浇水湿润，含水率不宜过大或过低（一般要求控制在10%~15%）；砌筑时砖砌体应上下错缝，内外搭接；水平灰缝厚度应为8~12mm（一般宜为10mm）；水平灰缝饱满度应不低于80%；在保证质量的前提下，快速砌筑使砌体在砂浆硬化前受压，可增加水平灰缝的密实性而提高砌体的抗压强度。

3. 施工质量控制等级

施工质量控制等级对砌体的强度有较大影响，《砌体结构工程施工质量验收规范》（GB 50203—2011）中规定了砌体施工质量控制等级，它根据施工现场的质量保证体系、砂浆和混凝土的强度、砌筑工人的技术等级等方面的综合水平，将施工质量控制等级分为A、B、C三级。施工质量控制等级由设计单位和建设单位商定，并在工程设计图中明确注明（配筋砌体不允许采用C级）。

4. 砌体的抗压强度设计值

根据《砌体结构设计规范》（GB 50003—2011）规定，龄期为28d的以毛截面计算的各类砌体抗压强度设计值，当施工质量控制等级为B级时，应根据块体和砂浆的强度等级分别按表6-2~表6-9规定采用。

表6-2 烧结普通砖和烧结多孔砖砌体的抗压强度设计值 （单位：MPa）

砖强度等级	砂浆强度等级					砂浆强度
	M15	M10	M7.5	M5	M2.5	0
MU30	3.94	3.27	2.93	2.59	2.26	1.15
MU25	3.60	2.98	2.68	2.37	2.06	1.05
MU20	3.22	2.67	2.39	2.12	1.84	0.94
MU15	2.79	2.31	2.07	1.83	1.60	0.82
MU10	—	1.89	1.69	1.50	1.30	0.67

注：当烧结多孔砖的孔洞率大于30%时，表中数值应乘以0.9。

表6-3 混凝土普通砖和混凝土多孔砖砌体的抗压强度设计值 （单位：MPa）

砖强度等级	砂浆强度等级					砂浆强度
	Mb15	Mb10	Mb7.5	Mb5	Mb2.5	0
MU30	4.61	3.94	3.27	2.93	2.59	1.15
MU25	4.21	3.60	2.98	2.68	2.37	1.05
MU20	3.77	3.22	2.67	2.39	2.12	0.94
MU15	—	2.79	2.31	2.07	1.83	0.82

表6-4 蒸压灰砂普通砖和蒸压粉煤灰普通砖砌体的抗压强度设计值（单位：MPa）

砖强度等级	砂浆强度等级				砂浆强度
	M15	M10	M7.5	M5	0
MU25	3.60	2.98	2.68	2.37	1.05
MU20	3.22	2.67	2.39	2.12	0.94
MU15	2.79	2.31	2.07	1.83	0.82

注：当采用专用砂浆砌筑时，其抗压强度设计值按表中数值采用。

表6-5　单排孔混凝土砌块和轻集料混凝土砌块对孔砌筑砌体的抗压强度设计值

（单位：MPa）

砌块强度等级	砂浆强度等级					砂浆强度
	Mb20	Mb15	Mb10	Mb7.5	Mb5	0
MU20	6.30	5.68	4.95	4.44	3.94	2.33
MU15	—	4.61	4.02	3.61	3.20	1.89
MU10	—	—	2.79	2.50	2.22	1.31
MU7.5	—	—	—	1.93	1.71	1.01
MU5	—	—	—	—	1.19	0.70

注：1. 对独立柱或厚度为双排组砌的砌块砌体，应按表中数值乘以0.7。
　　2. 对T形截面墙体、柱，应按表中数值乘以0.85。

表6-6　双排孔或多排孔轻集料混凝土砌块砌体的抗压强度设计值　（单位：MPa）

砌块强度等级	砂浆强度等级			砂浆强度
	Mb10	Mb7.5	Mb5	0
MU10	3.08	2.76	2.45	1.44
MU7.5	—	2.13	1.88	1.12
MU5	—	—	1.31	0.78
MU3.5	—	—	0.95	0.56

注：1. 表中的砌块为火山渣、浮石和陶粒轻集料混凝土砌块。
　　2. 对厚度方向为双排组砌的轻集料混凝土砌块砌体的抗压强度设计值，应按表中数值乘以0.8。

表6-7　毛料石砌体的抗压强度设计值　（单位：MPa）

毛料石强度等级	砂浆强度等级			砂浆强度
	M7.5	M5	M2.5	0
MU100	5.42	4.80	4.18	2.13
MU80	4.85	4.29	3.73	1.91
MU60	4.20	3.71	3.23	1.65
MU50	3.83	3.39	2.95	1.51
MU40	3.43	3.04	2.64	1.35
MU30	2.97	2.63	2.29	1.17

注：对细料石砌体、粗料石砌体和干砌勾缝石砌体，表中数值应分别乘以调整系数1.4、1.2和0.8。

表6-8　毛石砌体的抗压强度设计值　（单位：MPa）

毛石强度等级	砂浆强度等级			砂浆强度
	M7.5	M5	M2.5	0
MU100	1.27	1.12	0.98	0.34
MU80	1.13	1.00	0.87	0.30
MU60	0.98	0.87	0.76	0.26
MU50	0.90	0.80	0.69	0.23
MU40	0.80	0.71	0.62	0.21
MU30	0.69	0.61	0.53	0.18
MU20	0.56	0.51	0.44	0.15

表6-9　沿砌体灰缝截面破坏时砌体的轴心抗拉强度设计值、弯曲抗拉强度设计值和抗剪强度设计值　　　（单位：MPa）

强度类别	破坏特征及砌体种类	≥M10	M7.5	M5	M2.5
轴心抗拉（沿齿缝）	烧结普通砖、烧结多孔砖	0.19	0.16	0.13	0.09
	混凝土普通砖、混凝土多孔砖	0.19	0.16	0.13	—
	蒸压灰砂普通砖、蒸压粉煤灰普通砖	0.12	0.10	0.08	—
	混凝土和轻集料混凝土砌块	0.09	0.08	0.07	—
	毛石	—	0.07	0.06	0.04
弯曲抗拉（沿齿缝）	烧结普通砖、烧结多孔砖	0.33	0.29	0.23	0.17
	混凝土普通砖、混凝土多孔砖	0.33	0.29	0.23	—
	蒸压灰砂普通砖、蒸压粉煤灰普通砖	0.24	0.20	0.16	—
	混凝土和轻集料混凝土砌块	0.11	0.09	0.08	—
	毛石	—	0.11	0.09	0.07
弯曲抗拉（沿通缝）	烧结普通砖、烧结多孔砖	0.17	0.14	0.11	0.08
	混凝土普通砖、混凝土多孔砖	0.17	0.14	0.11	—
	蒸压灰砂普通砖、蒸压粉煤灰普通砖	0.12	0.10	0.08	—
	混凝土和轻集料混凝土砌块	0.08	0.06	0.05	—
抗剪	烧结普通砖、烧结多孔砖	0.17	0.14	0.11	0.08
	混凝土普通砖、混凝土多孔砖	0.17	0.14	0.11	—
	蒸压灰砂普通砖、蒸压粉煤灰普通砖	0.12	0.10	0.08	—
	混凝土和轻集料混凝土砌块	0.09	0.08	0.06	—
	毛石	—	0.19	0.16	0.11

注：1. 对于用形状规则的块体砌筑的砌体，当搭接长度与块体高度的比值小于1时，其轴心抗拉强度设计值 f_t 和弯曲抗拉强度设计值 f_{tm} 应按表中数值乘以搭接长度与块体高度比值后采用。

2. 表中数值是依据普通砂浆砌筑的砌体确定，采用经研究性试验且通过技术鉴定的专用砂浆砌筑的蒸压灰砂普通砖、蒸压粉煤灰普通砖砌体，其抗剪强度设计值按相应普通砂浆强度等级砌筑的烧结普通砖砌体采用。

3. 对混凝土普通砖、混凝土多孔砖、混凝土和轻集料混凝土砌块砌体，表中的砂浆强度等级分别为≥Mb10、Mb7.5 和 Mb5。

在由表6-2～表6-9查砌体抗压强度设计值 f 时，对符合下列情况的各类砌体，其强度设计值 f 应乘以调整系数 γ_a。

1）对无筋砌体构件，其截面面积小于 $0.3m^2$ 时，γ_a 为其截面面积加0.7。对配筋砌体构件，当其中砌体截面面积小于 $0.2m^2$ 时，γ_a 为其截面面积加0.8。构件截面面积以 m^2 计。

2）当砌体用强度等级小于 M5 的水泥砂浆砌筑时，应按《砌体结构设计规范》（GB 50003—2011）中相应列表要求取 γ_a 为 0.9（或 0.8）。

3）当验算施工中房屋的构件时，γ_a 为 1.1。

6.2.2 砌体受拉、受弯、受剪性能

砌体主要用来承受压力，但也有一定的受拉、受弯、受剪性能，比如圆形水池的池壁、带壁柱的挡土墙、门窗过梁等。相比而言，砌体的抗拉、抗弯和抗剪强度都远低于其抗压强度，砌体的拉、弯、剪强度主要取决于灰缝与块体的粘结强度，即砂浆的强度。砌体的抗拉、抗弯、抗剪强度随砂浆强度的提高而明显增大。

1. 砌体的轴心受拉性能

常见的砌体的轴心受拉构件如圆形池壁，在静水压力作用下承受环向轴心拉力。

砌体在轴心拉力作用下，常见的有两种截面破坏形式：①沿通缝截面破坏；②沿齿缝截面（Ⅰ—Ⅰ截面）破坏；当块体的强度等级较低，砂浆强度等级又较高时，也可发生沿块体和竖向灰缝截面（Ⅱ—Ⅱ截面）破坏的情况，如图 6-10 所示。

图 6-10 砌体轴心受拉破坏形式
a）沿通缝截面破坏 b）沿齿缝截面破坏

2. 砌体的受弯性能

砌体中常见的受弯及大偏心受压构件有带壁柱的挡土墙、地下室墙体等。

砌体在受弯作用下，常见的有三种截面破坏形式：①砌体沿齿缝截面破坏；②砌体沿通缝截面破坏；③当块体的强度等级较低，砂浆强度等级又较高时，也可发生砌体沿块体和竖向灰缝截面破坏，如图 6-11 所示。

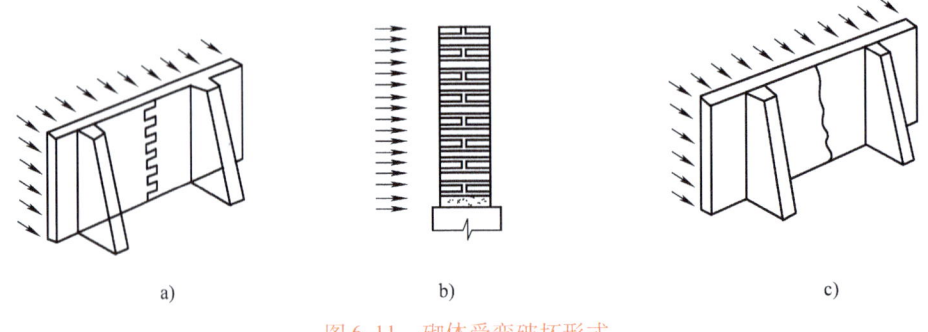

图 6-11 砌体受弯破坏形式
a）沿齿缝截面破坏 b）沿通缝截面破坏 c）沿块体和竖向灰缝截面破坏

3. 砌体的抗剪强度

砌体中常见的受剪构件有门窗过梁、拱过梁及墙过梁等。

砌体在单纯受剪时，常见的有三种截面剪切破坏形式：①沿通缝截面破坏，砌体通缝抗剪强度主要取决于砖和砂浆的切向粘结强度；②沿齿缝截面破坏，齿缝受剪破坏一般仅发生在错缝较差的砖砌体及毛石砌体中；③沿阶梯形截面破坏，砌体沿阶梯形缝受剪破坏是地震中房屋墙体的常遇震害，如图6-12所示。

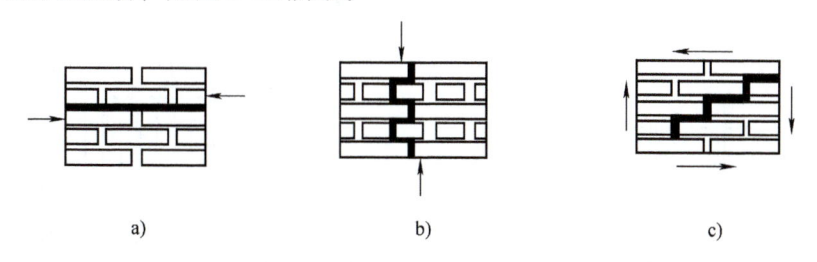

图6-12 砌体受剪破坏形式
a）沿通缝截面破坏 b）沿齿缝截面破坏 c）沿阶梯形截面破坏

除了砂浆的强度，砌体的灰缝饱满度和砌筑时块体的含水率也是影响砌体抗剪强度的重要因素。当竖向压应力与剪应力之比在一定范围内时，砌体的抗剪强度随着竖向压应力的增加而提高。

任务3 分析砌体结构房屋结构设计方案

砌体结构房屋主要承重构件通常由不同材料组成，如屋盖、楼盖等水平承重构件用钢筋混凝土、轻钢或其他材料建造，墙、柱、基础等竖向承重构件用砌体材料建造，因此也可称为混合结构。

在砌体结构房屋中，通常称沿房屋长向布置的墙为纵墙；沿房屋短向布置的墙为横墙；房屋四周与外界隔离的墙为外墙；外横墙又称为山墙；其余墙称为内墙，内墙中仅起隔断作用而不承受楼板荷载的墙称为隔墙，其厚度可适当减小。

6.3.1 结构布置方案

房屋中的楼盖、屋盖、纵墙、横墙、柱、基础等主要承重构件互相联系共同构成砌体结构房屋的承重体系，根据结构的承重体系及竖向荷载的传递路线不同，房屋的结构布置方案可分为以下几种。

1. 横墙承重体系

将楼（或屋面）板直接搁置在横墙上的结构布置称为横墙承重方案，如图6-13所示。横墙承受楼（屋）盖荷载，纵墙仅承受本身自重，起围护、隔断和联系横墙的作用。

横墙承重方案的荷载主要传递路线为：楼（屋）面板→横墙→基础→地基。

横墙承重方案特点为：横向刚度大，抗震性能好，纵墙门窗开洞受限较少；但横墙数量多、间距小，建筑空间布局受限。适用于多层宿舍等居住建筑以及由小开间组成的办公楼。

2. 纵墙承重体系

由纵墙直接承受楼面、屋面荷载的结构布置方案即为纵墙承重方案,通常无内横墙或横墙间距很大,其屋盖为预制屋面大梁或屋架和屋面板,如图 6-14 所示。

这类房屋的屋面荷载(竖向)传递路线为:板→梁(或屋架)→纵墙→基础→地基。

纵墙承重方案特点为:横墙间距不受限,满足需要有较大空间的房屋,但纵墙门窗开洞受限、横向刚度小,整体性差。适用于单层厂房、仓库、食堂等建筑。

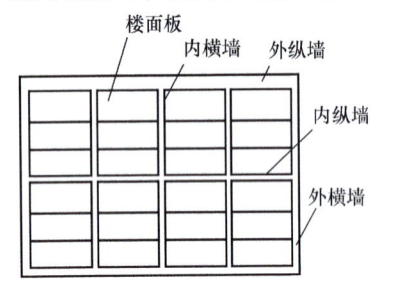

图 6-13 横墙承重方案

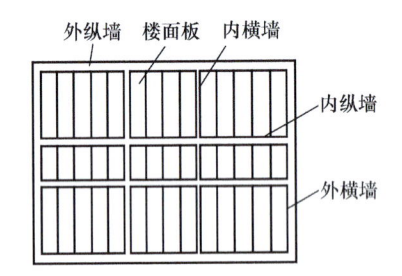

图 6-14 纵墙承重方案

3. 纵、横墙承重体系

当建筑物的功能要求房间的大小变化较多时,为了结构布置的合理性,通常采用纵、横墙布置方案,如图 6-15 所示。纵、横墙承重方案,既可保证有灵活布置的房间,又具有较大的空间刚度和整体性,所以适用于教学楼、办公楼、多层住宅等建筑。

此类房屋的荷载传递路线为:

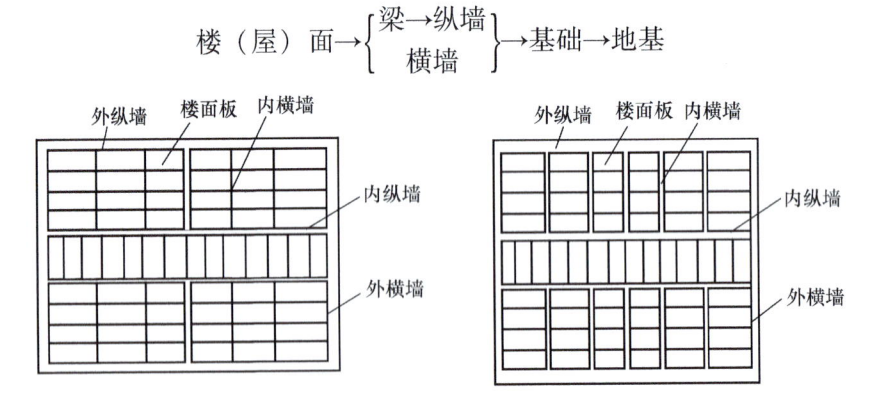

$$楼(屋)面 \to \begin{Bmatrix} 梁 \to 纵墙 \\ 横墙 \end{Bmatrix} \to 基础 \to 地基$$

图 6-15 纵、横墙承重方案

4. 内框架承重体系

对于工业厂房的车间、仓库和商店等需要较大空间的建筑,可采用外墙与内柱同时承重的内框架承重方案,该结构布置为楼板铺设在梁上,梁两端支承在外纵墙上,中间支承在柱上,如图 6-16 所示。

此类房屋的竖向荷载的传递路线为:

$$楼(屋)面板 \to 梁 \to \begin{Bmatrix} 外纵墙 \to 外纵墙基础 \\ 柱 \to 柱基础 \end{Bmatrix} \to 地基$$

该承重体系平面布置灵活，抗震性能差，使用中应充分注意两种不同结构材料所引起的不利影响。

6.3.2 静力计算方案

在房屋的静力计算过程中，为了确定空间结构的计算模型，根据房屋的空间工作性能确定的结构静力计算简图，房屋的静力计算方案包括刚性方案、弹性方案和刚弹性方案。

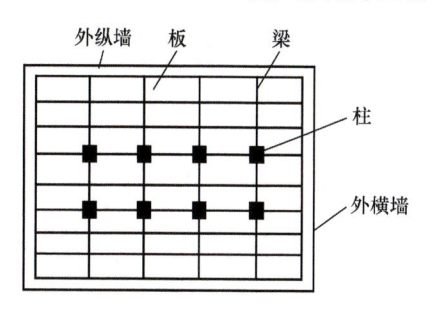

图6-16 内框架承重方案

1. 刚性方案

当横墙（包括山墙）间距较小，屋盖（楼盖）刚度较大时，即当房屋的空间刚度较大时，在水平荷载作用下，外纵墙墙顶的水平位移很小，可以忽略不计。这种情况下的屋盖如同是外纵墙顶端的一个不动铰支座。这时，外纵墙的墙体内力可按上端铰支于屋盖处，下端嵌固于基础顶面的竖向构件来进行计算，称为刚性方案，如图6-17a所示。

2. 弹性方案

当横墙（包括山墙）间距很大，或无横墙只有山墙，屋盖（楼盖）本身的刚度也小时，即房屋的空间刚度很差，在水平荷载作用下，外纵墙墙顶可以自由侧移。这种外纵墙的墙体内力可按有侧移的平面排架计算，如图6-17b所示，称为弹性方案。

3. 刚弹性方案

介于上述两种情况之间的房屋，其房屋空间刚度也介于两者之间，在荷载作用下，外纵墙墙顶的水平位移比弹性方案的小，比刚性方案的大而又不能忽略。这种房屋外纵墙墙体的内力可按顶部为弹性支座，底部嵌固于基础顶面的平面排架计算，如图6-17c所示，称为刚弹性方案。

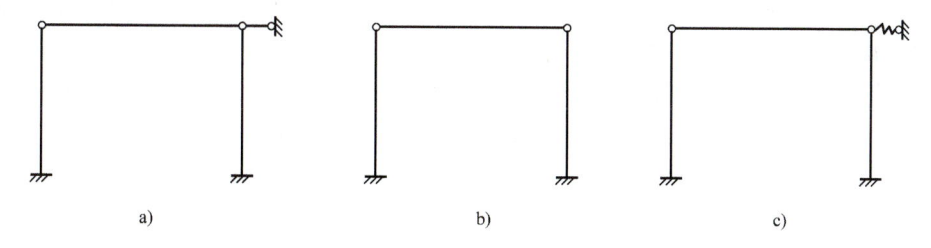

图6-17 混合结构房屋计算简图
a）刚性方案　b）弹性方案　c）刚弹性方案

设计时，可根据房屋的横墙间距及屋（楼）盖类别，按表6-10确定静力计算方案。

表6-10 房屋的静力计算方案

	屋盖或楼盖类别	刚性方案	刚弹性方案	弹性方案
1	整体式、装配整体式和装配式无檩体系钢筋混凝土屋盖或钢筋混凝土楼盖	$s<32$	$32 \leqslant s \leqslant 72$	$s>72$
2	装配式有檩体系钢筋混凝土屋盖、轻钢屋盖和有密铺望板的木屋盖或木楼盖	$s<20$	$20 \leqslant s \leqslant 48$	$s>48$
3	瓦材屋面的木屋盖和轻钢屋盖	$s<16$	$16 \leqslant s \leqslant 36$	$s>36$

注：1. 表中s为房屋横墙间距，其长度单位为m。
　　2. 对无山墙或伸缩缝处无横墙的房屋，应按弹性方案考虑。

任务4　分析砌体房屋的构造要求

6.4.1　墙、柱一般构造要求

设计砌体结构房屋时，除进行墙、柱的承载力计算和高厚比的验算外，还应满足下列墙、柱的一般构造要求：

1）预制钢筋混凝土板的支承长度不应小于80mm，板端伸出的钢筋应与圈梁可靠连接，并同时浇筑；预制钢筋混凝土板在墙上的支承长度不应小于100mm，并应按下列方法进行连接：①板支承于内墙时，板端钢筋伸出长度不应小于70mm，且与支座处沿墙配置的纵筋绑扎，用强度等级不低于C25的混凝土浇筑成板带；②板支承于外墙时，板端钢筋伸出长度不应小于100mm，且与支座处沿墙配置的纵筋绑扎，用强度等级不低于C25的混凝土浇筑成板带；③预制混凝土板与现浇板对接时，预制板端钢筋应伸入现浇板中进行连接后，再浇筑现浇板。

2）墙体转角处和纵横墙交接处应沿竖向每隔400～500mm设拉结筋，其数量为每120mm墙厚不少于1根直径6mm的钢筋；或采用焊接钢筋网片，埋入长度从墙的转角或交接处算起，对实心砖墙每边不小于500mm，对多孔砖墙和砌块墙不小于700mm。

3）填充墙、隔墙应分别采取措施与周边主体结构构件可靠连接，连接构造和嵌缝材料应满足传力、变形、耐久和防护要求。

4）在砌体中留槽洞及埋设管道时，应遵守下列规定：①不应在截面长边小于500mm的承重墙体、独立柱内埋设管；②不宜在墙体中穿行暗线或预留、开凿沟槽，无法避免时应采取必要的措施或按削弱后的截面验算墙体的承载力。（注：对受力较小或未灌孔的砌块砌体，允许在墙体的竖向孔洞中设置管线。）

5）承重的独立砖柱截面尺寸不应小于240mm×370mm，毛石墙的厚度不宜小于350mm，毛料石柱较小边长不宜小于400mm。（注：当有振动荷载时，墙、柱不宜采用毛石砌体。）

6）支承在墙、柱上的吊车梁、屋架及跨度大于或等于下列数值的预制梁的端部，应采用锚固件与墙、柱上的垫块锚固：①对砖砌体为9m；②对砌块和料石砌体为7.2m。

7）跨度大于6m的屋架和跨度大于下列数值的梁，应在支承处砌体上设置混凝土或钢筋混凝土垫块；当墙中设有圈梁时，垫块与圈梁宜浇成整体：①对砖砌体为4.8m；②对砌块和料石砌体为4.2m；③对毛石砌体为3.9m。

8）当梁跨度大于或等于下列数值时，其支承处宜加设壁柱，或采取其他加强措施：①对240mm厚的砖墙为6m，对180mm厚的砖墙为4.8m；②对砌块、料石墙为4.8m。

9）山墙处的壁柱宜砌至山墙顶部，屋面构件应与山墙可靠拉结。

10）砌块砌体应分皮错缝搭砌，上下皮搭砌长度不得小于90mm。当搭砌长度不满足上述要求时，应在水平灰缝内设置不少于2Φ4的焊接钢筋网片（横向钢筋的间距不宜大于200mm，网片每端均应超过该垂直缝，其长度不得小于300mm）。

11）砌块墙与后砌隔墙交接处，应沿墙高每400mm在水平灰缝内设置不少于2Φ4、横筋间距不大于200mm的焊接钢筋网片，如图6-18所示。

12）混凝土砌块房屋，宜将纵横墙交接处、距墙中心线每边不小于300mm范围内的孔洞，采用不低于Cb20灌孔混凝土灌实，灌实高度应为墙身全高。

13）混凝土砌块墙体的下列部位，如未设圈梁或混凝土垫块，应采用不低于Cb20灌孔混凝土将孔洞灌实：①搁栅、檩条和钢筋混凝土楼板的支承面下，高度不应小于200mm的砌体；②屋架、梁等构件的支承面下，高度不应小于600mm，长度不应小于600mm的砌体；③挑梁支承面下，距墙中心线每边不应小于300mm，高度不应小于600mm的砌体。

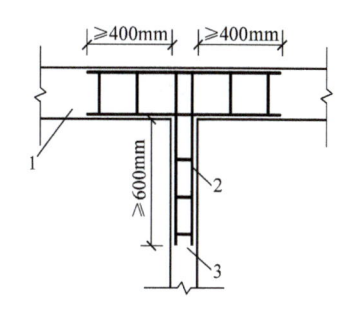

图6-18 砌块墙与后砌隔墙交接处焊接钢筋网片
1—砌块墙 2—焊接钢筋网片 3—后砌隔墙

6.4.2 圈梁、过梁和构造柱一般构造措施

1. 圈梁

为增强房屋的整体刚度，防止由于地基的不均匀沉降或较大振动荷载等对房屋引起的不利影响，可在墙中设置现浇钢筋混凝土圈梁。

（1）圈梁的设置原则

1）空旷的单层房屋。厂房、仓库、食堂等空旷的单层房屋应按下列规定设置圈梁。

① 砖砌体房屋，檐口标高为5～8m时，应在檐口标高处设置圈梁一道，檐口标高大于8m时，应增加设置数量。

② 砌块及料石砌体房屋，檐口标高为4～5m时，应在檐口标高处设置圈梁一道，檐口标高大于5m时，应增加设置数量。

③ 对有吊车或较大振动设备的单层工业房屋，除在檐口或窗顶标高处设置现浇钢筋混凝土圈梁外，尚应增加设置数量。

2）多层砌体工业与民用房屋

① 住宅、办公楼等多层砌体民用房屋，且层数为3～4层时，应在底层和檐口标高处设置圈梁一道。当层数超过4层时，除应在底层和檐口标高处各设置一道圈梁外，至少应在所有纵横墙上隔层设置。

② 多层砌体工业房屋，应每层设置现浇钢筋混凝土圈梁。

③ 设置墙梁的多层砌体房屋应在托梁、墙梁顶面和檐口标高处设置现浇钢筋混凝土圈梁。

④ 采用现浇钢筋混凝土楼（屋）盖的多层砌体结构房屋，当层数超过5层时，除在檐口标高处设置一道圈梁外，可隔层设置圈梁，并与楼（屋）面板一起现浇。未设置圈梁的楼面板嵌入墙内的长度不应小于120mm，并沿墙长配置不少于2Φ10的纵向钢筋。

3）建筑在软弱地基或不均匀地基上的砌体房屋，除按规定设置圈梁外，尚应符合国家现行标准《建筑地基基础设计规范》（GB 50007—2011）的有关规定。

（2）圈梁的构造要求

1）圈梁宜连续地设在同一水平面上,并形成封闭状;当圈梁被门窗洞口截断时,应在洞口上部增设相同截面的附加圈梁。附加圈梁与圈梁的搭接长度不应小于其中到中垂直间距的 2 倍,且不得小于 1m,如图 6-19 所示。

2）纵横墙交接处的圈梁应有可靠的连接。刚弹性和弹性方案房屋,圈梁应与屋架、大梁等构件可靠连接,如图 6-20 所示。

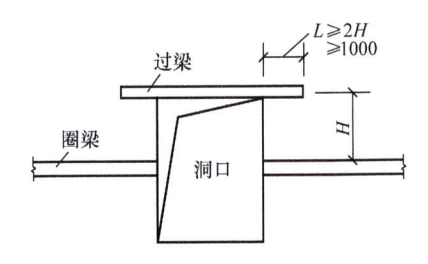

图 6-19　圈梁与过梁的搭接

3）钢筋混凝土圈梁的宽度宜与墙厚相同,当墙厚 $h \geqslant 240mm$ 时,其宽度不宜小于墙厚的 2/3。圈梁高度不应小于 120mm。纵向钢筋不应少于 4Φ10,绑扎接头的搭接长度按受拉钢筋考虑,箍筋间距不应大于 300mm。

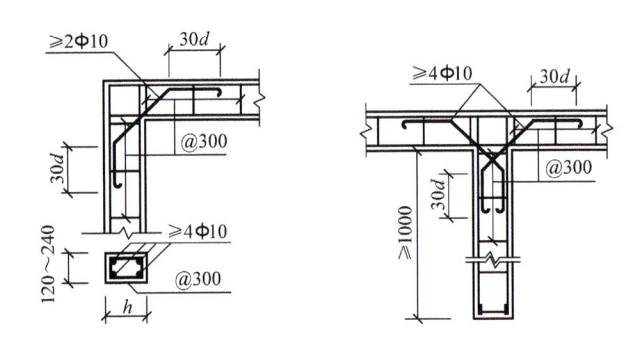

图 6-20　圈梁在转角处或纵横墙交接处的连接构造图

4）圈梁兼作过梁时,过梁部分的钢筋应按计算面积另行增配。

2. 过梁

当墙体上开设门窗洞口,且墙体洞口大于 300mm 时,为了支撑洞口上部砌体所传来的各种荷载,并将这些荷载传给门窗等洞口两边的墙,常在门窗洞口上设置横梁,该梁称为过梁。常见的过梁形式有砖砌过梁和钢筋混凝土过梁,如图 6-21 所示。对有较大振动荷载或可能产生不均匀沉降的房屋,应采用钢筋混凝土过梁。

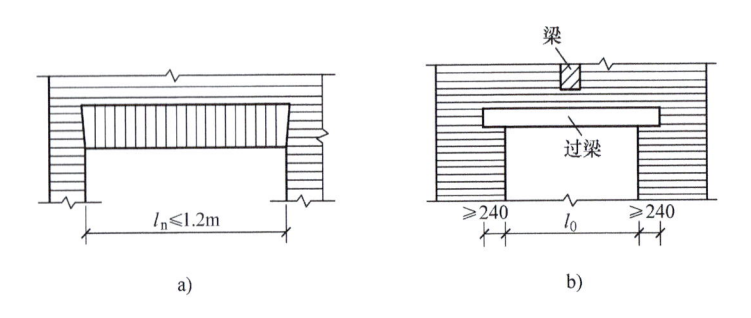

图 6-21　过梁
a）砖砌过梁　b）钢筋混凝土过梁

（1）砖砌过梁的构造要求

1）砖砌过梁的跨度不应超过下列规定：①钢筋砖过梁为 1.5m；②砖砌平拱为 1.2m。

2）砖砌过梁截面计算高度内的砂浆不宜低于 M5。

3）砖砌平拱用竖砖砌筑部分的高度不应小于 240mm。

4）钢筋砖过梁底面砂浆层处的钢筋，其直径不应小于 5mm，间距不宜大于 120mm，钢筋伸入支座砌体内的长度不宜小于 240mm，砂浆层的厚度不宜小于 30mm。

（2）挑梁设计除应符合现行国家标准《混凝土结构设计规范》（GB/T 50010—2010）的有关规定外，尚应满足下列要求：

1）纵向受力钢筋至少应有 1/2 的钢筋面积伸入梁尾端，且不少于 2Φ12，其余钢筋伸入支座的长度不应小于 $2l_1/3$。

2）挑梁埋入砌体长度 l_1 与挑出长度 l_0 之比宜大于 1.2，当挑梁上无砌体时，l_1 与 l_0 之比宜大于 2，如图 6-22 所示。

3. 构造柱

为提高多层建筑砌体结构的抗震性能，规范要求应在房屋的砌体内适宜部位设置钢筋混凝土柱并与圈梁连接，共同加强建筑物的稳定性。这种钢筋混凝土柱通常被称为构造柱。构造柱主要不是用于承担竖向荷载的，而是用于提高结构抗剪、抗震能力。

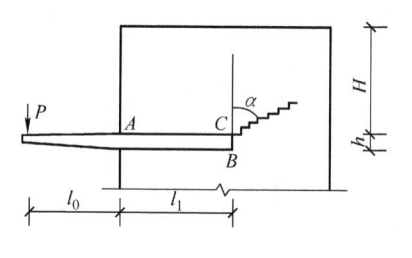

图 6-22 挑梁

多层砖砌体房屋的构造柱应符合下列构造要求：

1）构造柱最小截面可采用 180mm×240mm（墙厚 190mm 时为 180mm×190mm），纵向钢筋宜采用 4Φ12，箍筋间距不宜大于 250mm，且在柱上、下端应适当加密；6 度、7 度时超过六层、8 度时超过五层和 9 度时，构造柱纵向钢筋宜采用 4Φ14，箍筋间距不应大于 200mm；房屋四角的构造柱应适当加大截面及配筋。

2）构造柱与墙连接处应砌成马牙槎，沿墙高每隔 500mm 设 2Φ6 水平钢筋和 Φ4 分布短筋平面内点焊组成的拉结网片或 Φ4 点焊钢筋网片，每边伸入墙内不宜小于 1m，如图 6-23 所示。6 度、7 度时底部 1/3 楼层，8 度时底部 1/2 楼层，9 度时全部楼层，上述拉结钢筋网片应沿墙体水平通长设置。

3）构造柱与圈梁连接处，构造柱的纵筋应在圈梁纵筋内侧穿过，保证构造柱纵筋上下贯通。

4）构造柱可不单独设置基础，但应伸入室外地面下 500mm，或与埋深小于 500mm 的基础圈梁相连。

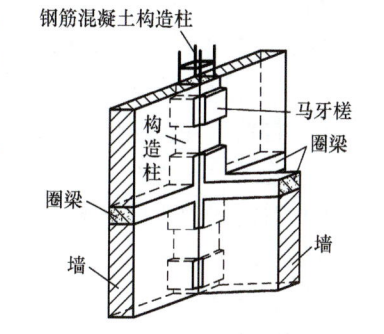

图 6-23 马牙槎示意图

5）房屋高度和层数接近规范限值时，纵、横墙内构造柱间距尚应符合下列要求：

① 横墙内的构造柱间距不宜大于层高的 2 倍；下部 1/3 楼层的构造柱间距适当减小。

② 当外纵墙开间大于 3.9m 时，应另设加强措施；内纵墙的构造柱间距不宜大于 4.2m。

任务5　识读砌体结构房屋施工图

在房屋设计中，除进行建筑设计，画出建筑施工图外，还要进行基础、梁、柱、楼板、楼梯等构件的结构设计，画出结构施工图。

6.5.1　结构施工图的内容与作用

1. 内容

混合结构施工图主要表示房屋各承重构件（如基础、墙体、梁、板等）的结构布置，构件种类、数量，构件的外部形状大小和内部构造，材料及构件间的相互关系，其内容一般包括：

1）结构设计总说明。
2）基础图：包括基础平面图和基础详图。
3）结构平面布置图：包括楼层结构平面布置图和屋面结构平面布置图。
4）结构构件详图：包括楼梯结构详图，梁、板结构详图，其他详图（如预埋件、连接件等）。

2. 作用

结构施工图是施工放线、挖槽、浇筑混凝土、安装梁、板，编制预算和施工进度计划的重要依据。

本模块以一套完整的混合结构施工图为例说明砌体结构房屋的识图方法。本套图纸为六层宿舍楼的结构施工图（图6-24~图6-32）。

6.5.2　结构施工图的识读

1. 结构设计总说明

结构设计总说明一般放在结构施工图的第一张，根据工程的复杂程度，结构设计总说明的内容有多有少，但一般均包括五个方面的内容。

1）主要设计依据：阐明上级机关（政府）的批文，国家有关的标准、规范等。
2）自然条件：包括地质勘探资料，地震设防烈度，风、雪荷载等。
3）施工要求和施工注意事项。
4）对材料的质量要求。
5）合理使用年限。

【课堂活动】
组织学生阅读实例中的结构设计总说明（图6-24）。

2. 基础平面布置图

基础图是表示建筑物地面以下基础部分的平面布置和详细构造的图样，包括基础平面布置图与基础详图，是施工放线、土方开挖、砌筑或浇筑混凝土基础的依据。

基础平面布置图主要表示基础的平面布置以及墙、柱与轴线的关系。基础平面布置图的主要内容包括：

砌体结构房屋施工图的识读

1）图名和比例。
2）定位轴线、编号及轴线间的尺寸。
3）基础的平面布置，基础墙、构造柱的平面位置、尺寸等情况。
4）基础断面图的剖切位置及其编号。
5）施工说明：基础的用料、防潮层的位置及做法和施工注意事项等。

【实例6-1】基础平面布置图的识读

图6-25为基础平面布置图，由图可知：

1）图名为基础平面布置图，绘制比例为1∶100。

2）水平定位轴线编号从①~⑨，水平方向轴线间总长31.2m；竖向定位轴线编号从A~D，竖向轴线间总长16.8m。注意：结构图上的尺寸标注应与建筑施工图相符合，但结构图所标注的尺寸是结构的实际尺寸，即不包括结构表层粉刷或面层的厚度。

3）基础分布在各道轴线上，为墙下条形基础。定位轴线两侧的粗线是基础墙的断面轮廓线，两粗墙线外侧的细线是可见的基础底部轮廓线。图中涂成黑色的矩形为构造柱GZ-1和GZ，其中GZ1平面位置已在结构图中标注，GZ的位置由说明第5项可知，未标注的构造柱都为GZ，构造柱具体尺寸详见图6-26。

所有外墙的墙体厚度为250mm，轴线内偏（距墙外侧120mm，距墙内侧150mm）；除外墙以外，由说明第3项可知，所有内墙厚度均为240mm，轴线居中。

4）基础断面有四种：外横墙断面为1—1，内横墙断面为2—2，内纵墙断面为3—3，外纵墙断面为4—4。

5）由施工说明可知：基础采用C30混凝土，垫层采用C10混凝土，地下室外墙采用防水混凝土，抗渗等级为S6。

3. 基础详图

基础详图的主要内容包括：

1）图名和比例。
2）轴线及编号。
3）基础的详细尺寸，基础墙的厚度，基础的断面形式、大小、材料、配筋情况，垫层的厚度，地圈梁的位置、尺寸和配筋等。
4）室内外的地面标高及基础底面标高。
5）防潮层的位置及做法。

【实例6-2】基础详图的识读

识读图6-26基础详图，由图可知：

1）图名为基础剖面示意图，地圈梁DQL1剖面图，绘制比例为1∶40；GZ1、GZ配筋详图，绘制比例为1∶50。

2）结合基础统计表，可知基础1—1详图尺寸，基础上部墙体材料为混凝土，墙体厚度250mm，轴线偏心（距一侧120mm，距另一侧130mm），外墙下条形基础宽度为1500mm，一侧距轴线745mm，另一侧距轴线755mm。条形基础底板为阶形截面，底面标高为-5.200m，厚度为300mm，底板横向受力钢筋为Φ12@130，纵向分布钢筋为Φ8@250；基础下为100mm厚C10素混凝土垫层。

基础2—2详图：基础上部墙体由烧结多孔砖砌筑，墙体厚度240mm，轴线居中；墙下条形基础宽度为 1500mm，轴线居中，条形基础底板为阶形截面，底面标高为 -5.200m，厚度为 300mm，底板横向受力钢筋为 Φ12@130，纵向分布钢筋为 Φ8@250；基础下为 100mm 厚 C10 素混凝土垫层。

在各条形基础内部均设有地圈梁，地圈梁编号为 DQL1，轴线居中，地圈梁底标高为 -5.200m，截面尺寸 240mm×300mm，纵筋为 6Φ14，箍筋为 Φ8@200。

3）地下室室内地面标高 -2.700m，一层室内地面标高 -0.300m，室外地面标高 -0.900m。

4）图 6-26（混结-3）还表示了构造柱 GZ1、GZ 的平面位置和详图。GZ1 详图：截面尺寸 240mm×370mm，竖向纵筋为 6Φ14，箍筋为 Φ8@100/200。

5）地下室外墙采用防水混凝土，抗渗等级为 S6。

4. 结构平面布置图

结构平面布置图是表示房屋各层承重构件布置的设置情况及相互关系的图样，它是施工时布置或安放各层承重构件、制作圈梁和浇筑现浇板的依据。一般包括楼层结构平面布置图和屋面结构平面布置图。结构平面布置图的主要内容包括：

1）图名和比例。

2）定位轴线和编号。

3）墙体的厚度及门窗洞口的位置，门窗洞口宽用虚线表示，在门窗洞口处注明过梁的代号、编号与数量。

4）现浇板的位置、配筋、厚度、标高与编号。

5）预制板的布置情况、编号、数量及标高。

6）梁的布置情况、编号。

7）构造柱的位置、编号和尺寸。

8）圈梁的平面位置、尺寸和配筋。圈梁的平面位置既可以用粗点画线另外画出，也可以用文字说明。

9）各节点详图的剖切位置及索引。

10）预留洞口的位置和洞口尺寸。

【实例 6-3】结构平面图的识读

图 6-27（混结-4）为二层结构平面图，由图可知：

1）图名为二层结构平面图，比例是 1:100。

2）水平定位轴线编号为①~⑨，竖向定位轴线编号为 A~D。

3）墙体的厚度同基础平面图，在门窗洞口处注明了预制钢筋混凝土过梁的代号与数量，由说明可知，图中未做标注的过梁皆为圈梁兼作过梁的情况，当圈梁兼作过梁时，其具体做法为图 6-32（混结-9）的 1-1 详图。

结构平面图的识读

4）两卫生间为现浇板，编号为②，板厚为 110mm，由说明第 6 项可知卫生间板顶标高 2.870m。沿⑦轴、⑧轴支座钢筋为 Φ12@150，支座钢筋伸出墙边 1100mm；沿 C 轴、D 轴支座钢筋为 Φ8@200，支座钢筋伸出墙边 1100mm；板下部沿短边方向钢筋及长边方向钢筋根据说明第 3 项可知为 Φ8@150，且板内分布筋均为 Φ6@250。

内走廊为现浇板，编号为③，板厚为110mm，板顶标高2.970m。沿①轴支座钢筋为Φ8@150，支座钢筋伸出墙边810mm；沿②轴支座钢筋为Φ8@150，支座钢筋伸出梁L2两边各720mm；沿B轴、C轴支座钢筋为Φ8@150，支座钢筋伸出墙边810mm；板下部沿短边方向钢筋及长边方向钢筋根据说明第3项可知均为Φ8@150，且板内分布筋均为Φ6@250。

5）除卫生间、内走廊、楼梯间外，其余房间均铺设预制板，板编号为①——10YKB3961，板顶标高为2.970m。

6）梁共有两种：L1和L2。梁L1有四根，其中在C轴上楼梯间入口处两根，在B轴与③④轴、⑥⑦轴上为门厅处，有两根（底层是建筑出入口，上部是墙体，故需设梁），L1轴线间长度为3.9m；梁L2有七根，沿内走廊②~⑧轴线布置，L2轴线间长度为2.4m。梁L1、L2的尺寸和配筋见图6-31（混结–8）。

7）图中涂成黑色的矩形为构造柱GZ和GZ1。构造柱尺寸、配筋详见图6-26（混结–3）。

8）圈梁的平面位置、尺寸和配筋见图6-27（混结–4）。圈梁截面尺寸为240mm×240mm，圈梁顶部标高为本楼层平面标高2.970m，圈梁上部钢筋为2⫶12，下部钢筋为2⫶12，箍筋为Φ8@250。

9）雨篷（共两个）板顶标高为2.800m，外挑1.3m，详见图6-32（混结–9）。

图6-28（混结–5）为标准层结构平面图，其内容基本与二层结构平面布置图相同，仅层高改变，且没有雨篷。

图6-29（混结–6）为顶层结构平面图，其内容基本与二层结构平面布置图相同，仅有以下不同：楼面标高，无雨篷。卫生间顶板为预制板，板编号为①；楼梯间在顶层铺设预制板，编号为①。

5. 楼梯结构详图

楼梯结构详图由楼梯结构平面图和楼梯结构剖面图组成。

1）楼梯结构平面图表明楼梯各构件，如楼梯梁、梯段板、平台板等的平面布置、代号、尺寸大小、平台板的配筋及结构标高。

2）楼梯结构剖面图表明构件竖向布置与构造，梯段板和楼梯梁的配筋，截面尺寸等。

【实例6-4】楼梯结构详图的识读

图6-30、图6-31（混结–7、混结–8）为楼梯结构详图，由图可知：

1）楼梯结构平面图有一层楼梯平面图、标准层楼梯平面图、顶层楼梯平面图。楼梯为板式楼梯，梯段板是TB–1和TB–2。图中的平台梁是TL–1，平台板有PTB–1、PTB–2和PTB–3三种。

平台板PTB–1尺寸为2100mm×3900mm，板厚110mm，沿短向上部配筋为Φ8@200，支座钢筋伸出墙边800mm，下部配筋为Φ10@120；沿长向上部配筋为Φ8@200，支座钢筋伸出墙边950mm，下部配筋为Φ10@120。

平台板PTB–2尺寸为2160mm×3900mm，板厚110mm，沿短向上部配筋为Φ8@200，支座钢筋伸出墙边850mm，下部配筋为Φ8@120；沿长向上部配筋为Φ8@200，支座钢筋伸出墙边900mm，下部配筋为Φ8@120。

平台板 PTB-3 尺寸为 1800mm×3900mm，板厚 110mm，沿短向上部配筋为Φ8@200，支座钢筋伸出墙边 650mm，下部配筋为Φ8@120；沿长向上部配筋为Φ8@200，支座钢筋伸出墙边 900mm，下部配筋为Φ8@120。

2）楼梯结构剖面图表达了楼梯竖向构件，由图可以看到梯段板 TB-1、TB-2 和 TB-3。平台梁 TL1 另有配筋图。各楼层结构（包括地下室）标高分别为：-2.730m、-0.030m、2.970m、5.970m、8.970m、11.970m 和 14.970m；休息平台标高分别为：-1.230m、1.470m、4.470m、7.470m、10.470m 和 13.470m。

TB-1 配筋详图：图示比例 1:30；板底受力筋为Φ12@125，支座负筋为Φ12@125，自楼梯梁内伸出水平长度为 850mm，板内分布筋均为Φ6@200。

TB-2 和 TB-3 配筋详图与 TB-1 内容基本相同。

TL-1 截面尺寸为 240mm×400mm，上部钢筋为 2Φ16，下部钢筋为 3Φ20，箍筋为Φ8@200，梁长 4140mm。混凝土强度等级为 C30，梯梁保护层厚度为 25mm，梯板保护层厚度为 15mm。

6. 梁、板结构详图

梁、板结构详图主要内容包括：
1）构件名称或代号、绘制比例。
2）构件定位轴线及编号。
3）构件的形状、尺寸、配筋及结构标高。
4）施工说明。

【实例 6-5】梁、板结构详图识读

图 6-32（混结-9）为雨篷、过梁详图，由图可知：

1）图中画出了 L1、L2 的配筋详图。

2）L1 截面尺寸为 250mm×350mm，上部钢筋为 2Φ12，下部钢筋为 3Φ22，箍筋为Φ8@200，梁长 4140mm，梁底标高为 2.620m、5.620m、8.620m、11.620m、14.620m。L2 截面尺寸为 250mm×300mm，上部钢筋为 2Φ12，下部钢筋为 3Φ12，箍筋为Φ8@200，梁长 2640mm，梁底标高为 2.670m、5.670m、8.670m、11.670m、14.670m。

3）其他梁为圈梁，配筋详图如混结-4 圈梁详图 QL 所示，圈梁截面尺寸为 240mm×240mm，上部钢筋为 2Φ12，下部钢筋为 2Φ12，箍筋为Φ8@250。当满足圈梁兼过梁要求时，采用如图 6-32（混结-9）所示做法。

7. 其他结构详图

（1）其他结构详图的具体内容

如女儿墙、构造柱和雨篷等详图，这部分内容也有相应的标准图集，有时结构图可以不画，选用标准图集即可。

（2）其他结构详图的识读

图 6-32（混结-9）中雨篷的结构详图，由图可知：雨篷板厚度为 110mm，雨篷顶标高为 2.800m，上部受力钢筋Φ10@100，分布筋为Φ8@200，雨篷板外挑 1300mm。雨篷梁截面尺寸为 250mm×300mm，纵筋为 4Φ14，箍筋为Φ6@200。构造柱配筋同混结-3，沿墙高每 500mm 设 2Φ6 拉结筋，每边伸入墙内 1m。

结构设计总说明

1. **工程概况**
   1.1 本工程地上6层砖混,建筑物高度为21m。
   1.2 ±0.000以下环境类别为二b类,上部结构环境类别除有窑外露构件为二b类,卫生间等潮湿环境中的构件为二a类,其余均为一类。
   1.3 砌体结构施工质量控制等级为B级,抗震构造措施按8度施工。

2. **建筑结构安全等级及设计使用年限**
   2.1 建筑结构安全等级:二级。
   2.2 结构设计合理使用年限:50年,结构重要性系数为1.0。
   2.3 建筑抗震设防类别:丙类,抗震构造措施为一级。

3. **自然条件**
   抗震设防烈度为7度,建筑场地为二类场地。

4. **主要结构材料**
   4.1 混凝土强度等级
   基础垫层:C10;基础:C30;标高-0.030m以下框架梁、柱、剪力墙、现浇板:C30;楼梯:C30;标高-0.030m以上圈梁、构造柱:C20;混凝土梁、板:C30。
   4.2 钢筋
   钢筋采用HPB300级(中)、HRB335级(中)、Q300-B级。
   4.3 墙体
   未用烧结多孔砖;砂浆采用M10混合砂浆。±0.000以上卫生间四周墙体M10水泥砂浆。
   后砌墙体采用烧结普通砖,砂浆采用M10混合砂浆。

5. **地基基础**
   基槽开挖时,不得扰动原状结构,如经扰动,应挖除扰动部分,然后用三七灰土夯实进行回填处理(每层厚度不得超过250mm),回填范围应为出基础边3m,三七灰土压实系数不小于0.97。

6. **墙体构造**
   6.1 构造柱与墙的连接处砌成马牙槎,并沿柱高每隔2Φ6@500拉结筋,拉筋伸入墙内的长度每边不少于1000mm,构造柱机筋在圈梁上下的加密范围等构造要求详见02YG001—1。
   6.2 砌体部分的施工严格按照02YG001—1中的有关规定。后砌隔墙与梁、柱的拉结构造参见02YG001—1。
   6.3 过梁选用
   根据建筑门窗尺寸及墙厚选用《钢筋混凝土过梁》02YG301图集中柜形过梁(过梁有等级砖混部分为三级),当洞口一侧或两侧为混凝土墙或柱时,该过梁或柱应为现浇过梁。当圈梁未兼梁时,过梁兼作圈梁。

7. **现浇楼板**
   7.1 板内下部钢筋应伸至梁中心线,且大于5倍钢筋直径,板内上部钢筋不得在支座搭接。
   7.2 双向板的底部钢筋、短跨钢筋在下排,长跨钢筋在上排。
   7.3 板内分布钢筋在图中未注明的均为Φ6@250。
   7.4 当板面两者大于或等于20mm时,钢筋应在支座处断开,各自锚固。

8. **其他**
   本说明未明确事宜,各单项设计说明已有要求的,以单项设计说明为准;各单项设计说明与本说明不符之处以单项设计说明为准,本说明及各单项设计说明中未尽事宜,以国家现行规范及规程为准,并遵守河南省工程建设标准《河南省住宅工程质量通病防治技术规程》(DBJ 41/070—2005)。

				××有限公司		混施-1
标记	处数	修改及修改内容	设计者 签字 日期		页	号
			设计	4#单身宿舍楼	比	
			审核		例	
			校核	结构设计总说明		
			总工程师			××设计院院长
			项目负责人			

图6-24 结构设计总说明

图 6-25 基础平面布置图

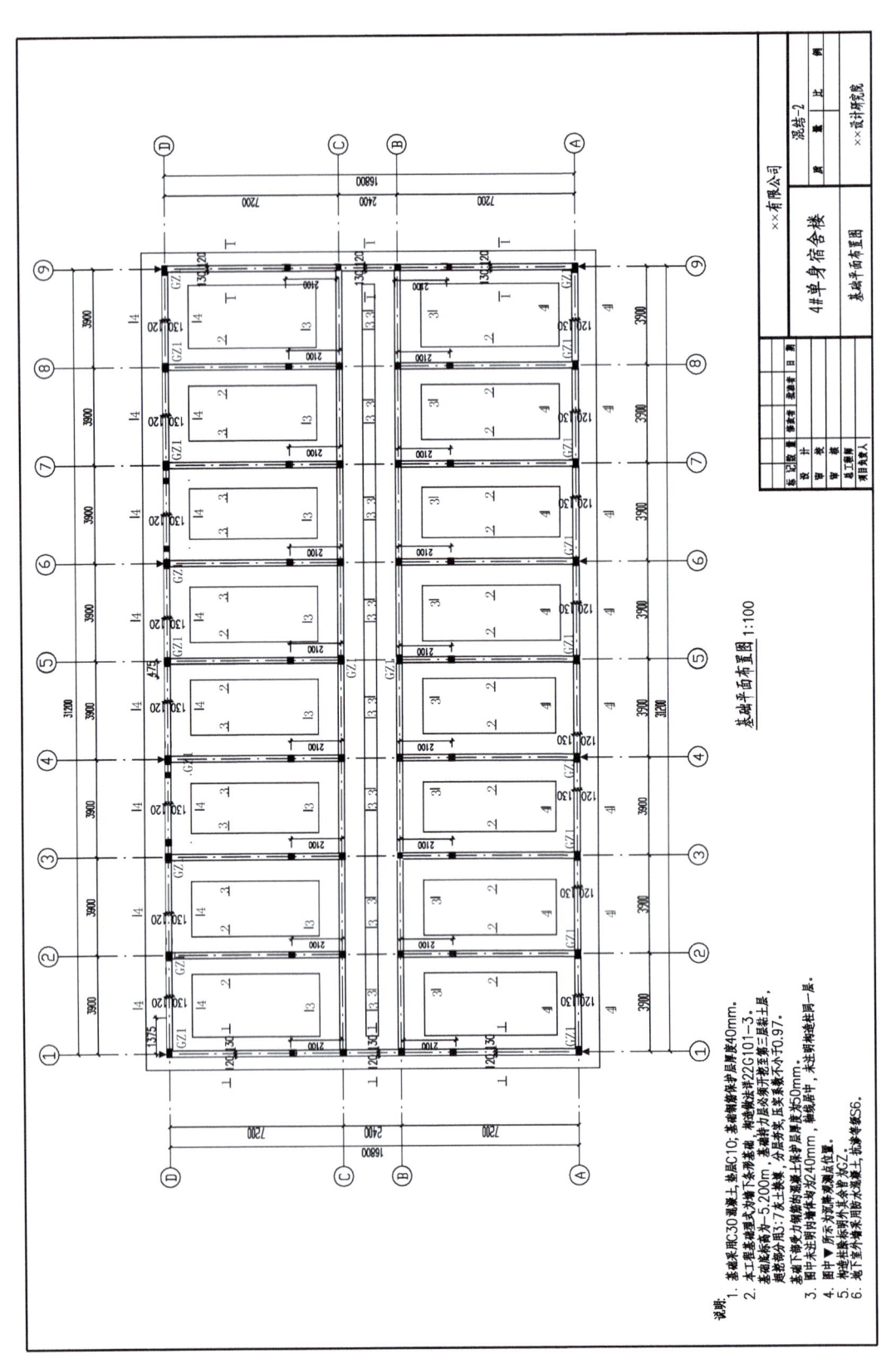

图 6-26 基础详图

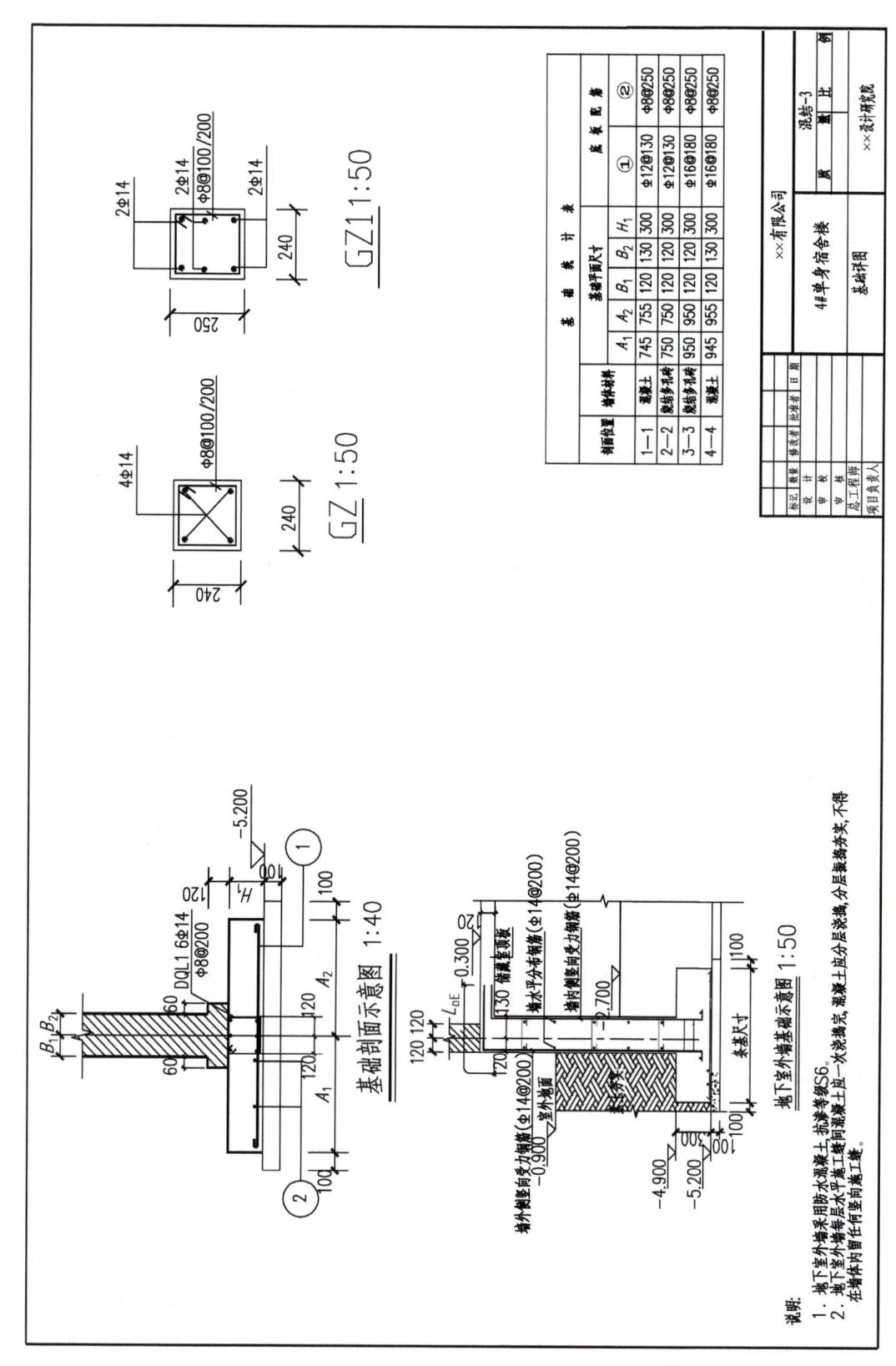

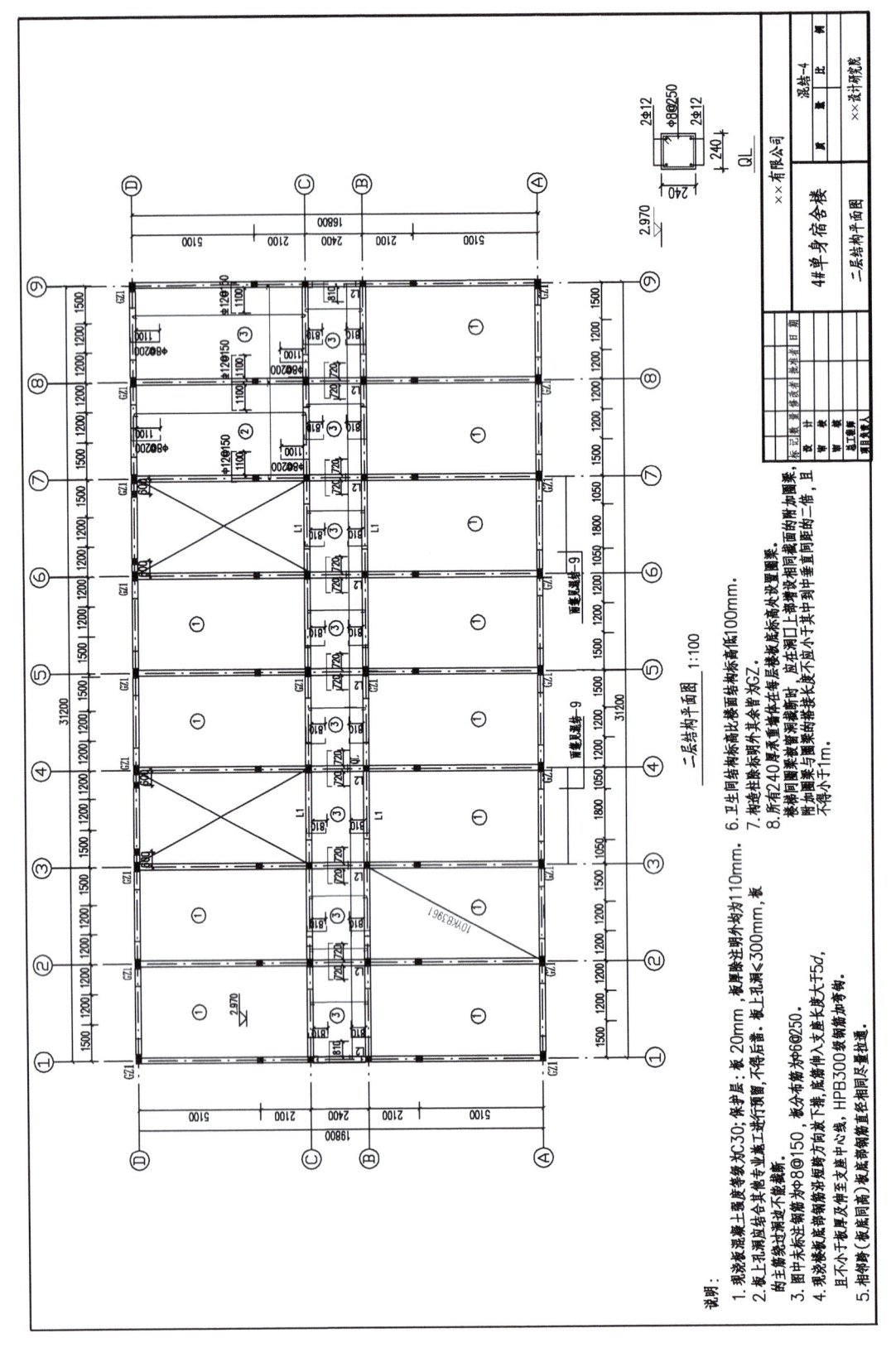

图 6-27 二层结构平面图

图 6-28 标准层结构平面图

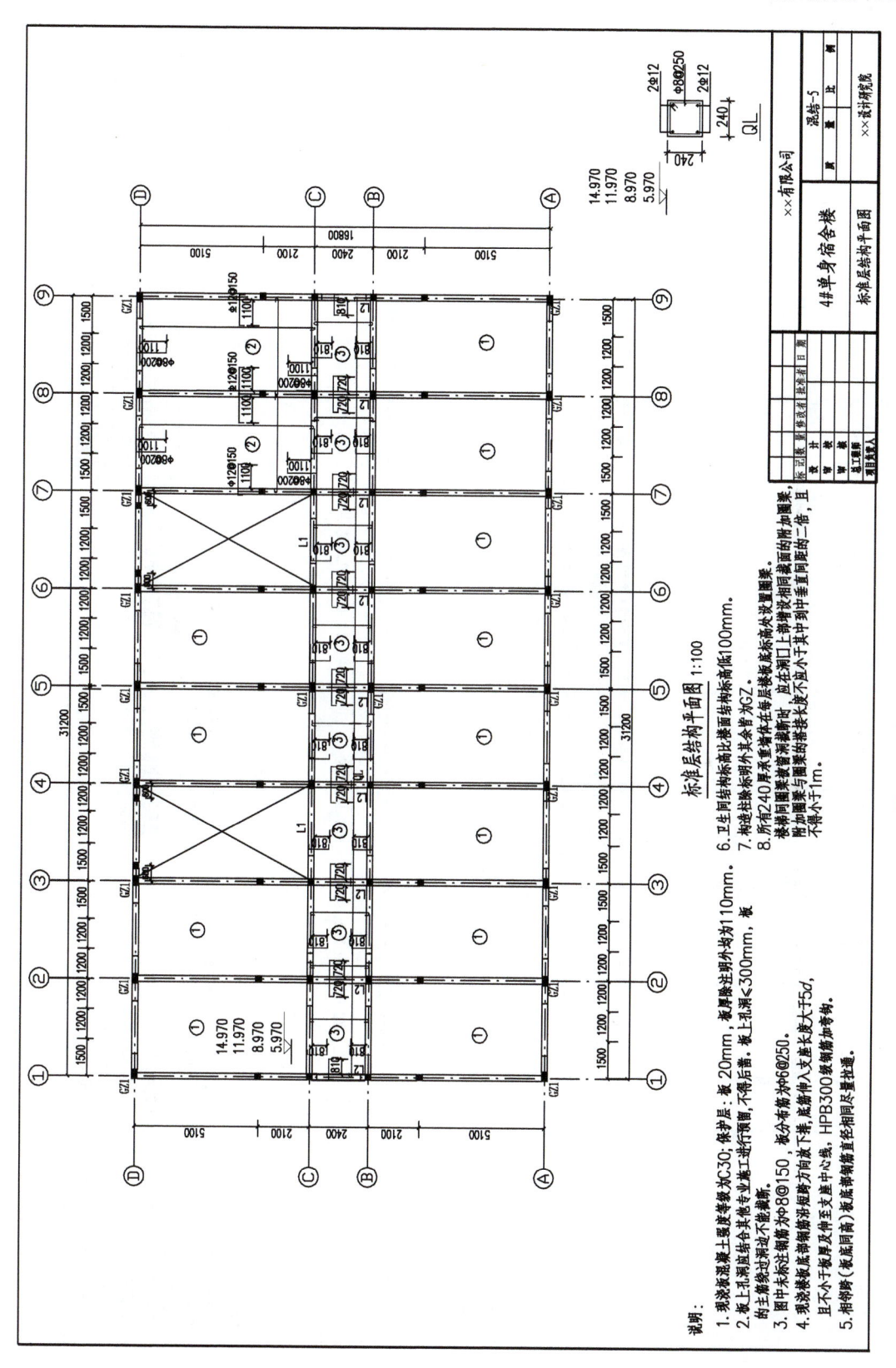

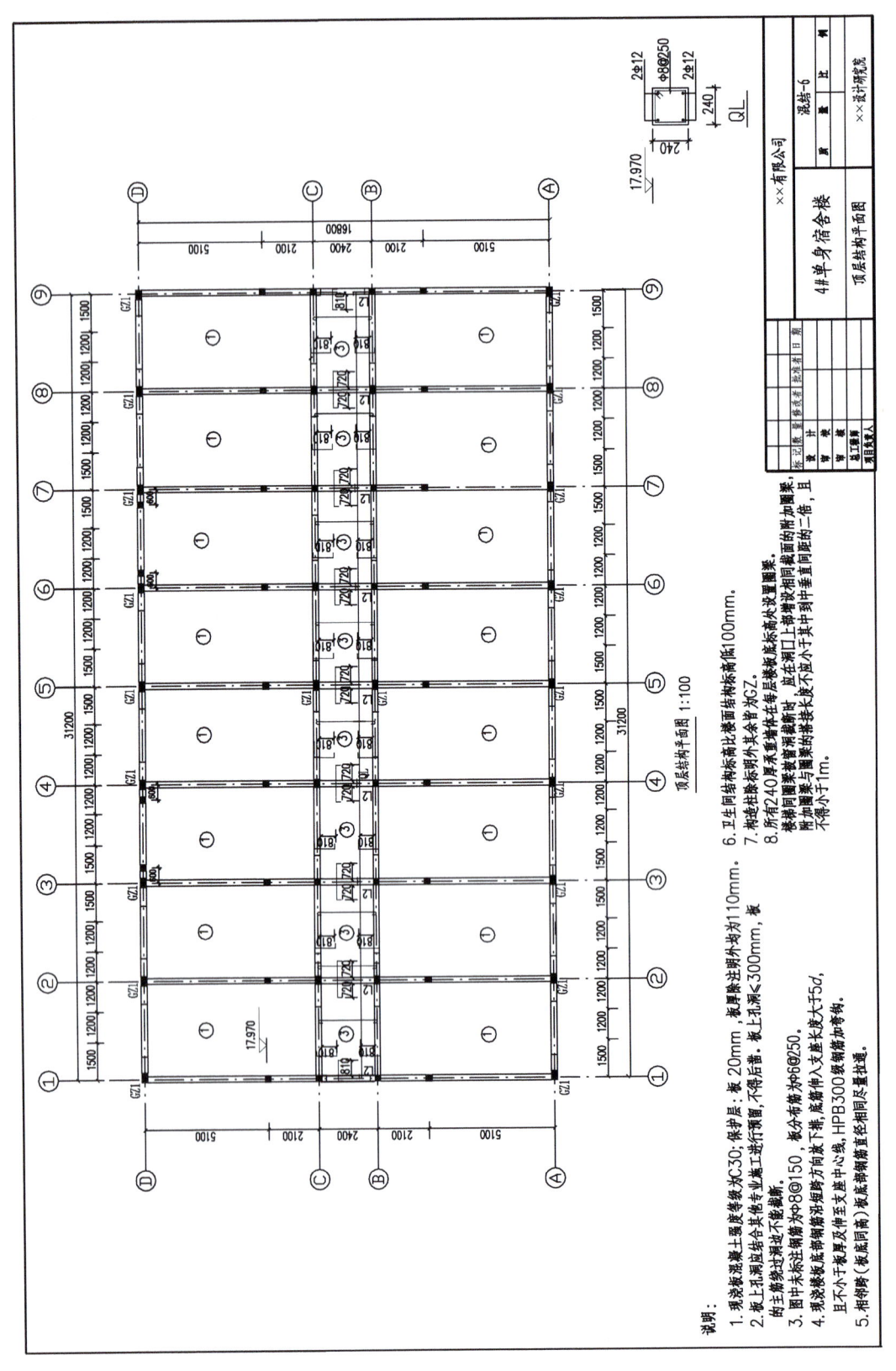

图 6-29 顶层结构平面图

图 6-30 楼梯结构图一

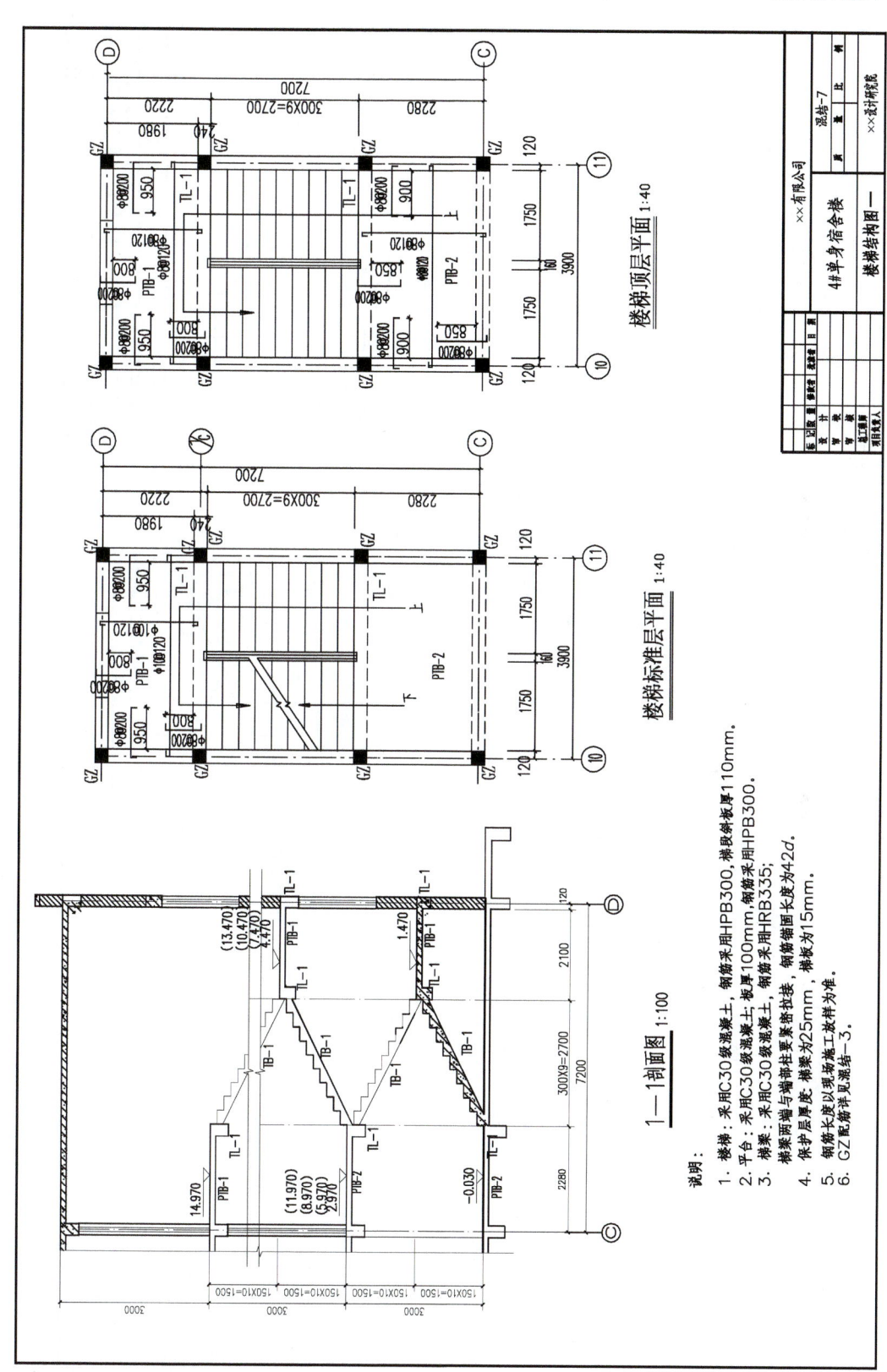

图 6-31 楼梯结构图二

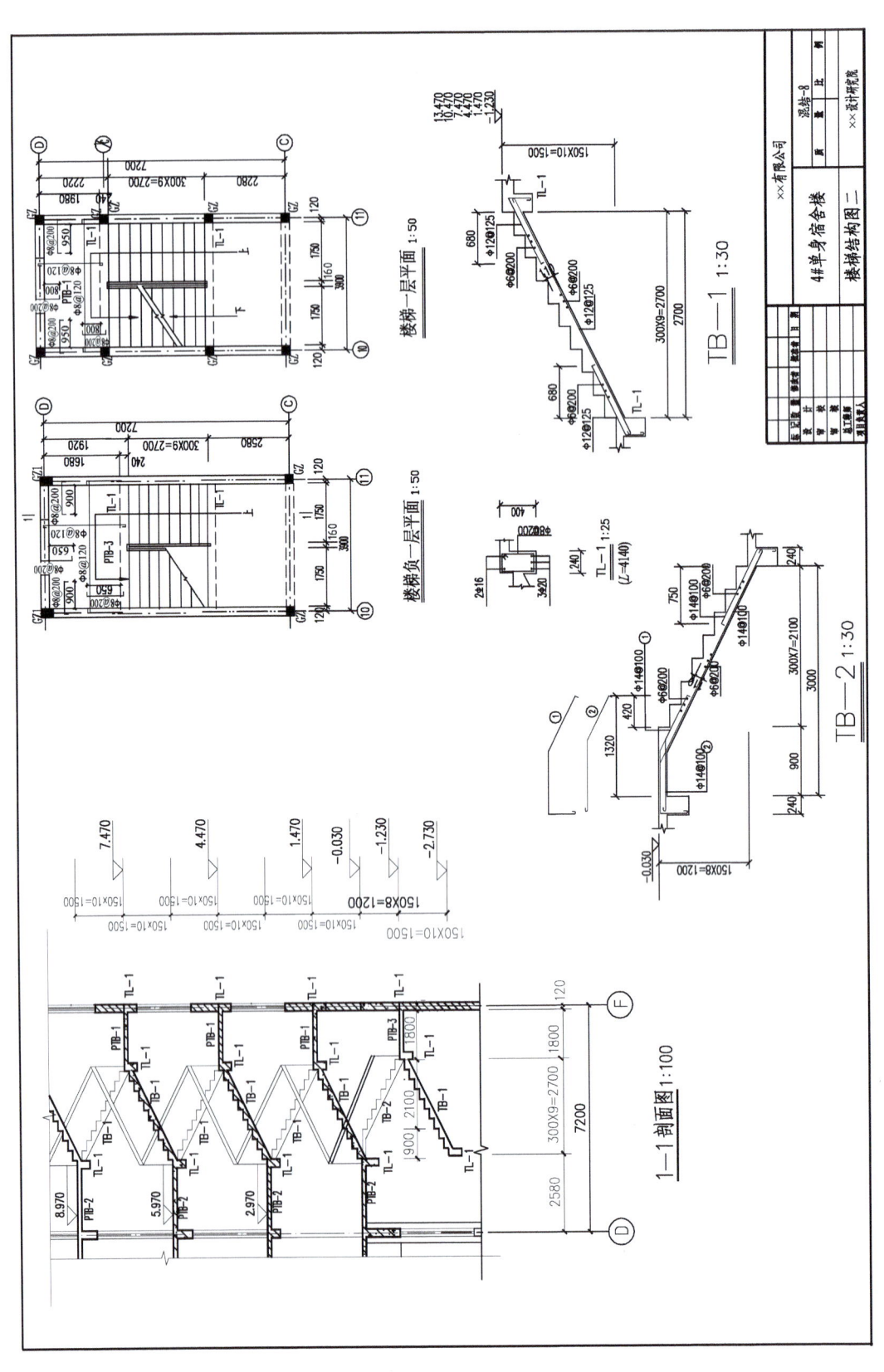

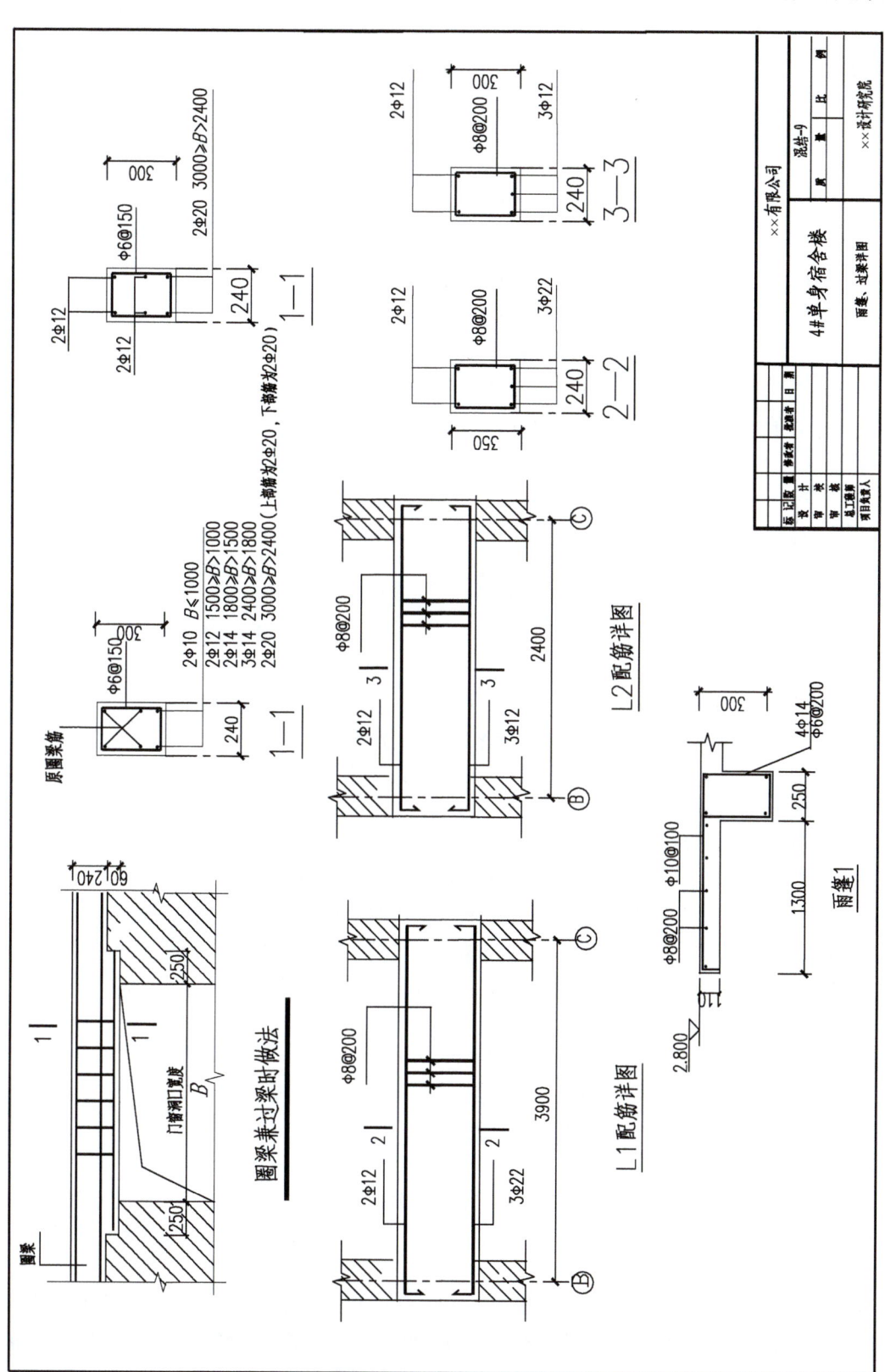

图 6-32 雨篷、过梁详图

同 步 训 练

一、填空题

1. 普通黏土砖统一规格为（　　），具有这种尺寸的砖称为标准砖。
2. 一般情况下，砌体强度随块体和砂浆强度的提高而（　　）。
3. 六层及六层以上房屋的外墙所用材料的最低强度等级，砖为（　　），砂浆为（　　）。
4. 砌体的弯曲受拉破坏形态有（　　）、（　　）和（　　）。
5. 混合结构房屋的空间刚度与（　　）和（　　）有关。
6. 混合结构房屋的三个静力计算方案是（　　）、（　　）和（　　）。
7. 钢筋混凝土圈梁中的纵向钢筋不应少于（　　）。
8. 在砖混结构中，圈梁的作用是增强（　　），并减轻（　　）和（　　）的不利影响。

二、选择题

1. 以下几种材料，不是我国常用的砌筑块材的是（　　）。
   A. 砖　　　　　　　B. 砌块　　　　　　C. 石材　　　　　D. 混凝土
2. 以下部位可以不设构造柱的是（　　）。
   A. 纵横墙交接处　　B. 内墙端部　　　　C. 较大洞口边　　D. 楼梯间
3. 下列砌体属于受弯构件的是（　　）。
   A. 砖砌水塔　　　　B. 砖砌挡土墙　　　C. 砖柱　　　　　D. 砖砌烟囱
4. 混合结构房屋静力计算的三种方案是按（　　）划分的。
   A. 屋盖或楼盖的刚度　　　　　　　　B. 横墙的间距
   C. 屋盖或楼盖的刚度及横墙的间距　　D. 以上三项均不是
5. 结构施工图的内容一般包括（　　）。
   A. 结构设计总说明、基础图、结构平面布置图、结构构件详图等
   B. 结构设计总说明、基础平面图、结构平面布置图、结构构件详图等
   C. 结构设计总说明、基础平面图、基础详图、楼层结构平面布置图、结构构件详图等
   D. 基础平面图、基础详图、楼层结构平面布置图、屋面结构布置图、结构构件详图等

三、简答题

1. 砌体材料中常见的块材和砂浆种类有哪些？
2. 简述砌体轴心受压破坏的特征。
3. 简述砌体轴心受压时，单砖的应力状态。
4. 简述影响砌体抗压强度的因素。
5. 什么是混合结构？混合结构的房屋的结构布置方案有哪几种？说明其荷载传递路线。

四、职业体验

1. 职业体验的目的

增加学生对各种砌体结构及构造的认识，对结构形式及结构构件有进一步的认识，从而提高砌体结构施工图的识读和砌体结构施工能力；同时能够使学生了解企业实际，体验企业的文化，建立对即将从事职业的认识，培养学生的职业素养。

2. 时间与内容

（1）时间

课程职业体验宜安排在课余时间，周六、周日或节假日进行，时间 2~4 课时。

（2）场所

砌体结构施工工地。

（3）内容

1）参观认知

① 了解混合结构、砌体结构及其他新型结构；了解各结构之间的区别、荷载传递途径、构件间的关系、常用构件尺寸等。

② 了解砌体结构的构造要求，包括过梁、挑梁、圈梁等的设置要求。

③ 了解基础的类型，钢筋的布置形式等。

2）识读图纸。在施工现场，针对工程结构施工图纸，结合实际工程，在工程技术人员或指导教师的指导下识读结构施工图，增强感性认识。

【职业素养园地】

赵州桥

赵州桥，又称为安济桥，坐落在河北省石家庄市赵县的洨河上，横跨在约 37m 宽的河面上，因桥体全部用石料建成，当地居民又称其为"大石桥"。赵州桥建于公元 595~605 年的隋朝，由著名匠师李春主持设计建造，距今已有千余年的历史，是当今世界上保存最完整的古代单孔敞肩石拱桥。赵州桥是中国古代劳动人民智慧的结晶，开创了中国桥梁建造的崭新局面。

赵州桥砌筑方法新颖、施工修理方便，李春就地取材，选用附近州县生产的质地坚硬的青灰色砂、石作为建桥石料。在石拱砌置方法上，采用了纵向（顺桥方向）砌筑方法，整个大桥是由 28 道各自独立的拱券沿宽度方向并列组合而成的；拱厚皆为 1.03m，每券各自独立、单独施工。每券砌完后成为一道独立的拼券，砌完一道拱券后，移动承担重量的"鹰架"，再砌另一道相邻拱券。这种砌法有很多优点，它既可以节省用于制作"鹰架"的木材，同时又利于桥的维修，一道拱券的石块损坏了，只要嵌入新石进行局部修整就行了，而不必对整个桥体进行调整。

为了加强各道拱券间的横向联系，使 28 道拱组成一个有机整体，且连接紧密、牢固，李春采取了一系列技术措施：

（1）每一道拱券均采用了下宽上窄、略有"收分"的设计，使每个拱券向里倾斜、相互挤靠，增强其横向联系，以防止拱石向外倾倒；在桥的宽度上也采用了少量"收分"的设计，从桥的两端到桥顶逐渐收缩宽度，从最宽的 9.6m 收缩到 9m，以加强大桥的稳定性。

（2）在主券上沿桥宽方向均匀设置了 5 个铁拉杆穿过 28 道拱券，每个拉杆的两端有半圆形杆头露在石外，以夹住 28 道拱券，增强其横向联系。在 4 个小拱上也各有一根铁拉杆起同样的作用。

（3）在靠外侧的几道拱石上和两端小拱上盖有一层护拱石，以保护拱石；在护拱石的两侧设有勾石 6 块，勾住主拱石使其连接牢固。

（4）为了使相邻拱石紧紧地贴合在一起，在两侧外券相邻拱石之间穿有起连接作用的"腰铁"，各道拱券之间的相邻石块也在拱背穿有"腰铁"，把拱石连锁起来。而且，每块拱石的侧面凿有细密斜纹，以增大摩擦力，加强各拱券的横向联系。这些措施的采用使整个大桥连成一个紧密的整体，增强了整个大桥的稳定性和可靠性。赵州桥上的平拱，即扁弧形拱，既增加了桥的稳定性和承重能力，又方便了人、畜在桥上通行，还节省了石料。李春在大石拱的两肩又设计了两个敞肩小拱，增强了桥的泄洪能力，减轻了桥的自重。

1961年，赵州桥被国务院列为第一批全国重点文物保护单位。它是中国第一石拱桥，在漫长的岁月中，经受住了无数次的洪水冲击、风吹雨打、冰雪侵蚀，以及多次地震的考验，依然安然无恙，巍然挺立在洨河之上。

启迪人生

（1）作为土木工程类专业的青年学生，无论将来从事建筑设计、建筑施工还是建筑管理等工作，都要学习并具备著名匠师李春这种因地制宜选材、精益求精设计、一丝不苟施工的匠人精神。

（2）同学们要学好专业知识，遵守行业设计与施工规范，强化质量意识，保证工程质量，打造精品工程，为保障人民的生命和财产安全贡献力量。

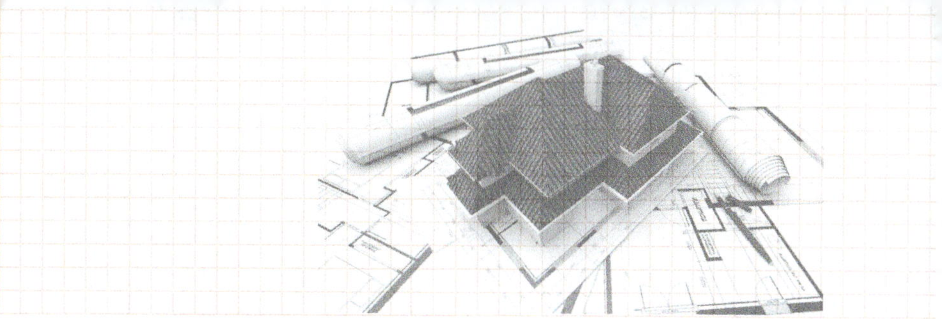

模块7

钢结构基本知识

学习目标

✲ 知识目标

1. 掌握钢结构的基本材料及其性能。
2. 熟悉钢结构的连接方法。
3. 了解钢结构的基本构件及构造要求。
4. 了解钢屋盖的基本组成及构造要求。
5. 掌握钢结构施工图的识读方法。

✲ 能力目标

1. 懂得钢结构基本知识。
2. 能读懂钢结构施工图。

工作任务

1. 认识钢结构材料。
2. 了解钢结构基本构件的连接方法。
3. 熟悉钢结构的基本构件。
4. 了解钢屋盖的基本组成。
5. 识读钢结构房屋施工图。

学习指南

钢结构是土木工程的主要结构形式之一。目前，钢结构在房屋建筑、地下建筑、桥梁、塔桅和海洋平台中都得到广泛采用。

钢结构是首先由钢板、型钢通过必要的连接组成基本构件，如梁、柱、桁架等；然后再通过一定的安装连结装配成空间整体结构，如屋盖、厂房、钢闸门、钢桥等。图7-1简单演示了基本构件与连接之间的关系。本模块主要讲述连接与基本构件的知识，为钢结构施工图的识读奠定基础。

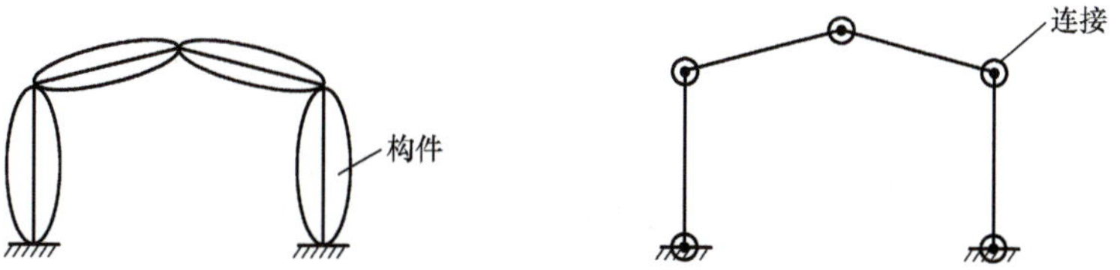

图7-1　基本构件与连接

本模块基于识读钢结构房屋施工图的工作过程，分为五个学习任务，目的是让学生在学习相关内容的基础上，进一步提高识读结构施工图的能力，因此每个学生应沿着如下流程进行学习：认识钢结构材料→了解钢结构基本构件的连接方法→熟悉钢结构的基本构件→了解钢屋盖的基本组成→识读钢结构房屋施工图。

教学方法建议

采用"教、学、做"一体化，利用实物、模型、仿真试验及相关多媒体资源和教师的讲解，结合某钢结构房屋的施工图，使学生带着任务进行学习，在了解钢结构材料、力学性能、构造要求的基础上，进一步提高识读结构施工图的能力。

任务1 认知钢结构材料

7.1.1 钢结构对所用钢材的要求

用作钢结构的钢材须具有以下性能：
1）较高的强度，即抗拉强度和屈服强度都比较高。
2）足够的变形性能，即塑性性能好。
3）较好的韧性，即韧性性能好。
4）良好的加工性能，即适合冷、热加工，还要有良好的可焊性。
5）耐久性能好，能适应低温、有害介质侵蚀（包括大气锈蚀）以及重复荷载作用等。

为了使所设计的钢结构满足承载力和正常使用要求，《钢结构设计标准》提出了承重结构钢材的质量要求，包括五项力学性能指标和碳、硫、磷的含量要求，五项性能指标是：抗拉强度、屈服强度、伸长率、冷弯性能和冲击韧性。在钢材选用时要根据具体情况满足以上质量要求。

7.1.2 建筑钢材的种类和选用

建筑工程中所用的钢材基本上是碳素结构钢和低合金高强度结构钢。

1. 建筑钢材的类别

1）碳素结构钢。碳素结构钢按含碳量的多少，可分成低碳钢、中碳钢和高碳钢。通常把碳质量分数小于 0.25% 的钢材称为低碳钢，0.25%~0.60% 之间的钢材称为中碳钢，大于 0.60% 的钢材称为高碳钢。建筑钢结构主要使用低碳钢，一般碳质量分数不应超过 0.22%。

碳素结构钢的牌号由字母 Q、屈服强度数值、质量等级代号、脱氧方法代号四部分组成。Q 是代表钢材屈服强度的字母；屈服强度数值有 195、215、235 和 275，以 N/mm² 为单位；质量等级代号有 A、B、C、D，按冲击韧性试验要求的不同，表示质量由低到高；脱氧方法代号有 F、Z、TZ，分别表示沸腾钢、镇静钢、特殊镇静钢，其中代号 Z、TZ 可以省略不写。钢结构所采用的 Q235 钢，分为 A、B、C、D 四级，A、B 两级的脱氧方法可以是 Z 或 F，

建筑钢材的种类和选用

C 级只能为 Z，D 级只能为 TZ。如 Q235A·F 表示屈服强度为 235N/mm²，A 级，沸腾钢。

2）低合金高强度结构钢。低合金高强度结构钢是指在冶炼过程中添加一些合金元素，其总量不超过 5% 的钢材。加入合金元素后，钢材强度明显提高，钢结构构件的强度、刚度、稳定性三个主要控制指标能充分发挥，尤其在大跨度或重负载结构中优点更为突出。

低合金高强度结构钢的牌号由代表屈服点的字母 Q、屈服点数值、质量等级符号三部分按顺序排列表示。钢的牌号有 Q335、Q390、Q420、Q460 四种，质量等级有 B、C、D、E、F 五个等级。

2. 建筑钢材的规格

钢材规格分为型材、板材、管材及金属制品四大类，其中建筑钢结构中使用最多的是型材和板材。型材钢有热轧成型的钢板、型钢及冷弯（或冷压）成型的薄壁型材。

1）热轧钢板。热轧钢板分厚板和薄板两种，厚板的厚度为 4.5~60mm，薄板的厚度为 0.35~4mm。在图纸中钢板用"—宽×厚×长"或"—宽×厚"表示，单位为 mm。如 —800×12×2100、—800×12。

2）热轧型钢。热轧型钢有角钢、工字钢、槽钢、H 型钢、剖分 T 型钢、钢管（图 7-2）。

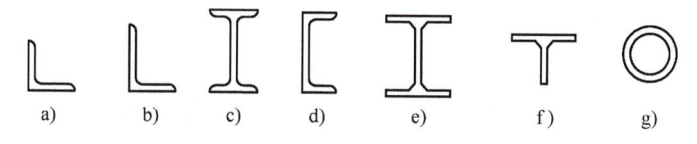

图 7-2　热轧型钢截面

角钢有等边角钢和不等边角钢两大类。等边角钢也称等肢角钢，以符号"∟"加"边宽×厚度"表示，单位为 mm。如∟100×10 表示肢宽为 100mm、厚 10mm 的等边角钢。不等边角钢也称不等肢角钢，以符号"∟"加"长边宽×短边宽×厚度"表示，单位为 mm。如∟100×80×8 表示长肢宽为 100mm、短肢宽为 80mm、厚 8mm 的不等边角钢。

工字钢是一种工字形截面的型钢，分普通工字钢和轻型工字钢两种，其型号用符号"I"加"截面高度"来表示，单位为 cm，如 I16。20 号以上普通工字钢根据腹板厚度和翼缘宽度的不同，同一号工字钢又有 a、b、c 三种区别，其中 a 类腹板最薄、翼缘最窄，b 类较厚较宽，c 类最厚最宽，如 I30b。轻型工字钢以符号"QI"加"截面高度"来表示，单位为 cm，如 QI25。

槽钢是槽形截面（[）的型钢，有热轧普通槽钢和热轧轻型槽钢。普通槽钢以符号"["加"截面高度"表示，单位为 cm，并以 a、b、c 区分同一截面高度中的不同腹板厚度。如 [30a 表示槽钢外廓高度为 30cm 且腹板厚度为最薄的槽钢。轻型槽钢以符号"Q["加"截面高度"表示，单位为 cm，如 Q[25。

H 型钢翼缘端部为直角，便于与其他构件连接。热轧 H 型钢分为宽翼缘 H 型钢（代号 HW）、中翼缘 H 型钢（代号 HM）和窄翼缘 H 型钢（代号 HN）三类。此外还有桩类 H 型钢，代号为 HP。H 型钢的规格以代号加"高度 H×宽度 B×腹板厚度 t_1×翼缘厚度 t_2"表示，单位为 mm，如 HN300×150×6.5×9。

剖分 T 型钢分三类：宽翼缘剖分 T 型钢 TW、中翼缘剖分 T 型钢 TM、窄翼缘剖分 T 型钢 TN。剖分 T 型钢的规格以代号加"高度 H×宽度 B×腹板厚度 t_1×翼缘厚度 t_2"表示，单位为 mm，如 TM147×200×8×12。

钢管分为无缝钢管和焊接钢管，以符号"φ"加"外径×厚度"表示，单位为mm，如φ426×10。

3）冷弯薄壁型钢。冷弯薄壁型钢由厚度为1.5～6mm的钢板或带钢，经冷加工（冷弯、冷压或冷拔）成型，同一截面部分的厚度都相同，截面各角顶处呈圆弧形，如图7-3 a～i所示。在工业、民用和农业建筑中，可用薄壁型钢制作各种屋架、刚架、网架、檩条、墙梁、墙柱等结构和构件。

压型钢板是冷弯薄壁型钢的另一种形式（图7-3j），常用0.4～2mm厚的镀锌钢板和彩色涂塑镀锌钢板冷加工成形，可广泛用作屋面板、墙面板和隔墙。

3. 建筑钢材的选择

建筑钢材选用的原则是：既能使结构安全可靠，满足使用要求，

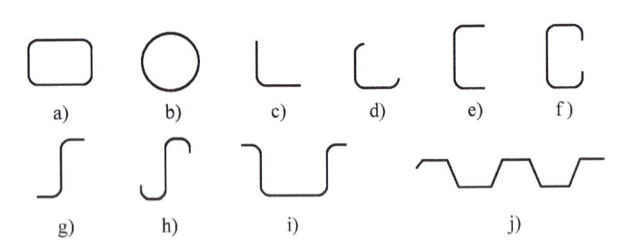

图7-3 冷弯薄壁型钢的截面形式

又要最大可能节约钢材，降低造价。根据上述要求，我国现行《钢结构设计标准》（GB 50017—2017）推荐承重结构的钢材宜采用碳素结构钢中的Q235钢和低合金高强度结构钢中的Q345钢、Q390钢及Q420钢。在具体选择钢材时应考虑以下各因素：结构或构件的重要性、荷载情况、连接方法、结构所处的温度与湿度、钢材的厚度等。

任务2　分析钢结构的连接

钢结构的连接方法通常分为焊缝连接、螺栓连接和铆钉连接三种（图7-4）。由于铆钉连接施工技术要求高，劳动强度大，施工条件恶劣，施工速度慢，已逐步被高强度螺栓连接所取代。

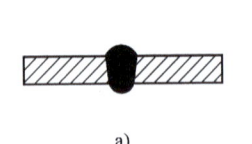

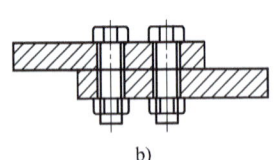

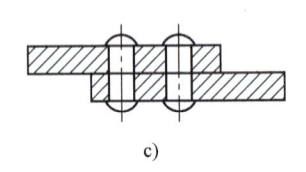

图7-4　钢结构的连接方法
a）焊缝连接　b）螺栓连接　c）铆钉连接

钢结构的连接方法及焊缝连接的优缺点

7.2.1　焊缝连接

1. 焊缝连接的优缺点

焊缝连接的优点是：①构造简单，任何形式的构件都可直接相连；②用料经济，不削弱截面；③制作加工方便，可实现自动化操作；④连接的密闭性好，结构刚度大。

焊缝连接的缺点是：①在焊缝附近的热影响区内，钢材的金相组织发生改变，导致局部材料变脆，焊接残余应力和残余变形使受压构件承载力降低；②焊接结构对裂纹很敏感，局部裂纹一旦发生，就容易扩展到整体，低温冷脆问题较为突出。

2. 钢结构中常用的焊接方法

焊接方法很多，钢结构中主要采用电弧焊，薄钢板（$t \leq 3$mm）的连接有时也可以采用电阻焊或气焊。

（1）电弧焊

电弧焊是利用焊条或焊丝与焊件间产生的电弧热，将金属加热并熔化的焊接方法。电弧焊可分为焊条电弧焊、自动和半自动埋弧焊及 CO_2 气体保护焊等。

（2）电阻焊

电阻焊是利用电流通过焊件接触点表面的电阻所产生的热量来熔化金属，再通过压力使其焊合。冷弯薄壁型钢的焊接，常用电阻点焊，板叠总厚度一般不超过12mm，焊点应主要承受剪力，其抗拉（撕裂）能力较差。

（3）气焊

气焊是利用乙炔在氧气中燃烧而形成的火焰来熔化焊条，形成焊缝。气焊用于薄钢板或小型钢结构中。

3. 焊缝连接形式及焊缝形式

（1）焊缝连接形式

焊缝连接形式按被连接构件间的相对位置分为对接、搭接、T形连接和角接四种，如图7-5所示。

（2）焊缝形式

所采用的焊缝形式按其构造来分，主要有对接焊缝和角焊缝两种类型。对接焊缝按所受力的方向分为正对接焊缝（图7-6a）和斜对接焊缝（图7-6b），角焊缝（图7-6c）可分为正面角焊缝、侧面角焊缝和斜焊缝。

焊缝沿长度方向的布置分为连续角焊缝和间断角焊缝两种（图7-7）。连续角焊缝的受力性能良好，为主要的角焊缝形式。间断角焊缝容易引起应力集中现象，重要结构应避免采用，但可用于一些次要的构件或次要的焊接连接中。间断角焊缝间断距离l不宜过长，一般在受压构件中应满足$l \leq 15t$，在受拉构件中$l \leq 30t$，t为较薄焊件的厚度。

焊缝按施焊位置分为俯焊（平焊）、横焊、立焊和仰焊四种（图7-8）。俯焊的施焊工作方便，质量好，效率高；横焊和立焊是在立面上施焊的水平和竖向焊缝，生产效率和焊接质量比俯焊的差一些；仰焊是仰望向上施焊，操作条件最差，焊缝质量不易保证，因此应尽量避免采用仰焊焊缝。

4. 焊缝缺陷、质量检验和焊缝级别

（1）焊缝缺陷

焊缝缺陷是指焊接过程中，产生于焊缝金属或邻近热影响区钢材表面或内部的缺陷。如图7-9所示，常见的缺陷有：①裂纹；②焊瘤；③母材被烧穿；④弧坑，起弧或落弧处焊缝所形成的凹坑；⑤气孔；⑥非金属夹渣；⑦咬边，如焊缝与母材交界处形成凹坑；⑧未熔合，指焊条熔融金属与母材之间局部未熔合；⑨未焊透。以上这些缺陷，一般都会引起应力集中削弱焊缝有效截面，降低承载能力，尤其是裂纹对焊缝受力的危害最大，它会产生严重的应力集中，并易于扩展引起断裂，按规定是不允许发生裂纹的。因此，若发现焊缝有裂纹，应彻底铲除后补焊。

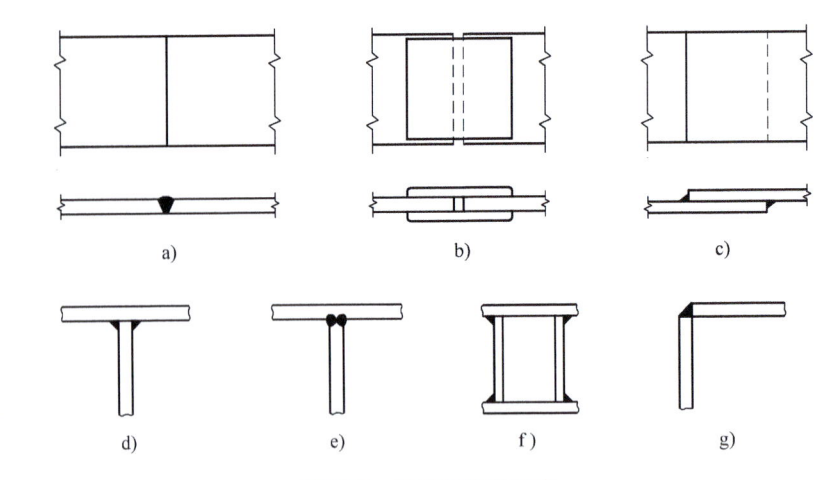

图 7-5 焊缝连接的形式
a) 对接 b) 用拼接盖板的对接连接 c) 搭接
d)、e) T形连接 f)、g) 角接

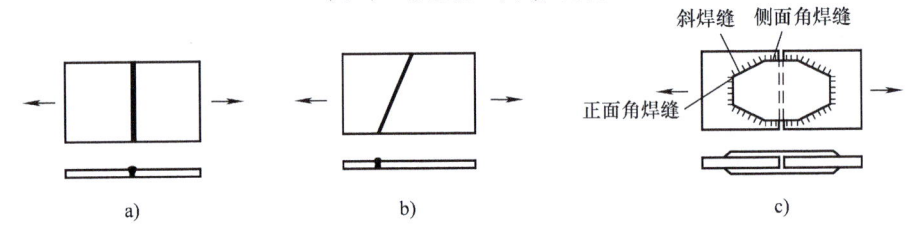

图 7-6 焊缝形式
a) 正对接焊缝 b) 斜对接焊缝 c) 角焊缝

图 7-7 连续角焊缝和间断角焊缝示意图
a) 连续角焊缝 b) 间断角焊缝

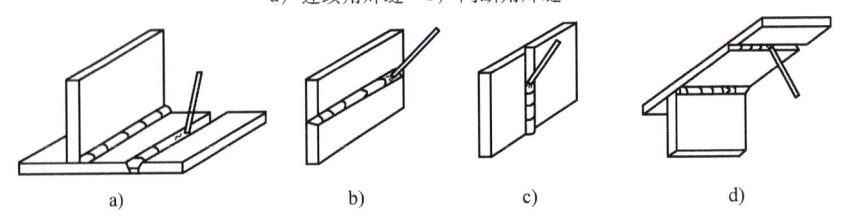

图 7-8 焊缝施焊位置
a) 平焊 b) 横焊 c) 立焊 d) 仰焊

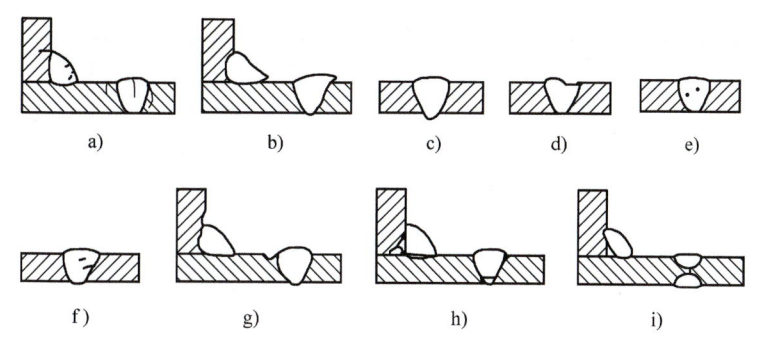

图 7-9　焊缝缺陷

a）裂纹　b）焊瘤　c）烧穿　d）弧坑　e）气孔　f）夹渣　g）咬边　h）未熔合　i）未焊透

（2）焊缝质量检验和焊缝级别

根据钢结构类型和重要性，《钢结构工程施工质量验收标准》（GB 50205—2020）将焊缝质量检验级别分为三级。Ⅲ级检验项目规定只对全部焊缝做外观检查，即检验焊缝实际尺寸是否符合要求和有无看得见的裂纹、咬边和气孔等缺陷；Ⅰ级焊缝超声波和射线探伤的比例均为100%，Ⅱ级焊缝超声波和射线探伤的比例均为20%，且均不小于200mm。当焊缝长度小于200mm时，应对整条焊缝探伤。

钢结构中一般采用Ⅲ级焊缝，可满足通常的强度要求，但其对接焊缝的抗拉强度有较大的变异性，《钢结构设计标准》（GB 50017—2017）规定，其设计值仅为主体钢材的85%左右。因而对有较大拉应力的对接焊缝，以及直接承受动力荷载构件的较重要的焊缝，可部分采用Ⅱ级焊缝，对动力和疲劳性能有较高要求处可采用Ⅰ级焊缝。

5. 焊缝符号及标注方法

在钢结构施工图上焊缝应采用焊缝符号表示，焊缝符号及标注方法应按《建筑结构制图标准》（GB/T 50105—2010）和《焊缝符号表示法》（GB/T 324—2008）执行。

完整的焊缝符号包括基本符号、指引线、补充符号、尺寸符号及数据等。为了简化，在图样上标注焊缝时通常只采用基本符号和指引线，其他内容一般在有关的文件中（如焊接工艺规程等）明确。

1）基本符号表示焊缝横截面的基本形式或特征，具体参见表7-1。

表 7-1　焊缝的基本符号

序号	名　　称	示　意　图	符　　号
1	卷边焊缝（卷边完全熔化）		八
2	I 形焊缝		‖
3	V 形焊缝		V
4	单边 V 形焊缝		V
5	带钝边 V 形焊缝		Y

（续）

序号	名　　称	示　意　图	符　　号
6	带钝边单边 V 形焊缝		⊻
7	带钝边 U 形焊缝		Y
8	带钝边 J 形焊缝		⊬
9	封底焊缝		⌣
10	角焊缝		◣
11	塞焊缝或槽焊缝		⊓
12	点焊缝		○
13	缝焊缝		⊖
14	陡边 V 形焊缝		⋁
15	陡边单 V 形焊缝		⋁
16	端焊缝		‖‖

(续)

序号	名称	示意图	符号
17	堆焊缝		⌒⌒
18	平面连接（钎焊）		=
19	斜面连接（钎焊）		//
20	折叠连接（钎焊）		⊋

2）补充符号用来补充说明有关焊缝或接头的某些特征（如表面形状、衬垫、焊缝分布、施焊地点等）。

3）指引线由箭头线和基准线（实线和虚线）组成，如图7-10所示。

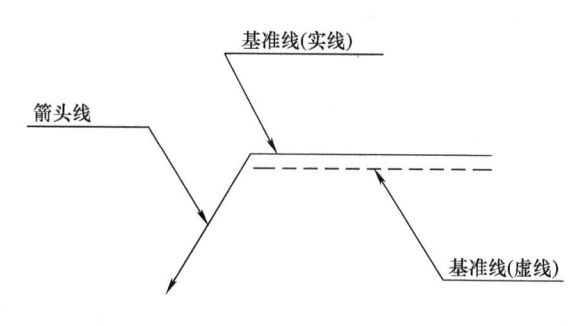

图7-10 指引线

在焊缝符号中，基本符号和指引线为基本要素。焊缝的准确位置通常由基本符号和指引线之间的相对位置决定，具体位置包括：箭头线的位置；基准线的位置；基本符号的位置。

6. 焊缝连接的构造

（1）对接焊缝的构造

1）坡口形式。对接焊缝的焊件常需做成坡口，故又称坡口焊缝。坡口形式与焊件的厚度有关。当焊件厚度 $t \leqslant 6$mm 时，可用直边缝；当 6mm $< t \leqslant 20$mm 时，对于一般厚度的焊件可采用具有斜坡口的单边V形或V形焊缝；当焊件厚度 $t > 20$mm 时，则采用U形、K形和X形坡口（图7-11）。

2）引弧板与垫板。对接焊缝的起点和终点，常因不能熔透而出现凹形的焊口，受力后易出现裂缝及应力集中。因此，施焊时常采用引弧板。但采用引弧板时很麻烦，一般在工厂

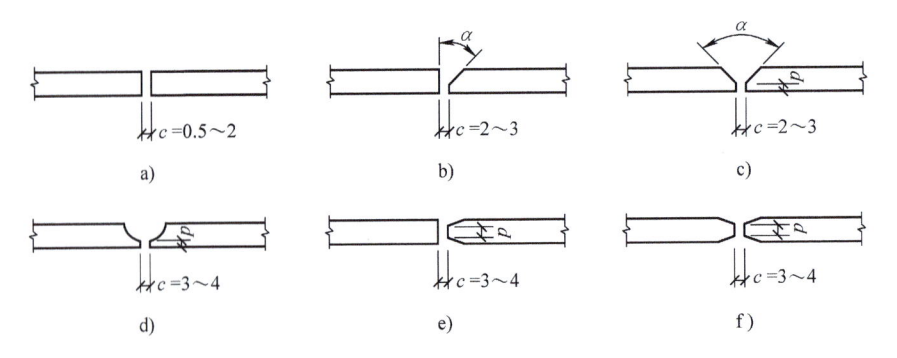

图 7-11 对接焊缝的坡口形式

a) 直边缝 b) 单边 V 形坡口 c) V 形坡口 d) U 形坡口 e) K 形坡口 f) X 形坡口

焊接时可采用引弧板，而在工地焊接时，除了受动力荷载的结构外，一般不用引弧板，而是在计算时扣除焊缝两端板厚的长度。在焊接时，为防止熔化金属流淌或使根部焊透，常采用垫板。

3）截面的改变。在对接焊缝的拼接中，当焊件的宽度不同或厚度相差 4mm 以上时，应分别在宽度或厚度方向从一侧或两侧做成坡度不大于 1:2.5 的斜角，以使截面过渡和缓，减小应力集中，如图 7-12 所示。

（2）角焊缝的构造

1）角焊缝的形式。角焊缝按其与作用力

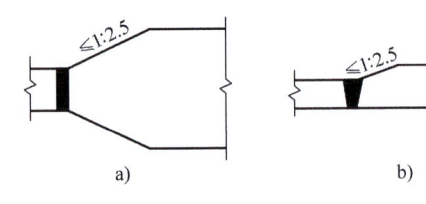

图 7-12 钢板拼接

a) 改变宽度 b) 改变厚度

的关系可分为正面角焊缝、侧面角焊缝和斜面角焊缝。正面角焊缝的焊缝与作用力垂直；侧面角焊缝的焊缝长度方向与作用力平行；斜面角焊缝的焊缝长度方向与作用力倾斜。按其截面形式可分为直角角焊缝和斜角角焊缝。

直角角焊缝通常做成表面微凸的等腰直角三角形截面（图 7-13a）。在直接承受动力荷载的结构中，正面角焊缝的截面常采用图 7-13b 所示的形式，侧面角焊缝的截面则做成凹面式（图 7-13c）。本书讲述时主要介绍图 7-13a 这种焊缝形式。

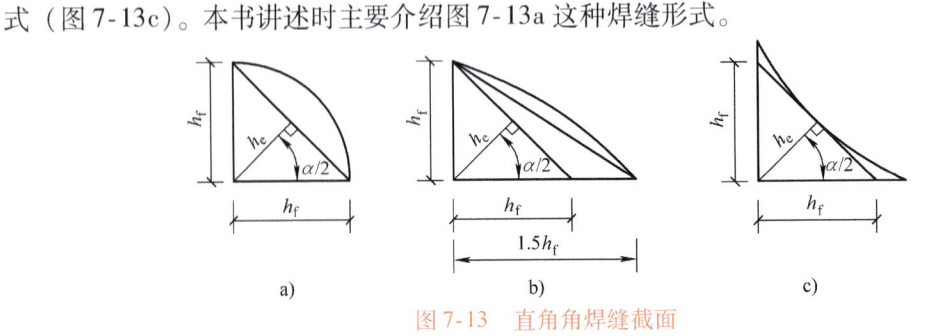

图 7-13 直角角焊缝截面

角焊缝的应力状态非常复杂，如图 7-14 所示，正面角焊缝破坏时的应力分布和侧面角焊缝破坏时的应力分布是不均匀的，但在计算角焊缝强度时，假定有效截面上的应力均匀分布。

试验表明，直角角焊缝的破坏常发生在 45°线的喉部，如图 7-15 所示。故通常取直角角焊缝的计算截面（有效截面）为 45°方向的最小截面。h_f 为角焊缝的焊角尺寸，h_e 为直

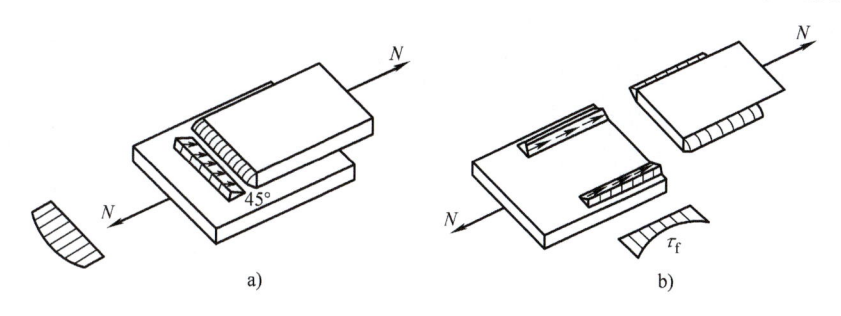

图 7-14　角焊缝破坏应力

a）正面角焊缝的应力　b）侧面角焊缝的应力

角角焊缝的有效厚度。$h_e = \frac{\sqrt{2}}{2}h_f \approx 0.707h_f$，通常取 $h_e = 0.7h_f$。不分抗拉、抗压或抗剪，角焊缝都取同一强度设计值 f_f^w。

2）角焊缝的构造要求

① 最小焊角尺寸。角焊缝的焊角尺寸不能过小，否则焊接时产生的热量较小，而焊件厚度较大，致使施焊时冷却速度过快，产生淬硬组织，导致母材开裂。《钢结构设计标准》（GB 50017—2017）规定：

$$h_f \geq 1.5\sqrt{t_2}$$

式中　t_2——较厚焊件厚度（mm）。

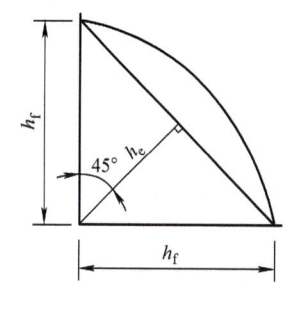

图 7-15

② 最大焊脚尺寸。为了避免焊缝收缩时产生较大的焊接残余应力和残余变形，且热影响区扩大，容易产生热脆，较薄焊件容易烧穿，《钢结构设计标准》（GB 50017—2017）规定，除钢管结构外，角焊缝的焊脚尺寸（图 7-16a）应满足：

$$h_f \leq 1.2t_1$$

式中　t_1——较薄焊件厚度（mm）。

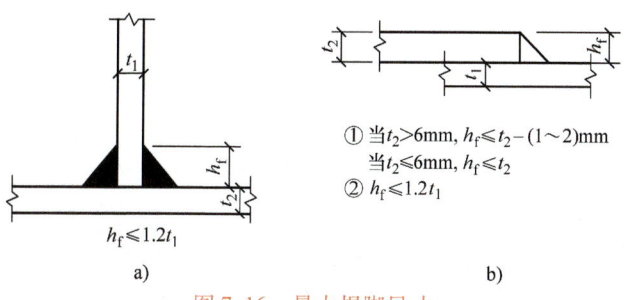

图 7-16　最大焊脚尺寸

对板件边缘的角焊缝（图 7-16b），当板件厚度 $t_2 > 6$mm 时，根据焊工的施焊经验，不易焊满全厚度，故取 $h_f \leq t_2 - (1\sim 2)$mm；当 $t_2 \leq 6$mm 时，通常采用小焊条施焊，易于焊满全厚度，则取 $h_f \leq t_2$。

③ 角焊缝的最小计算长度。角焊缝的焊脚尺寸大而长度较小时，焊件的局部加热严重，焊缝起灭弧所引起的缺陷相距太近，加之焊缝中可能产生的其他缺陷（气孔、非金属夹杂等）使焊缝不够可靠。因此，为了使焊缝能够具有一定的承载能力，根据使用经验，侧面

角焊缝或正面角焊缝的计算长度不得小于 $8h_f$ 和 40mm。

④ 侧面角焊缝的最大计算长度。侧面角焊缝在弹性阶段沿长度方向受力不均匀，两端大而中间小。焊缝越长，应力集中越严重。如果焊缝长度超过某一限值时，有可能首先在焊缝的两端破坏，故一般规定侧面角焊缝的计算长度 $l_w \leq 60h_f$。当实际长度大于上述限值时，其超过部分在计算中不予考虑。

⑤ 搭接连接的构造要求。当板件端部仅有两条侧面角焊缝连接时（图 7-17），试验结果表明，连接的承载力与 B/l_w 有

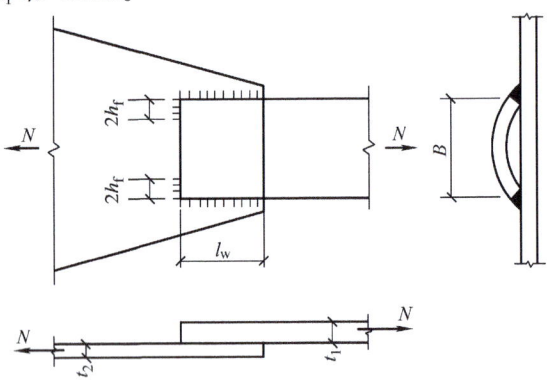

图 7-17 焊缝长度及两侧焊缝间距

关。B 为两侧焊缝的距离，l_w 为侧焊缝的计算长度。当 $B/l_w>1$ 时，连接的承载力随着 B/l_w 的增大而明显下降。为使连接强度不致过分降低，应使每条侧焊缝的计算长度不宜小于两侧焊缝之间的距离，即 $B/l_w<1$。两侧面角焊缝之间的距离 B 也不宜大于 $16t$（$t>12\text{mm}$）或 190mm（$t<12\text{mm}$），t 为较薄焊件的厚度，以免因焊缝横向收缩引起板件向外发生较大拱曲。

在搭接连接中，当仅采用正面角焊缝（图 7-18）时，其搭接长度不得小于焊件较小厚度的 5 倍，也不得小于 25mm。

⑥ 减小角焊缝应力集中的措施。杆件端部搭接采用三面围焊时，在转角处截面突变，

图 7-18 搭接连接

会产生应力集中，如在此处起灭弧，可能出现弧坑或咬肉等缺陷，从而加大应力集中的影响。故所有围焊的转角处必须连续施焊。对于非围焊情况，当角焊缝的端部在构件转角处时，可连续地作长度为 $2h_f$ 的绕角焊（图 7-17）。

7.2.2 螺栓连接

螺栓连接分普通螺栓连接和高强度螺栓连接。

1. 普通螺栓连接

普通螺栓分 A、B、C 三级。A、B 级螺栓为精制螺栓，C 级螺栓为粗制螺栓，A 级和 B 级螺栓材料的性能等级为 5.6 级或 8.8 级，C 级螺栓材料性能等级为 4.6 级或 4.8 级。螺栓性能等级"m.n 级"，小数点前的数字表示螺栓成品的抗拉强度不小于 $m \times 100\text{N/mm}^2$，小数点及小数点后的数字表示螺栓材料的屈强比，即屈服点（高强度螺栓取材料条件屈服点）与抗拉强度的比值。A、B 级精制螺栓具有较高的精度，因而受剪性能好，但制作和安装复杂，价格较高，已很少在钢结构中采用。C 级螺栓由未经加工的圆钢压制而成，采用 C 级螺栓的连接，便于安装，且能有效地传递拉力，故一般可用于沿螺栓杆轴受拉的连接以及次要结构的抗剪连接或安装的临时固定。

（1）螺栓的排列

在同一结构连接中，为了便于制造，宜用一种直径。常用的标准螺栓直径有 M16、M18、M20、M22、M24 等规格。螺栓直径选得合适与否，将影响到螺栓数目及连接节点的构造尺寸。

螺栓的排列应简单、统一而紧凑，满足受力要求，构造合理又便于安装。排列方式有并列和错列排列两种，如图7-19所示，并列较简单，错列较紧凑。

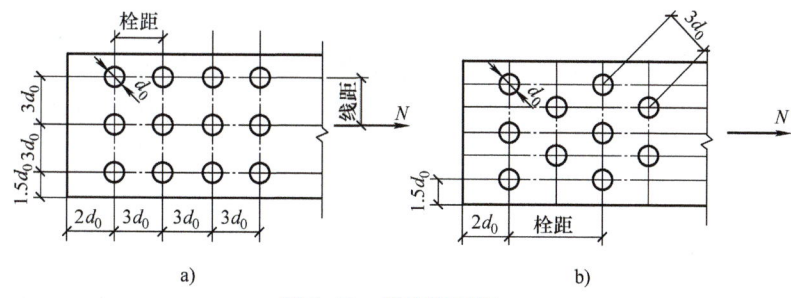

图7-19 螺栓排列图
a) 并列排列 b) 错列排列

1) 受力要求。螺栓孔（d_0）的最小端距（沿受力方向）为$2d_0$，以免板端被剪掉；螺栓孔的最小边距（垂直于受力方向）为$1.5d_0$（切割边）或$1.2d_0$（轧成边）。在型钢上，螺栓应排列在型钢孔距规线上。中间螺孔的最小间距（栓距和线距）为$3d_0$，否则螺孔周围应力集中的相互影响较大，且对钢板的截面削弱过多，从而降低其承载能力。

2) 构造要求。螺栓的间距也不宜过大，尤其是受压板件当栓距过大时，容易发生凸曲现象。板和刚性构件（如槽钢、角钢等）连接时，栓距过大不易紧密接触，潮气易于侵入缝隙而锈蚀。规范规定，栓孔中心最大间距受压时为$12d_0$或$18t_{min}$（t_{min}为外层较薄板件的厚度），受拉时为$16d_0$或$24t_{min}$，中心构件边缘最大距离为$4d_0$或$8t_{min}$。

3) 施工要求。螺栓应有足够距离，以便于转动扳手，拧紧螺母。

根据上述螺栓的最大、最小容许距离，排列螺栓时宜按最小容许距离取用，且宜取5mm的倍数，并按等距离布置，以缩小连接的尺寸。最大容许距离一般只在起连系作用的构造连接中采用。螺栓或铆钉的最大、最小容许距离见表7-2。

表7-2 螺栓或铆钉的最大、最小容许距离

名称	位置和方向			最大容许距离 （取两者的较小值）	最小容许距离
中心线距	外排（垂直或顺内力方向）			$8d_0$或$12t$	$3d_0$
	中间排	垂直内力方向		$16d_0$或$24t$	
		顺内力方向	压力	$12d_0$或$18t$	
			拉力	$16d_0$或$24t$	
	沿对角线方向			—	
中心至构件边缘距离	顺内力方向			$4d_0$或$8t$	$2d_0$
	垂直内力方向	剪切边或手工气割边			$1.5d_0$
		轧制边自动精密气割或锯割边	高强度螺栓		$1.5d_0$
			其他螺栓或铆钉		$1.2d_0$

注：1. d_0为螺栓孔或铆钉孔直径，t为外层较薄板件的厚度。
2. 钢板边缘与刚性构件（如角钢、槽钢等）相连的螺栓或铆钉的最大间距，可按中间排的数值采用。

（2）普通螺栓连接的受力特点

普通螺栓连接，按螺栓传力方式可分为受剪螺栓连接、受拉螺栓连接和拉剪螺栓连接三

种。受剪螺栓连接是靠栓杆受剪和孔壁承压传力；受拉螺栓连接是靠沿栓杆轴方向受拉传力；拉剪螺栓连接则同时兼有上述两种传力方式。

1）受剪螺栓连接。在开始受力阶段，作用力主要靠钢板之间的摩擦力来传递。由于普通螺栓的预拉力很小，板件之间的摩擦力也很小，当外力逐渐增长到克服摩擦力后，板件发生相对滑移，而使栓杆和孔壁靠紧，此时栓杆受剪，而孔壁承受挤压。随着外力的不断增大，连接达到其极限承载能力而发生破坏，如图7-20所示。

普通螺栓连接受力特点

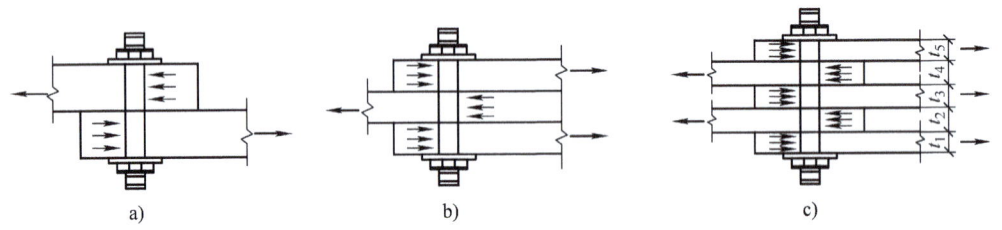

图7-20 受剪螺栓示意图
a）单剪 b）双剪 c）四剪

受剪螺栓连接在达到极限承载力时可能出现如下五种破坏形式（图7-21）：

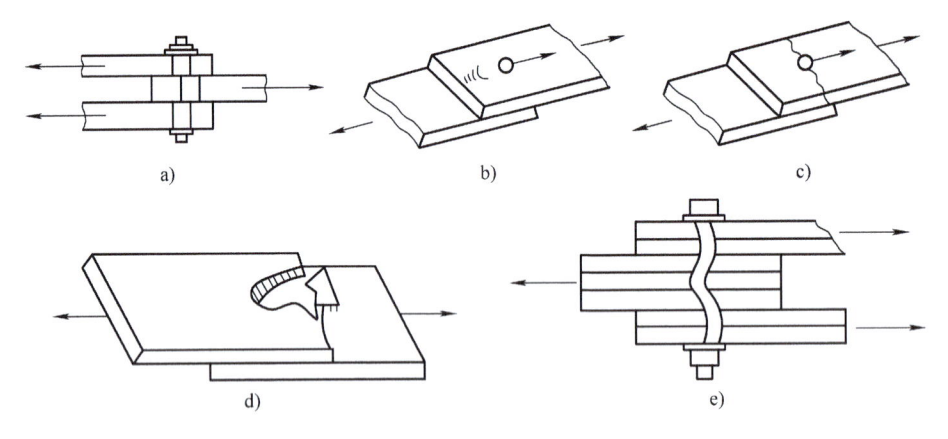

图7-21 受剪螺栓受力

① 栓杆剪断：当螺栓直径较小而钢板相对较厚时，可能发生。
② 孔壁挤压破坏：当螺栓直径较大而钢板相对较薄时，可能发生。
③ 钢板拉断：当钢板因螺孔削弱过多时，可能发生。
④ 端部钢板剪断：当顺受力方向的端距过小时，可能发生。
⑤ 栓杆受弯破坏：当螺栓过于细长时，可能发生。

上述破坏形式中的后两种在选用最小容许端距 $2d_0$ 和使螺栓的夹紧长度不超过 $5d$ 的条件下，均不会发生。前三种形式的破坏，则需通过计算来防止。

2）受拉螺栓连接。受拉螺栓连接是指在外力作用下，被连接构件的接触面有拉开的趋势而使螺栓受拉的连接，如图7-22所示。通常在螺纹削弱的截面处螺栓杆被拉断而破坏。

3)拉剪螺栓连接。图 7-23 所示的结构中,一般应在端板下设置支托,以承受剪力。对次要连接,若端板下不设支托,则螺栓将同时承受剪力和沿杆轴方向的拉力作用。

图 7-22 受拉螺栓连接

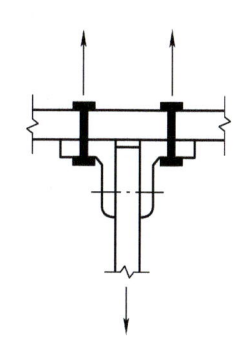

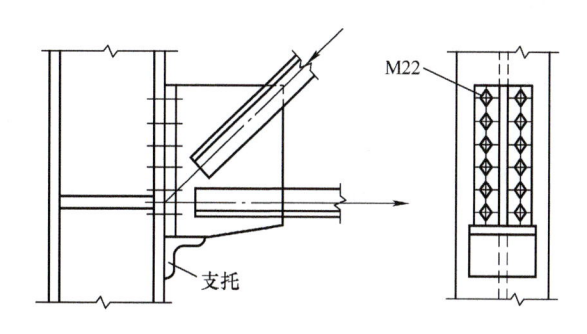

图 7-23 拉剪螺栓连接

2. 高强度螺栓连接

高强度螺栓分高强度螺栓摩擦型连接、高强度螺栓承压型连接两种,一般采用 45 钢、40B 钢和 20MnTiB 钢加工而成,性能等级包括 8.8 级和 10.9 级两种,即经热处理后,螺栓抗拉强度应分别不低于 800N/mm² 和 1000N/mm²。摩擦型连接的螺栓孔径 d_0 比螺栓公称直径 d 大 1.5~2.0mm,承压型连接的螺栓孔径 d_0 比螺栓公称直径 d 大 1.0~1.5mm。摩擦型连接只依靠被连接板件间强大的摩擦阻力来承受外力,以摩擦阻力被克服作为连接承载能力的极限状态。承压型连接允许被连接件之间接触面发生相对滑移,以栓杆被剪断或承压破坏作为连接承载能力的极限状态。承压型连接的承载力比摩擦型连接高,可节约螺栓,但剪切变形大,故不能用于承受动力荷载的结构中。摩擦型连接的剪切变形小,弹性性能好,施工较简单,可拆卸,耐疲劳,特别适用于承受动力荷载的结构。

与普通螺栓连接一样,高强度螺栓连接按传力方式也可分为受剪螺栓连接、受拉螺栓连接和拉剪螺栓连接三种。

(1)高强度螺栓的预拉力

高强度螺栓的预拉力 P 是通过拧紧螺母实现的,施工中一般采用扭矩法、转角法或扭剪法来控制预拉力。相关规范规定的预拉力设计值 P 见表 7-3。

表 7-3 每个高强度螺栓的设计预拉力 P 值 （单位：kN）

螺栓的性能等级	螺栓公称直径 d/mm					
	M16	M20	M22	M24	M27	M30
8.8 级	70	110	135	155	205	250
10.9 级	100	155	190	225	290	355

(2)高强度螺栓连接的摩擦面抗滑移系数

应用高强度螺栓时,构件的接触面通常要进行特殊处理,使其洁净并粗糙,以提高其抗滑移系数 μ。常用的处理方法和规定应达到的抗滑移系数值见表 7-4。

表 7-4　摩擦面的抗滑移系数 μ 值

连接处构件接触面的处理方法	构件的钢号		
	Q235 钢	Q345 钢、Q390 钢	Q420 钢
喷砂（丸）	0.45	0.50	0.50
喷砂（丸）后涂无机富锌漆	0.35	0.40	0.40
钢丝刷消除浮锈或未经处理的干净轧制表面	0.30	0.35	0.40
喷砂（丸）后生赤锈	0.45	0.50	0.50

任务 3　认知钢结构构件

7.3.1　轴心受力构件

1. 轴心受力构件的种类及截面形式

轴心受力构件是指承受通过构件截面形心轴线的轴向力作用的构件，当这种轴向力为拉力时，称为轴心受拉构件，简称轴心拉杆；当这种轴向力为压力时，称为轴心受压构件，简称轴心压杆。轴心受力构件广泛地应用于承重钢结构，支撑屋盖、楼盖或工作平台的竖向受压构件通常称为柱，包括轴心受压柱，柱的形式如图 7-24 所示。柱通常由柱头、柱身和柱脚三部分组成，柱头支承上部结构并将其荷载传给柱身，柱脚则把荷载由柱身传给基础。

轴心受力构件，按其截面组成形式可分为实腹式构件和格构式构件两种。

实腹式构件具有整体连通的截面，常见的有三种截面形式，如图 7-25 所示。第一种是热轧型钢截面，如圆钢、圆管、方管、角钢、工字钢、T 型钢、宽翼缘 H 型钢和槽钢等，其中最常用的是工字形或 H 形截面，其制作方便，省工，但工字形侧向刚度较小，仅当受轴心力或偏心距很小，且在刚度较大平面内的计算长度较平面外的计算长度大很多时，方可作为独立柱采用，一般多用于平台柱、墙架柱及格构式柱的柱肢。第二种是冷弯型钢截面，如卷边和不卷边的角钢或槽钢与方管等，它们只需要简单加工就可以用作构件，成本较低，适用于受力较小的构件。第三种是型钢或钢板连接而成的组合截面。

格构式构件一般由两个或多个分肢用缀件联系组成，采用较多的是两分肢格构式构件。在格构式构件截面中，通过分肢腹板的主轴称为实轴，通过分肢缀件的主轴称为虚轴。

缀件有缀条和缀板两种，一般设置在分肢翼缘两侧平面内，其作用是将各分肢连成整体，使其共同受力，并承受绕虚轴弯曲时产生的剪力。缀条用斜杆组成或斜杆与横杆共同组成，缀条常采用单角钢，与分肢翼缘组成桁架体系，使承受横向剪力时有较大的刚度。缀板常采用钢板，与分肢翼缘组成刚架体系，在构件产生绕虚轴弯曲而承受横向剪力时，刚度比缀条格构式构件略低，所以通常用于受拉构件或压力较小的受压构件。

实腹式构件比格构式构件构造简单，制造方便，整体受力和抗剪性能好，但截面尺寸较大时钢材用量较多；而格构式构件容易实现两主轴方向的等稳定性，刚度较大，抗扭性能较好，用料较省。

2. 轴心受力构件受力特点

轴心受拉构件进行截面设计时要考虑强度和刚度的要求；轴心受压构件截面设计除了要考虑强度和刚度的要求，还要考虑整体稳定性和局部稳定性的问题。

（1）强度计算

对轴心受力构件的强度计算，《钢结构设计标准》（GB 50017—2017）规定净截面的平均应力不应超过钢材的强度设计值。

（2）刚度计算

为满足结构的正常使用极限状态要求，轴心受压构件不应做得过分柔细，而应具有一定的刚度，以保证构件不会产生过度的变形。轴心受压构件的刚度通常用长细比来衡量，设计时应对轴心受力构件的长细比进行控制。

（3）轴心受压构件的整体稳定

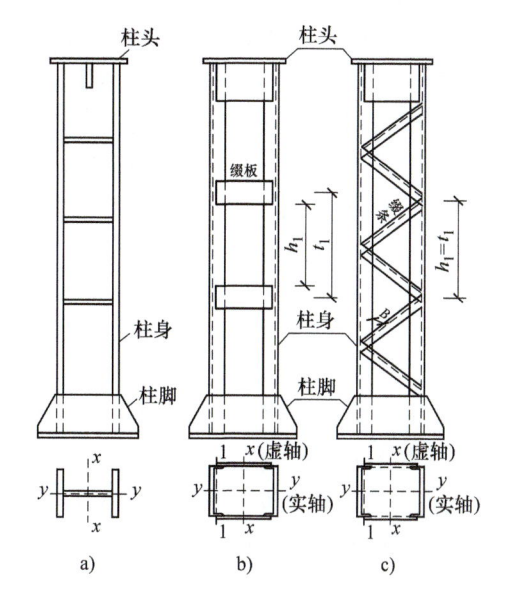

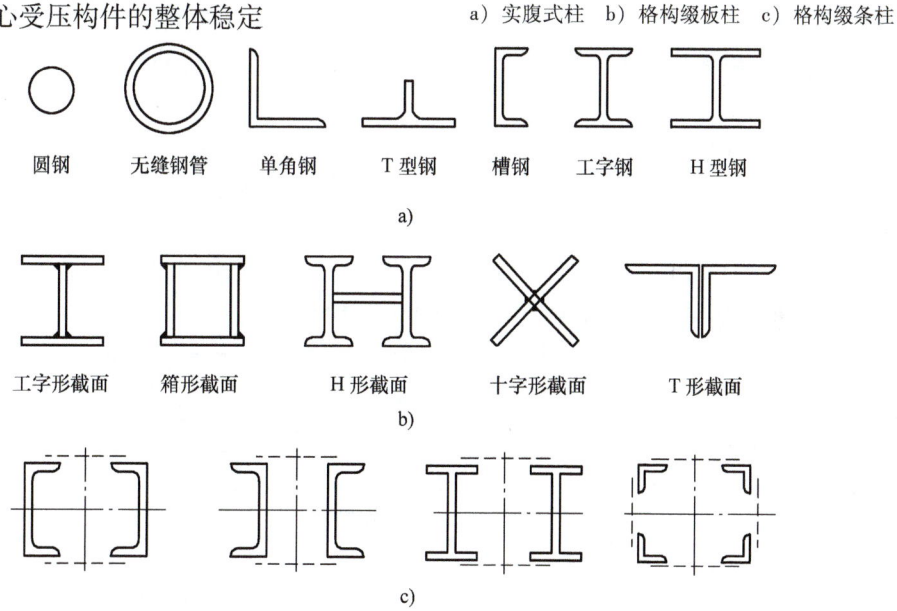

图 7-24 柱的形式
a）实腹式柱 b）格构缀板柱 c）格构缀条柱

图 7-25 轴心受压构件的常用截面形式

研究表明，细长的轴向受压构件，当压力达到一定大小时，会突然发生侧向弯曲（或扭曲），改变原来的受力性质，从而丧失承载力。此时构件横截面上的应力还远小于材料的极限应力，甚至小于比例极限。这种失效不是强度不足，而是由于受压构件不能保持其原有的直线形状平衡。这种现象称为丧失整体稳定性。钢结构中由于钢材强度高，构件的截面大都轻而薄，而其长度则又往往较长，因此，当轴心受压构件的长细比较大而截面又没有孔洞削弱时，一般不会因截面的平均应力达到抗压强度设计值而丧失承载能力，其破坏常是由构件失去整体稳定性所致，因此在整体稳定性满足要求时，可不必进行强度计算。

（4）轴心受压构件的局部稳定

轴心受压构件不仅有丧失整体稳定的可能性，而且也有丧失局部稳定的可能性。组成构件的板件，如工字形截面构件的翼缘和腹板，其厚度与板其他两个尺寸相比都较小。在均匀压力的作用下，当压力达到某一数值时，板件不能继续维持平面平衡状态而产生凸曲现象，因为板件只是构件的一部分，所以把这种屈曲现象称为丧失局部稳定。图 7-26 所示为一工字形截面轴心受压构件发生局部失稳的变形形态示意，在腹板和翼缘失稳的情况下，构件还可能维持着整体稳定的平衡状态，但由于部分板件屈曲后退出工作，使构件的有效截面减小，导致构件过早丧失承载能力。因此，《钢结构设计标准》规定轴心受压构件必须满足局部稳定的要求。

《钢结构设计标准》规定，对轴心受压构件的局部稳定用板件的宽厚比来限制。对于轴心压杆的板件的宽厚比考虑的是不允许板件的屈曲先于构件的整体屈曲，并以此限制板件的宽厚比。

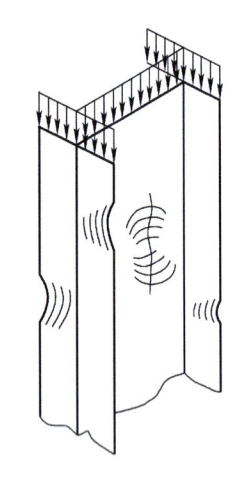

图 7-26 轴心受压构件的局部屈曲

3. 轴心受压柱的柱头与柱脚

柱的顶部与梁（或桁架）连接的部分称为柱头，其作用是通过柱头将上部结构的荷载传到柱身。柱下端与基础连接的部分称为柱脚，柱脚的作用是将柱身所受的力传递和分布到基础，并将柱固定于基础。

（1）轴心受压柱的柱头

梁与轴心受压柱的柱头连接有两类铰接，一类是梁支承于柱顶上，另一类是梁连接于柱的侧面。

1）梁支承于柱顶的构造设计。梁支承于柱顶时，柱顶焊有大于柱轮廓 3cm 左右的顶板，厚度为 16~20mm，与柱焊接并与梁用普通螺栓相连。

图 7-27a 所示的构造方案，将梁的反力通过支承加劲肋直接传给柱的翼缘。两相邻梁之间留一空隙，以便于安装，最后用夹板和构造螺栓连接。这种连接方式构造简单，对梁长度尺寸的制作要求不高，缺点是当柱顶两侧梁的反力不等时将使柱偏心受压。图 7-27b 所示的构造方案，梁的反力通过端部加劲肋的突出部分传至柱的轴线附近，因此即使两相邻梁的反力不等，柱仍接近轴心受压。梁端加劲肋的底面应刨平顶紧于柱顶板。由于梁的反力大部分传给柱的腹板，因而腹板不能太薄且必须用加劲肋加强。两相邻梁间可留一些空隙，安装时嵌入合适尺寸的填板并用普通螺栓连

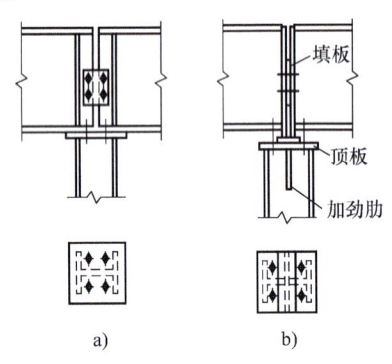

图 7-27 梁支承于柱顶的铰接连接

接。对于格构式，为了保证传力均匀并托住顶板，应在两柱肢之间设置竖向隔板。

2）梁支承于柱的两侧的构造设计。在多层框架的中间梁柱连接中，横梁只能在柱侧相连。图 7-28 所示为梁连接于柱侧面的铰接构造。梁的反力由端加劲肋传给支托，支托可采用 T 形，也可用厚钢板做成，支托与柱翼缘间用角焊缝相连。用厚钢板做支托的方案适用于承受较大的压力，但其制作与安装的精度要求较高。支托的端面必须刨平并与梁的端加劲肋

顶紧以便直接传递压力。考虑到荷载偏心的不利影响，支托与柱的连接焊缝按梁支座反力的 1.25 倍计算。为方便安装，梁端与柱间应留空隙加填板并设置构造螺栓。当两侧梁的支座反力相差较大时，应考虑偏心，按压弯柱计算。

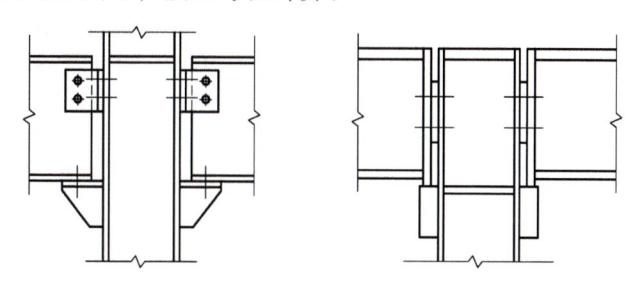

图 7-28 梁支承于柱侧的铰接连接

（2）轴心受压柱的柱脚

轴心受压柱的柱脚一般由底板、靴梁、隔板等组成，主要传递轴心压力，与基础的连接一般采用铰接。

图 7-29 是几种常用的平板式铰接柱脚。由于基础混凝土强度远比钢材低，所以必须把柱的底部放大以增加其与基础顶部的接触面积。图 7-29a 是一种最简单的柱脚构造形式，在柱下端仅焊一块底板，柱中压力由焊缝传至底板，再传给基础。这种柱脚只能用于小型柱，如果用于大型柱，底板太厚。一般的铰接柱脚在柱端部与底板之间增设一些中间传力零件，如靴梁、隔板和肋板等，以增加柱与底板的连接焊缝长度，并且将底板分隔成几个区格，使底板的弯矩减小，厚度减薄。图 7-29b 是格构式柱的柱脚构造。图 7-29c 中靴梁焊于柱的两侧，在靴梁之间用隔板加强，以减小底板的弯矩，并提高靴梁的稳定性。

柱脚是利用预埋在基础中的锚栓来固定其位置的。铰接柱脚只沿着一条轴线设立两个连接于底板上的锚栓。按照构造要求采用 2~4 个直径为 20~25mm 的锚栓。为了便于安装，底板上的锚栓孔径为锚栓直径的 1.5~2 倍，套在锚栓上的零件板是在柱脚安装定位以后焊上的。底板的抗弯刚度较小，锚栓受拉时，底板会产生弯曲变形，阻止柱端转动的抗力不大，因而此种柱脚仍视为铰接。

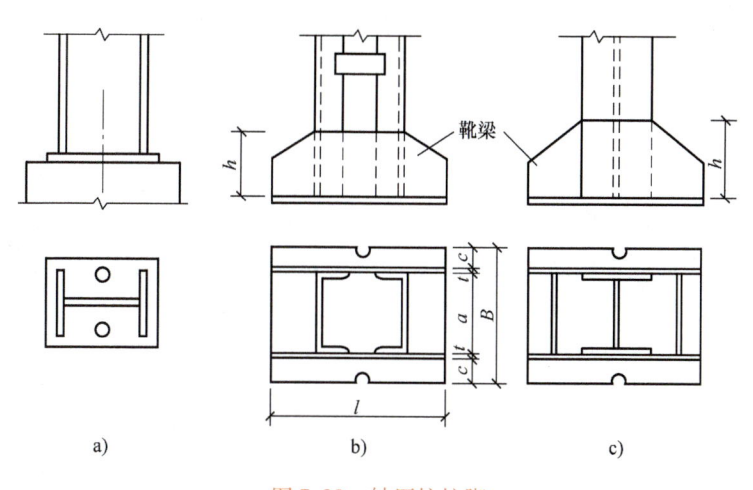

图 7-29 轴压柱柱脚
a）平板式 b）、c）有靴梁平板式

铰接柱脚不承受弯矩，只承受轴向压力和剪力。剪力通常由底板与基础表面的摩擦力传递。当此摩擦力不足以承受水平剪力时，应在柱脚底板下设置抗剪键，抗剪键可用方钢、短T型钢或H型钢制成。

铰接柱脚通常仅按承受轴向压力计算，轴向压力 N 一部分由柱身传给靴梁、肋板等，再传给底板，最后传给基础；另一部分是经柱身与底板间的连接焊缝传给底板，再传给基础。

7.3.2　受弯构件

1. 梁的类型和应用

只受弯矩作用或受弯矩与剪力共同作用的构件称为受弯构件，俗称梁。钢梁在建筑结构中应用广泛，主要用于楼盖、屋盖、车间的工作平台及墙梁、吊车梁等。

钢梁按照制作方法的不同可以分为型钢梁和组合梁两大类。型钢梁又分为热轧型钢梁和冷弯薄壁型钢梁两种。目前常用的热轧型钢有普通工字钢、槽钢、热轧 H 型钢等（图7-30a~c）。冷弯薄壁型钢梁截面种类较多，但在我国目前常用的有 C 型槽钢（图7-30d）和 Z 型钢（图7-30e）。冷弯薄壁型钢是通过冷轧加工成型的，板壁都很薄，截面尺寸较小。在梁跨较小、承受荷载不大的情况下采用比较经济，例如屋面檩条和墙梁。型钢梁具有加工方便、成本低廉的优点，在结构设计中应优先选用。

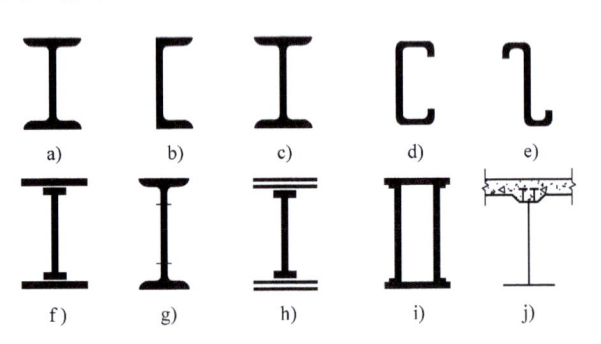

图7-30　梁的截面形式

当荷载和跨度较大时，型钢梁受到尺寸和规格的限制，往往不能满足承载力和刚度的要求，此时应采用组合梁。最常用的是由两块翼缘板加一块腹板做成的焊接 H 形截面组合梁（图7-30f、g），它的构造比较简单，制造也方便。当所需翼缘板较厚时可采用双层翼缘板（图7-30h）。荷载很大而截面高度受到限制或对抗扭刚度要求较高时，可采用箱形截面梁（图7-30i），还有可制成如图7-30j所示的钢与混凝土的组合梁，可以综合发挥两种不同材料的优势，经济效果较明显。

2. 梁的受力特点

（1）强度和刚度

钢梁在设计时要考虑强度和刚度要求，在荷载作用下将产生弯曲应力、剪应力，在集中荷载作用处还有局部承压应力，故梁的强度验算应包括：抗弯强度、抗剪强度、局部承压强度，在弯应力、剪应力及局部压应力共同作用处还应验算折算应力。

钢结构 - 梁的受力特点

（2）梁的稳定

1）梁整体稳定。受弯构件在最大刚度主平面内受弯，当弯矩不大时，梁的弯曲平衡状态是稳定的，即使有外界各种因素使梁产生微小的侧向弯曲和扭转变位，外界影响消失后，梁仍能恢复原来的状态。然而，当弯矩增大到某一数值后，梁会突然出现很大的侧向弯曲并伴随扭转（图7-31），失去继续承载能力，即只要外荷载稍微增加一些，梁的变形就急剧增加并导致破坏。这种现象称为梁的侧向弯扭屈曲或梁整体失稳。整体失稳是受弯构件的主要破坏形式之一。

影响受弯构件的整体稳定性的因素很多，理论分析和计算较为复杂。《钢结构设计标准》（GB 50017—2017）对梁的整体稳定计算作如下规定。

当有符合下列情况之一时，可不验算梁的整体稳定：

① 有铺板密布在梁的受压翼缘并与其牢固连接。

② 工字形截面简支梁受压翼缘的自由长度 l_1 与其宽度 b_1 之比不超过表 7-5 规定数值。

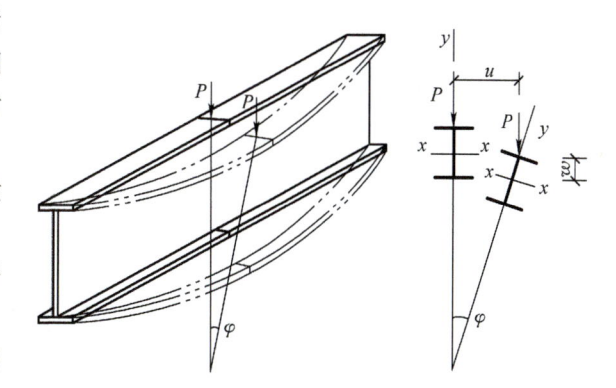

图 7-31 梁丧失整体稳定性的情况

表 7-5　H 型钢或工字形截面简支梁不需计算整体稳定性的最大 l_1/b_1 值

钢号	跨中无侧向支承点的梁		跨中有侧向支承点的梁，不论荷载作用在何处
	荷载作用在上翼缘	荷载作用在下翼缘	
Q235 钢	13	20	16
Q345 钢	10.5	16.5	13
Q390 钢	10	15.5	12.5
Q420 钢	9.5	15	12

2）梁的局部稳定和加劲肋设置。在梁的设计中，除了强度和整体稳定性问题外，为了保证梁的安全承载还必须考虑局部稳定问题。轧制型钢梁的规格和尺寸，都满足局部稳定要求，不需要进行验算。组合梁一般由翼缘和腹板等板件组成，如果设计不当，板中压应力或剪应力达到某一数值后，腹板或受压翼缘有可能偏离其平面位置，出现波形鼓曲（图 7-32），这种现象称为梁局部失稳。

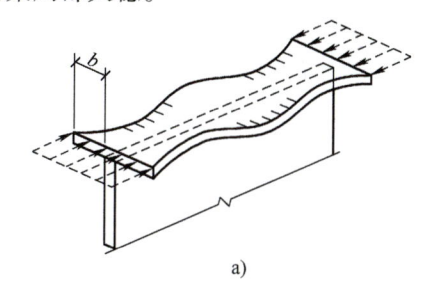

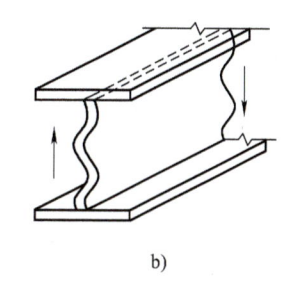

图 7-32　梁局部失稳
a）翼缘　b）腹板

① 受压翼缘的局部稳定。《钢结构设计标准》（GB 50017—2017）规定，对梁受压翼缘采用限制宽厚比的办法来保证梁受压翼缘板的局部稳定性。规定梁受压翼缘自由外伸宽度 b_1 与其厚度 t 之比，应符合 $b_1/t \leq 13\sqrt{235/f_y}$ 的要求。梁翼缘板自由外伸宽度 b_1 的取值为：对焊接构件，取腹板边至翼缘板（肢）边缘的距离；对轧制构件，取内圆弧的起点至翼缘板边缘的距离。当计算梁的抗弯强度取 $\gamma_x = 1.0$ 时，b_1/t 值可放宽为 $b_1/t \leq 15\sqrt{235/f_y}$。

② 腹板的局部稳定。为保证腹板的局部稳定，可增加腹板厚度或设置加劲肋。实际工

程中，为了提高梁的承载力，节省钢材，往往需要加大梁的高度 h_0，而腹板厚度 t_w 又较薄，因此需在腹板两侧设置合适的加劲肋，以加劲肋作为腹板的支承，将腹板分成几个尺寸较小的区段，以提高腹板的临界应力，满足局部稳定的要求，且较为经济。

腹板加劲肋的布置如图 7-33 所示。当高厚比不大时，可设横向加劲肋或不设加劲肋；高厚比较大时，需同时设横向加劲肋和纵向加劲肋，必要时还要设短加劲肋。

横向加劲肋可提高腹板的临界压应力并作为纵向加劲肋的支承。纵向加劲肋对提高弯曲临界应力较为有效。短加劲肋常用于局部压应力较大的梁。

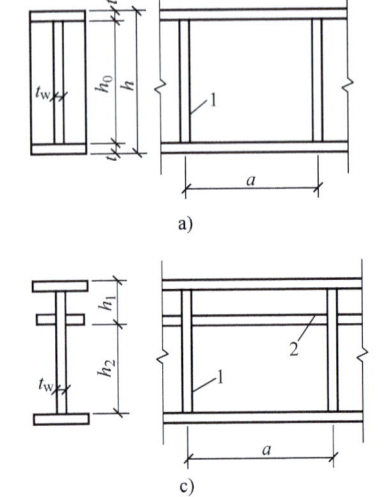

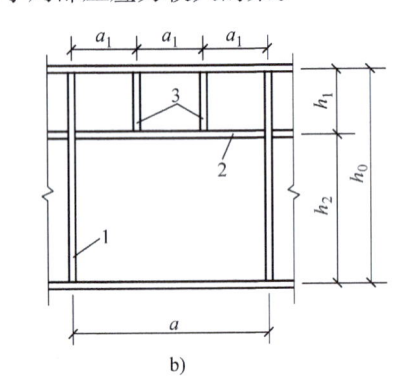

图 7-33　腹板加劲肋的布置
1—横向加劲肋　2—纵向加劲肋　3—短加劲肋

钢结构 – 梁的拼接与连接

3. 梁的拼接与连接

在制造中，当材料的长度不能满足构件的长度要求时，必须进行接长拼接。梁的拼接有工厂拼接和工地拼接两种。

（1）工厂拼接

如果梁的长度、高度大于钢材的尺寸，常需要先将腹板和翼缘用几段钢材拼接起来，然后再焊接成梁，这种拼接一般在工厂中进行，称为工厂拼接。

焊接组合梁的工厂拼接，翼缘和腹板的拼接位置最好错开并用对接直焊缝相连。腹板的拼接焊缝与横向加劲肋之间至少应相距 $10t_w$（图 7-34）。对接焊缝施焊时宜加引弧板，并采用一级或二级焊缝，这样拼接处与钢材截面可以达到强度相等，因此拼接可以设在梁的任何位置，但是当用三级焊缝时，由于焊缝抗拉强度比钢材抗拉强度低（约低 15%），这时应将拼接布置在梁弯矩较小的位置，或者采用斜焊缝。

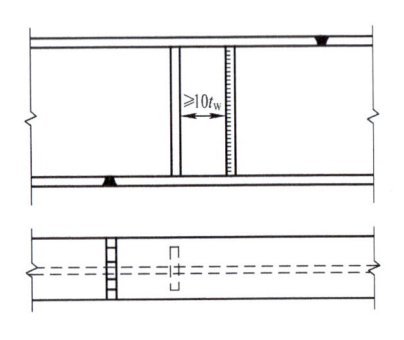

图 7-34　组合梁的工厂拼接

（2）工地拼接

跨度大的梁，可能由于运输或安装条件的限制，需将梁分成几段运至工地或吊至高空就位后再拼接起来,由于这种拼接是在工地进行的,因此称为工地拼接。

梁的工地拼接一般布置在梁弯矩较小的地方,应使翼缘和腹板基本上在同一截面处断开,以便分段运输。高大的梁在工地施焊时不便翻身,应将上、下翼缘的拼接边缘均做成向上开口的 V 形坡口,以便俯焊(图 7-35),同时为了减小焊接应力,应将工厂焊的翼缘焊缝端部留一段不在工厂施焊(通常 500mm 左右),留到工地拼接时按图中施焊的适宜顺序最后焊接,这样可以使焊接时有较多的自由收缩余地,从而减小焊接应力。为了改善拼接处受力情况,工地拼接的梁也可以将翼缘和腹板的接头略为错开一些(图 7-35b),但运输单元凸出部分应特别保护,以免碰损。

由于现场施焊条件较差,焊缝质量难以保证,所以较重要或受动力荷载的大型梁,其工地拼接宜采用高强度螺栓(图 7-36)。

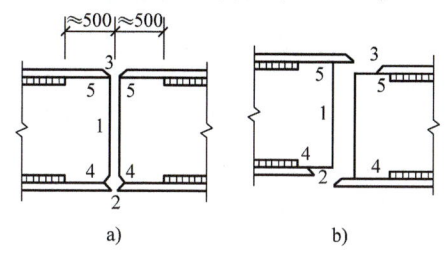

图 7-35 组合梁的工地拼接

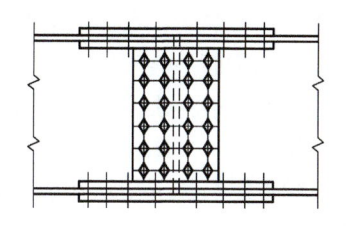

图 7-36 采用高强度螺栓的工地拼接

4. 主梁与次梁的连接

(1)次梁为简支梁

简支次梁与主梁的连接形式有平接和叠接两种。叠接是将次梁直接搁置在主梁上,如图 7-37 所示,用螺栓或焊缝固定,构造简单,但建筑高度大,现在很少采用。

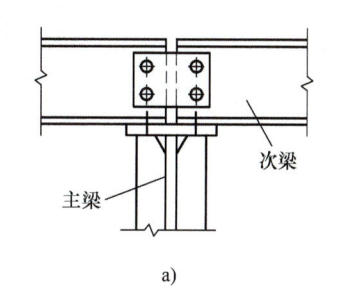

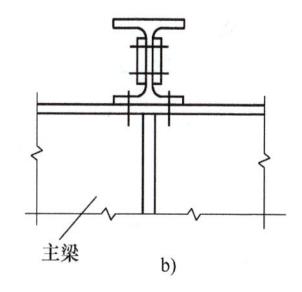

钢结构-主梁与次梁的连接

图 7-37 简支次梁与主梁的叠接

次梁与主梁平接是将次梁通过连接材料在侧面与主梁连接。如图 7-38 所示,次梁端部上翼缘切去,端部下翼缘则切去一边,然后将次梁端部与主梁加劲肋用螺栓相连。如果次梁反力较大,螺栓承载力不够时,可用围焊缝(角焊缝)将次梁端部腹板与加劲肋连牢传递反力,这时螺栓只作安装定位用,实际设计时,考虑连接偏心,通常将反力加大 20% ~ 30% 来计算焊接或螺栓。

(2)次梁为连续梁

次梁为连续梁时,与主梁的连接有叠接和平接两种形式。图 7-39a 所示为次梁叠接于主梁,叠接做法和简支次梁时完全相同,但次梁在主梁支承处为连续直通,构造简单,安装方

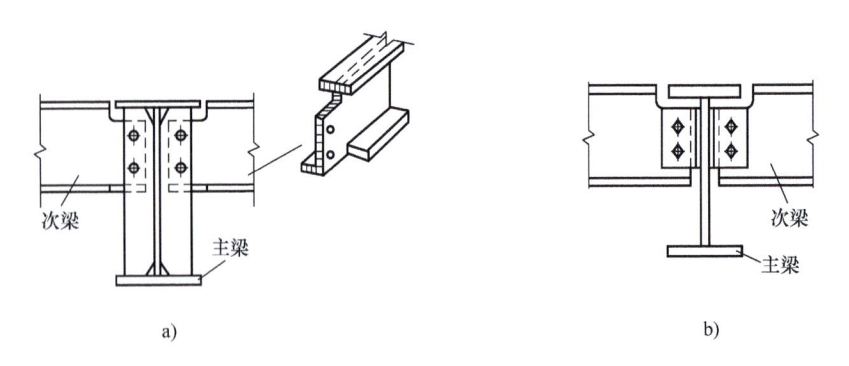

图 7-38 次梁与主梁平接

便，但仍有结构高度大和梁格刚度差的缺点。当次梁荷载较大或主梁上翼缘较宽时，可在主梁支承次梁处设置焊于主梁的中心垫板，以保证次梁支座反力以集中力的形式传给主梁。

次梁为连续梁而平接于主梁时，左右断开次梁间端弯矩的传递将使构造复杂，一般采用图 7-39b 所示的构造：次梁的支座反力传给焊于主梁侧面的承托；次梁的支座负弯矩则可分解为上翼缘拉力和下翼缘压力的力偶，$N = M/h_1$，因而在次梁上翼缘之上设置连接盖板传递拉力，在次梁下翼缘之下由承托的水平顶板传递压力。为了避免仰焊，连接盖板在焊接处的宽度应比次梁上翼缘稍窄，承托顶板的宽度则应比次梁下翼缘稍宽。连接盖板及其次梁的连接焊缝应按承受次梁上的翼缘的拉力 N 设计，连接盖板与主梁的连接焊缝按构造设置。承托顶板及其次梁的翼缘或主梁腹板的连接焊缝应按承受下翼缘的压力 N 设计。当次梁端弯矩较大时，可将左右承托顶板穿过主梁腹板的预切槽口做成直通合一，这时承托顶板与主梁腹板的连接焊缝按构造设置。

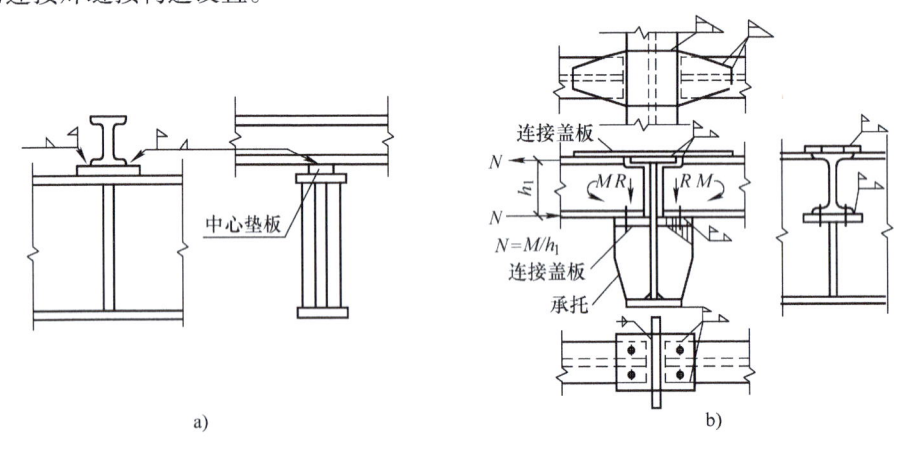

图 7-39 连续次梁与主梁连接
a）连续梁叠接于主梁 b）次梁和主梁刚接

7.3.3 拉弯构件和压弯构件

1. 拉弯构件和压弯构件受力特点

同时承受轴线拉力和弯矩作用的构件称为拉弯构件，如图 7-40a 所示的偏心受拉的构件、有端弯矩和有横向荷载作用的拉杆。例如，桁架下弦为轴心拉杆，但若存在非节点横向力，则为拉弯构件。在钢结构中拉弯构件的应用较少。

同时承受轴线压力和弯矩作用的构件称为压弯构件，如图 7-40b 所示的偏心受压的构件、有端弯矩和有横向荷载作用的压杆。在钢结构中压弯构件的应用十分广泛，如厂房的框架柱、高层建筑的框架柱、海洋平台的支柱和受有节间荷载的桁架上弦等。

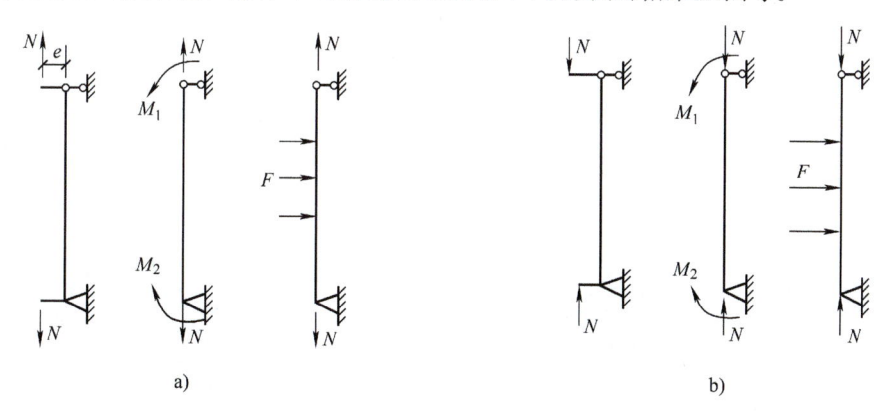

图 7-40　拉弯构件和压弯构件

2. 拉弯构件和压弯构件的截面形式

与轴心受力构件一样，拉弯和压弯构件也可按其截面形式分为实腹式构件和格构式构件两种，常用的截面形式有热轧型钢截面、冷弯薄壁型钢截面和组合截面，如图 7-41 所示。当受力较小时，可选用热轧型钢或冷弯薄壁型钢（图 7-41a、b）。当受力较大时，可选用钢板焊接组合截面或型钢与型钢、型钢与钢板的组合截面（图 7-41c）。除了实腹式截面（图 7-41a～c）外，当构件计算长度较大且受力较大时，为了提高截面的抗弯刚度，还常采用格构式截面（图 7-41d）。图 7-41 中对称截面一般适用于所受弯矩值不大或正负弯矩值相差不大的情况；非对称截面适用于所受弯矩值较大、弯矩不变号或正负弯矩值相差较大的情况，即在受力较大的一侧适当加大截面和在弯矩作用平面内加大截面高度。在格构式构件中，通常使弯矩绕虚轴作用，以便根据承受弯矩的需要，更灵活地调整分肢间距。

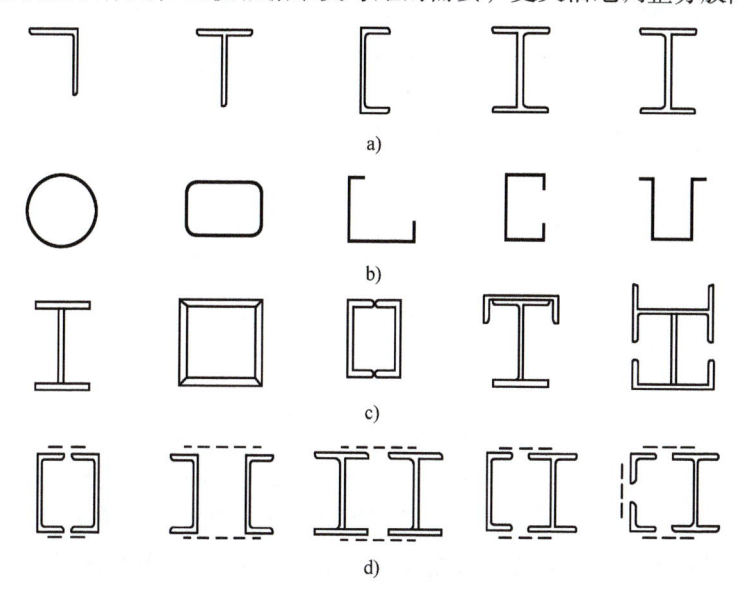

图 7-41　拉弯、压弯构件截面形式

任务4　分析钢屋盖

7.4.1　钢屋盖结构的组成

钢屋盖结构通常由屋面板、檩条、屋架、托架、天窗架和屋盖支撑系统等构件组成。根据屋面材料和屋面结构布置情况的不同，可分为无檩屋盖结构体系和有檩屋盖结构体系，如图7-42所示。

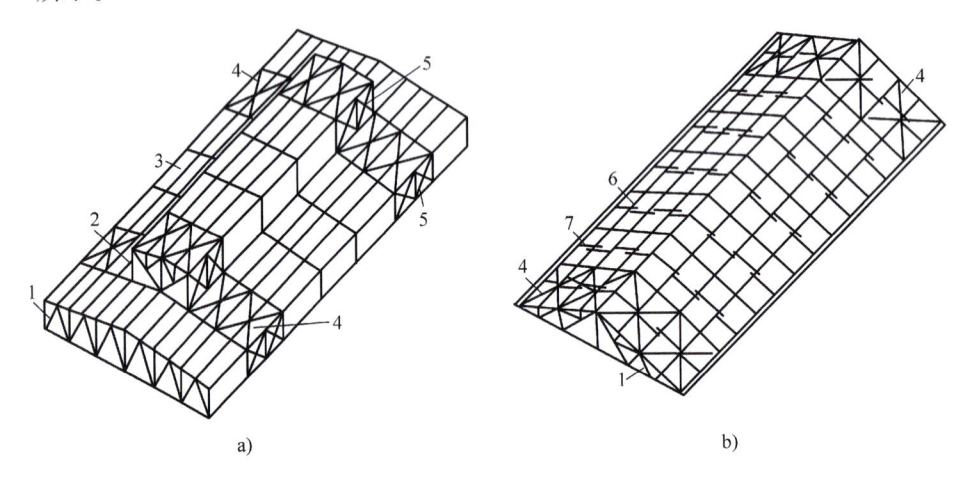

图7-42　屋盖结构体系
a) 无檩屋盖结构　b) 有檩屋盖结构
1—屋架　2—天窗架　3—大型屋面板　4—上弦横向水平支撑　5—竖向支撑　6—檩条　7—拉条

1. 无檩屋盖结构体系

无檩屋盖结构体系中屋面板通常采用预应力钢筋混凝土大型屋面板等重型屋面，将屋面板直接放在屋架或天窗架上。屋架的间距应与屋面板的长度配合一致，通常为6m，有条件时也可采用12m。当柱距大于所采用的屋面板跨度时，可采用托架或托梁来支承中间屋架。这种屋面板上一般采用卷材防水屋面，通常适用于较小屋面坡度，常用坡度为1:8~1:12，因此常采用梯形屋架作为主要承重构件。

无檩屋盖结构体系屋面荷载由大型屋面板直接传给屋架，构造简单，构件的种类和数量少，安装方便，施工速度快，且屋盖刚度大，整体性能好，耐久性也好；但屋面自重大，常要增大屋架杆件和下部结构的截面，对抗震也不利，且由于大型屋面板与屋架上弦杆的焊接质量常得不到保证，只能有限地考虑屋面板的空间作用，屋盖支撑不能取消。

2. 有檩屋盖结构体系

有檩屋盖结构体系常用于轻型屋面材料的情况，如压型钢板、压型铝合金板、石棉瓦、瓦楞铁皮等。对石棉瓦和瓦楞铁皮屋面，屋架间距通常为6m；当柱距大于或等于12m时，则用托架支承中间屋架。对于压型钢板和压型铝合金板屋面，屋架间距常大于或等于12m；一般适用于较陡的屋面坡度以便排水，常用坡度为1:2~1:3，因此常采用三角形屋架作为主要承重构件。当采用较好的防水措施用压型钢板做屋面时，屋面坡度也可做到1:12或更小，此时也可用 H 型钢梁作为主要承重构件。

有檩体系屋盖可供选用的屋面材料种类较多，屋架间距和屋面布置较灵活，自重轻，用料省，运输和安装较轻便；但屋面刚度较差，构件的种类和数量多，构造较复杂。

7.4.2 屋盖结构的支撑体系

屋架在其自身平面内为几何不变体系并具有较大刚度，能承受屋架平面内的各种荷载，但其在屋架平面外（垂直于屋架平面的侧向）的刚度和稳定性则较差，不能承受水平荷载。因此，要在各个平面屋架（桁架）之间设置各种支撑及纵向杆件（系杆），使之连成一个空间几何不变的整体结构，才可以承受荷载。这些支撑及系杆统称为屋盖支撑。

屋盖支撑系统可分为横向水平支撑、纵向水平支撑、竖向支撑及系杆，屋盖支撑布置图如图 7-43 所示。

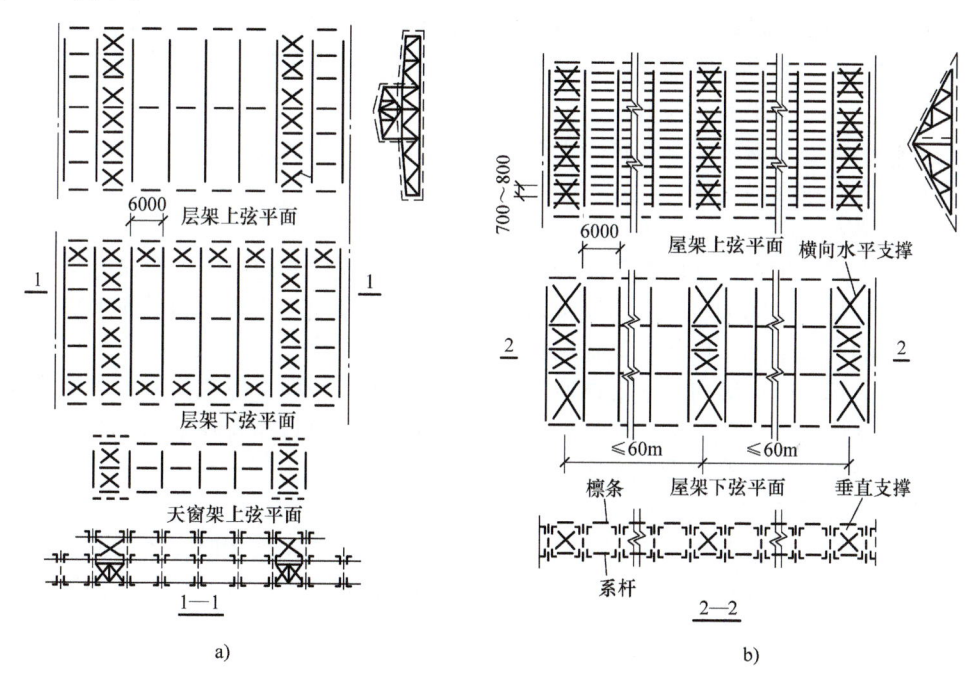

图 7-43 屋盖支撑布置图
a）无檩屋盖的支撑设置　b）有檩屋盖的支撑设置

1. 横向水平支撑

横向水平支撑布置在屋架上、下弦及天窗架上弦平面，是沿屋架方向布置的支撑。

（1）屋架上弦横向水平支撑

无论有檩体系或无檩体系，均应设置上弦横向水平支撑，它在屋架上弦平面沿跨度方向全长布置，形成一平行弦桁架。它的弦杆即屋架的上弦杆，腹杆由交叉的斜杆及竖杆组成。交叉的斜杆一般用单角钢或圆钢制成（按拉杆计算），竖杆常用双角钢的 T 形截面。当屋架有檩条时，檩条可兼作支撑竖杆。

上弦横向水平支撑一般设置在厂房每个温度区段两端的第一个柱间，当厂房端部不设屋架，利用山墙承重时，或设有纵向天窗，为统一支撑型号并与天窗上弦支撑相对应时，可将屋架的横向水平支撑布置在第二个柱间，但在第一个柱间要设置刚性系杆以支持端屋架和传递端墙风力。两道横向水平支撑间的距离不宜大于60m，当温度区段长度较大时，尚应在厂房中部增设横向水平支撑，以符合此要求。

对无檩体系屋盖，如能保证每块大型屋面板与屋架上弦焊牢三个角时，大型屋面板在上弦平面内形成刚度很大的平面板型结构体，此时可考虑大型屋面板起一定支撑作用。但由于施工条件的限制，很难保证焊接质量，一般仅考虑大型屋面板起系杆的作用。对有檩体系屋盖，通常也只考虑檩条起系杆作用。

(2) 下弦横向水平支撑

下弦横向水平支撑应在屋架下弦平面沿跨度方向全长布置，并应布置在与上弦横向水平支撑同一开间，以形成空间稳定体。它也是一个平行弦桁架，位于屋架下弦平面。其弦杆即屋架的下弦，腹杆也是由交叉的斜杆及竖杆组成，其形式和构造与上弦横向水平支撑相同。其纵向间距要求同上弦横向水平支撑。当屋架跨度较小（<18m）、无悬挂吊车、桥式吊车吨位不大和无太大振动设备等情况时，可不设置下弦横向水平支撑。

(3) 纵向天窗架上弦横向支撑

无论有檩或无檩屋盖体系，在每个天窗架区段的两端及中部与屋架上弦横向支撑相对应区间内均应设置上弦横向支撑。

2. 纵向水平支撑

纵向水平支撑应设在屋架两端节间处，沿房屋全长布置。它也组成一个具有交叉斜杆及竖杆的平行弦桁架，它的端竖杆就是屋架端节间的弦杆。纵向水平支撑与横向水平支撑共同构成一个封闭的支撑框架，以保证屋盖结构有足够的水平刚度。

屋架间距<12m时，纵向水平支撑通常设置在屋架下弦平面，但三角形屋架及端斜杆为下降式且主要支座设在上弦处的梯形屋架和人字形屋架，也可以布置在上弦平面内；屋架间距≥12m时，纵向水平支撑宜设置在屋架的上弦平面内。

纵向水平支撑数量多、耗钢量大，一般仅在房屋有较大起重量的桥式吊车、壁行吊车或锻锤等较大振动设备，以及房屋高度或跨度较大或空间刚度要求较大时，才设置纵向水平支撑。另外，在房屋设有托架处，为保证托架的侧向稳定，在托架范围及两端各延伸一个柱间应设置下弦纵向水平支撑。

3. 竖向支撑

(1) 屋架竖向支撑

屋架竖向支撑一般设置在有横向水平支撑的区间内以形成空间稳定体。它是一个跨长为屋架间距的平行弦桁架，其上、下弦杆分别为上、下弦横向水平支撑的竖杆，其端竖杆就是屋架的竖杆（或斜腹杆）。竖向支撑中央腹杆的形式由支撑桁架的高跨比决定，一般常采用W形或双节间交叉斜杆等形式。腹杆截面可采用单角钢或双角钢T形截面。

竖向支撑沿跨度方向的设置须结合屋架的形式和跨度决定。梯形屋架两端均应各设一道竖向支撑；当梯形屋架跨度$l ≤ 30m$、三角形屋架$l ≤ 24m$时，应在跨中设置一道竖向支撑；当梯形屋架跨度$l > 30m$、三角形屋架$l > 24m$时，则宜在跨中约1/3处或天窗架侧柱处设置两道竖向支撑（图7-44）；芬克式屋架，当无下弦横向平面支撑时，虽跨度不大，仍宜在跨中设置两道竖向支撑。

(2) 天窗架竖向支撑

天窗架竖向支撑应设在有上弦横向水平支撑天窗架区段，并沿天窗两侧立柱平面内设置

<12m, l≤30m	≥12m, l>30m	l≤24m	l>24m
a)	b)	c)	d)

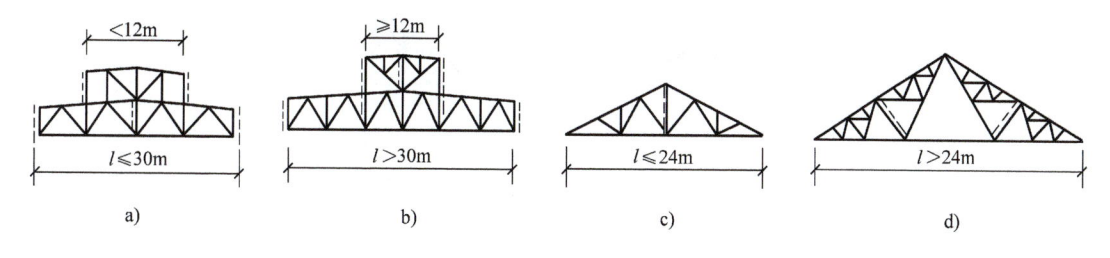

图 7-44 竖向支撑的布置

竖向支撑；当天窗跨度≥12m时，尚应在中央竖杆平面内增设一道竖向支撑。

4. 系杆

（1）屋架系杆

为了支持未连支撑的屋架和天窗架，保证它们的稳定以及传递水平力，应在横向支撑或竖向支撑节点处沿房屋通长设置系杆。

在屋架上弦平面内，对无檩屋盖，大型屋面板可起系杆作用，但为了保证屋盖在安装时的稳定，仍应在屋脊处和屋架端部处设置系杆；设有纵向天窗时，还应在天窗架侧柱下、屋架上弦节点处增设通长系杆。对有檩屋盖，檩条可兼作系杆，故可只在有纵向天窗下的屋脊处设置系杆。

在屋架下弦平面内，在屋架端部处、下弦杆有弯折处、与柱刚接的屋架下弦端节间受压但未设纵向水平支撑的节点处、跨度≥18m的芬克式屋架的主斜杆与下弦相交的节点处等部位皆应设置系杆。在屋架设有竖向支撑的平面内一般设置上、下弦系杆。

系杆中只能承受拉力的称为柔性系杆，设计时可按容许长细比$[\lambda]=400$（有重级工作制吊车的厂房为350）控制，常采用单角钢或张紧的圆钢拉条（此时不控制长细比）；既能受压也能受拉的称为刚性系杆，设计时可按$[\lambda]=200$控制，常用双角钢T形或十字形截面。一般在屋架下弦端部及上弦屋脊处需设置刚性系杆；当横向水平支撑设在两端第二柱间时，第一柱间的所有系杆均为刚性系杆；其他可设为柔性系杆。

（2）天窗架系杆

在纵向天窗架上弦屋脊节点处设通长刚性系杆，在天窗架上弦两侧端节点处设置通长水平柔性系杆。柔性系杆一般可用檩条或窗檩来替代，大型屋面板可作受拉系杆考虑。

7.4.3 钢屋架的形式及尺寸

1. 钢屋架的形式

常见的钢屋架形式按其外形可分为三角形、梯形、平行弦、人字形等。屋架的选型应综合考虑使用要求、受力、施工及经济效果等因素。

（1）三角形屋架

三角形屋架适用于屋面坡度较陡（$i=1:2\sim1:3$）的有檩体系屋盖（图7-45）。三角形屋架端部只能与柱铰接，故房屋整体横向刚度很低。其弯矩图与屋架外形相差较大，致使屋架弦杆受力不均，支座处内力很大，跨中较小，当弦杆采用同一规格截面时，其承载力不能得到充分利用。若将三角形屋架的两端高度改为500mm后（图7-46），屋架支座处上、下弦的内力大大减少，改善了屋架的工作情况。三角形屋架的上、下弦杆交角一般都较小，尤

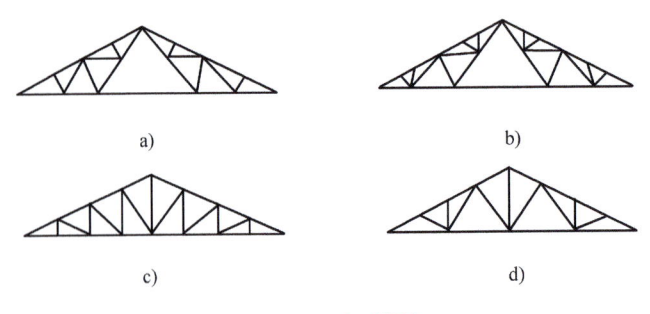

图 7-45 三角形屋架

其在屋面坡度不大时更小，使支座节点构造复杂。故三角形屋架一般只宜用于中、小跨度的轻屋面结构。

三角形屋架的腹杆布置常用芬克式（图7-45a、b）和人字式（图7-45d）。芬克式屋架腹杆较多，但压杆短，拉杆长，受力合理，且它可以分成两榀小屋架和一根直杆，便于运输。人字式屋架的腹杆较少，但受压腹杆较长，适用于跨度 $l \leq 18\mathrm{m}$ 的屋架。

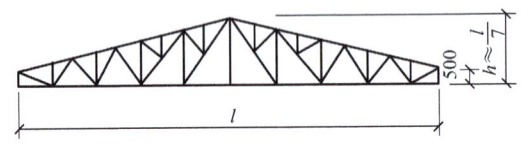

图 7-46 三角形屋架改变端部高度

从内力分配的角度看，三角形屋架的外形不太合理，但是从建筑物的整体布局和用途出发，当采用短尺压型钢板、波形石棉瓦和瓦楞铁等时，其排水坡度要求较陡，还是应采用三角形屋架。

（2）梯形屋架

梯形屋架适用于屋面坡度平缓的无檩屋盖体系和采用长尺压型钢板和夹芯保温板的有檩屋盖体系。其屋面坡度一般为 $i = 1:8 \sim 1:16$，跨度 $l \geq 18\mathrm{m}$。梯形屋架外形与均布荷载的弯矩图比较接近，因而弦杆内力比较均匀。在全钢结构厂房中，一般将梯形屋架与柱做成刚接，以提高房屋横向刚度。当屋架支承在钢筋混凝土柱或砖柱上时，只能做成铰接。

梯形屋架的腹杆体系可采用单斜式、人字式和再分式（图7-47）。人字式按支座斜杆与弦杆组成的支承点在下弦或上弦分成下承式和上承式两种。一般情况下，与柱刚接的屋架宜采用下承式，与柱铰接的则两者均可。

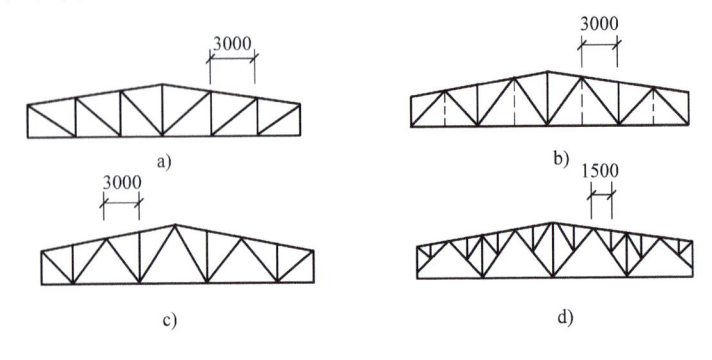

图 7-47 梯形屋架
a)、c) 上承式屋架 b)、d) 下承式屋架

（3）平行弦屋架和人字形屋架

平行弦屋架的上、下弦杆平行，与柱连接可做成刚接或铰接，多用于单坡屋盖（图7-48a）或用作托架，支撑桁架也属于平行弦桁架类。用两个平行弦屋架做成人字形屋架，可做成不同坡度（$i=1:10\sim1:20$）（图7-48b），以增加建筑净空，减少压顶感觉。另外，为改善屋架受力，屋架的上、下弦杆也可做成不同坡度或下弦中部做一水平段（图7-48c）。近年来由于长尺压型钢板大量采用，尤其是新式的角弛系列压型钢板的应用，屋面坡度可做到$1:20\sim1:30$，甚至$1:50$，因此平行弦屋架应用较多。

平行弦桁架用于支撑时其腹杆常采用交叉式（图7-48d），用作屋架时其腹杆则多采用人字式（图7-48a、b），且一般宜采用上承式，这种形式不但安装方便而且可使折线拱的推力与上弦杆的弹性压缩相互抵消，在很大程度上减小了对柱的不利影响。

人字形屋架有较好的空间观感，制作时可不再起拱，且腹杆长度一致，节点类型统一，符合标准化、工业化制造的要求，故多用于较大跨度。我国近年来在一些大跨度工业厂房中就采用了坡度$i=5:100\sim2:100$的人字形屋架，构造简单、制作方便。

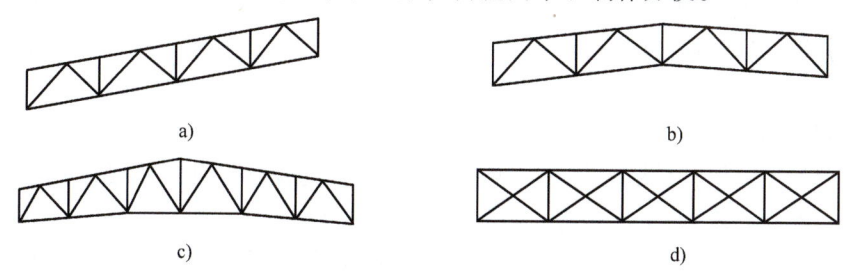

图7-48 平行弦屋架和人字形屋架

2. 钢屋架的主要尺寸

钢屋架的主要尺寸为跨度l、跨中高度h和起拱高度，对梯形屋架还有端部高度h_0。

（1）跨度

柱网横向轴线的间距即屋架的标志跨度l，屋架的计算跨度l_0是屋架两端支座反力的间距。当屋架简支于钢筋混凝土柱或砖柱上且柱网采用封闭结合时，考虑屋架支座处的构造尺寸（使支座外缘不致超出轴线），一般可取$l_0=l-(300\sim400)\text{mm}$；当屋架支承于钢筋混凝土柱上，而柱网采用非封闭结合时，计算跨度等于标志跨度，即$l_0=l$；当屋架与钢柱刚接时，其计算跨度取钢柱内侧面之间的间距（图7-49）。

（2）高度

屋架的高度取决于建筑高度、刚度要求和经济高度等条件，同时还须结合屋面坡度和满足运输界限的要求。屋架的最大高度不能超过运输界限，最小高度应满足屋架容许挠度（$[v]=1/500$）的需要，经济高度则应根据屋架杆件的总用钢量为最小的条件确定。

① 三角形屋架的高度，当屋面坡度为$1:3\sim1:2$时，不小于跨度的$1/6\sim1/4$。

② 梯形屋架的中部高度主要由经济高度决定，当上弦坡度为$1:8\sim1:12$时，跨中高度一般不小于屋架跨度的$1/15\sim1/10$，跨度大或荷载小时取小值，跨度小或荷载大时取大值；屋架端部高度随坡度而改变，当与柱铰接时为$1.6\sim2.2\text{m}$，刚接时为$2\sim2.5\text{m}$，端弯矩大时取大值，端弯矩小时取小值。

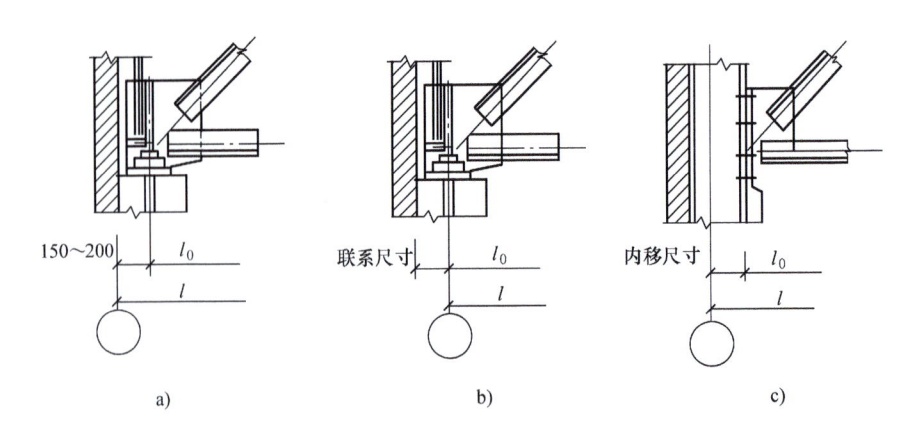

图 7-49 屋架的计算跨度

③ 平行弦屋架的截面高度为跨度的 1/18~1/12，通常为 2~2.5m。跨度大于 36m 时可稍大，但不宜超过 3m。当人字形屋架轴线坡度大于 1/7 且与柱刚接时，应将其视为折线横梁进行框架分析；当与柱铰接时，即使采用了上承式也应考虑竖向荷载作用下折线拱的推力对柱的不利影响，设计时要求在檩条及屋面板等安装完毕后再将屋架支座焊接固定。

（3）起拱高度

对跨度较大的屋架，在横向荷载作用下将产生较大的挠度，有损外观并可能影响屋架的正常使用。因此，对跨度 $l \geqslant 15\text{m}$ 的三角形屋架和跨度 $l \geqslant 24\text{m}$ 的梯形、平行弦屋架，当下弦无向上曲折时，宜采用起拱，即预先给屋架一个向上的反挠度，以抵消屋架受荷后产生的部分挠度。起拱高度一般为其跨度的 1/500 左右。

3. 钢屋架杆件

（1）杆件的截面形式

屋架杆件截面形式的确定，应考虑构造简单、施工方便、易于取材，并使其具有一定的侧向刚度等要求。对轴心受压构件，为了经济合理，宜使杆件两方向的长细比接近相等，以使其对两个主轴有相近的稳定性。屋架杆件截面形式可参考表 7-6 选用。

表 7-6 屋架杆件截面形式

杆件截面组合方式或型钢类型	截面形式	回转半径的比值（i_y/i_x）	用途
TW 型钢		1.8~2.1	l_{0y} 较大的上、下弦杆
TM 型钢		0.82~1.4	一般上、下弦杆或腹杆
TN 型钢		0.45~0.79	受局部弯矩作用的上、下弦杆

（续）

杆件截面组合方式或型钢类型	截面形式	回转半径的比值（i_y/i_x）	用途
两不等边角钢短肢相连		2.6~2.9	l_{0y}较大的上、下弦杆
两不等边角钢长肢相连		0.75~1.0	支座斜杆、支座竖杆，受局部弯矩作用的上、下弦杆
两等边角钢相连		1.35~1.5	其余腹杆、下弦杆
两等边角钢相连的十字形截面		≈1.0	与竖向支撑相连的屋架竖杆
单角钢			内力较小的杆件
热轧宽翼缘 H 型钢		≈1.0	荷载和跨度较大的桁架上、下弦杆
钢管		各方向相等	轻型钢屋架中的杆件

（2）填板的设置

为确保由两个角钢组成的 T 形或十字形截面杆件能组成一整体杆件共同受力，必须每隔一定距离在两个角钢间设置填板并用焊缝连接（十字形截面为一竖一横交错放置）（图 7-50），这样，杆件才可按实腹式杆件计算。受压构件的两个侧向支承点之间的填板数不得少于 2 个。

7.4.4 钢屋架的节点设计

屋架的杆件一般采用节点板相互连接，各杆件内力通过各自的杆端焊缝传至节点板，并汇交于节点中心而取得平衡。节点板内应力大小与所连构件内力大小有关，设计时一般不做厚度计算，但不得小于 6mm。节点其他尺寸的设计应做到传力明确、强度可靠、构造简单

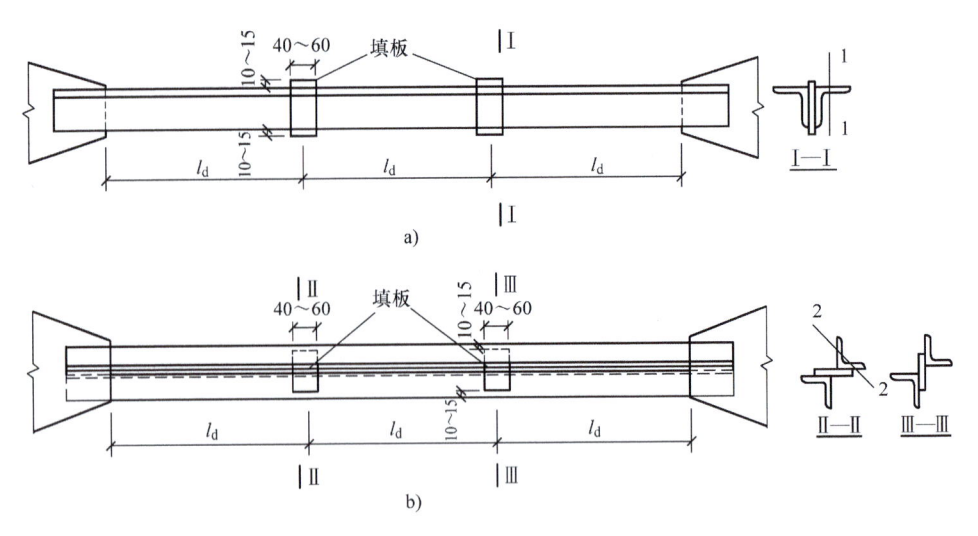

图 7-50 屋架杆件的填板

和制造、安装方便等。

1. 节点设计的一般原则

1）布置桁架杆件时，理论上应使杆件形心线和桁架几何轴线重合，以免杆件偏心受力。当弦杆截面沿跨度有改变时，为便于拼接和放置屋面构件，一般应使拼接处两侧弦杆角钢肢背齐平，此时应取两侧形心线的中心线作为弦杆的共同轴线。

钢屋架节点设计的一般原则

2）为便于制造，通常取角钢肢背或 T 型钢背至形心距离为 5mm 的整倍数。节点处各杆件的轴线如图 7-51 所示，图中 e_0 按 e_1 和 e_2 的平均数取 5mm 的倍数值，e_3、e_4 则按角钢形心距取 5mm 的倍数值。

3）腹杆与弦杆、腹杆与腹杆之间的间隙应保持最小间距 c（图 7-51）。在直接承受动力荷载的焊接屋架中，取 $c=50$mm；在不直接承受动力荷载的焊接屋架中，c 不应小于 20mm，且相邻角焊缝焊趾间净距不应小于 5mm，以避免因焊缝过分密集而使该处节点板过热而变脆。在非焊接屋架中，c 应取 5~10mm，以便于安装。

4）杆端的切割面一般与杆件轴线垂直（图 7-52a），也允许将角钢的一边切去一角（图 7-52b、c），但不允许作如图 7-52d 所示的端部切割方式，因其不能使用机械切割。

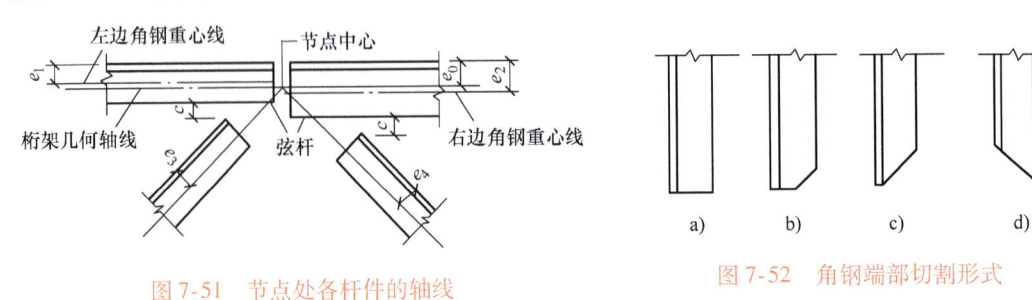

图 7-51 节点处各杆件的轴线

图 7-52 角钢端部切割形式

5）节点板的形状应简单规整，没有凹角，一般至少应有两边平行，如矩形、梯形、平行四边形和有一直角的四边形等（图 7-53），以减少加工时的钢材损耗和便于切割。节点板

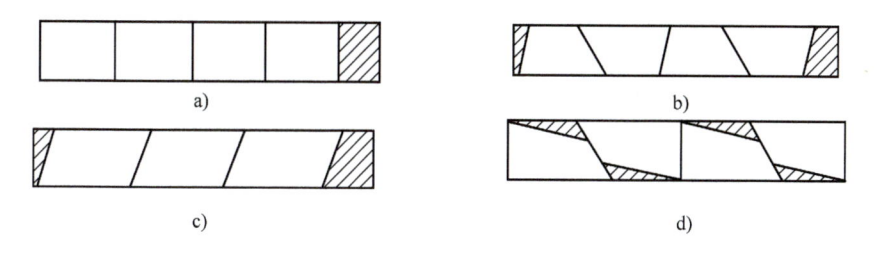

图 7-53　节点板的切割（阴影部分表示切割余料）
a）矩形　b）梯形　c）平行四边形　d）有一直角的四边形

的长和宽宜取 10mm 的倍数。节点板边缘线与杆件轴线的夹角不应小于 15°，使杆中内力在节点板中有良好的扩散，以改善节点板的受力情况。单斜杆与弦杆的连接应使之不出现连接的偏心弯矩（图 7-54）。

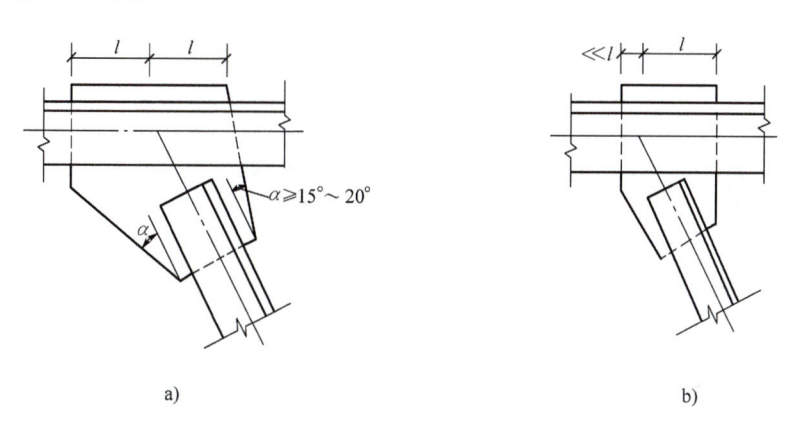

图 7-54　斜杆的节点板形状和位置
a）正确　b）不正确

2. 节点构造

（1）一般节点

一般节点是指无集中荷载和无弦杆拼接的节点，一般多位于屋架下弦（图 7-55）。各腹杆杆端与节点板连接的角焊缝的焊脚尺寸和长度，应按角钢连接的角焊缝计算，节点板的尺寸应能满足交于该节点板的所有腹杆的焊缝长度要求，同时还应伸出弦杆角钢肢背 10~15mm，以便焊接。弦杆与节点板的连接焊缝，应考虑承受弦杆相邻节间内力之差 $\Delta N = N_1 - N_2$ 进行计算。通常 ΔN 很小，实际所需的焊脚尺寸可由构造要求确定，并沿节点板全长满焊。

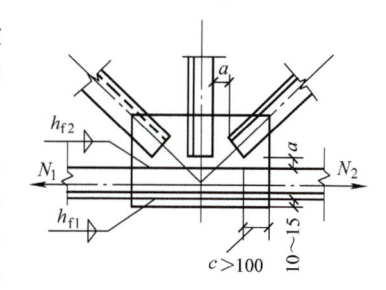

图 7-55　屋架下弦的中间节点

（2）有集中荷载的节点

与一般节点不同的是，弦杆与节点板间的焊缝除承受弦杆相邻节间内力之差 $\Delta N = N_1 - N_2$ 外，还需要承受由檩条或大型屋面板等传来的集中荷载 P 的作用（图 7-56a），通常 P 力不大，按构造沿全长满焊即可。为了便于放置大型屋面板或檩条连接角钢，节点板须缩入上

弦角钢背不小于 $t/2+2\text{mm}$，也不宜大于 t（t 为节点板厚度），并在此进行槽焊（图7-56b）。

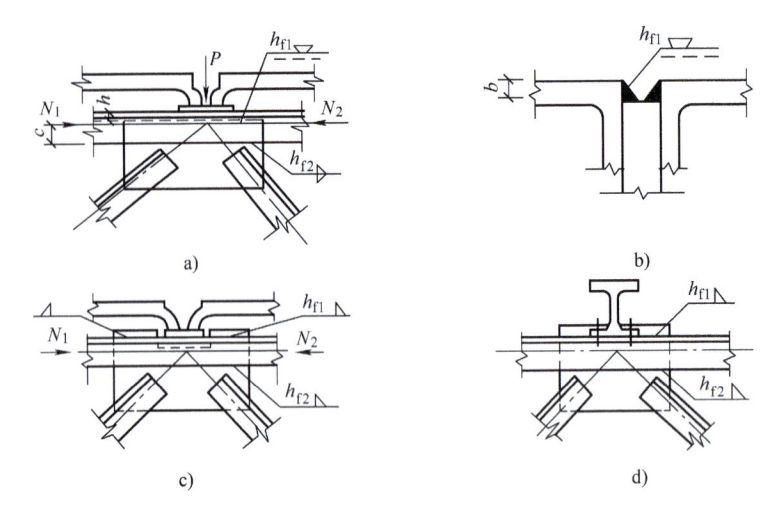

图7-56 屋架上弦节点

（3）弦杆的拼接节点

弦杆的拼接分工厂拼接和工地拼接两种。工厂拼接用于型钢长度不够或弦杆截面有改变时在制造厂进行的拼接，这种拼接的位置通常设在内力较小的节间内。工地拼接是指屋架分段制造和运输时的安装接头，下弦多设在跨中节点（图7-57a），上弦多设在屋脊节点（图7-57b、c），但芬克式屋架也可设在下弦中间杆的两端。

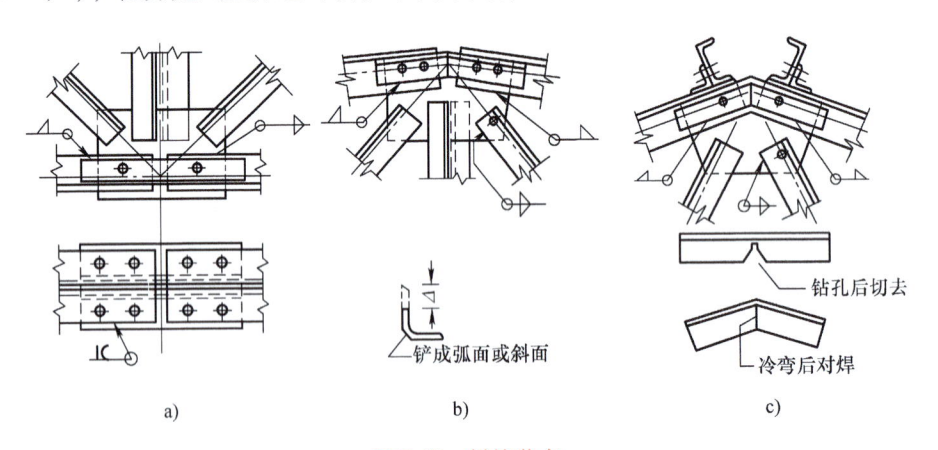

图7-57 拼接节点
a）下弦工地拼接节点 b）、c）上弦工地拼接节点

为保证整个屋架平面外的刚度和足够的强度，通常不用节点板作为拼接材料，而以拼接角钢传递弦杆内力，拼接角钢的截面应与弦杆截面相同。角钢肢背的棱角应割去，以便与弦杆角钢紧密相贴。为便于施焊，还应将拼接角钢的竖肢切去 $\Delta = t + h_f + 5\text{mm}$（$t$ 为角钢厚度，h_f 为拼接焊缝的焊脚尺寸，5mm为避开弦杆角钢肢尖圆角的切割量）。拼接角钢截面的削弱，一般不超过原截面的15%，可以由节点板（节点处拼接）或角钢之间的填板（节点范围外拼接）来补偿。

屋脊节点处的拼接角钢，一般采用热弯成型。当屋面坡度较大或拼接角钢肢较宽不易弯折时，可将角钢竖肢在根部钻孔并切口后再冷弯对焊。

为便于安装，工地拼接宜采用图 7-57 所示的连接方法。节点板和中间竖杆用工厂焊缝焊于左半榀屋架，拼接角钢则作为单独零件出厂，在工地将右半榀屋架拼装后再将其装配上，然后一起用安装焊缝连接。为了拼接节点能正确定位和施焊，需设置临时性安装螺栓。

（4）支座节点

屋架与柱的连接有铰接和刚接两种形式。支承于钢筋混凝土柱或砖柱上的屋架一般为铰接，而支承于钢柱上的屋架通常为刚接。如图 7-58 所示为梯形屋架和三角形屋架在钢筋混凝土柱顶或砌体上的支座节点。

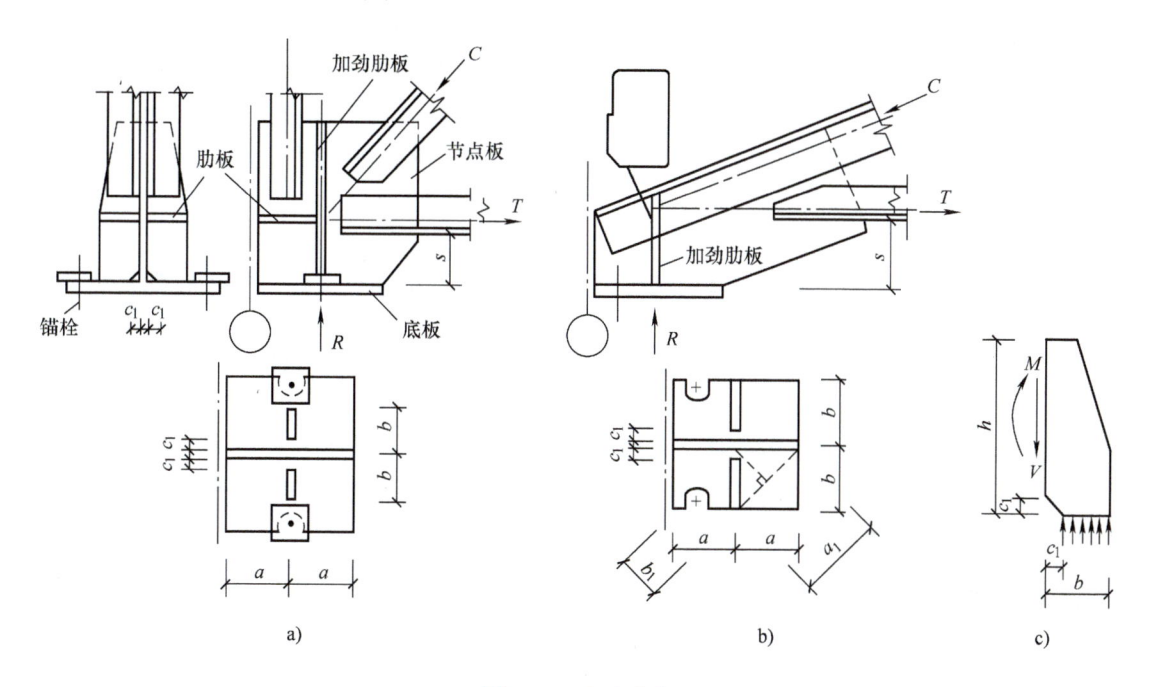

图 7-58　支座节点

a）梯形屋架支座节点　b）三角形屋架支座节点　c）加劲肋板

支座节点的传力路径是：屋架各杆件的内力通过杆端焊缝传给节点板，然后经节点板和加劲肋之间的垂直焊缝将一部分力传给加劲肋，再通过节点板、加劲肋与底板间的水平焊缝将全部支座压力传给底板，最终传给支座。

任务 5　识读钢结构房屋施工图

7.5.1　钢结构设计图

钢结构设计制图分为设计图和施工详图两个阶段。钢结构设计图应由具有相应设计资质级别的设计单位设计完成。钢结构施工详图由具有相应设计资质级别的钢结构加工制造企业或委托设计单位完成。本部分主要介绍钢结构设计图。

1. 钢结构设计图的深度

钢结构设计图是编制钢结构施工详图（也称钢结构加工制作详图）的单位进行深化设计的依据，所以钢结构设计图在内容和深度方面应满足编制钢结构施工详图的要求。必须将设计依据，荷载资料、建筑抗震设防类别和设防标准，工程概况，材料选用和材料质量要求，结构布置，支撑设置，构件选型，构件截面和内力，以及结构的主要构造和控制尺寸等表示清楚，以使有关主管部门审查，并使编制钢结构施工详图的人员能正确体会设计意图。

钢结构设计图

设计图的编制应充分利用图形表达设计者的要求，当图形不能完全表示清楚时，可用文字加以补充说明。设计图所表示的标高、方位应与建筑专业的图纸相一致。图纸的编制应考虑各结构系统间的相互配合和各工种的相互配合，编制顺序应便于阅读。

2. 钢结构设计图的内容

钢结构设计图内容一般包括：图纸目录；设计总说明；柱脚锚栓布置图；纵、横、立面图；结构布置图；节点详图；构件图；钢材及高强度螺栓估算表。

（1）设计总说明

1）设计依据：包括工程设计合同书有关设计文件，岩土工程报告，设计基础资料及有关设计规范、规程等。

2）设计荷载资料：各种荷载的取值；抗震设防烈度和抗震设防类别。

3）工程概况：简述工程概况，设计假定、特点和设计要求等。

4）材料的选用：对各部分构件选用的钢材应按主次分别提出钢材质量等级和牌号以及性能要求。相应钢材等级性能选用配套的焊条和焊丝的牌号及性能要求，选用高强度螺栓和普通螺栓的性能级别等。

5）制作安装：①制作的技术要求及允许偏差。②螺栓连接的精度和施拧要求。③焊缝质量要求和焊缝检验等级要求。④防腐和防火措施。⑤运输和安装要求。⑥需要做试验的特殊说明。

（2）柱脚锚栓布置图

按一定比例绘制柱网平面布置图，在该图上标注出各个钢柱柱脚锚栓的位置，即相对于纵横轴线的位置尺寸，并在基础剖面上标出锚栓空间位置标高，标明锚栓规格数量及埋设深度。

（3）纵、横、立面图

当房屋钢结构比较高大或平面布置比较复杂，柱网不太规则，或立面高低错落时，为表达清楚整个结构体系的全貌，宜绘制纵、横、立面图，主要表达结构的外形轮廓，相关尺寸和标高，纵横轴线编号及跨度尺寸和高度尺寸，剖面宜选择具有代表性的或需要特殊表示清楚的地方。

（4）结构布置图

结构布置图主要表达各个构件在平面中所处的位置并对各种构件选用的截面进行编号。

1）屋盖平面布置图：包括屋架布置图（或刚架布置图）、屋盖檩条布置图和屋盖支撑布置图。屋盖檩条布置图主要表明檩条间距和编号以及檩条之间设置的直拉条、斜拉条布置和编号。屋盖支撑布置图主要表示屋盖水平支撑、纵向刚性支撑、屋面梁的隅撑等的布置及编号。

2）柱子平面布置图：主要表示钢柱（或门式刚架）和山墙柱的布置及编号，其纵剖面表示柱间支撑及墙梁布置与编号，包括墙梁的直拉条和斜拉条布置与编号，柱隅撑布置与编号。横剖面重点表示山墙柱间支撑、墙梁及拉条的布置与编号。

3）吊车梁平面布置图：表示吊车梁、车挡及其支撑布置与编号。

4）高层钢结构的结构布置图：

① 高层钢结构的各层平面应分别绘制结构平面布置图，若有标准层则可合并绘制，对于平面布置较为复杂的楼层，必要时可增加剖面以便表示清楚各构件关系。

② 当高层结构采用钢与混凝土组合的混合结构或部分混合结构时，则可仅表示型钢部分及其连接，混凝土结构部分另行出图与其配合使用。

③ 除主要构件外，楼梯结构系统构件上开洞，局部加强，围护结构等可根据不同内容分别编制专门的布置图及相关节点图，与主要平、立面布置图配合使用。

④ 对于双向受力构件，至少应将柱子脚底的双向内力组合值及其方向写清楚，以便于基础详图设计。

⑤ 布置图应注明柱网的定位轴线编号、跨度和柱距，在剖面图中主要构件在有特殊连接或特殊变化处（如柱子上的牛腿或支托处，安装接头、柱梁接头或柱子变截面处）应标注标高。

⑥ 构件编号。首先必须按建筑结构制图标准规定的常用构件代号作为构件编号，在实际工程中，一个项目里可能会有同样名称而不同材料的构件，为便于区分，可在构件代号前加注材料代号，但要在图纸中加以说明。一些特殊构件代号中未作出规定，可参照规定的编制方法用汉语拼音字头编代号。在代号后面可用阿拉伯数字按构件主次顺序进行编号，一般只在构件的主要投影面上标注一次，不要重复编写，以防出错。

一个构件如截面和外形相同，长度虽不同，也可编为同一个号；如果组合梁截面相同而外形不同，则应分别编号。

⑦ 结构布置图中的构件，除钢与混凝土组合截面构件外，可用单线条绘制，并明确表示构件间连接点的位置。粗实线为有编号数字的构件，细实线为有关联但非主要表示的其他构件，虚线可用来表示垂直支撑和隅撑等。

⑧ 每张构件布置图均应列出构件表。

（5）节点详图

1）节点详图在设计阶段应表示清楚各构件间的相互连接关系及其构造特点，节点上应标明在整个结构物的相关位置，即应标出轴线编号、相关尺寸、主要控制标高、构件编号或截面规格、节点板厚度及加劲肋做法。构件与节点板采用焊接连接时，应标明焊脚尺寸及焊缝符号。构件采用螺栓连接时，应标明螺栓类型、直径及数量。设计阶段的节点详图具体构造做法必须交代清楚。

2）绘制的节点图，主要为相同构件的拼接处，不同构件的连接处，不同结构材料的连接处，需要特殊交代清楚的部位。

3）节点的圈法：应根据设计者要表达的设计意图来圈定范围，重要的部位或连接较多的部位可圈较大范围，以便看清楚其全貌，如屋脊与山墙连接部位、纵横墙及柱与山墙连接部位等。一般是在平面布置图或立面图上圈节点，重要的典型安装拼接节点应绘制节点详图。

（6）构件图

格构式构件包括平面桁架和立体桁架以及截面较为复杂的组合构件等，需要绘制构件图，门式刚架由于采用变截面，故也要绘制构件图以便通过构件图表达构件外形、几何尺寸及构件中杆件（或板件）的截面尺寸，以方便绘制施工详图。

平面或立体桁架构件图，一般杆件均可用单线绘制，但弦杆必须注明重心距，其几何尺寸应以重心线为准。

当桁架构件图为轴对称时，可分为左侧标注杆件截面大小，右侧标注杆件内力。当桁架构件图为不对称时，则杆件上方标注杆件截面大小，下方标注杆件内力。柱子构件图一般应按其外形整根竖放绘制，在支承吊车梁肢和支承屋架肢上用双线，腹杆用单实线绘制，并绘制各截面变化处的各个剖面，注明相应的规格尺寸，柱段控制标高和轴线编号的相关尺寸。柱子尽量全长绘制，反映柱子全貌，如果竖放绘制有困难，可以整根柱子平放绘制，柱顶放在左侧，柱脚放在右侧，尺寸和标高均应标注清楚。

门式刚架构件图可利用对称性绘制，主要标注其变截面柱和变截面斜梁的外形和几何尺寸，定位轴线和标高，以及柱截面与定位轴线的相关尺寸等。

高层钢结构中特殊构件宜绘制构件图。

7.5.2　钢屋架施工图

钢屋架施工图作为钢结构厂房设计图中的主要构件图，是指导钢结构制造和安装的技术文件，钢结构的制造和安装部门将依据它绘制施工详图，一般应按运输单元或安装单元绘制，但当屋架对称时，可仅绘制半榀屋架。钢屋架的主要内容和绘制要求如下：

1）钢屋架施工图一般应包括屋架正面图、上下弦杆的平面图，各重要部分的侧面图和剖面图，以及某些特殊零件图、材料表和说明等。

2）通常在图面左上角用合适比例（根据空隙大小）绘制屋架简图。图中一半注明杆件的几何长度（mm），另一半注明杆件的内力设计值（kN）。当梯形屋架 $l \geqslant 24m$、三角形屋架 $l \geqslant 15m$ 时，挠度值较大，为了不影响使用和外观，需要在制造时起拱。拱度 f 一般取屋架跨度的 1/500，并在屋架简图中注明，或在文字说明中注明。

3）施工图的主要图面应绘制屋架的正面图，上、下弦的平面图，必要的侧面图和剖面图，以及某些安装节点或特殊零件的大样图。屋架施工图通常采用两种比例尺绘制，杆件的轴线尺寸一般用 1:20～1:30，节点和杆件截面尺寸则用 1:10～1:15。重要的节点大样，比例尺还可加大，但以清楚地表达节点的细部尺寸为准。

4）施工图中应注明各零件的型号和尺寸，按主次、上下左右顺序逐一对零件详细编号，并附材料表。完全相同的零件用同一编号。如果两个零件的形状和尺寸完全一样，仅因开孔位置或因切角等原因有所不同，但系镜面对称时，亦采用同一编号，可在材料表中注明正或反字样，以示区别。有些屋架仅在少数部位的构造略有不同，如连支撑屋架和不连支撑屋架只在螺栓孔上有区别，可在图上螺栓孔处注明所属屋架的编号，这样数个屋架可绘在一张施工图上。材料表中需注明各零件的编号、截面、规格、长度、数量（正、反）和重量等，这样不但可归纳各零件以便备料和计算用钢量，同时也可供配备起重运输设备参考。

5）施工图中应注明各零件（型钢和钢板）的定位尺寸、孔洞位置以及对工厂制造和工地安装的要求。定位尺寸主要有：轴线至T型钢背或角钢肢背的距离，节点中心至各杆杆端和至节点板上、下和左、右边缘的距离等。螺栓孔位置要符合型钢上容许线距和螺栓排列的最大、最小容许距离的要求。对制造和安装的其他要求，包括零件切斜角、孔洞直径和焊缝尺寸等都应注明。拼接焊缝要注意标出安装焊缝符号，以适应运输单元的划分和拼装。

6）施工图的说明应包括所用钢材的钢号、焊条型号、焊接方法和质量要求，图中未注明的焊缝和螺孔尺寸，油漆、运输、制造和安装要求，以及一些不易用图表达的内容。

同步训练

一、填空题

1. 承受静力荷载时，当焊件的宽度不同或厚度相差 4mm 以上时，在对接焊缝的拼接处，应分别在焊缝的宽度方向或厚度方向做成坡度不大于（　　　　）的斜角。

2. 焊缝按施焊位置分（　　　）、（　　　）、（　　　）和（　　　），其中（　　　）的操作条件最差，焊缝质量不易保证，应尽量避免。

3. 普通螺栓按制造精度分（　　　）和（　　　）两类；按受力分析分（　　　）和（　　　）两类。

4. 螺栓连接中，规定螺栓最小容许距离的理由是（　　　）；规定螺栓最大容许距离的理由是（　　　）。

5. 普通螺栓连接受剪时，限制端距 $e \geq 2d_0$ 是为了避免钢板被（　　　）破坏。

6. 高强度螺栓根据螺栓受力性能分为（　　　）和（　　　）。

7. 设计梁时，应进行（　　　）、（　　　）、（　　　）和（　　　）的计算。

8. 单向受弯梁从（　　　）变形状态转变为（　　　）变形状态时的现象称为整体失稳。

9. 采用剪力螺栓连接时，为避免连接板冲剪破坏，构造上采取（　　　）措施，为避免栓杆受弯破坏，构造上采取（　　　）措施。

10. 梁腹板中，设置横向加劲肋对防止（　　　）引起的局部失稳有效，设置纵向加劲肋对防止（　　　）引起的局部失稳有效。

11. 直角角焊缝可分为垂直于构件受力方向的（　　　）和平行于构件受力方向的（　　　），前者较后者的强度（　　　）、塑性（　　　）。

二、选择题

1. 角焊缝的最小焊脚尺寸 $h_f = 1.5\sqrt{t}$，式中 t 表示（　　　）。
   A. 较薄板厚度　　　　　　　B. 较厚板厚度
   C. 任意板厚　　　　　　　　D. 较薄与较厚板厚度的平均值

2. 摩擦型高强度螺栓抗剪能力是依靠（　　　）。
   A. 栓杆的预拉力　　　　　　B. 栓杆的抗剪能力
   C. 被连接板件间的摩擦　　　D. 栓杆被连接板件间的挤压力

3. 排列螺栓时，若螺栓孔直径为 d_0，螺栓的最小端距应为（　　　）。
   A. $1.5d_0$　　B. $2d_0$　　C. $3d_0$　　D. $8d_0$

4. 摩擦型高强度螺栓连接与承压型高强度螺栓连接的主要区别是（　　　）。
   A. 摩擦面处理不同　　　　　B. 材料不同
   C. 预拉力不同　　　　　　　D. 设计计算不同

5. 承压型高强度螺栓可用于（　　　）。

A. 直接承受动力荷载
B. 承受反复荷载作用的结构的连接
C. 冷弯薄壁型钢结构的连接
D. 承受静力荷载或间接承受动力荷载结构的连接

6. 普通螺栓和承压型高强螺栓受剪连接的五种可能破坏形式是：Ⅰ螺栓剪断；Ⅱ孔壁承压破坏；Ⅲ板件端部剪坏；Ⅳ板件拉断；Ⅴ螺栓弯曲变形。其中（　　）种形式是通过计算来保证的。

A. Ⅰ，Ⅱ，Ⅲ　　　B. Ⅰ，Ⅱ，Ⅳ　　　C. Ⅰ，Ⅱ，Ⅴ　　　D. Ⅱ，Ⅲ，Ⅳ

7. 剪力螺栓在破坏时，若栓杆细而连接板较厚，则易发生（　　）破坏；若栓杆粗而连接板较薄，则易发生（　　）破坏。

A. 栓杆受弯破坏　　B. 构件挤压破坏　　C. 构件受拉破坏　　D. 构件冲剪破坏

8. 梁整体失稳的方式是（　　）。

A. 弯曲失稳　　　B. 扭转失稳　　　C. 剪切失稳　　　D. 弯扭失稳

9. 焊接组合梁腹板中，布置横向加劲肋是为防止（　　）引起的局部失稳；布置纵向加劲肋是为防止（　　）引起的局部失稳。

A. 剪应力　　　B. 弯曲应力　　　C. 复合应力　　　D. 局部压应力

10. 焊接工字形截面梁腹板上配置横向加劲肋的目的是（　　）。

A. 提高梁的抗剪强度　　　　　　B. 提高梁的抗弯强度
C. 提高梁的整体稳定　　　　　　D. 提高梁的局部稳定

11. 下列梁不必验算整体稳定的是（　　）。

A. 焊接工字形截面　　　　　　　B. 箱形截面梁
C. 型钢梁　　　　　　　　　　　D. 有刚性铺板的梁

12. 梯形屋架下弦杆常用截面形式是（　　）。

A. 两个不等边角钢短边相连，短边尖向下　　B. 两个不等边角钢短边相连，短边尖向上
C. 两个不等边角钢长边相连，长边尖向下　　D. 两个等边角钢相连

13. 钢屋架节点板厚度一般根据所连接的杆件内力的大小确定，但不得小于（　　）mm。

A. 2　　　　　B. 3　　　　　C. 4　　　　　D. 6

14. 两端简支且跨度（　　）的三角形屋架，当下弦无曲折时宜起拱，起拱高度一般为跨度的1/500。

A. ≥15m　　　B. ≥24m　　　C. >15m　　　D. >24m

15. 梯形屋架端斜杆最合理的截面形式是（　　）。

A. 两不等边角钢长边相连的T形截面　　B. 两不等边角钢短边相连的T形截面
C. 两等边角钢相连的T形截面　　　　　D. 两等边角钢相连的十字形截面

三、简答题

1. 钢结构的连接方式有哪几种？各有何特点？
2. 钢梁的工厂拼接与工地拼接各有什么要求？
3. 轴心受压构件整体失稳的形式是怎样的？
4. 高强螺栓连接有几种类型？其性能等级分哪几级？其符号的含义是什么？
5. 螺栓在构件上的排列有几种形式？应满足什么要求？最小的栓距和端距分别是多少？

6. 角焊缝的最大焊脚尺寸、最小焊脚尺寸、最大计算长度及最小计算长度有哪些规定？

7. 普通螺栓和摩擦型高强度螺栓在承受轴心剪力时的主要区别是什么？

8. 普通螺栓受剪时，有哪几种破坏形式？设计上是如何考虑的？

四、识图训练题

1. 目的与意义

通过对简单钢结构施工图的识读，对钢屋架施工图有一个整体的概念，为进一步识读钢结构图奠定基础。

2. 内容与要求

1）附录 A 所示为某工业厂房屋架施工图，结合有关规范、标准图集、制图规则和构造详图等，从施工说明、材料表、加工和安装要求、构件类型、连接方法、节点构造等方面进行识图训练，熟悉钢结构施工图的内容、标注方法，以及杆件尺寸、节点尺寸、零部件尺寸、加工尺寸、定位尺寸等。

2）抄绘屋架施工图。

【职业素养园地】

2008 年北京奥运会主场馆"鸟巢"

"鸟巢"，被誉为"第四代体育馆"的伟大建筑作品，在开放中实现公开、公正、公平的原则。整个体育场结构的组件相互支撑，形成网格状的构架，外观看上去仿若由树枝织成的"鸟巢"，其灰色矿质般的钢网以透明的膜材料覆盖，其中包含着一个碗状的体育场看台。在这里，中国传统文化中镂空的手法、陶瓷的纹路、红色的灿烂与热烈，与现代最先进的钢结构设计完美地相融在一起。

整个建筑通过巨型网状结构联系起来，内部没有一根立柱，看台是一个完整的没有任何遮挡的碗状造型，如同一个巨大的容器，赋予了体育场无与伦比的震撼力。

启迪人生

（1）当今，我国建筑业在规模上已经达到了世界第一的位置，在国家倡导传统产业与新兴产业相融合的政策下，建筑相关产业受到了互联网和数字化的青睐，科技创新也在建筑行业里被提到了更高的位置。

（2）科学技术是第一生产力，处在新时代的中国青年要在中国式现代化的道路上奋勇争先、砥砺前行、主动探究，通过不断的科技创新为建筑业转型升级贡献力量。

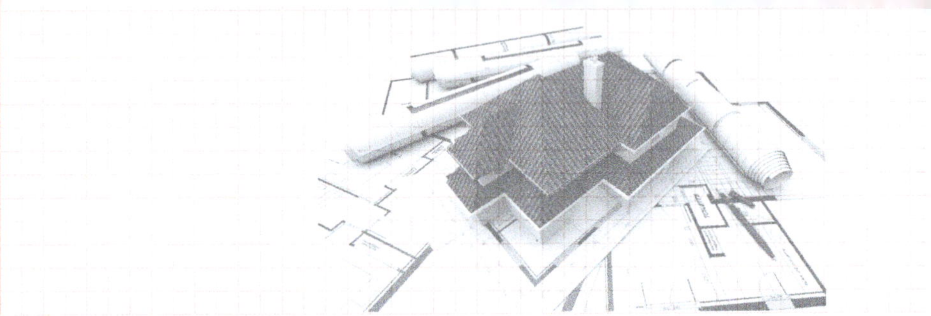

模块8

建筑基础基本知识

学习目标

✲ 知识目标

1. 掌握建筑基础的类型及其构造要求。
2. 了解浅基础的设计要点。
3. 熟悉建筑基础施工图的相关内容。

✲ 能力目标

1. 懂得建筑基础的类型及其构造要求。
2. 能应用所学建筑基础知识识读基础结构施工图。

工作任务

1. 熟悉建筑基础的类型。
2. 熟悉建筑基础的构造要求。
3. 了解浅基础的设计要点。
4. 识读建筑基础结构施工图。

学习指南

建筑基础是整个建筑物的重要组成部分。在设计过程中不仅需要考虑建筑物的上部结构条件，如上部结构的形式、规模、用途、荷载大小和性质、结构的整体刚度等，还需要充分考虑建筑场地条件和地基岩土性状，结合施工方法以及工期、造价等各方面因素，确定合理的地基基础方案。

建筑物的基础根据埋置深度不同通常划分为浅基础和深基础。埋置深度不小于5m的基础称为深基础；埋置深度不大于5m，可用一般施工方法或经过简单的地基处理就可以施工的基础称为浅基础。由于天然地基上的浅基础具有技术简单、工程量小、施工方便、造价较低的优点，因此在保证建筑物的安全和正常使用的前提下，应优先选用天然地基上的浅基础。

本模块基于识读房屋基础结构施工图的工作过程，分为三个学习任务，目的是让学生在学习基础的类型及其构造要求、浅基础设计要点的基础上，进一步提高识读基础结构施工图的能力，每个学生应沿着如下流程进行学习：熟悉建筑基础的类型→熟悉建筑基础的构造要求→了解浅基础设计要点→识读建筑基础结构施工图。

教学方法建议

采用“教、学、做”一体化，利用实物、模型、相关多媒体资源和教师的讲解，结合某房屋的基础施工图纸，让学生带着任务进行学习，在了解基础结构类型、设计要点、构造要求的基础上，进一步提高识读基础结构施工图的能力。

任务 1　认知建筑地基基础

根据《建筑地基基础设计规范》（GB 50007—2011），浅基础的形式有无筋扩展基础、扩展基础、柱下钢筋混凝土条形基础、筏形基础、箱形基础、壳体基础、岩石锚杆基础等；深基础的形式有桩基础、沉井基础、地下连续墙等。

基础类型

8.1.1　浅基础

1. 无筋扩展基础

无筋扩展基础通常称为刚性基础，是指由砖、毛石、混凝土或毛石混凝土、灰土和三合土等材料组成的墙下条形基础或柱下独立基础。由于基础所用材料均为脆性材料，抗压能力强而抗拉、剪、弯能力差，多用于 6 层或 6 层以下（三合土基础不宜超过 4 层）的民用建筑和轻型厂房。

无筋扩展基础（图 8-1）的高度应满足下式要求：

$$H_0 \geqslant \frac{b - b_0}{2\tan\alpha} \tag{8-1}$$

式中　b——基础底面宽度（m）；
　　　b_0——基础顶面的墙体宽度或柱脚宽度（m）；
　　　H_0——基础高度（m）；
　　　$\tan\alpha$——基础台阶高宽比 $b_2:H_0$，其允许值可按表 8-1 选用；
　　　b_2——基础台阶宽度（m）。

表 8-1　无筋扩展基础台阶高宽比的允许值

基础材料	质量要求	台阶高宽比的允许值		
		$p_k \leqslant 100$	$100 < p_k \leqslant 200$	$200 < p_k \leqslant 300$
混凝土基础	C15 混凝土	1:1.00	1:1.00	1:1.25
毛石混凝土基础	C15 混凝土	1:1.00	1:1.25	1:1.50
砖基础	砖不低于 MU10，砂浆不低于 M5	1:1.50	1:1.50	1:1.50
毛石基础	砂浆不低于 M5	1:1.25	1:1.50	—
灰土基础	体积比为 3:7 或 2:8 的灰土，其最小干密度： 粉土 1550kg/m³ 粉质黏土 1500kg/m³ 黏土 1450kg/m³	1:1.25	1:1.50	—
三合土基础	体积比 1:2:4～1:3:6 （石灰:砂:骨料），每层约虚铺 220mm，夯至 150mm	1:1.50	1:2.00	—

注：1. p_k 为荷载效应标准组合时的基础底面处的平均压力值（kPa）。
　　2. 阶梯形毛石基础的每阶伸出宽度，不宜大于 200mm。
　　3. 当基础由不同材料叠合组成时，应对接触部分作抗压验算。
　　4. 混凝土基础单侧扩展范围内基础底面处的平均压力值超过 300kPa 时，尚应进行抗剪验算；对基底反力集中于立柱附近的岩石地基，应进行局部受压承载力验算。

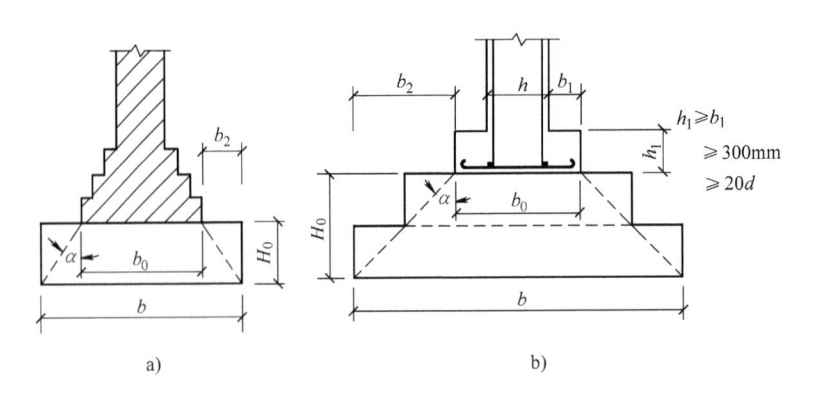

图8-1 无筋扩展基础构造示意

2. 扩展基础

（1）扩展基础类型

扩展基础又称柔性基础，是指柱下钢筋混凝土独立基础和墙下钢筋混凝土条形基础。这种基础需配置足够的钢筋来承受拉力或弯矩，具有较大的抗弯、抗剪能力，不受刚性角的限制，可以满足宽基浅埋的要求。扩展基础适用于上部结构荷载较大、土质软弱的情况，目前在我国地基基础的设计中得到广泛的应用。

1）柱下独立基础。柱下独立基础主要用于框架、排架结构柱的基础。根据基础外形的不同，独立基础的截面可以做成阶梯形或锥形；在排架结构预制柱下的独立基础一般做成杯形，在施工现场安装预制柱，通常为单层工业厂房牛腿柱下基础，如图8-2所示。

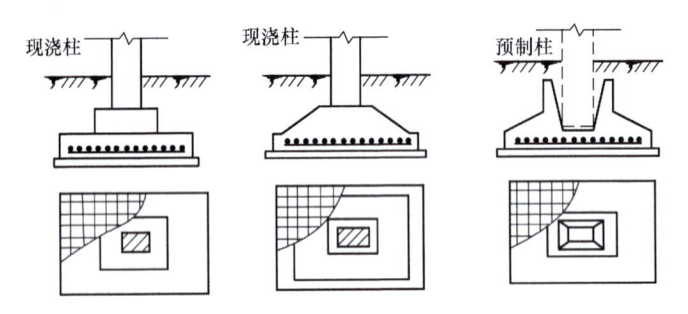

图8-2 柱下独立基础

2）墙下条形基础。墙下条形基础是承重墙基础的主要形式，可分为板式和梁板式两种，如图8-3所示。当地基土分布不均匀时，常用有肋式条形基础调整地基土的不均匀沉降，增强基础的整体性。

（2）构造要求

扩展基础的构造，应符合下列规定：

1）锥形基础的边缘高度不宜小于200mm，且两个方向的坡度不宜大于1:3；阶梯形基础的每阶高度，宜为300~500mm。

2）垫层的厚度不宜小于70mm，垫层混凝土强度等级不宜低于C10。

3）扩展基础受力钢筋最小配筋率不应小于0.15%，底板受力钢筋的最小直径不宜小于10mm，间距不宜大于200mm，也不宜小于100mm。墙下钢筋混凝土条形基础纵向分布钢筋

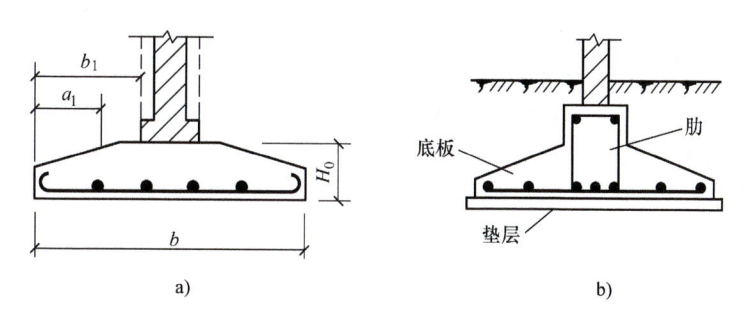

图 8-3 墙下钢筋混凝土条形基础

的直径不宜小于 8mm，间距不宜大于 300mm，每延米分布钢筋的面积不小于受力钢筋面积的 15%。当有垫层时钢筋保护层的厚度不应小于 40mm，无垫层时不应小于 70mm。

4）混凝土强度等级不应低于 C20。

5）当柱下钢筋混凝土独立基础的边长和墙下钢筋混凝土条形基础的宽度大于或等于 2.5m 时，底板受力钢筋的长度可取边长或宽度的 0.9 倍，并宜交错布置，如图 8-4 所示。

6）钢筋混凝土条形基础底板在 T 形及十字形交界处，底板横向受力钢筋仅沿一个主要受力方向通长布置，另一方向的横向受力钢筋可布置到主要受力方向底板宽度 1/4 处。在拐角处底板横向受力钢筋应沿两个方向布置，如图 8-5 所示。

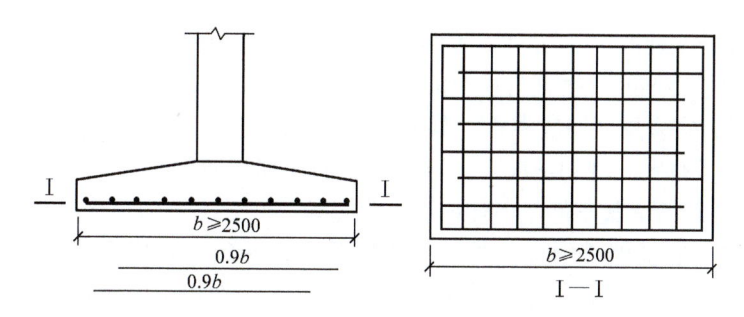

图 8-4 柱下独立基础底板受力钢筋布置

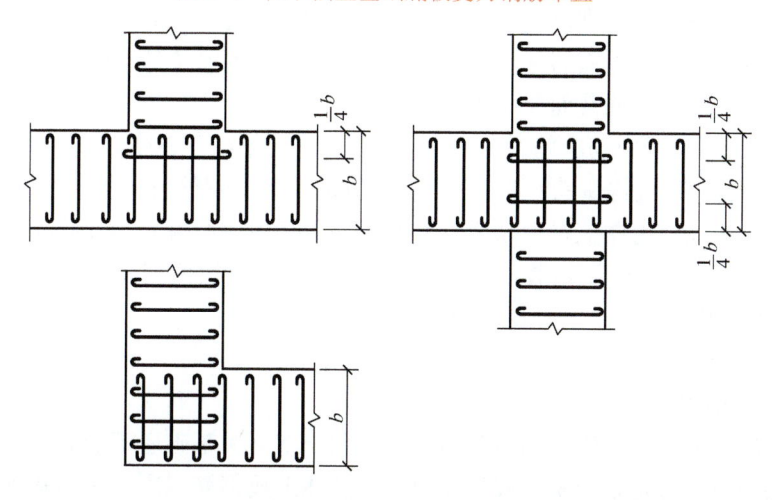

图 8-5 墙下条形基础纵横交叉处底板受力钢筋布置

3. 柱下钢筋混凝土条形基础

（1）柱下钢筋混凝土条形基础类型

在框架、排架结构中，当地基比较软弱且荷载较大时，为加强基础之间的整体性，减少不均匀沉降，可以单向在柱子下做一条钢筋混凝土梁，将各柱子联合起来，成为柱下条形基础，如图8-6所示。当荷载很大，地基软弱，且在两个方向荷载和土质都不均匀，在柱网下纵横两个方向均设有柱下条形基础时，便成为十字交叉基础。这种基础在纵横两个方向均有一定的刚度，具有良好的调节不均匀沉降的能力。

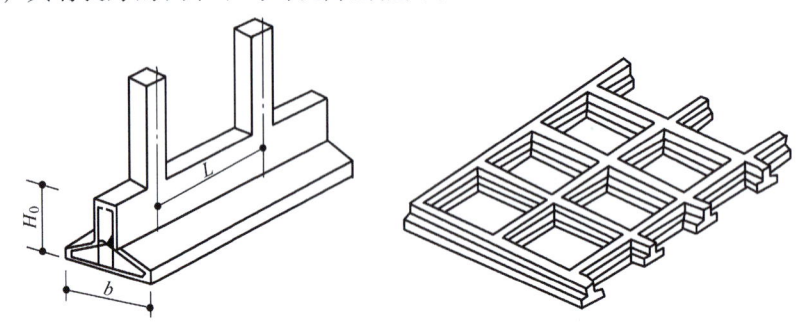

图8-6 柱下钢筋混凝土条形基础

（2）构造要求

柱下条形基础构造除满足扩展基础的构造要求外，尚应符合下列规定：

1）柱下条形基础梁的高度宜为柱距的1/8～1/4。翼板厚度不应小于200mm，当翼板厚度大于250mm时，宜采用变厚度翼板，其坡度宜小于或等于1:3。

2）在基础平面布置允许的情况下，条形基础的端部宜向外伸出一定长度，以增大底面面积，改善端部基础的承载条件，但伸出也不宜过长，其长度宜为第一跨距的0.25倍。

3）现浇柱与条形基础梁的交接处，一般情况下，基础梁宽度宜每边宽出柱子50mm，当与基础梁轴线垂直的柱边长大于或等于600mm时，可仅在柱位处将基础梁局部加宽。

4）基础梁受力复杂，既受纵向整体弯曲作用，柱间还有局部弯曲作用，二者叠加后，支座及跨中弯曲方向实际上难以按计算结构可靠确定，故通常梁的上、下均要配筋。条形基础梁顶部和底部的纵向受力钢筋除满足计算要求外，顶部钢筋按计算配筋且全部贯通，底部通长钢筋应不少于底部钢筋截面总面积的1/3。

5）梁上、下纵向受力筋配筋率各不少于0.2%。当梁高于700mm时，应在梁两侧沿高度每隔300～400mm加设构造筋，直径不小于10mm。梁中箍筋直径不应小于8mm，弯起筋与箍筋肢数按弯矩及剪力图配置。当梁宽$b<350mm$时用双肢箍，当$350mm \leqslant b \leqslant 800mm$时用四肢箍，当$b>800mm$时用六肢箍，箍筋间距的限制与普通梁相同。

6）柱下条形基础的混凝土强度等级不应小于C20。

4. 筏形基础

（1）筏形基础类型

当地基软弱而上部结构传来的荷载很大，采用十字交叉基础还不能满足承载力要求或相邻基础距离很小时，可将整个基础底板连成一个整体形成钢筋混凝土筏形基础，即用钢筋混凝土做成连续整片基础。筏形基础由于基底面积大，故可减少基底压力，同时增大了基础的整体刚度,犹如倒置的钢筋混凝土楼盖,可做成平板式和梁板式两类,如图8-7所示。

(2)构造要求

1)筏板平面尺寸。筏板的平面尺寸应根据地基承载力、上部结构的布置以及荷载分布等因素确定。需要扩大筏基底板面积时,扩大位置宜优先考虑在建筑物的宽度方向。对基础梁外伸的梁板式筏基,筏基底板挑出的长度,从基础梁外皮起算横向不宜大于1200mm,纵向不宜大于800mm;对平板式筏基其挑出长度从柱外皮起算横向不宜大于1000mm,纵向不宜大于600mm。

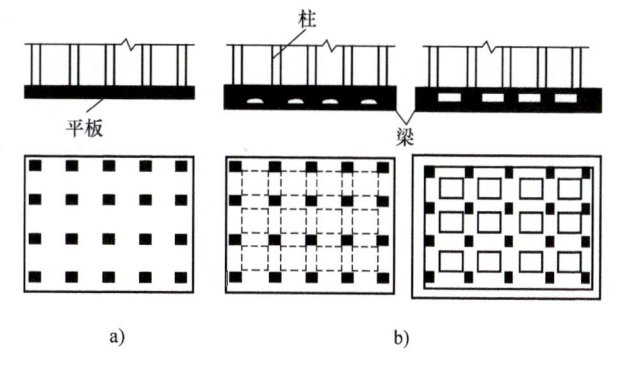

图8-7 筏形基础
a)平板式 b)梁板式

2)平板式筏基的板厚。按受冲切承载力验算确定,可按楼层层数×每层50mm初定,但不应小于400mm。梁板式筏基底板的厚度按受冲切和受剪力承载力验算确定,且不应小于300mm,其厚度尚不宜小于计算区域内最小板跨的1/12,而肋的高度宜大于或等于柱距的1/6。对12层以上建筑的梁板式筏基,其板底厚度与最大双向板格的短边净跨之比不应小于1/14,且板厚不应小于400mm。

3)筏板混凝土。筏板混凝土强度等级不应低于C30。当有地下室时应采用防水混凝土,防水混凝土抗渗等级应根据地下水的最大水头与防渗混凝土厚度的比值,按现行《地下工程防水技术规范》选用,但不应小于0.6MPa。必要时宜设架空排水层。

4)筏板基础的地下室。地下室钢筋混凝土外墙厚度不应小于250mm,内墙厚度不应小于200mm。墙的截面设计除了满足承载力要求外,尚应考虑变形、抗裂及防渗等要求。墙体内应设置双面钢筋,竖向和水平钢筋的直径不应小于12mm,间距不应大于300mm。

5)筏板钢筋。筏板配筋率一般在0.5%~1.0%为宜。当板厚度小于300mm时,单层配筋;板厚度等于或大于300mm时,双层配筋。受力钢筋的最小直径不宜小于8mm,间距为100~200mm,当有垫层时,钢筋保护层的厚度不宜小于35mm。筏板的分布钢筋,直径取8mm、10mm,间距为200~300mm。筏板配筋不宜粗而疏,以有利于发挥薄板的抗弯和抗裂能力。

筏板配筋除符合计算要求外,纵横方向支座处尚应有0.10%~0.15%的配筋率的钢筋连通;跨中则按实际配筋率全部贯通。筏板悬臂部分下的土体如可能与筏板底脱离时,应在悬臂上部设置受力钢筋。当双箱悬臂挑出但梁不外伸时,宜在板底布置放射状附加钢筋。

6)高层建筑筏形基础与裙房基础之间的构造应符合下列要求。

① 当高层建筑与相连的裙房之间设置沉降缝时,高层建筑的基础埋深应大于裙房基础的埋深至少2m,当不满足要求时必须采取有效措施。沉降缝地面以下处应采用粗砂填实。

② 当高层建筑与相连的裙房之间不设置沉降缝时,宜在裙房一侧设置后浇带,后浇带的位置宜设在距主楼边柱的第二跨内。后浇带混凝土宜根据实测沉降值并计算后期沉降差能满足设计要求后方可进行浇筑。

③ 当高层建筑与相连的裙房之间不允许设置沉降缝和后浇带时,应进行地基变形计算,

验算时需考虑地基与结构变形的相互影响并采取相应的有效措施。

7）筏形基础地下室施工完毕后，应进行基坑回填工作。回填基坑时，应先清除基坑中的杂物，并应在相对的两侧或四周同时回填并分层夯实。

5. 箱形基础

箱形基础是由钢筋混凝土顶板、底板和纵横交叉的隔墙组成的整体空间结构，多用于高层结构，内部空间常用作地下室，如图 8-8 所示。箱形基础整体抗弯刚度很大，使上部结构不宜开裂，可以较好地调整地基的不均匀沉降，而且由于埋深较大和基础空腹，可卸除基地处原有的地基自重应力，因而大大减少了基础底面的附加压力，所以箱形基础又称为补偿基础，在高层建筑及重要的构筑物中常被采用。但箱形基础耗用的钢筋及混凝土较多，施工时需考虑基坑的支护与降水、止水等问题，成本比较高。

6. 壳体基础

常用的壳体基础形式有正圆锥、M 形组合壳、内球外锥组合壳，如图 8-9 所示。壳体基础主要用于烟囱、水塔、储仓等构筑物的基础。这类基础结构合理，可比一般梁板式的钢筋混凝土基础减少混凝土和钢筋用量，具有良好的经济效果。但壳体基础修筑土台、布置钢筋、浇筑混凝土等施工工艺复杂，较难实行机械化施工，操作技术要求较高。

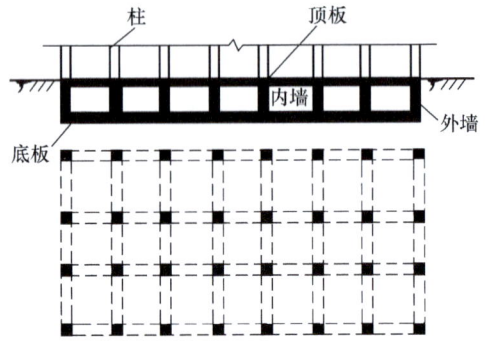

图 8-8　箱形基础

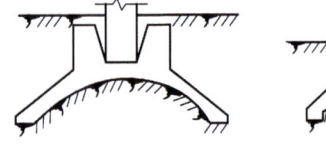

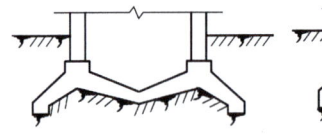

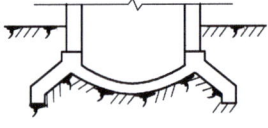

图 8-9　壳体基础

8.1.2　深基础

当浅层地基土无法满足建筑物对地基变形和强度的要求时，可利用深层较坚硬的土层作为持力层，从而设计成深基础。常用的深基础有桩基础、沉井基础、地下连续墙等。

1. 桩基础

桩基础一般由桩身和位于桩身顶部的承台组成，上部结构的荷载通过墙或柱传给承台，再由承台传至下部的桩，如图 8-10 所示。桩基础的主要功能是将荷载传至地下较深处的密实土层，以满足承载力和沉降要求。因而桩基础具有承载力高、沉降速率慢、沉降量较小且均匀等特点，能承受较大的竖向荷载、水平荷载、上拔力以及动力作用。对超高层建筑物、重型厂房和各种具有特殊要求的构筑物，桩基础是最合适的基础类型。

2. 沉井基础

沉井基础是一种竖向的筒形结构物，通常用砖、素混凝土或钢筋混凝土材料制成。其施工过程是先在地面上制作一个井筒形结构，然后从井筒内挖土，使沉井失去支撑靠自重作用而下沉，直至设计高程为止，最后封底。沉井由刃脚、井筒、封底与顶盖等几部分组成。

3. 地下连续墙

地下连续墙是在泥浆护壁条件下，使用专门的成槽机械，在地面开挖一条狭长的深槽，然后在槽内设置钢筋笼，浇筑混凝土，逐步形成一道连续的地下钢筋混凝土连续墙，用以作为基坑开挖时防渗、挡土和对邻近建筑物基础的支护以及直接成为承受上部结构荷载的基础的一部分。

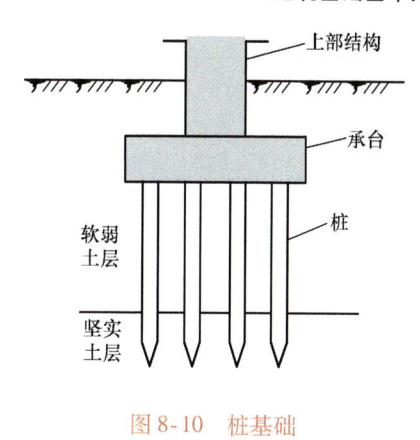

图 8-10　桩基础

任务 2　设计天然地基上浅基础

天然地基上的浅基础设计一般按如下步骤进行。

1）收集详细、准确的资料，包括：政府相关文件；地下文物、坑道、已埋管线、光缆等资料；场地地形图；地质勘察报告；建筑物的平面、立面、剖面图；预埋管道布置图以及使用要求；地面荷载情况；建筑材料供应情况；施工单位设备和技术力量等资料。

2）确定基础类型。

3）确定基础埋深。

4）确定基础底面尺寸。

5）确定是否需要验算变形和稳定性。

6）进行基础结构设计，提出基础的构造要求。

7）整理计算书。

8）绘制基础施工图，提出施工说明。

8.2.1　地基基础设计的基本规定

1. 地基基础设计等级

《建筑地基基础设计规范》（GB 50007—2011）根据地基复杂程度、建筑物规模和功能特征以及由于地基问题可能造成建筑物破坏或影响正常使用的程度，将地基基础设计分为三个设计等级，设计时应根据具体情况按表 8-2 选用。

表 8-2　地基基础设计等级

设计等级	建筑和地基类型
甲级	重要的工业与民用建筑物 30 层以上的高层建筑 体型复杂，层数相差超过 10 层的高低层连成一体的建筑物 大面积的多层地下建筑物（如地下车库、商场、运动场等） 对地基变形有特殊要求的建筑物 复杂地质条件下的坡上建筑物（包括高边坡） 对原有工程影响较大的新建建筑物 场地和地基条件复杂的一般建筑物 位于复杂地质条件及软土地区的 2 层及 2 层以上地下室的基坑工程

(续)

设计等级	建筑和地基类型
乙级	除甲级、丙级以外的工业与民用建筑物
丙级	场地和地基条件简单，荷载分布均匀的7层及7层以下民用建筑及一般工业建筑物 次要的轻型建筑物

2. 地基基础设计的一般规定

根据建筑物地基基础实际等级及长期荷载作用下地基变形对上部结构的影响程度，地基基础设计应符合下列规定：

1）所有建筑物的地基计算均应满足承载力计算的有关规定。

轴心受压基础如图8-11所示：

$$p_k \leqslant f_a \tag{8-2}$$

式中 p_k——相应于荷载效应标准组合时，基础底面处的平均压力值（kPa）；

f_a——修正后的地基承载力特征值（kPa）。

偏心受压基础如图8-12所示：

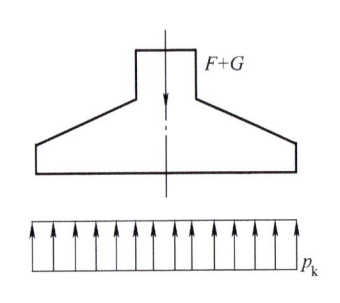

图8-11　轴心受压基础　　　　图8-12　偏心受压基础

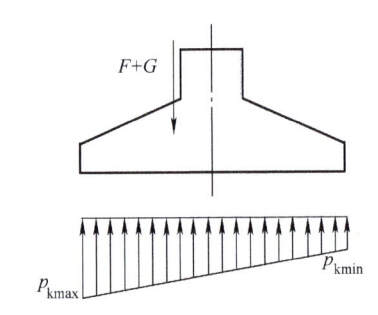

$$\left. \begin{array}{l} p_{kmax} \leqslant 1.2f_a \\ \bar{p}_k = \dfrac{p_{kmax}+p_{kmin}}{2} \leqslant f \end{array} \right\} \tag{8-3}$$

式中 p_{kmax}、p_{kmin}——荷载效应标准组合时基础底面边缘处的最大、最小压力值（kPa）。

2）设计等级为甲级、乙级的建筑物，均应按地基变形设计。

$$s \leqslant [s]$$

式中 s——地基变形计算值（mm）；

$[s]$——地基变形允许值。

3）表8-3所列范围内设计等级为丙级的建筑物可不做变形计算，如有下列情况之一时，仍应做变形验算。

① 地基承载力特征值小于130kPa，且体型复杂的建筑物。

② 在基础上及其附近有地面堆载或相邻基础荷载差异较大，可能引起地基产生过大的不均匀沉降时。

③ 软弱地基上的建筑物存在偏心荷载时。

④ 相邻建筑距离过近，可能发生倾斜时。

⑤ 地基内有厚度较大或厚薄不均的填土，其自重固结未完成时。

表 8-3 可不做地基变形计算设计等级为丙级的建筑物范围

地基主要受力层情况	地基承载力标准值 f_{ak}/kPa		$60 \leq f_{ak}$ <80	$80 \leq f_{ak}$ <100	$100 \leq f_{ak}$ <130	$130 \leq f_{ak}$ <160	$160 \leq f_{ak}$ <200	$200 \leq f_{ak}$ <300
	各土层坡度（%）		≤5	≤5	≤10	≤10	≤10	≤10
建筑类型	砌体承重结构、框架结构/层		≤5	≤5	≤5	≤6	≤6	≤7
	单层排架结构（6m柱距）	单跨 吊车额定起重量/t	5~10	10~15	15~20	20~30	30~50	50~100
		单跨 厂房跨度/m	≤12	≤18	≤24	≤30	≤30	≤30
		多跨 吊车额定起重量/t	3~5	5~10	10~15	15~20	20~30	30~75
		多跨 厂房跨度/m	≤12	≤18	≤24	≤30	≤30	≤30
构筑物类型	烟囱	高度/m	≤30	≤40	≤50		≤75	≤100
	水塔	高度/m	≤15	≤20	≤30	≤30		≤30
		容积/m³	≤50	50~100	100~200	200~300	300~500	500~1000

注：1. 地基主要受力层是指条形基础底面下深度为 $3b$（b 为基础底面宽度），独立基础下为 $1.5b$，且厚度均不小于 5m 的范围（2 层以下一般的民用建筑除外）。
2. 地基主要受力层中如有承载力标准值小于 130kPa 的土层时，表中砌体承重结构的设计，应符合《建筑地基基础设计规范》（GB 50007—2011）第 7 章的有关要求。
3. 表中砌体承重结构和框架结构均指民用建筑，对于工业建筑可按厂房高度、荷载情况折合成与其相当的民用建筑层数。
4. 表中吊车额定起重量、烟囱高度和水塔容积的数值是指最大值。

4）对经常受水平荷载作用的高层建筑、高耸建筑或挡土墙，以及建造在斜坡上或边坡附近的建筑物和构筑物，尚应验算其稳定性。

5）基坑工程应进行稳定性验算。

6）地下水埋藏较浅，建筑场地地下室或地下构筑物存在上浮问题时，尚应进行抗浮验算。

3. 荷载取值

地基基础设计时，所采用的荷载效应最不利组合与相应的抗力限值，应执行《建筑地基基础设计规范》（GB 50007—2011）的下列规定。

1）按地基承载力确定基础底面积及埋深或按单桩承载力确定桩数时，传至基础或承台底面上的荷载效应应按正常使用极限状态下荷载效应的标准组合。相应的抗力应采用地基承载力特征值或单桩承载力特征值。

2）计算地基变形时，传至基础底面上的荷载应按长期效应组合，不应计入风荷载和地震作用。相应的限值应为地基变形允许值。

3）计算挡土墙的土压力、地基稳定及滑坡推力时，荷载应按承载能力极限状态下荷载效应的基本组合，但其分项系数均为 1.0。

4）在确定基础或桩台高度、支挡结构截面，计算基础或支挡结构内力，确定配筋和验算材料强度时，上部结构传来的荷载效应组合和相应的基底反力，应按承载能力极限状态下荷载效应的基本组合，采用相应的分项系数。当需要验算裂缝宽度时，应按正常使用极限状态荷载效应标准组合。

5）基础设计安全等级，结构设计使用年限，结构重要性系数应按有关规范的规定采用，但结构重要性系数 γ_0 不应小于 1.0。

8.2.2 基础埋置深度的确定

基础埋深是指基础底面到室外设计地面的距离，基础埋深的选择实质上就是确定持力层的位置。在满足地基稳定和变形要求的前提下，基础宜浅埋。基础埋置深度的影响因素很多，应综合各种因素加以确定。

1. 建筑物的用途及使用条件的影响

在满足地基稳定和变形要求的前提下，基础宜浅埋，当上层地基的承载力大于下层土时，宜利用上层土作持力层。除岩石地基外，基础埋深不宜小于 0.5m。如果基础露出地面，易受到各种侵蚀的影响，因此要求基础顶面应低于室外设计地面至少 0.1m。

高层建筑筏形和箱形基础的埋置深度应满足地基承载力、变形和稳定性要求。在抗震设防区，除岩石地基外，天然地基上的箱形和筏形基础的埋置深度不宜小于建筑物高度的1/15；桩箱或桩筏基础的埋置深度（不计桩长）不宜小于建筑物高度的 1/20～1/18。位于岩石地基上的高层建筑，其基础埋深应满足抗滑要求。

基础埋置深度的确定

2. 荷载大小和性质的影响

不同建筑物的基础所受荷载大小不同，甚至相差很大。同一土层，对于荷载小的基础，可能是很好的持力层，对于荷载大的基础来说，则不适宜作为持力层，需另行确定。对承受较大水平荷载的基础，为保持稳定性，基础埋深应加大。

3. 工程地质和水文地质条件的影响

在实际工程中，常遇到上下各层土软弱不同、厚度不均匀、层面倾斜等情况。当地基上层较好、下层软弱时，基础应尽量浅埋。反之，当上层土软弱、下层土坚实时，则需要区别对待。当上层软弱土较薄时，可挖除软弱层土体，将基础置于下层坚实土上；当上层软弱土较厚时，可考虑采用宽基浅埋的方法，也可考虑人工加固处理或桩基础方案。另外，一般在满足承载力与变形要求的前提下，应尽量使建筑物的基础底面埋置在地下水位以上，这样既可以避免施工时排水困难，又可以减轻地基的冻害；当必须将基底埋在地下水位以下时，应采取措施，保证地基土在施工时不受扰动。当地下水有侵蚀时，应对基础采取防护措施。

4. 相邻建筑物的影响

当有相邻建筑物时，新建建筑物的基础埋深不宜大于原有建筑基础。当埋深大于原有的建筑物时，两基础间应保持一定净距，其数值应根据原有建筑的荷载大小、基础形式和土质情况确定。当上述要求不能满足时，应采取分段施工，设临时加固支撑，打板桩，地下连续墙等施工措施，或加固原有的建筑物基础。

5. 地基土冻胀和融陷的影响

在我国北方寒冷地区，当气温降至零摄氏度以下时，土中水会冻结，使体积膨胀，从而发生土体冻胀现象。当气温回升，土中冰融化，土体也有可能产生融陷现象（如含水较多的粉砂、粉土和黏性土）。建筑物基础应避开这类影响，基础埋深一般考虑埋在冰冻线（地面冰冻的深度称为冰冻线）下 200mm，即基底在冰冻线下 200mm。

《建筑地基基础设计规范》（GB 50007—2011）根据冻土层的平均冻胀率大小，把地基冻胀性分为不冻胀、弱冻胀、冻胀、强冻胀和特强冻胀 5 个等级，可查《建筑地基基础设计规范》（GB 50007—2011）中的附录 G 确定。

对于不冻胀土的基础埋深，可不考虑季节性冻土的影响；对于弱冻胀、冻胀和强冻胀土的基础，最小埋置深度 d_{min} 可按下式确定：

$$d_{min} = z_d - h_{max} \tag{8-4}$$

式中　h_{max}——基础底面以下允许残留冻土层的最大厚度（m），可按《建筑地基基础设计规范》（GB 50007—2011）中的附录 G.0.2 查取；

　　　z_d——设计冻深（m）。

在季节性冻土地区的建筑物，应根据《建筑地基基础设计规范》（GB 50007—2011）的要求，采取必要的防冻害措施。

8.2.3　基础底面尺寸的确定

1. 作用在基础上的荷载

在选择了基础类型，确定了基础埋置深度后，就可以根据结构的上部荷载和地基土层的承载力计算基础的底面尺寸。

作用在基础上的竖向荷载包括：结构物的自重、屋面荷载、楼面荷载和基础（包括基础台阶上填土）的自重等；水平荷载包括侧向土压力、水压力、风压力等。荷载计算按《建筑地基基础设计规范》（GB 50007—2011）中的要求进行。

计算荷载时应按传力系统，自建筑物屋顶开始，自上而下累计至设计地面。当室内外地坪有高差时，对于外墙或外柱可累计至室内外设计地坪高差的平均值。计算作用在墙下条形基础上的荷载时，通常取 1 延米作为计算单元，有以下几种情况：

1）作用在墙上的荷载是均布荷载（如一段内横墙），可以沿墙的长度方向取 1m 长的一段计算。

2）有门窗的墙体且作用在墙上的荷载是均布荷载（如一段内纵墙），可以沿墙的长度方向，取门或窗中线至中线间的一段，即一个开间长为计算段，算出的荷载再均分到全段上，得到作用在每米长度上的荷载。

3）对于有梁等几种荷载作用的墙体，需考虑几种荷载在墙内的扩散作用，计算段的选取应根据实际情况选定。

2. 基础底面尺寸的确定

1）轴心受压基础。在轴心荷载作用下，基底压力按直线分布简化计算，由式（8-2）

$$p_k = \frac{F_k + G_k}{A} \leq f_a$$

得基础底面积为：

$$A \geq \frac{F_k}{f_a - \gamma_G \overline{d}} \tag{8-5}$$

矩形基础，其基础底面积 $A = bl$，一般取基础长短边之比 $1.5 \leq l/b \leq 2$；条形基础（$l/b \geq$

10），沿基础纵向取1m宽为计算单元，即长边 $l = 1\mathrm{m}$，则：

$$b \geq \frac{F_k}{f_a - \gamma_G \overline{d}} \tag{8-6}$$

2）偏心受压基础。工业厂房和框架结构的柱下基础一般为偏心受压基础。在偏心荷载作用下，基础底面受力不均匀，因此需加大基础底面积，一般用试算方法确定：

① 先不考虑偏心影响，按轴心受力计算确定基础面积 A_0。

② 根据偏心的大小把基础底面积 A_0 提高 10% ~ 40%，即 $A = (1.1 \sim 1.4) A_0$。

③ 计算基底边缘最大与最小压力，并按式（8-3）验算承载力条件是否满足，如果不满足，则重新调整 A，直到满足为止。

在确定基底边长时，应注意荷载对基础的偏心距不宜过大，以保证基础不发生过大的倾斜。

3. 软弱下卧层承载力验算

在持力层以下地基范围内存在软弱下卧层时，除按照持力层承载力确定基底尺寸外，还必须对软弱下卧层进行承载力验算，即：

$$p_z + p_{cz} \leq f_{az} \tag{8-7}$$

式中　p_z——相应于荷载效应标准组合时，软弱下卧层顶面处的附加应力值（kPa）；

　　　p_{cz}——软弱下卧层顶面处的自重应力值（kPa）；

　　　f_{az}——软弱下卧层顶面处经深度修正后地基承载力特征值（kPa）。

附加应力简化计算图如图 8-13 所示。对条形基础和矩形基础，p_z 值可按下列公式简化计算：

条形基础：　$p_z = \dfrac{bp_0}{b + 2z\tan\theta}$　（8-8）

矩形基础：　$p_z = \dfrac{lbp_0}{(b + 2z\tan\theta)(l + 2z\tan\theta)}$

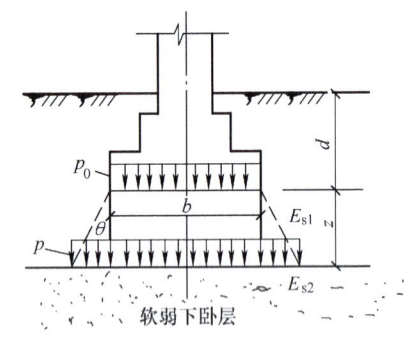

$$\tag{8-9}$$

图 8-13　附加应力简化计算图

式中　p_0——基底附加压力（kPa）；

　　　b——矩形基础或条形基础底面的宽度（m）；

　　　l——矩形基础底面的长度（m）；

　　　z——基础底面至软弱下卧层顶面的距离（m）；

　　　θ——基础压力扩散角，可按表 8-4 采用。

表 8-4　基础压力扩散角 θ

E_{s1}/E_{s2}	z/b	
	0.25	0.50
3	6°	23°
5	10°	25°
10	20°	30°

注：1. E_{s1} 为上层土压缩模量，E_{s2} 为下层土压缩模量。

　　2. $z/b < 0.25$ 时一般取 $\theta = 0°$，必要时宜由试验确定；$z/b > 0.50$ 时 θ 值不变。

4. 地基的变形验算

如果要求计算地基变形，则在基础底面尺寸初步确定后，还应进行地基变形验算，设计时要满足地基变形值不超过其允许值的条件，以保证不致因地基变形过大而影响建筑物正常使用或危害安全。如果变形不能满足要求，则需调整基础底面尺寸或采取其他措施。

8.2.4 扩展基础的设计

1. 墙下钢筋混凝土条形基础设计

墙下钢筋混凝土条形基础的内力计算一般可按平面应变问题处理，在长度方向上取单位长度计算。设计内容主要包括确定基础宽度、基础高度及基础底板配筋。基础宽度 b 按式（8-6）确定。基础截面的设计步骤如下：

1）地基净反力。基础底板如同倒置的悬臂板，由自重产生的均布压力与其地基反力相抵消，因此底板仅受上部荷载传来的内力设计值引起的地基净反力的作用。地基净反力可用下式计算：

$$p_{j\min}^{j\max} = \frac{F}{b} \pm \frac{6M}{b^2} = \frac{F}{b}(1 \pm \frac{6e_0}{b}) \tag{8-10}$$

式中　F——相应于荷载效应基本组合时，上部结构传至基础顶面的每延米竖向力值（kN/m）；

M——相应于荷载效应基本组合时对基底中心每延米的力矩总和（kN·m/m）；

b——基础宽度（m）；

e_0——偏心距，$e_0 = M/F$。

2）最大内力设计值（取墙边截面）。基础验算截面 I 的剪力设计值 V_I（kN/m）为：

$$V_\mathrm{I} = (\frac{p_{j\max} + p_{j1}}{2})b_\mathrm{I} = \frac{b_\mathrm{I}}{2b}[(2b - b_\mathrm{I})p_{j\max} + b_\mathrm{I} p_{j\min}] \tag{8-11}$$

式中　b_I——验算截面 I 距基础边缘的距离（m）。

当墙体材料为混凝土时，验算截面 I 在墙脚处，$b_\mathrm{I} = a_\mathrm{I}$；当墙体材料为砖墙且墙脚伸出不大于 1/4 砖长时，验算截面 I 在墙面处，$b_\mathrm{I} = a_\mathrm{I} + 1/4$（砖长），如图 8-14 所示。

当轴心荷载作用时，基础验算截面的剪力 V_I 可简化为如下形式：

$$V_\mathrm{I} = \frac{b_\mathrm{I}}{b}F \tag{8-12}$$

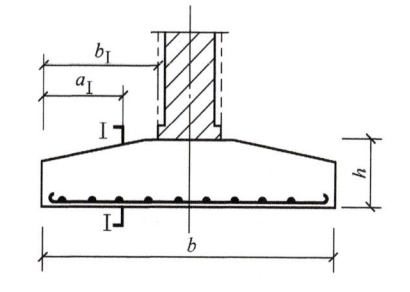

图 8-14　墙下条形基础的计算示意图

基础验算截面 I 每延米的弯矩设计值 M_I（kN·m/m）可按下式计算：

$$M_\mathrm{I} = \frac{1}{2}V_\mathrm{I} b_\mathrm{I} \tag{8-13}$$

3）基础底板高度。为了防止因剪力作用使基础底板发生剪切破坏，要求底板应有足够的高度。因基础底板内不配置箍筋和弯筋，因而基础底板应满足下式要求：

$$V_1 \leqslant 0.07 f_c h_0 \tag{8-14}$$

式中 f_c——混凝土轴心抗压强度设计值（N/mm²）；

h_0——基础底板有效高度（mm），当有垫层时 $h_0 = h - 40$，无垫层时 $h_0 = h - 70$。

设计时，可先初估基础底板厚度为不小于 $b/8$，然后经过抗剪强度验算确定。当基础底板厚度 ≤250mm 时，一般做成等厚度板；当基础底板厚度 >250mm 时，宜用变厚度翼板，其坡度小于或等于 1∶3；翼板厚度不宜小于 200mm。

4）基础底板配筋

$$A_s = M/0.9 f_y h_0 \tag{8-15}$$

式中 A_s——条形基础每延米基础底板受力钢筋截面面积（mm²/m）；

f_y——钢筋抗拉强度设计值（N/mm²）。

2. 柱下钢筋混凝土独立基础设计

柱下钢筋混凝土独立基础设计主要内容包括：基础底面积的确定；柱与基础交接处以及基础变阶处基础高度的确定；底板纵、横方向配筋量的确定。基础底面积根据地基承载能力计算式（8-5）确定。截面的设计计算步骤如下：

（1）地基净反力的计算

矩形基础在轴心或单向偏心荷载作用下地基净反力计算如下：

轴心受压：
$$p_j = \frac{F}{A} \tag{8-16}$$

偏心受压：
$$p_{j\min}^{j\max} = \frac{F}{A} \pm \frac{6M}{W} = \frac{F}{A}\left(1 \pm \frac{6e_0}{l}\right) \tag{8-17}$$

式中 F——相应于荷载效应基本组合时，上部结构传至基础顶面的竖向力值（kN）；

M——相应于荷载效应基本组合时对基底中心的力矩总和（kN·m）；

A——基础受压面积（m²）；

e_0——偏心距，$e_0 = M/F$。

（2）基础高度的确定

基础高度应根据抗冲切强度确定。当沿柱周边（或变阶处）的基础高度不够时，底板将沿着 45°斜面拉裂，发生冲切破坏。为了防止发生这种破坏，基础应有足够的抗冲切能力，即基础应具有足够的高度，使基础冲切面以外的地基净反力产生的冲切力 F_1 不大于基础冲切面混凝土的抗冲切强度，即：

$$F_1 \leqslant 0.7 \beta_{hp} f_t a_m h_0 \tag{8-18}$$

$$a_m = (a_t + a_b)/2 \tag{8-19}$$

$$F_1 = p_j A_1 \tag{8-20}$$

式中 β_{hp}——受冲切承载力截面高度影响系数，当 h 不大于 800mm 时，$\beta_{hp} = 1.0$，当 h 大于等于 2000mm 时，$\beta_{hp} = 0.9$，其间按线性内插法取用；

f_t——混凝土轴心抗拉强度设计值（kPa）；

h_0——基础冲切破坏锥体的有效高度（m）；

a_m——冲切破坏锥体最不利一侧计算长度（m）；

a_t——冲切破坏锥体最不利一侧斜截面的上边长（m）；当计算柱与基础交接处的受冲切承载力时，取柱宽；当计算基础变阶处的受冲切承载力时，取上阶宽；

a_b——冲切破坏锥体最不利一侧斜截面在基础底面积范围内的下边长，当冲切破坏锥体的底面落在基础底面以内（图 8-15a、b），计算柱与基础交接处的受冲切承载力时，对柱宽加两倍基础有效高度；当计算基础变阶处的受冲切承载力时，取上阶宽加两倍该处的基础有效高度；当冲切破坏锥体的底面在 l 方向落在基础底面以外（图 8-15c），即 $a + 2h_0 \geq l$ 时，$a_b = l$；

F_l——相应于荷载效应基本组合时作用在 A_l 上的地基土净反力设计值（kN）；

p_j——扣除基础自重及其上土重后相应于荷载效应基本组合时的地基土单位面积净反力（kPa），对偏心受压基础可取基础边缘处最大地基单位面积净反力；

A_l——冲切截面的水平投影面积（m²），如图 8-15a、b 中的阴影面积所示。

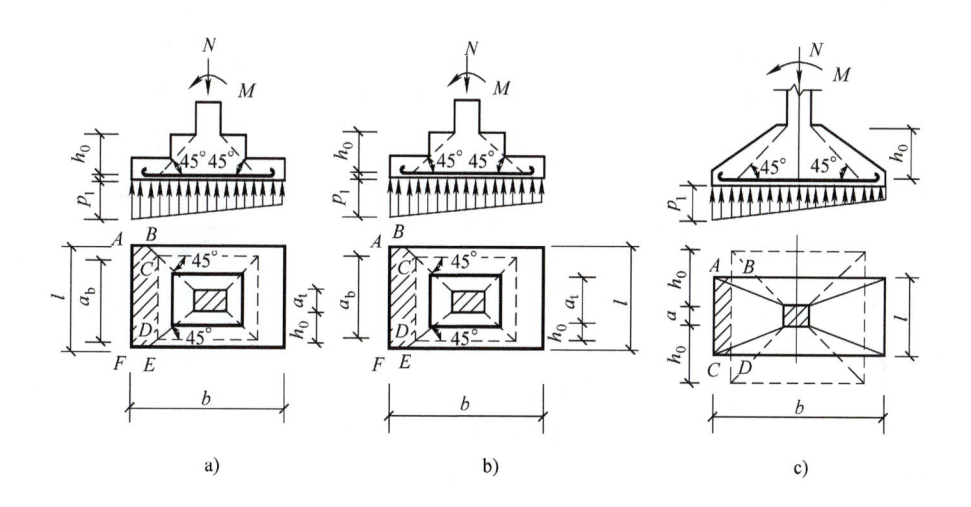

图 8-15 受冲切承载力截面位置

对于矩形基础，由于矩形基础的两个边长情况不同，冲切破坏时所引起的 A_l 也不同，往往基础短边一侧冲切破坏的可能性比长边一侧的大，所以一般只需根据短边冲切破坏条件确定基础高度。

当 $l \geq a_t + 2h_0$ 时，如图 8-15a 所示，为：

$$A_1 = \left(\frac{b}{2} - \frac{b_c}{2} - h_0\right)l - \left(\frac{l}{2} - \frac{a_t}{2} - h_0\right)^2 \tag{8-21}$$

当 $l < a_t + 2h_0$ 时，如图 8-15c 所示，为：

$$A_1 = \left(\frac{a}{2} - \frac{b_c}{2} - h_0\right)l \tag{8-22}$$

式中 b、l——基础长边和短边长（m）；
　　　a_t、b_c——l、b 方向的柱边长（m）。

（3）基础底板配筋

基础底板在地基净反力作用下沿柱周边向上弯曲，因此两个方向需配筋。底板可看作固定在柱边梯形的悬臂板，计算截面取柱边或变阶处。如图 8-16 所示，在轴心荷载或单向偏心荷载作用下底板受弯可按下列简化方法计算。

对于矩形基础，当台阶的宽高比小于或等于 2.5 和偏心距小于或等于 1/6 基础宽度时，任意截面的弯矩可按下列公式计算：

长边方向：$M_{\mathrm{I}} = \frac{1}{12} a_1^2 [(2l + a')(p_{j\max} + p_{j1}) + (p_{j\max} - p_{j1}) l]$ （8-23）

短边方向：$M_{\mathrm{II}} = \frac{1}{48} (l - a')^2 (2b + b')(p_{j\max} + p_{j\min})$ （8-24）

式中　M_{I}、M_{II}——任意截面 I-I、II-II 处相应于荷载效应基本组合时的弯矩设计值（kN·m）；
　　　$p_{j\max}$、$p_{j\min}$——相应于荷载效应基本组合时基础底面边缘最大和最小地基净反力设计值（kPa）；
　　　a_1——任意截面 I-I 至基底边缘最大反力处的距离；
　　　p_{j1}——相应于荷载效应基本组合时在截面 I-I 处基础底面地基净反力设计值（kPa）；
　　　b、l——基础长边和短边长（m）。

柱下独立基础的抗弯验算截面通常可取在柱与基础交接处，此时 a'、b' 取柱截面的宽度和高度；当对变阶处进行抗弯验算时，a'、b' 取相应台阶的宽度和长度。

柱下独立基础的底板应在两个方向配置钢筋，底板长边方向和短边方向的受力钢筋面积 $A_{s\mathrm{I}}$ 和 $A_{s\mathrm{II}}$ 分别为：

$$A_{s\mathrm{I}} = M_{\mathrm{I}} / (0.9 f_y h_0)$$ （8-25）

$$A_{s\mathrm{II}} = M_{\mathrm{II}} / (0.9 f_y h_0)$$ （8-26）

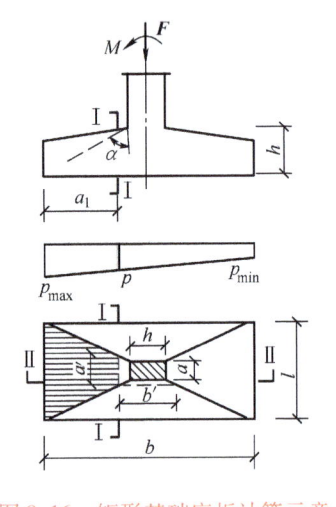

图 8-16　矩形基础底板计算示意

同一方向有柱周和台阶处抗弯验算时，取钢筋面积较大值。

任务 3　识读基础施工图

基础施工图是表示基础的平面布置和详细构造的图样，通常包括基础平面图、基础详图和基础设计说明，它们是施工放线、土方开挖、砌筑或浇筑混凝土基础的依据。

8.3.1　基础平面图

1. 图示方法及内容

基础平面图是假象用一水平面沿房屋底层室内地面下方与基础之间将建筑物剖开，移去上面部分和周围土层向下投影所得的全剖面图。基础平面图表示基础的平面布置、基础底部尺寸、轴线位置、剖切到的墙、柱、基础梁及可见的基础轮廓。

按平法设计绘制的基础结构施工图，应根据具体工程设计，按照各类基础构件的平法制图规则，在基础平面图上直接表示各类基础构件的平面位置、尺寸和配筋。在平面布置图上表示独立基础、条形基础，以及基础连梁和地下框架梁的尺寸和配筋，以平面注写方式为主，以截面注写方式为辅。按平法设计绘制的施工图应将所有的基础构件按图集制图规则进行编号，编号中含有类型代号，其主要作用是指明所选用的标准构造详图；在标准构造详图上，已按其所属构件类型注明了代号，以明确该详图与平法施工图中相同构件的互补关系，使两者结合构成完整的基础施工图设计。

识读基础施工图

2. 基础平面图识读举例

【**实例8-1**】 独立基础平面图（图8-17）的识读。

1）独立基础平面布置图中应将独立基础平面与基础所支撑的柱一起绘制。当设置连梁时，可根据图面的疏密情况，将基础连梁与基础平面布置图一起绘制，或将基础连梁布置图单独绘制。图8-17中共包括四种独立基础类型，两种基础连梁。

2）水平定位轴线编号从①到⑦，水平方向轴线间总长36.6m；竖向定位轴线编号从Ⓐ到Ⓓ，竖向轴线间总长15.6m。

3）基础分布在柱下，为矩形柱下独立基础。图中涂成黑色的矩形为柱子，每种类型基础的具体尺寸已在图中标注，如DJ01为阶梯形，底部尺寸为3.5m×3.5m，台阶尺寸为2m×2m。h_1/h_2 表示台阶高度，下阶高 h_1，上阶高 h_2。B表示各种独立基础底板的底部配筋，X为x向配筋，Y为y向配筋。

4）定位轴线①到②、⑥到⑦间基础为联合式独立基础，对于双柱基础除基础底部配筋外，尚需在两柱间配置基础顶部钢筋或设置基础梁；对于四柱独立基础通常设置两道平行的基础梁，并在两道基础梁之间配置基础顶部钢筋。如DJ03中，T表示基础顶部两道基础梁之间配置受力钢筋、分布钢筋。

5）基础梁JL××（1B）表示该基础梁为一跨，两端均有延伸；JL××（1A）表示该基础梁为一跨，一端有延伸。基础梁的注写与梁板式条形基础的基础梁注写规定相同，详见实例分析2。

【**实例8-2**】 条形基础平面图（图8-18）的识读。

在条形基础平面布置图中，应将条形基础平面与基础所支撑的上部结构的柱、墙一起绘制，条形基础的编号分为基础梁（JL）、基础圈梁（JQL）编号和条形基础底板（TJB）编号。

基础梁的集中标注内容：基础梁编号、截面尺寸、配筋三项必注内容，以及当基础梁底面标高与基础底面基准标高不同时的相对标高高差和必要的文字注解两项选注内容。

1）编号JL01（6B）为纵向基础梁，六跨，两端延伸；$b×h$ 表示梁截面宽度与高度。

2）基础梁的截面尺寸 $b×h$ 为宽×高，当基础梁外伸部位采用变截面高度时，在该部位注写 h_1/h_2，h_1 为根部截面高度，h_2 为尽端截面高度。

图 8-17 独立基础平面图

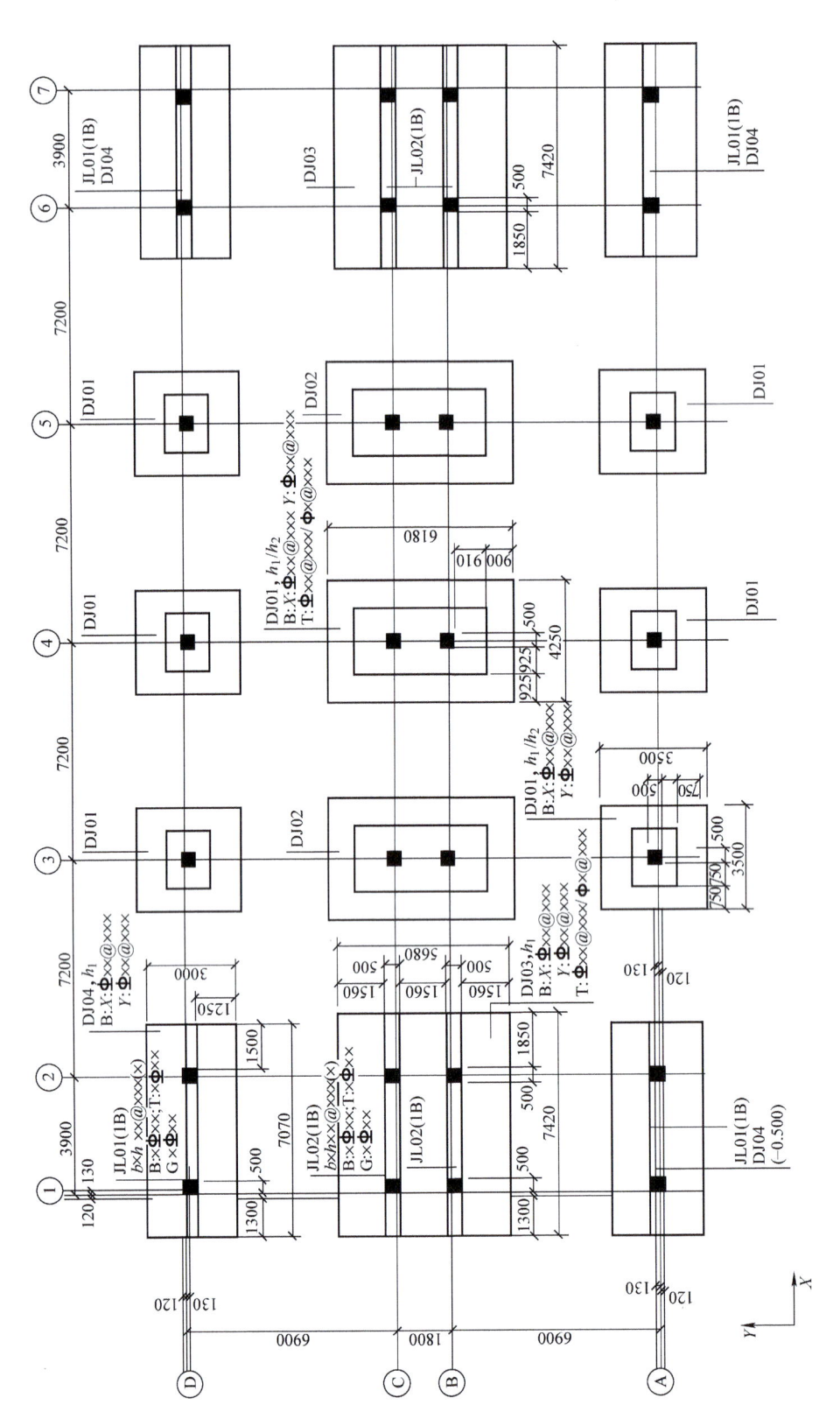

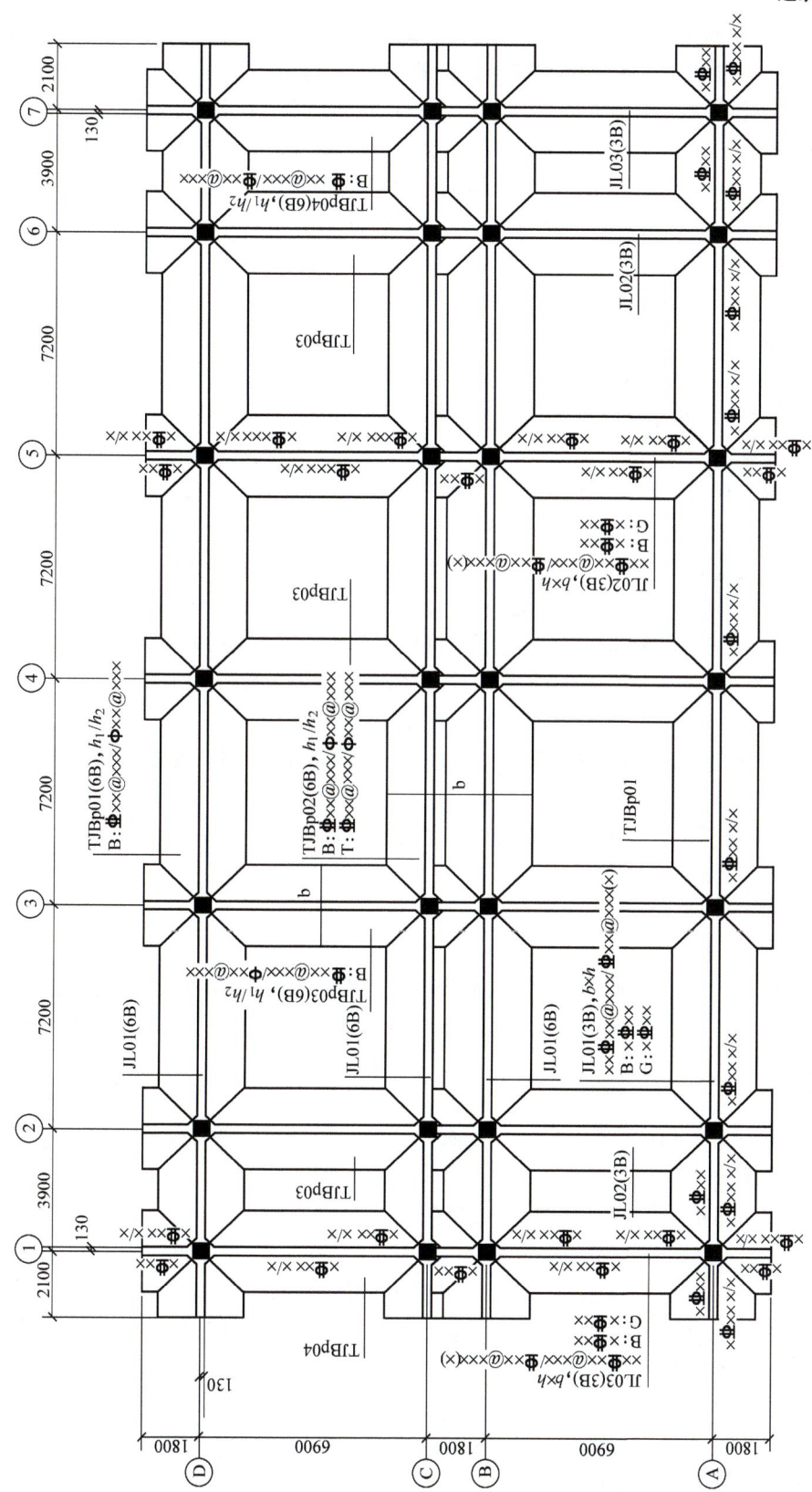

图 8-18 条形基础平面图

3）注写基础梁的箍筋，当仅采用一种箍筋间距时，注写钢筋级别、直径、间距与肢数（箍筋肢数注写在括号内）；当采用两种或多种箍筋间距时，用"/"分隔不同箍筋的间距及肢数，按照从基础梁两端向跨中的顺序注写，当采用两种不同箍筋时，先注写第一段箍筋（在前面加注箍筋道数），在斜线后再注写第二段箍筋（不再加注箍筋道数）。例如：11Φ14@150/250（4），表示配置两种HRB335级箍筋，直径均为14，从梁两端起向跨内按间距150mm设置11道，其余部位间距为250mm，均为4肢箍。

4）注写基础梁底部、顶部及侧面纵向钢筋时，以B打头注写梁底部贯通纵筋，以T打头注写梁顶部贯通纵筋；当梁底部或顶部贯通纵筋多于一排时，用"/"将各排纵筋自上而下分开；以G打头注写梁两侧面对称设置的纵向构造钢筋的总配筋值，如G8Φ14表示每个侧面配置纵向构造钢筋4根，直径14mm，共配置8根。

5）当条形基础的底面标高与基础底面基准标高不同时，将条形基础底面相对标高高差注写在"（ ）"内。

6）当条形基础梁的设计有特殊要求时，宜增加必要的文字注解。

条形基础底板的集中标注内容：条形基础底板编号、截面竖向尺寸、配筋三项必注内容，以及条形基础底板底面相对标高高差、必要的文字注解两项选注内容。

1）编号TJBp01（6B）为条形基础底板，六跨，两端延伸。当条形基础底板为坡形截面时，h_1/h_2表示坡高/底板端部厚度；当条形基础底板为阶梯形，h_1/h_2为下阶高/上阶高。

2）条形基础底板配筋注写中，以B打头注写底部横向受力钢筋；以T打头注写顶部横向受力钢筋；用"/"分隔横向受力钢筋与构造钢筋。

3）当条形基础底板的底面标高与基础底面基准标高不同时，将条形基础底面相对标高高差注写在"（ ）"内。

4）当条形基础底板的设计有特殊要求时，宜增加必要的文字注解。

8.3.2 基础详图

1. 图示方法及内容

基础详图是用较大的比例画出的基础局部构造图，表达出基础形状、大小、构造及基础的埋置深度。对于条形基础采用垂直剖面图，单独基础则采用垂直断面图和平面图表示。

2. 基础详图识读举例

【实例8-3】 基础详图（图8-19）的识读。

1）基础为钢筋混凝土柱下独立基础，底面尺寸2m×2.2m，基础截面形状为锥形，坡高300mm，两端基础厚度300mm。

2）基础下设100mm的垫层，采用C15混凝土。

3）基础底部沿短边配置直径8mm、间距150mm的HPB300级钢筋，沿长边配置直径8mm、间距100mm的HPB300级钢筋。沿短边方向的钢筋配置在长边上方。

4）柱截面尺寸350mm×400mm，柱内配置8根直径16mm的HRB335级钢筋，均锚固在基础底部，弯折后水平尺寸220mm。

8.3.3 基础设计说明

基础设计说明主要包含以下内容。

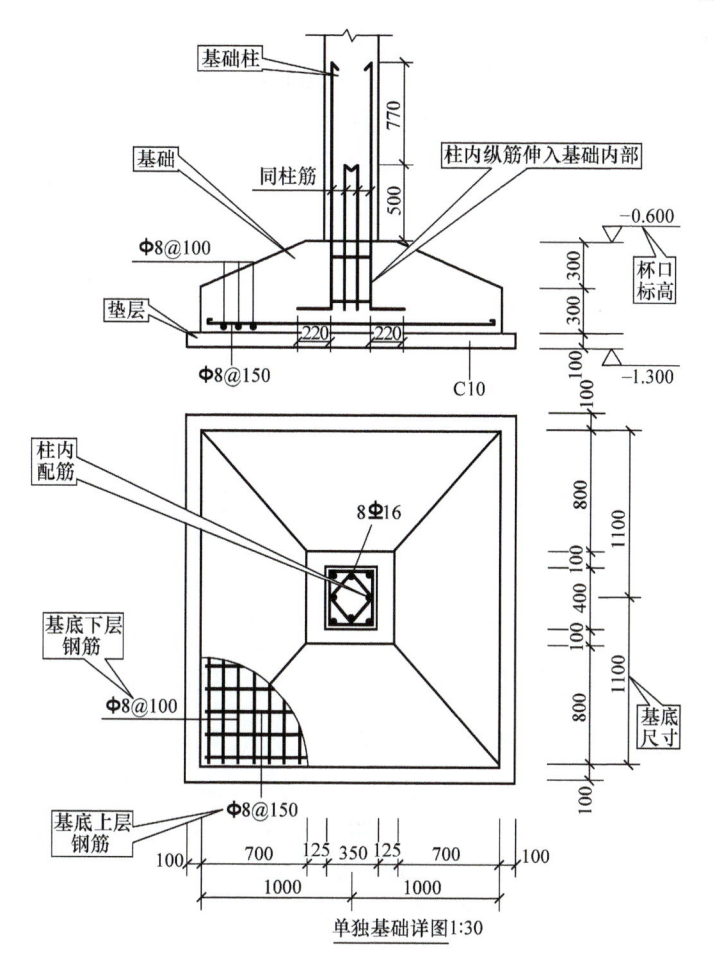

图 8-19 基础详图

1) 主要设计依据：阐明上级机关（政府）的批文，国家有关的标准、规范等。
2) 自然条件：包括地质勘探资料，抗震设防烈度，风、雪荷载等。
3) 施工要求和施工注意事项。
4) 对材料的质量要求。

同 步 训 练

一、填空题

1. 建筑物的基础根据埋置深度不同通常划分为浅基础和深基础。把埋置深度不小于 5m 的基础称为（　　）；把埋置深度不大于 5m，可用一般施工方法或经过简单的地基处理就可以施工的基础称为（　　）。

2. 《建筑地基基础设计规范》（GB 50007—2011）根据地基复杂程度、建筑物规模和功能特征以及由于地基问题可能造成建筑物破坏或影响正常使用的程度，将地基基础设计分为（　　）个设计等级。

3. 基础施工图是表示基础的平面布置和详细构造的图样，通常包括（　　）、（　　）

和基础设计说明。

4. 根据《建筑地基基础设计规范》（GB 50007—2011），浅基础的形式有（　　）、（　　）、柱下钢筋混凝土条形基础、筏形基础、箱形基础、壳体基础、岩石锚杆基础等。

5. 深基础的形式有（　　）、沉井、地下连续墙等。

二、名词解释

1. 无筋扩展基础。
2. 扩展基础。
3. 基础施工图。
4. 基础详图。

三、简答题

1. 简述钢筋混凝土条形基础的构造要求。
2. 简述筏形基础及其特点。
3. 简述桩基础及其特点。

【职业素养园地】

平凡铸就伟大，榜样就在身边

孙晓阳从事现代复杂建筑与传统建筑建造研究近20年，是文旅项目建造技术专家、中国施工企业管理协会科技专家、上海市科技奖评审专家、江苏省建筑业新技术应用及工法评审专家、河南省科技奖评审专家，先后获得2015年度江苏省建筑施工技术（学术）先进个人、2016年度全国优秀项目工程师、2015～2018年中建八局科技进步"突出贡献者"、2017～2018年"中国建筑工匠"、2018年"上海工匠"等荣誉称号。他还先后荣获省部级科技奖12项、国家级工法1项、省部级工法32项，出版著作1部，授权发明专利32项，发表论文65篇，负责实施的工程获得"中国土木工程詹天佑奖"1项、"中国建设工程鲁班奖"3项、"国家优质工程奖"3项。

攻关克难，建文化艺术殿堂。南京牛首山佛顶宫是国内首座建造于废弃矿坑内的大型现代建筑，具有矿坑地质条件复杂、建筑造型新颖、文化内涵独具特色、传统工艺艺术建造复杂、剧场舞台安装精度高等特点，工程异于常规，建造难度大。孙晓阳带领团队经过几十次的工艺研究与试验完善，创新了废弃矿坑百米级超高陡边坡治理及地貌恢复关键技术，完成了150m边坡加固治理，80m深坑内施工，12万 m^2 废弃矿坑生态修复、景观营造等工作，实现了边坡加固及百米深坑内结构同步高效施工，解决了边坡治理后景观营建、生态恢复与覆绿施工的难题。

多年来，孙晓阳先后参与了无锡灵山梵宫、南京牛首山佛顶宫、普陀山观音圣坛、日照天台山太阳神殿、溧水无想山城隍庙等多个重点文旅项目建设，指导和帮助了一批批经典文旅项目顺利实施。

"精益求精，追求极致"是孙晓阳最常挂在嘴边上的一句话，也是他要求自己以及团队成员的准则。作为中建八局文旅建筑关键技术带头人，他带领着文旅科技创新团队一次又一次站在项目前线，完成了一次又一次技术创新，将每一个项目都当作"艺术品"打磨，在现代文旅建筑领域，形成了差异化竞争力，打造了中建八局的文旅品牌，文旅科技创新团队也被评为 2018~2021 年度科技创新突出贡献团队。

　　作为一名建筑匠人，孙晓阳始终恪守着"工匠精神"，高度专注于专业，对每一个建筑作品以认真、严谨的态度，追求极致与精雕细琢，同时也培养了一批在文旅建筑领域有所特长的人才，在各自岗位上发挥着专长。他们沿着前人留下的足迹一点一点实践，一步一步探寻，践行着"追求建筑艺术之美、打造当代历史文化遗产"的理念。

启迪人生

　　（1）随着施工技术的发展，结构设计与施工需要严格遵守行业规范，按照规范要求进行。

　　（2）祖国日益强大，建筑工程发展迅速，为解决建造难题，需要一代又一代的工程技术人员不断地攻关克难、探索创新。

模块 9

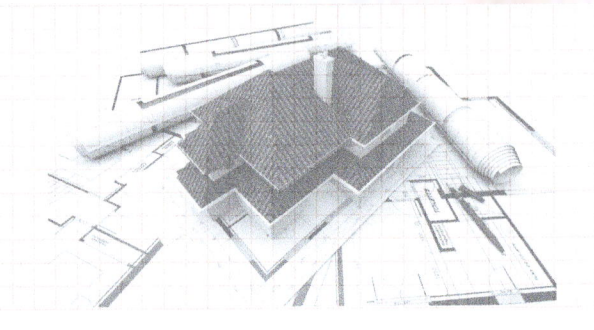

识读建筑结构施工图

学习目标

✿ **知识目标**

1. 了解建筑结构施工图的组成及识读步骤。
2. 掌握混凝土结构施工图平面整体表示方法。
3. 掌握混凝土结构施工图的识读方法。

✿ **能力目标**

1. 懂得混凝土结构梁、柱、剪力墙的平法施工图识读规则。
2. 能识读混凝土结构施工图。

工作任务

1. 熟悉混凝土结构施工图平面整体表示方法。
2. 识读办公楼结构施工图。

学习指南

混凝土结构施工图平面整体表示方法简称"平法",所谓"平法"的表达方式,是将建筑结构构件的尺寸和配筋等信息,按照平面整体表示方法的制图规则,直接表示在各类构件的结构平面布置图上,再与标准构造详图相配合,即构成一套完整的结构施工图。

平法改变了传统的将构件从结构平面图中索引出来,再逐个绘制配筋详图的繁琐表示方法,可降低传统设计中大量同值性重复表达的内容,并将这部分内容用可以重复使用的通用标准图的方式固定下来,从而使结构设计方便,表达准确、全面、数值唯一,易随机修正,提高设计效率,使施工看图、记忆和查找方便,表达顺序与施工一致,利于施工质量检查。

目前,住建部批准的《混凝土结构施工图平面整体表示方法制图规则和构造详图》(22G101)图集,是国家建筑标准设计图集,在全国推广使用,主要有以下几种:22G101-1《混凝土结构施工图平面整体表示方法制图规则和构造详图(现浇混凝土框架、剪力墙、梁、板)》、22G101-2《混凝土结构施工图平面整体表示方法制图规则和构造详图(现浇混凝土板式楼梯)》、22G101-3《混凝土结构施工图平面整体表示方法制图规则和构造详图(独立基础、条形基础、筏形基础、桩基础)》。

本模块基于识读混凝土结构施工图的工作过程,分为两个学习任务,目的是让学生在学习平法制图规则的基础上,能够识读混凝土结构的施工图,因此应沿着如下流程进行学习:掌握混凝土结构施工图平面整体表示方法制图规则→识读办公楼结构施工图。

教学方法建议

采用"教、学、做"一体化，利用实际工程图纸和多媒体资源，采用多媒体教学，结合某办公楼的施工图纸，使学生带着任务进行学习，在了解平法制图规则的基础上，进一步提高识读结构施工图的能力。

任务1 分析混凝土结构施工图平面整体表示方法

9.1.1 结构施工图的内容与识读步骤

1. 结构施工图的内容

结构施工图是表达建筑物的承重系统如何布局，各种承重构件如梁、板、柱、屋架、支撑、基础等的形状、尺寸、材料及构造的图纸，简称结构图。它一般包括：结构设计说明、结构布置图和构件详图三部分。

2. 结构施工图的识读步骤

在识读结构施工图前，必须先阅读建筑施工图，建立起建筑物的轮廓概念。阅读结构施工图时，先看结构设计说明，再读基础平面图、基础结构详图；然后读楼层结构平面布置图、屋面结构平面布置图；最后读构件详图、钢筋详图和钢筋表。

9.1.2 混凝土结构施工图平面整体表示法

平面整体表示法施工图主要绘制梁、柱、板、剪力墙的构造配筋图。由于板的配筋画法已在模块4 钢筋混凝土楼（屋）盖中进行了讲解，故在本模块中不再介绍。本模块主要介绍结构平面梁、柱和剪力墙的配筋画法。

1. 梁平法施工图

梁平法施工图是按照平面整体表示方法制图规则绘制的梁的施工图，在梁平面布置图上采用平面注写方式或截面注写方式表达梁的尺寸、配筋等信息。

（1）平面注写方式

平面注写方式是在梁平面布置图上，分别在不同编号的梁中各选一根梁，在其上注写截面尺寸和配筋具体数值来表达梁平法施工图。

梁的平面注写包括集中标注和原位标注。集中标注表达梁的通用数值，原位标注表达梁的特殊数值。当集中标注中的某项数值不适用于梁的某部位时，则将该项数值原位标注，施工时，原位标注取值优先。平面注写方式示例如图9-1所示。

梁平法施工图及识读举例

特别提示：

图9-1中四个梁截面是采用传统表示方法绘制的，用于对比按平面注写方式表达的同样内容。实际采用平面注写方式表达时，不需绘制梁截面配筋图和图中相应截面号。

在图9-1中，"KL2"是梁的编号，平法施工图中梁的编号由梁的类型、代号、序号、跨数及有无悬挑代号几项组成，见表9-1。

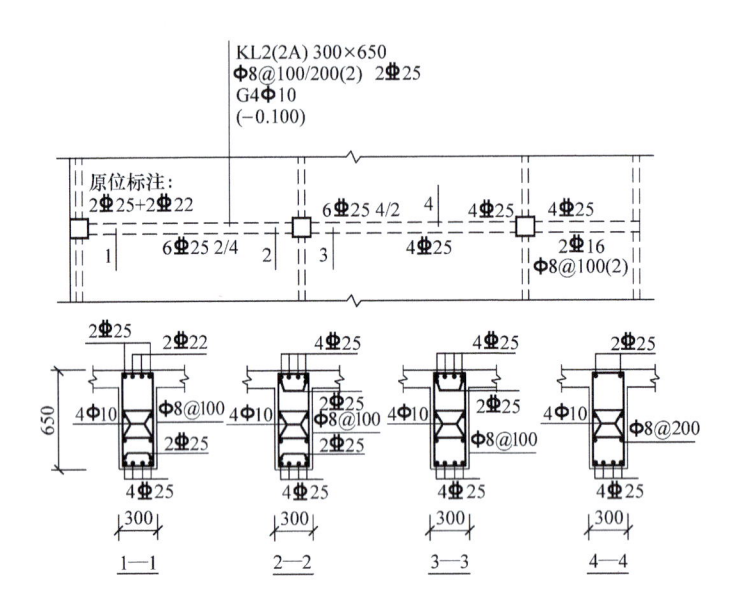

图 9-1 平面注写方式示例

表 9-1 梁编号

梁类型	代号	序号	跨数及是否带有悬挑
楼层框架梁	KL	××	(××)、(××A) 或 (××B)
楼层框架扁梁	KBL	××	(××)、(××A) 或 (××B)
屋面框架梁	WKL	××	(××)、(××A) 或 (××B)
框支梁	KZL	××	(××)、(××A) 或 (××B)
托柱转换梁	TZL	××	(××)、(××A) 或 (××B)
非框架梁	L	××	(××)、(××A) 或 (××B)
悬挑梁	XL	××	(××)、(××A) 或 (××B)
井字梁	JZL	××	(××)、(××A) 或 (××B)

1) 梁集中标注。集中标注的内容有五项必注值及一项选注值。集中标注表示梁的通用数值，可以从梁的任何一跨引出。必注值有梁的编号、截面尺寸、梁箍筋及梁上部通长筋或架立筋根数、梁侧面纵向构造钢筋或抗扭钢筋配置。梁顶面标高为选注值，当梁顶面与楼层结构标高有高差时应注写。

① 梁编号。如图 9-1 中 "KL2（2A）" 表示第 2 号框架梁，2 跨，一端有悬挑。

② 梁截面尺寸。当为等截面梁时，用 $b \times h$ 表示，如图 9-1 中 "300×650" 表示宽为 300mm，高为 650mm；当为竖向加腋梁时用 $b \times h$ GY$c_1 \times c_2$ 表示，其中 c_1 为腋长，c_2 为腋高，如图 9-2 所示；当为水平加腋梁时，一侧加腋时用 $b \times h$ PY$c_1 \times c_2$ 表示，其中 c_1 为腋长，c_2 为腋宽，加腋部位应在平面图中绘制，如图 9-3 所示；当有悬挑梁且根部和端部的高度不同时，用斜线分割根部与端部的高度值，即为 $b \times h_1/h_2$，如图 9-4 所示。

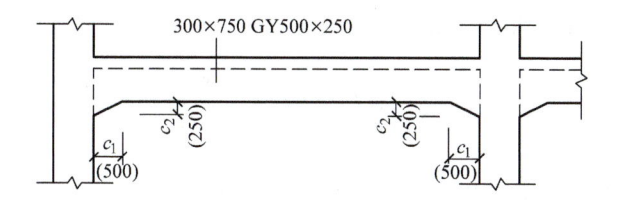

图 9-2　竖向加腋截面注写示意

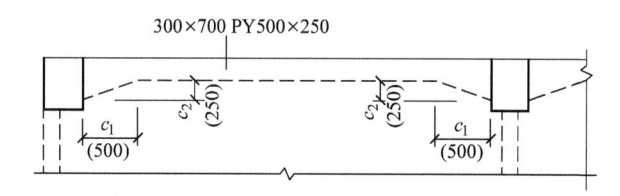

图 9-3　水平加腋截面注写示意

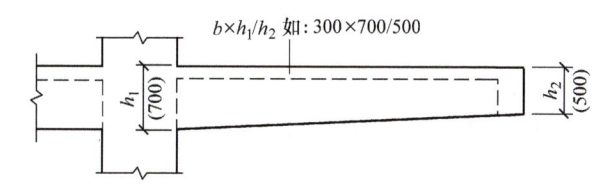

图 9-4　悬挑不等高截面注写示意

③ 梁箍筋。包括钢筋级别、直径、加密区与非加密区间距及肢数。加密区与非加密区的不同间距及肢数需用斜线"/"分割;当梁箍筋为同一种间距及肢数时,不需用斜线;当加密区与非加密区的箍筋肢数相同时,则将肢数注写一次;箍筋肢数应写在括号内。

如图 9-1 中"Φ8@100/200(2)"表示箍筋为 HPB300 钢筋,直径 8mm,加密区间距 100mm,非加密区间距为 200mm,均为双肢箍。

另如"Φ10@100/200(4)"表示箍筋为 HPB300 钢筋,直径 10mm,加密区间距 100mm,非加密区间距为 200mm,均为四肢箍。

另如"Φ8@100(4)/150(2)"表示箍筋为 HPB300 钢筋,直径 8mm,加密区间距 100mm,四肢箍;非加密区间距为 150mm,双肢箍。

当抗震设计中的非框架梁、悬挑梁、井字梁,及非抗震设计中的各类梁采用不同的箍筋间距及肢数时,也用斜线"/"将其分割开来。注写时,先注写梁支座端部的箍筋(包括箍筋的箍数、钢筋级别、直径、间距与肢数),在斜线后注写梁跨中部分的箍筋间距及肢数。

如"13Φ10@150/200(4)"表示箍筋为 HPB300 钢筋,直径 10mm,梁的两端各有 13 个四肢箍,间距为 150mm,梁跨中部分间距为 200mm,四肢箍。

另如"18Φ12@150(4)/200(2)"表示箍筋为 HPB300 钢筋,直径 12mm,梁的两端各有 18 个四肢箍,间距为 150mm,梁跨中部分间距为 200mm,双肢箍。

④ 梁上部通长筋或架立筋配置。通长筋可为相同或不同直径采用搭接连接、机械连接或焊接,所注规格与根数应根据结构受力要求及箍筋肢数等构造要求而定。当同排纵筋中既有通长筋又有架立筋时,应用加号"+"将通长筋和架立筋相连。注写时需将角部纵筋写

在加号的前面，架立筋写在加号后面的括号内，以示不同直径及通长筋的区别。当全部采用架立筋时，则将其写入括号内。

如图9-1中"2Φ25"用于双肢箍。另如"2Φ22 + （4Φ12）"用于六肢箍，其中2Φ22为通长筋，4Φ12为架立筋。

当梁的上部纵筋和下部纵筋为全跨相同，且多数跨配筋相同时，此项可加注下部纵筋的配筋值，用分号"；"将上部与下部纵筋的配筋值分隔开来，如"3Φ22；3Φ20"表示梁的上部配置3Φ22的通长筋，梁的下部配置3Φ20的通长筋。

⑤ 梁侧面纵向构造钢筋或受扭钢筋配置。当梁腹板高度h_w≥450mm时，需配置纵向构造钢筋，以大写字母G打头，接着注写设置在梁两个侧面的总配筋值，且对称配置。

如图9-1中"G4Φ10"表示梁的两个侧面共配置4Φ10的纵向构造钢筋，每侧各配置2Φ10。

当梁侧面需配置受扭纵向钢筋时，以大写字母N打头，接着注写设置在梁两个侧面的总配筋值，且对称配置。受扭纵向钢筋应满足梁侧面纵向构造钢筋的间距要求，且不再重复配置纵向构造钢筋。如"N6Φ22"表示梁的两个侧面共配置6Φ22的纵向构造钢筋，每侧各配置3Φ22。

⑥ 梁顶面标高高差。梁顶面标高高差，是指相对于结构层楼面标高的高差值，对于位于结构夹层的梁，则指相对于结构夹层楼面标高的高差。有高差时，需将其写入括号内，无高差时不注。

如图9-1中"（-0.100）"表示该梁的顶面标高比结构层的楼面标高低0.1m。另如某结构标准层的楼面标高为44.950m和48.250m，当某梁的梁顶面标高高差注写为（-0.050）时，即表明该梁顶面标高分别相对于44.950m和48.250m低0.05m。

2）梁原位标注

① 梁支座上部纵筋。梁支座上部纵筋包含通长筋在内的所有纵筋。

当上部纵筋多于一排时，用斜线"/"将各排纵筋自上而下分开。如图9-1中梁支座上部纵筋注写为"6Φ25 4/2"，则表示上一排纵筋为4Φ25，下一排纵筋为2Φ25。

当同排纵筋有两种直径时，用加号"+"将两种直径的纵筋相连，注写时将角部纵筋写在前面。如图9-1中梁支座上部纵筋注写为"2Φ25 + 2Φ22"，则表示有四根纵筋，2Φ25放在角部，2Φ22放在中部。

当梁中间支座两边的上部纵筋不同时，须在支座两边分别标注；当梁中间支座两边的上部纵筋相同时，可仅在支座的一边标注配筋值，另一边省去不注，如图9-5所示。

② 梁下部纵筋。当下部纵筋多于一排时，用斜线"/"将各排纵筋自上而下分开。

如图9-1中梁下部纵筋注写为"6Φ25 2/4"，则表示上一排纵筋为2Φ25，下一排纵筋为4Φ25，全部伸入支座。

当同排纵筋有两种直径时，用加号"+"将两种直径的纵筋相连，注写时将角部纵筋写在前面。

当梁下部纵筋不全部伸入支座时，将梁支座下部纵筋减少的数量写在括号内。如梁下部纵筋注写为"6Φ25 2（-2）/4"，则表示上排纵筋为2Φ25，且不伸入支座；下一排纵筋为4Φ25，全部伸入支座。另如梁下部纵筋注写为"2Φ25 + 3Φ22（-3）/5Φ25"，表示上排纵筋为2Φ25和3Φ22，其中3Φ22不伸入支座，下一排纵筋为5Φ25，全部伸入支座。

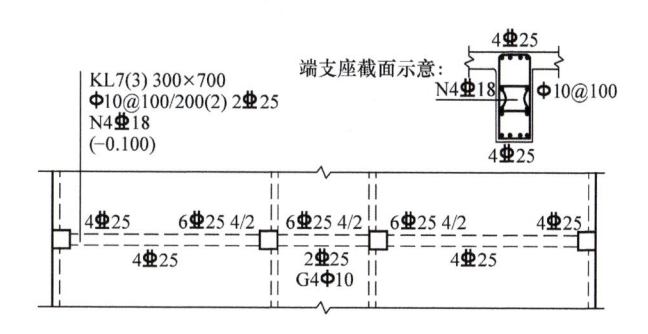

图 9-5 大小跨梁的注写示意

当梁设置竖向加腋时，加腋部位下部斜纵筋应在支座下部以 Y 打头注写在括号内，如图 9-6 所示。

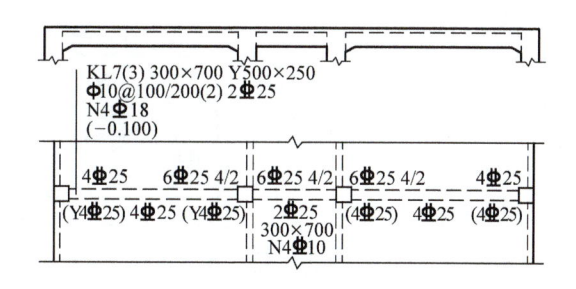

图 9-6 梁竖向加腋平面注写方式示例

当梁设置水平加腋时，水平加腋内上、下部斜纵筋应在加腋支座上部以 Y 打头注写在括号内，上下部斜纵筋之间用"/"分割，如图 9-7 所示。

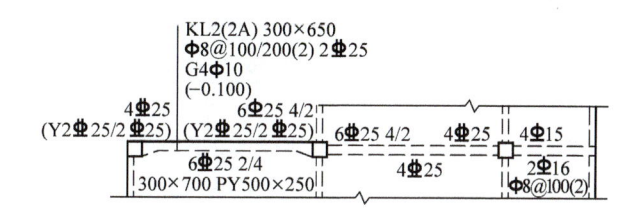

图 9-7 梁水平加腋平面注写方式表达示例

当在梁上集中标注的内容不适用于某跨或某悬挑部分时，则将其不同数值原位标注在该跨或该悬挑部位，施工时应按原位标注数值取用。

当在多跨梁的集中标注中已注明加腋，而该梁某跨的根部却不需要加腋时，则应在该跨原位标注等截面的 $b \times h$，以修正集中标注中的加腋信息，如图 9-6 的中间跨所示。

③ 附加箍筋或吊筋。附加箍筋或吊筋应直接在平面图主梁上标注，用线引注总配筋值（附加箍筋的肢数注在括号内），如图 9-8 所示。当多数附加箍筋或吊筋相同时，可在梁平法施工图上统一注明，少数与统一注明值不同时，再原位引注。

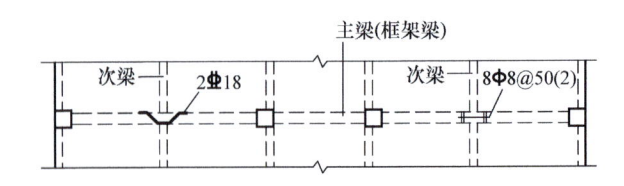

图 9-8　附加箍筋和吊筋的画法示例

（2）截面注写方式

截面注写方式是指在分标准层绘制的梁平面布置图上，分别在不同编号的梁中各选择一根梁用剖面号引出配筋图，并在其上注写截面尺寸和配筋具体数值来表达梁平法施工图，如图 9-9 所示。

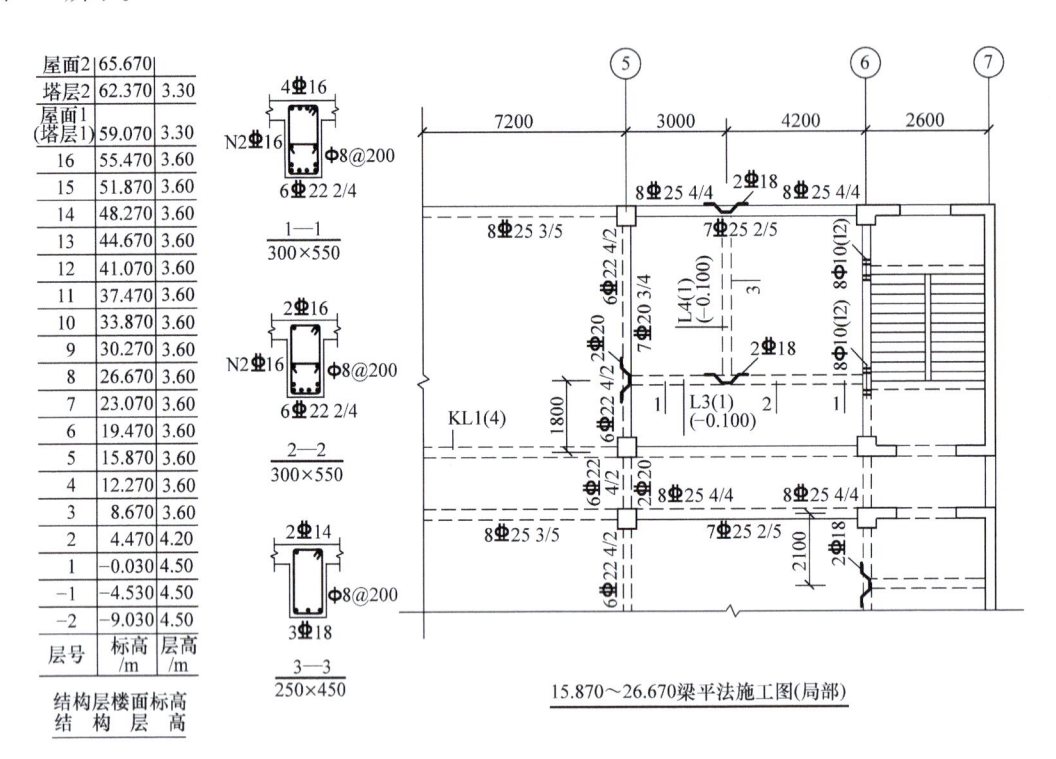

图 9-9　梁平法施工图截面注写方式示例

2. 柱平法施工图

柱平法施工图是按照平面整体表示方法制图规则绘制的柱的施工图，在柱平面布置图上采用列表注写方式或截面注写方式表达，在施工图中注明结构层的楼面标高、结构层高、相应的结构层号及上部结构嵌固部位位置等。

（1）列表注写方式

列表注写方式是指在柱平面布置图上分别在同一编号的柱中选择一个（或几个）截面标注几何参数代号；在柱表中注写柱编号、柱段起止标高、几何尺寸与配筋的具体数值，并配以各种柱截面形状及其箍筋类型图，如图 9-10 所示。

柱平法施工图及识读举例

模块 9
识读建筑结构施工图

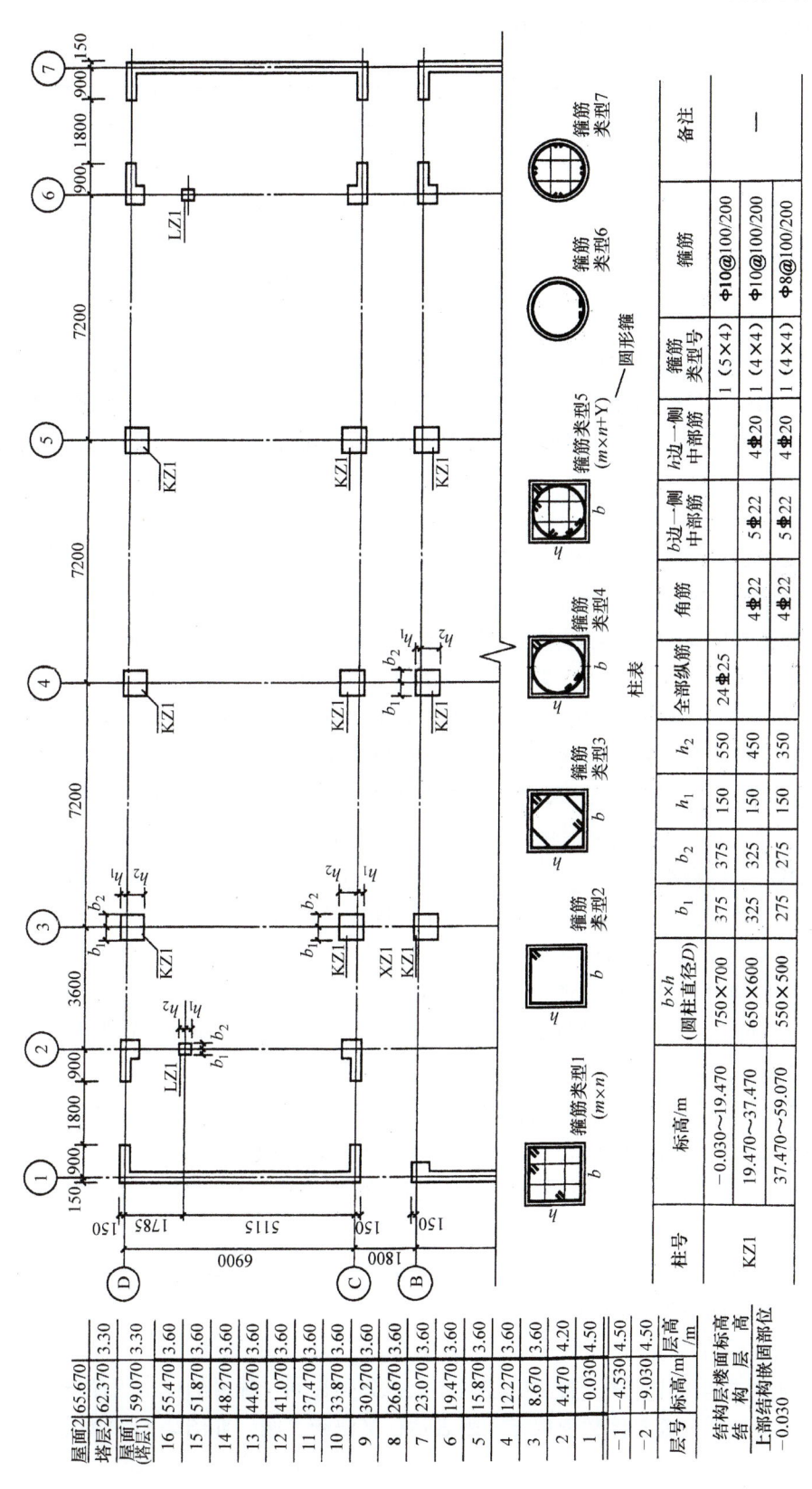

柱表

柱号	标高/m	$b\times h$ (圆柱直径D)	b_1	b_2	h_1	h_2	全部纵筋	角筋	b边一侧 中部筋	h边一侧 中部筋	箍筋 类型号	箍筋	备注
KZ1	−0.030〜19.470	750×700	375	375	150	550	24Φ25				1 (5×4)	Φ10@100/200	—
	19.470〜37.470	650×600	325	325	150	450		4Φ22	5Φ22	4Φ20	1 (4×4)	Φ10@100/200	
	37.470〜59.070	550×500	275	275	150	350		4Φ22	5Φ22	4Φ20	1 (4×4)	Φ8@100/200	

图 9-10 柱平法施工图列表注写方式

层号	标高/m	层高/m
屋面2	65.670	3.30
塔层2	62.370	3.30
屋面1(塔层1)	59.070	3.60
16	55.470	3.60
15	51.870	3.60
14	48.270	3.60
13	44.670	3.60
12	41.070	3.60
11	37.470	3.60
10	33.870	3.60
9	30.270	3.60
8	26.670	3.60
7	23.070	3.60
6	19.470	3.60
5	15.870	3.60
4	12.270	3.60
3	8.670	3.60
2	4.470	4.20
1	−0.030	4.50
−1	−4.530	4.50
−2	−9.030	4.50

结构层楼面标高
结构层高
上部结构嵌固部位：−0.030

1）柱编号。柱编号由类型代号和序号组成，见表9-2。

表9-2 柱编号

柱类型	代号	序号
框架柱	KZ	××
框支柱	KZZ	××
芯柱	XZ	××
梁上柱	LZ	××
剪力墙上柱	QZ	××

2）各段柱的起止标高。自柱根部往上以变截面位置或截面未变但配筋改变处为界分段注写。框架柱和框支柱的根部标高是指基础顶面标高；芯柱的根部标高是指根据结构实际需要而定的起始位置标高；梁上柱的根部标高是指梁顶面标高；剪力墙上柱的根部标高为墙顶标高。

3）对于矩形柱，注写柱截面尺寸 $b \times h$ 及与轴线关系的几何参数代号 b_1、b_2 和 h_1、h_2 的具体数值，需对应于各段柱分别注写。其中 $b = b_1 + b_2$，$h = h_1 + h_2$。当截面的某一边收缩变化至与轴线重合或偏移到轴线的另一侧时，b_1、b_2、h_1、h_2 中的某项为零或负值。

对于圆柱，表中 $b \times h$ 一栏改用在圆柱直径数字前加 d 表示。为表达简单，圆柱截面与轴线的关系也用 b_1、b_2 和 h_1、h_2 表示，并使 $d = b_1 + b_2 = h_1 + h_2$。

4）柱纵筋。当柱纵筋直径相同，各边根数也相同时，将纵筋注写在"全部纵筋"一栏中；除此之外，柱纵筋分角筋、截面 b 边中部筋和 h 边中部筋三项。

5）箍筋类型号及箍筋肢数。箍筋类型图及箍筋复合的具体方式，需画在柱表上部或图中适当位置，并在其上标注与柱表中对应的 b、h 和类型号。

6）柱箍筋。包括钢筋级别、直径与间距。当为抗震设计时，用斜线"/"区分柱端箍筋加密区与柱身非加密区长度范围内箍筋的不同间距。当箍筋沿柱全高为一种间距时，则不使用"/"。当框架节点核芯区内箍筋与柱端箍筋设置不同时，应在括号内注明核芯区箍筋直径及间距。当圆柱采用螺旋箍筋时，需在箍筋前加"L"。

如"Φ10@100/250"表示箍筋为 HPB300 钢筋，直径 10mm，加密区间距 100mm，非加密区间距为 250mm。

"Φ10@100"表示沿柱全高范围内箍筋为 HPB300 钢筋，直径 10mm，间距 100mm。

"Φ10@100/250（Φ12@100）"表示箍筋为 HPB300 钢筋，直径 10mm，加密区间距 100mm，非加密区间距为 250mm；框架节点核芯区箍筋为 HPB300 钢筋，直径 12mm，加密区间距 100mm。

"LΦ10@100/200"表示采用螺旋箍筋，HPB300 钢筋，直径 10mm，加密区间距 100mm，非加密区间距为 200mm。

（2）截面注写方式

截面注写方式是在柱平面布置图的柱截面上，分别在同一编号的柱中选择一个截面，以直接注写截面尺寸和配筋具体数值的方式来表达柱平法施工图，如图9-11所示。

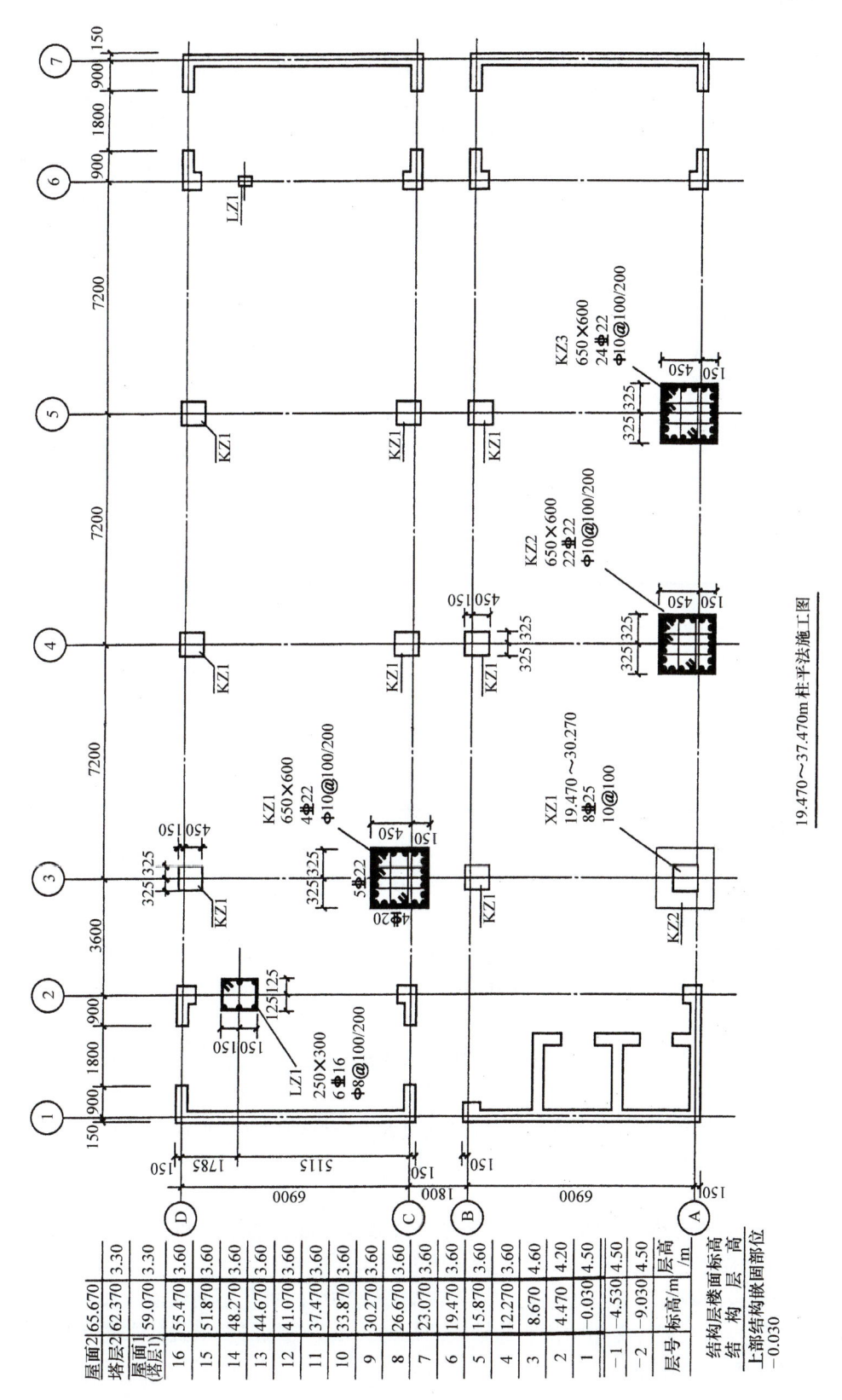

图 9-11 柱平法施工图截面注写方式

3. 剪力墙平法施工图

剪力墙平法施工图是按照平面整体表示方法制图规则绘制的剪力墙的施工图，在剪力墙平面布置图上采用列表注写方式或截面注写方式表达，在施工图中注明结构层的楼面标高、结构层高、相应的结构层号及上部结构嵌固部位位置等。

（1）列表注写方式

列表注写方式是指分别在剪力墙柱表、剪力墙身表和剪力墙梁表中对应于剪力墙平面布置图上的编号，在截面配筋图上注写几何尺寸和配筋的具体数值，如图 9-12 所示。

剪力墙按剪力墙柱、剪力墙身、剪力墙梁（简称墙柱、墙身、墙梁）三类构件分别注写。

1）墙柱

① 墙柱编号。墙柱编号由墙柱类型代号和序号组成，表达形式应符合表 9-3 的规定。在编号中，如若干墙柱的截面尺寸与配筋均相同，仅截面与轴线的关系不同时，可将其编为同一墙柱号，但应在图中注明与轴线的几何关系。

表 9-3 墙柱编号

墙柱类型	代号	序号
约束边缘构件	YBZ	××
构造边缘构件	GBZ	××
非边缘暗柱	AZ	××
扶壁柱	FBZ	××

约束边缘构件包括约束边缘暗柱、约束边缘端柱、约束边缘翼墙、约束边缘转角墙四种，如图 9-13 所示。构造边缘构件包括构造边缘暗柱、构造边缘端柱、构造边缘翼墙、构造边缘转角墙四种，如图 9-14 所示。

② 墙柱表达内容。注写墙柱编号，绘制该墙柱的截面配筋图，标注墙柱几何尺寸，对于约束边缘构件和构造边缘构件还需注明阴影部分尺寸，对于扶壁柱及非边缘暗柱需标注几何尺寸。

注写各段墙柱的起止标高，自墙柱根部往上以变截面位置或截面未变但配筋改变处为界分段注写。

注写各段墙柱的纵向钢筋和箍筋，注写值应与表中绘制的截面配筋图对应一致。纵向钢筋注总配筋值；墙柱箍筋的注写方式与柱箍筋相同。

2）墙身

① 墙身编号。墙身编号由墙身代号、序号以及墙身所配置的水平和竖向分布钢筋的排数组成，其中，排数注写在括号内，表达形式为 Q××（×排）。

如果若干墙身的截面尺寸与配筋均相同，仅墙厚与轴线的关系不同或墙身长度不同，可将其编为同一墙身号，但应在图中注明与轴线的几何关系。当墙身所设置的水平与竖向分布钢筋的排数为 2 时可不注写。

剪力墙梁表

编号	所在楼层号	梁顶相对标高高差/m	梁截面/mm b×h	上部纵筋	下部纵筋	箍筋
LL1	2-9	0.800	300×2000	4⌀22	4⌀22	⌀10@100 (2)
	10-16	0.800	250×2000	4⌀20	4⌀20	⌀10@100 (2)
	屋面1		250×1200	4⌀20	4⌀20	⌀10@100 (2)
LL2	3	-1.200	300×2520	4⌀22	4⌀22	⌀10@150 (2)
	4	-0.900	300×2070	4⌀22	4⌀22	⌀10@150 (2)
	5-9	-0.900	300×1770	4⌀22	4⌀22	⌀10@150 (2)
	10-屋面1	-0.900	250×1770	3⌀22	3⌀22	⌀10@150 (2)
LL3	2		300×2070	4⌀22	4⌀22	⌀10@100 (2)
	3		300×1770	4⌀22	4⌀22	⌀10@100 (2)
	4-9		250×2070	3⌀22	3⌀22	⌀10@100 (2)
	10-屋面1		250×1170	3⌀20	3⌀20	⌀10@120 (2)
LL4	2		250×2070	3⌀20	3⌀20	⌀10@120 (2)
	4~屋面1		250×1170	3⌀20	3⌀20	⌀10@120 (2)
AL1	2-9		300×600	3⌀20	3⌀20	⌀8@150 (2)
	10-16		250×500	3⌀18	3⌀18	⌀8@150 (2)
BKL1	屋面1		500×750	4⌀22	4⌀22	⌀10@150 (2)

剪力墙身表

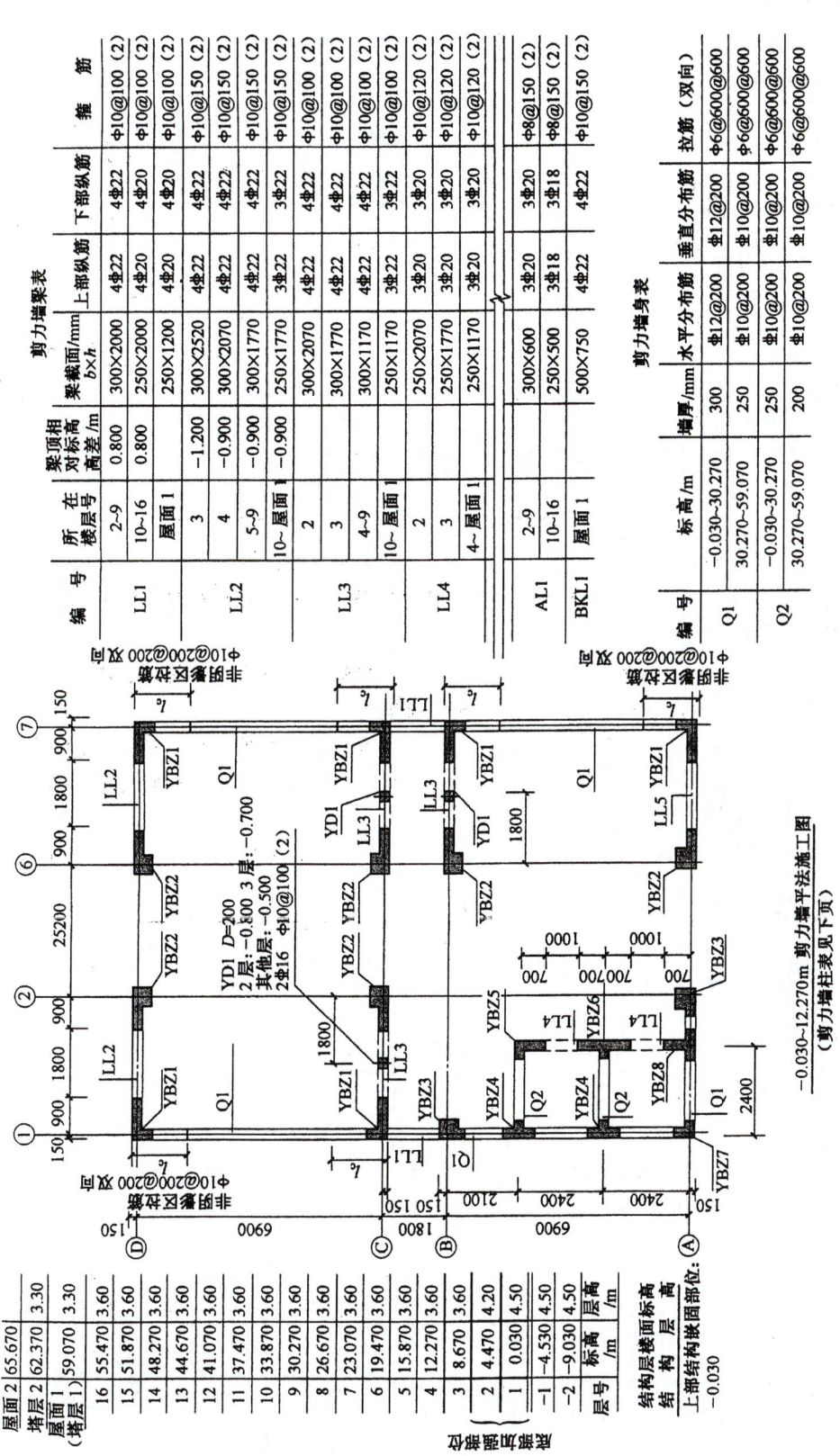

编号	标高/m	墙厚/mm	水平分布筋	垂直分布筋	拉筋（双向）
Q1	-0.030-30.270	300	⌀12@200	⌀12@200	⌀6@600@600
	30.270-59.070	250	⌀10@200	⌀10@200	⌀6@600@600
Q2	-0.030-30.270	250	⌀10@200	⌀10@200	⌀6@600@600
	30.270-59.070	200	⌀10@200	⌀10@200	⌀6@600@600

图 9-12 剪力墙平法施工图列表注写方式
-0.030-12.270m 剪力墙平法施工图
（剪力墙柱表见下页）

图 9-12 剪力墙平法施工图列表注写方式（续）

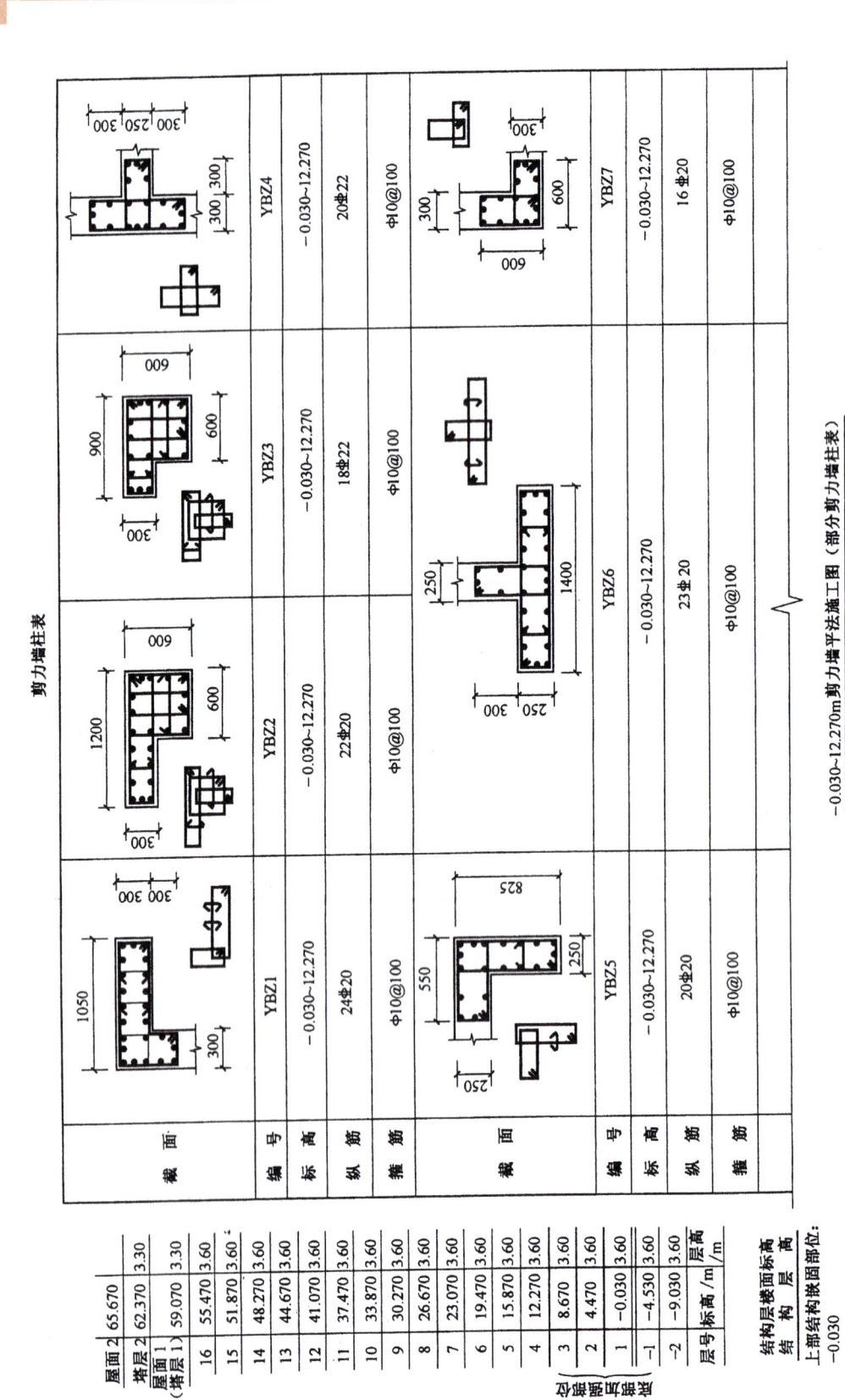

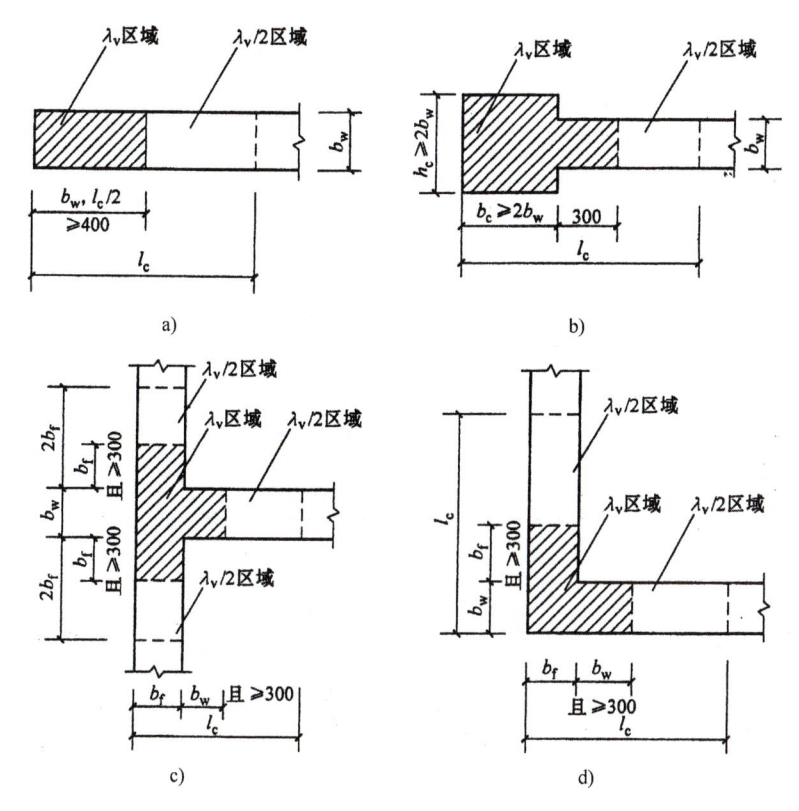

图 9-13 约束边缘构件

a）约束边缘暗柱　b）约束边缘端柱　c）约束边缘翼墙　d）约束边缘转角墙

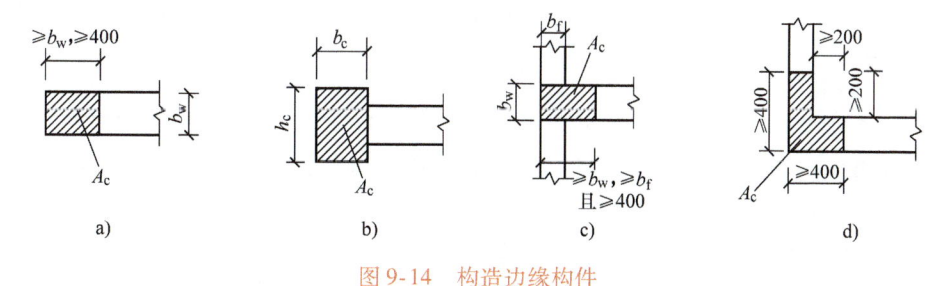

图 9-14 构造边缘构件

a）构造边缘暗柱　b）构造边缘端柱　c）构造边缘翼墙　d）构造边缘转角墙

② 墙身表达内容。注写墙身编号，含水平与竖向分布钢筋的排数；注写各墙身起止标高，自墙身根部往上以变截面位置或截面未变但配筋改变处为界分段注写；注写水平分布钢筋、竖向分布钢筋和拉筋的具体数值。注写数值为一排水平分布钢筋和竖向分布钢筋的规格和间距，具体设置几排已经在墙身编号后面表达。拉筋应注明布置方式"双向"或"梅花双向"，如图 9-15 所示。

3）墙梁

① 墙梁编号。墙梁编号由墙梁类型代号和序号组成，表达形式应符合表 9-4 的要求。当某些墙身需设置暗梁或边框梁时，宜在剪力墙平法施工图中绘制暗梁或边框梁的平面布置图并编号，以明确其具体位置。

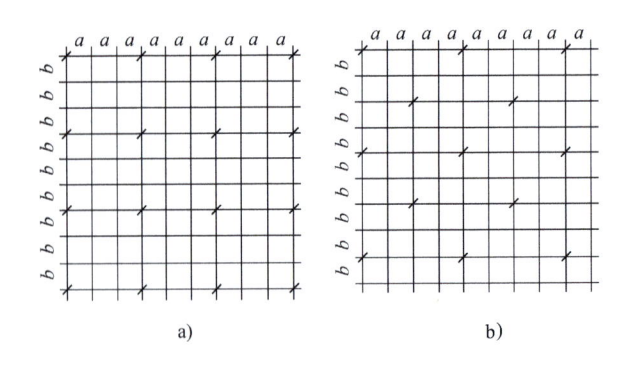

图 9-15 双向拉筋与梅花双向拉筋示意

a) 拉筋@3a3b 双向 ($a \leqslant 200$、$b \leqslant 200$)   b) 拉筋@4a4b 双向 ($a \leqslant 150$、$b \leqslant 150$)

表 9-4 墙梁编号

墙梁类型	代号	序号
连梁	LL	××
连梁（跨高比不小于 5）	LLk	××
连梁（对角暗撑配筋）	LL（JC）	××
连梁（对角斜筋配筋）	LL（JX）	××
连梁（集中对角斜筋配筋）	LL（DX）	××
暗梁	AL	××
边框梁	BKL	××

② 墙梁表达内容。注写墙梁编号；注写墙梁所在的楼层号；注写墙梁顶面标高高差，即相对于墙梁所在结构层楼面标高的高差值，高于者为正，反之为负；注写墙梁截面尺寸 $b \times h$，上部纵筋、下部纵筋和箍筋的具体数值。

(2) 截面注写方式

截面注写方式是指在分标准层绘制的剪力墙平面布置图上，以直接在墙柱、墙身、墙梁上注写截面尺寸和配筋具体数值的方式来表达剪力墙平法施工图，如图 9-16 所示。从相同编号的墙柱、墙身、墙梁中选择一个注写，表达内容与列表注写法相同。

(3) 剪力墙洞口的表示方法

无论采用列表注写方式还是截面注写方式，剪力墙上的洞口均可在剪力墙平面布置图上原位表达，标注洞口中心的平面定位尺寸，如图 9-12、图 9-16 所示。在洞口中心位置需引注以下内容。

1) 洞口编号：矩形洞口为 JD×× (×× 为序号)，圆形洞口为 YD×× (×× 为序号)。

2) 洞口几何尺寸：矩形洞口为洞宽×洞高 ($b \times h$)，圆形洞口为洞口直径 D。

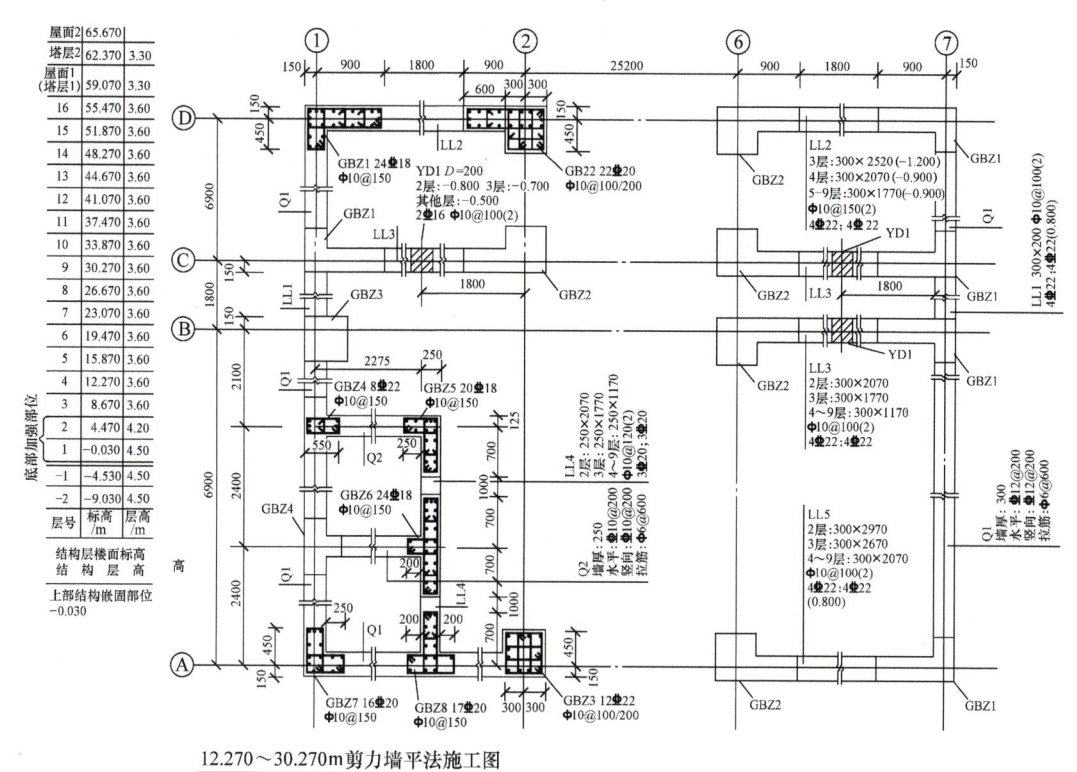

12.270～30.270m剪力墙平法施工图

图9-16 剪力墙平法施工图截面注写方式

3）洞口中心相对标高，即相对于结构层楼（地）面标高的洞口中心高度。当其高于结构层楼面时为正值，反之为负。

4）洞口每边补强钢筋，分以下几种不同情况。

① 当矩形洞口的洞宽、洞高均不大于800时，此项注写为洞口每边补强钢筋的具体数值，但如果按照标准构造详图设置补强钢筋时可不注写。当洞宽、洞高方向补强钢筋不一致时，分别注写洞宽方向、洞高方向补强钢筋，以"/"分割。

如：JD2 400×300 +3.100 3Φ14，表示2号矩形洞口，洞宽400，洞高300，洞口中心距本结构层楼面3100，洞口每边补强钢筋为3Φ14。

如：JD3 400×300 +3.100，表示3号矩形洞口，洞宽400，洞高300，洞口中心距本结构层楼面3100，洞口每边补强钢筋按构造配置。

又如：JD4 800×300 +3.100 3Φ18/3Φ14，表示4号矩形洞口，洞宽800，洞高300，洞口中心距本结构层楼面3100，洞宽方向补强钢筋为3Φ18，洞高方向补强钢筋为3Φ14。

② 当矩形或圆形洞口的洞宽或直径大于800时，在洞口的上、下需设置补强暗梁，注写洞口上、下每边暗梁的纵筋与箍筋的具体数值，圆形洞口时还需注明环向加强筋的具体数值。

如JD5 1800×2100 +1.800 6Φ20 Φ8@150，表示5号矩形洞口，洞宽1800，洞高2100，洞口中心距本结构层楼面1800，洞口上下设补强暗梁，每边暗梁纵筋为6Φ20，箍筋为Φ8@150。

又如：YD5 1000 +1.800 6Φ20 Φ8@150 2Φ16，表示 5 号圆形洞口，直径 1000，洞口中心距本结构层楼面 1800，洞口上下设补强暗梁，每边暗梁纵筋为 6Φ20，箍筋为 Φ8@150，环向加强钢筋为 2Φ16。

③ 当圆形洞口设置在连梁中部 1/3 范围，且圆洞直径不大于 1/3 梁高时，需注写在圆洞上下水平设置的每边补强纵筋与箍筋。

④ 当圆形洞口设置在墙身或暗梁、边框梁位置，且洞口直径不大于 300 时，此项注写为洞口上下左右每边布置的补强纵筋的具体数值。

⑤ 当圆形洞口直径大于 300，但不大于 800 时，其加强钢筋在标准构造详图中是按圆外切正六边形的边长方向布置，仅需注写六边形中一边补强钢筋的具体数值。

任务 2　识读××综合办公楼结构施工图

9.2.1　办公楼简介

根据附录 B 图纸，本综合办公楼结构体系为框架—剪力墙结构，主体地上 16 层，地下 1 层，无裙房，建筑高度 63m，设计工作年限为 50 年，其他相关信息见附录 B 图纸中结构设计总说明。

9.2.2　识读图面组成

本综合办公楼结构施工图由 28 张图纸组成，各图纸名称及图号见表 9-5。

表 9-5　图纸名称及图号

页码	图纸名称	图号	附注
1	结构设计总说明（一）	G-01	
2	结构设计总说明（二）	G-02	
3	筏板配筋图	G-03	
4	地基梁及基础平面布置图	G-04	
5	基础顶~-0.050m 柱及挡土墙平面图	G-05	
6	基础顶~-0.050m 柱配筋图	G-06	
7	-0.050m~8.350m 柱配筋图	G-07	
8	8.350m~20.550m 柱配筋图	G-08	
9	20.550m~35.750m 柱配筋图	G-09	
10	35.750m~屋面柱配筋图	G-10	
11	-0.100m~12.550m 剪力墙平面布置图	G-11	

(续)

页码	图纸名称	图号	附注
12	12.550m~20.550m 剪力墙平面布置图	G-12	
13	20.550m~35.750m 剪力墙平面布置图	G-13	
14	35.750m~屋面剪力墙平面布置图	G-14	
15	-0.050m 梁配筋图	G-15	
16	4.150m 梁配筋图	G-16	
17	8.350m 梁配筋图	G-17	
18	12.550~20.550m 梁配筋图	G-18	
19	24.350~54.750m 梁配筋图	G-19	
20	62.350m 梁配筋图	G-20	
21	66.550m 梁配筋图	G-21	
22	-0.050m 板配筋图	G-22	
23	4.150m 板配筋图	G-23	
24	8.350m 板配筋图	G-24	
25	12.550~20.950m 板配筋图	G-25	
26	24.350~54.750m 板配筋图	G-26	
27	62.350m 板配筋图	G-27	
28	66.550m 板配筋图	G-28	

9.2.3 识读设计说明

本综合楼结构设计总说明共计两页，图纸编号 G-01、G-02，主要介绍了工程概况及总则，设计依据，抗震设防标准，设计采用的可变荷载，结构分析、设计采用的程序软件，主要结构材料技术指标，结构构件纵向钢筋保护层厚度，结构构件纵向钢筋的连接与锚固，地基与基础，钢筋混凝土构件构造要求，施工要求及其他注意事项共计十一项内容。

9.2.4 综合识读

1. 基础

本综合楼Ⓓ~Ⓕ轴线间为筏板基础，而Ⓑ、Ⓒ轴线为独立基础。

（1）筏板基础

由筏板配筋图（G-03）左下方的说明可知：该综合办公楼主楼采用梁板式筏形基础，

筏板厚度600mm，混凝土强度等级为C35，抗渗等级P6，宜采用粉煤灰硅酸盐水泥或其他水化热低的水泥拌制。基础钢筋有两种，分别为HPB300级和HRB400级。筏板基础钢筋保护层厚度为40mm，迎水面为50mm。筏板上下部通长筋均为双向Φ25@200，图纸中所示的钢筋均为附加钢筋。基础集水坑基坑详图见G-06详图②。膨胀加强带大样图位于图纸正下方，并应当符合说明中第18条的要求。筏板下部垫层100mm，采用C15混凝土，垫层由筏板基础外边线外伸100mm。另外，轴线及有关构件的定位尺寸也在图中明确标注。

（2）独立基础

由地基梁及基础平面布置图（G-04）可知：该综合办公楼Ⓑ、Ⓒ轴线间的独立基础只有一种，编号J-1，由②与Ⓒ轴线交叉处J-1的集中标注可知，该基础为两级阶形基础，每阶高300mm，基础底板单层配筋，x、y方向钢筋均为Φ12@150。地基梁配筋采用集中标注方式，注写规则与梁相同。独立基础与轴线的位置关系也在图中明确标注。

2. 柱

由G-05、G-06、G-07、G-08、G-09、G-10可知：该综合办公楼基础顶到屋面的柱子分为基础顶~-0.050m、-0.050~8.350m、8.350~20.550m、20.550~35.750m、35.750m~屋面五段，有KZ1、KZ2、KZ3、KZ4、KZ5、KZ6、KZ7、KZ8、LZ九种不同规格柱子配筋，每种规格柱子起止标高也不相同，现以KZ1为例进行说明。

KZ1起止标高为-0.050~62.350m。-0.050~8.350m：截面尺寸500mm×500mm，纵向钢筋角部共配置4Φ25，x方向每边配置2Φ20，y方向每边配置2Φ25，箍筋全部加密，为Φ10@100，四肢箍。-8.350~20.550m：截面尺寸700mm×700mm，纵向钢筋角部配置4Φ20，x、y方向每边配置3Φ20，箍筋加密区为Φ10@100，非加密区为Φ10@200，五肢箍。20.550~35.750m：截面尺寸650mm×700mm，纵向钢筋角部共配置4Φ20，x方向每边配置3Φ18，y方向每边配置3Φ20，箍筋加密区为Φ10@100，非加密区为Φ10@200，箍筋形式见详图。35.750~62.350m：截面尺寸600mm×600mm，纵向钢筋角部共配置4Φ20，x、y方向每边配置2Φ20，箍筋加密区为Φ10@100，非加密区为Φ10@200，四肢箍。

3. 剪力墙

由G-11、G-12、G-13、G-14可知：该综合办公楼基础顶到屋面的剪力墙分为-0.100~12.550m、12.550~20.550m、20.550~35.750m、35.750m~屋面四段，剪力墙端部约束边缘构件（墙柱）有YBZ1~YBZ12，共计12种类型，构造边缘构件（墙柱）有GBZ1~GBZ6，共计6种类型。以YBZ1、GBZ1为例进行说明：由G-11中表可知，墙柱YBZ1为L形，纵筋23Φ20，箍筋及拉筋Φ10@100。由G-12中表可知，墙柱GBZ1的尺寸700mm×700mm，纵筋16Φ20，箍筋及拉筋Φ10@150。

墙身有Q1、Q2、Q3共计3种类型。以Q1为例进行说明：基础顶~-0.050m段，剪力墙身厚300mm，两排布筋，水平分布筋Φ12@200，垂直分布筋Φ10@200，拉筋Φ8，水平及竖向间距均为400mm。

4. 梁

梁配筋图有G-15、G-16、G-17、G-18、G-19、G-20、G-21共计7张，现以G-15中②轴线上的KL1为例进行说明。由轴线Ⓓ、Ⓔ间的集中标注可知，KL1共3跨，截面尺寸 350mm×550mm，箍筋加密区为Φ10@100，非加密区为Φ10@200，四肢箍，梁上部 2⊈25 为通长筋，2⊈12 为架立筋，根据原位标注，其中两跨下部配筋为 4⊈22，一跨下部配筋为 2⊈25 加 2⊈22。梁端部上部配筋见原位标注，每跨各不相同。

5. 板

板配筋图有 G-22、G-23、G-24、G-25、G-26、G-27、G-28 共计 7 张，现以 G-22 为例进行说明。根据图名下的注可知，Ⓐ~Ⓓ轴地下室顶板厚度 250mm，配筋为双层双向Φ10@125，Ⓓ~Ⓕ轴主楼顶板厚度 180mm，配筋为双层双向Φ10@170。

同 步 训 练

一、识读框架结构施工图

自行收集 2022 年后各大设计院设计的典型框架结构施工图，结合平法图集 22G101，从结构说明、基础、柱、梁、板、楼梯方面进行详细识读。

二、识读剪力墙结构施工图

自行收集 2022 年后各大设计院设计的典型剪力墙结构施工图，结合平法图集 22G101，从结构说明、基础、剪力墙、梁、板、楼梯方面进行详细识读。

【职业素养园地】

中流砥柱

砥柱山（中流砥柱）位于三门峡大坝下方的激流之中，黄河上的艄公又叫它"朝我来"。冬天水浅的时候，它露出水面两丈多；洪水季节，它只露出一个尖顶，看上去好像马上就被洪水吞没似的，惊险万分。千百年来，无论是狂风暴雨的侵袭，还是惊涛骇浪的冲刷，它一直力挽狂澜，巍然屹立于黄河之中，如怒狮雄踞，刚强无畏。公元 638 年，唐太宗李世民来到这里，写下了"仰临砥柱，北望龙门；茫茫禹迹，浩浩长春"的诗句，命大臣魏征勒石于砥柱之阴。书法家柳公权也为它写了一首长诗，其中有"孤峰浮水面，一柱钉波心。顶住三门险，根连九曲深。柱天形突兀，逐浪势浮沉"等佳句。

相传，砥柱是大禹治水时留下的镇河石柱，又说是一位黄河老艄公的化身。很久以前，一位老艄公率领几条货船驶往下游，船行到神门河口，突然天气骤变，狂风不止，大雨倾盆。刹那间，峡谷里白浪滔天，雾气腾腾，看不清水势，辨不明方向。老艄公驾船穿越神门，眼看小船就要被风浪推向岩石。老艄公大喝一声："掌好舵，朝我来。"他纵身跳进了波涛之中。船工们还弄不清是怎么回事，就听到前面有人高呼"朝我来，朝我来"，原来是老艄公站在激流当中为船导航。船工们驶到跟前正要拉他上船，一个浪头将船推向下游，离开险地。船工们在下游将船拴好，返回去找老艄公，见他已经变成了一座石岛，昂头挺立在激流中，为过往船只指引航向。因此，人们把这座石岛叫"中流砥柱"，也叫"朝我来"。

从此以后，中流砥柱就成了峡谷中的航标，船只驶过三门以后，就要朝砥柱直冲过去。眼看船就要与砥柱相撞时，砥柱前面波涛的回水正好把船推向旁边安全的航道，避开了明岛暗礁，顺利驶出峡谷。

启迪人生

（1）中流砥柱是指坚强独立的人能在动荡艰难的环境中起支柱作用。逆境能锻炼人的意志，也能挫败人的志气，为人者，不能向困难低头，而要像屹立在黄河急流中的砥柱山那样屹立不倒、坚不可摧。真正能起到支柱作用的人，是不会被逆境和困难挫败的。

（2）作为新时代的青年来说，正处在黄金年龄阶段，要树立远大抱负，在竞争中要自立自强，敢于责任担当，要成为中流砥柱、国之柱石，要像大国工匠那样为国家贡献力量，让中华民族牢牢地矗立在世界之巅。

参 考 文 献

[1] 中华人民共和国住房和城乡建设部. GB 50153—2008 工程结构可靠性设计统一标准 [S]. 北京：中国建筑工业出版社，2008.
[2] 中华人民共和国住房和城乡建设部. GB 50068—2001 建筑结构可靠性设计统一标准 [S]. 北京：中国建筑工业出版社，2018.
[3] 中华人民共和国住房和城乡建设部. GB 50009—2012 建筑结构荷载规范 [S]. 北京：中国建筑工业出版社，2012.
[4] 中华人民共和国住房和城乡建设部. GB/T 50010—2010 混凝土结构设计规范 [S]. 北京：中国建筑工业出版社，2010.
[5] 中华人民共和国住房和城乡建设部. GB 50003—2011 砌体结构设计规范 [S]. 北京：中国建筑工业出版社，2011.
[6] 中华人民共和国住房和城乡建设部. GB 50017—2017 钢结构设计标准 [S]. 北京：中国建筑工业出版社，2017.
[7] 中华人民共和国住房和城乡建设部. GB 50007—2011 建筑地基基础设计规范 [S]. 北京：中国建筑工业出版社，2011.
[8] 中华人民共和国住房和城乡建设部. GB 50223—2008 建筑工程抗震设防分类标准 [S]. 北京：中国建筑工业出版社，2008.
[9] 中华人民共和国住房和城乡建设部. GB 50011—2010 建筑抗震设计规范 [S]. 北京：中国建筑工业出版社，2010.
[10] 中华人民共和国住房和城乡建设部. JGJ 3—2010 高层建筑混凝土结构技术规程 [S]. 北京：中国建筑工业出版社，2010.
[11] 中华人民共和国住房和城乡建设部. GB/T 50105—2010 建筑结构制图标准 [S]. 北京：中国建筑工业出版社，2010.
[12] 中国建筑标准设计研究院. 22G101 混凝土结构施工图平面整体表示方法制图规则和构造详图[S]. 北京：中国标准出版社，2022.
[13] 夏玲涛. 建筑构造与识图 [M]. 北京：机械工业出版社，2011.
[14] 徐锡权. 建筑结构 [M]. 2 版. 北京：北京大学出版社，2013.
[15] 沈养中. 建筑力学 [M]. 4 版. 北京：科学出版社，2016.
[16] 王洪波，张蓓，薛倩. 建筑力学与结构 [M]. 3 版. 北京：北京理工大学出版社，2020.
[17] 杨太生. 建筑结构基础与识图 [M]. 4 版. 北京：中国建筑工业出版社，2019.
[18] 胡兴福. 建筑结构 [M]. 5 版. 北京：中国建筑工业出版社，2021.
[19] 梁兴文，史庆轩. 混凝土结构设计原理 [M]. 北京：中国建筑工业出版社，2022.